权威·前沿·原创

皮书系列为

“十二五”“十三五”国家重点图书出版规划项目

皮书系列

2017年

智 库 成 果 出 版 与 传 播 平 台

社会科学文献出版社
SOCIAL SCIENCES ACADEMIC PRESS (CHINA)

社长致辞

伴随着今冬的第一场雪，2017年很快就要到了。世界每天都在发生着让人眼花缭乱的变化，而唯一不变的，是面向未来无数的可能性。作为个体，如何获取专业信息以备不时之需？作为行政主体或企事业主体，如何提高决策的科学性让这个世界变得更好而不是更糟？原创、实证、专业、前沿、及时、持续，这是1997年“皮书系列”品牌创立的初衷。

1997～2017，从最初一个出版社的学术产品名称到媒体和公众使用频率极高的热点词语，从专业术语到大众话语，从官方文件到独特的出版型态，作为重要的智库成果，“皮书”始终致力于成为海量信息时代的信息过滤器，成为经济社会发展的记录仪，成为政策制定、评估、调整的智力源，社会科学研究的资料集成库。“皮书”的概念不断延展，“皮书”的种类更加丰富，“皮书”的功能日渐完善。

1997～2017，皮书及皮书数据库已成为中国新型智库建设不可或缺的抓手与平台，成为政府、企业和各类社会组织决策的利器，成为人文社科研究最基本的资料库，成为世界系统完整及时认知当代中国的窗口和通道！“皮书”所具有的凝聚力正在形成一种无形的力量，吸引着社会各界关注中国的发展，参与中国的发展。

二十年的“皮书”正值青春，愿每一位皮书人付出的年华与智慧不辜负这个时代！

社会科学文献出版社社长
中国社会学会秘书长

谢寿光

2016年11月

社会科学文献出版社简介

社会科学文献出版社成立于1985年，是直属于中国社会科学院的人文社会科学专业学术出版机构。

成立以来，社科文献依托于中国社会科学院丰厚的学术出版和专家学者资源，坚持“创社科经典，出传世文献”的出版理念和“权威、前沿、原创”的产品定位，逐步走上了智库产品与专业学术成果系列化、规模化、数字化、国际化、市场化发展的经营道路，取得了令人瞩目的成绩。

学术出版 社科文献先后策划出版了“皮书”系列、“列国志”、“社科文献精品译库”、“全球化译丛”、“全面深化改革研究书系”、“近世中国”、“甲骨文”、“中国史话”等一大批既有学术影响又有市场价值的图书品牌和学术品牌，形成了较强的学术出版能力和资源整合能力。2016年社科文献发稿5.5亿字，出版图书2000余种，承印发行中国社会科学院院属期刊72种。

数字出版 凭借着雄厚的出版资源整合能力，社科文献长期以来一直致力于从内容资源和数字平台两个方面实现传统出版的再造，并先后推出了皮书数据库、列国志数据库、中国田野调查数据库等一系列数字产品。2016年数字化加工图书近4000种，文字处理量达10亿字。数字出版已经初步形成了产品设计、内容开发、编辑标引、产品运营、技术支持、营销推广等全流程体系。

国际出版 社科文献通过学术交流和国际书展等方式积极参与国际学术和国际出版的交流合作，努力将中国优秀的人文社会科学研究成果推向世界，从构建国际话语体系的角度推动学术出版国际化。目前已与英、荷、法、德、美、日、韩等国及港澳台地区近 40 家出版和学术文化机构建立了长期稳定的合作关系。

融合发展 紧紧围绕融合发展战略，社科文献全面布局融合发展和数字化转型升级，成效显著。以核心资源和重点项目为主的社科文献数据库产品群和数字出版体系日臻成熟，“一带一路”系列研究成果与专题数据库、阿拉伯问题研究国别基础库及中阿文化交流数据库平台等项目开启了社科文献向专业知识服务商转型的新篇章，成为行业领先。

此外，社科文献充分利用网络媒体平台，积极与各类媒体合作，并联合大型书店、学术书店、机场书店、网络书店、图书馆，构建起强大的学术图书内容传播平台，学术图书的媒体曝光率居全国之首，图书馆藏率居于全国出版机构前十位。

有温度，有情怀，有视野，更有梦想。未来社科文献将继续坚持专业化学术出版之路不动摇，着力搭建最具影响力的智库产品整合及传播平台、学术资源共享平台，为实现“社科文献梦”奠定坚实基础。

经 济 类

经济类皮书涵盖宏观经济、城市经济、大区域经济，
提供权威、前沿的分析与预测

经济蓝皮书

2017 年中国经济形势分析与预测

李扬 / 主编　2016 年 12 月出版　定价：89.00 元

◆　本书为总理基金项目，由著名经济学家李扬领衔，联合中国社会科学院等数十家科研机构、国家部委和高等院校的专家共同撰写，系统分析了 2016 年的中国经济形势并预测 2017 年我国经济运行情况。

中国省域竞争力蓝皮书

中国省域经济综合竞争力发展报告（2015 ～ 2016）

李建平　李闽榕　高燕京 / 主编　2017 年 2 月出版　估价：198.00 元

◆　本书融多学科的理论为一体，深入追踪研究了省域经济发展与中国国家竞争力的内在关系，为提升中国省域经济综合竞争力提供有价值的决策依据。

城市蓝皮书

中国城市发展报告 No.10

潘家华　单菁菁 / 主编　2017 年 9 月出版　估价：89.00 元

◆　本书是由中国社会科学院城市发展与环境研究中心编著的，多角度、全方位地立体展示了中国城市的发展状况，并对中国城市的未来发展提出了许多建议。该书有强烈的时代感，对中国城市发展实践有重要的参考价值。

人口与劳动绿皮书

中国人口与劳动问题报告 No.18

蔡昉　张车伟 / 主编　2017 年 10 月出版　估价：89.00 元

◆　本书为中国社科院人口与劳动经济研究所主编的年度报告，对当前中国人口与劳动形势做了比较全面和系统的深入讨论，为研究我国人口与劳动问题提供了一个专业性的视角。

世界经济黄皮书

2017 年世界经济形势分析与预测

张宇燕 / 主编　2016 年 12 月出版　定价：89.00 元

◆　本书由中国社会科学院世界经济与政治研究所的研究团队撰写，2016 年世界经济增速进一步放缓，就业增长放慢。世界经济面临许多重大挑战同时，地缘政治风险、难民危机、大国政治周期、恐怖主义等问题也仍然在影响世界经济的稳定与发展。预计 2017 年按 PPP 计算的世界 GDP 增长率约为 3.0%。

国际城市蓝皮书

国际城市发展报告（2017）

屠启宇 / 主编　2017 年 2 月出版　估价：89.00 元

◆　本书作者以上海社会科学院从事国际城市研究的学者团队为核心，汇集同济大学、华东师范大学、复旦大学、上海交通大学、南京大学、浙江大学相关城市研究专业学者。立足动态跟踪介绍国际城市发展时间中，最新出现的重大战略、重大理念、重大项目、重大报告和最佳案例。

金融蓝皮书

中国金融发展报告（2017）

李扬　王国刚 / 主编　2017 年 1 月出版　估价：89.00 元

◆　本书由中国社会科学院金融研究所组织编写，概括和分析了 2016 年中国金融发展和运行中的各方面情况，研讨和评论了 2016 年发生的主要金融事件，有利于读者了解掌握 2016 年中国的金融状况，把握 2017 年中国金融的走势。

农村绿皮书

中国农村经济形势分析与预测（2016 ~ 2017）

魏后凯　杜志雄　黄秉信 / 著　2017 年 4 月出版　估价：89.00 元

◆　本书描述了 2016 年中国农业农村经济发展的一些主要指标和变化，并对 2017 年中国农业农村经济形势的一些展望和预测，提出相应的政策建议。

西部蓝皮书

中国西部发展报告（2017）

姚慧琴　徐璋勇 / 主编　2017 年 9 月出版　估价：89.00 元

◆　本书由西北大学中国西部经济发展研究中心主编，汇集了源自西部本土以及国内研究西部问题的权威专家的第一手资料，对国家实施西部大开发战略进行年度动态跟踪，并对 2017 年西部经济、社会发展态势进行预测和展望。

经济蓝皮书・夏季号

中国经济增长报告（2016 ~ 2017）

李扬 / 主编　2017 年 9 月出版　估价：98.00 元

◆　中国经济增长报告主要探讨 2016~2017 年中国经济增长问题，以专业视角解读中国经济增长，力求将其打造成一个研究中国经济增长、服务宏微观各级决策的周期性、权威性读物。

就业蓝皮书

2017 年中国本科生就业报告

麦可思研究院 / 编著　2017 年 6 月出版　估价：98.00 元

◆　本书基于大量的数据和调研，内容翔实，调查独到，分析到位，用数据说话，对我国大学生教育与发展起到了很好的建言献策作用。

社会政法类

社会政法类皮书聚焦社会发展领域的热点、难点问题，
提供权威、原创的资讯与视点

社会蓝皮书

2017年中国社会形势分析与预测

李培林 陈光金 张翼 / 主编 2016年12月出版 定价：89.00元

◆ 本书由中国社会科学院社会学研究所组织研究机构专家、高校学者和政府研究人员撰写，聚焦当下社会热点，对2016年中国社会发展的各个方面内容进行了权威解读，同时对2017年社会形势发展趋势进行了预测。

法治蓝皮书

中国法治发展报告 No.15（2017）

李林 田禾 / 主编 2017年3月出版 估价：118.00元

◆ 本年度法治蓝皮书回顾总结了2016年度中国法治发展取得的成就和存在的不足，并对2017年中国法治发展形势进行了预测和展望。

社会体制蓝皮书

中国社会体制改革报告 No.5（2017）

龚维斌 / 主编 2017年4月出版 估价：89.00元

◆ 本书由国家行政学院社会治理研究中心和北京师范大学中国社会管理研究院共同组织编写，主要对2016年社会体制改革情况进行回顾和总结，对2017年的改革走向进行分析，提出相关政策建议。

社会心态蓝皮书

中国社会心态研究报告（2017）

王俊秀　杨宜音 / 主编　2017 年 12 月出版　估价：89.00 元

◆　本书是中国社会科学院社会学研究所社会心理研究中心“社会心态蓝皮书课题组”的年度研究成果，运用社会心理学、社会学、经济学、传播学等多种学科的方法进行了调查和研究，对于目前我国社会心态状况有较广泛和深入的揭示。

生态城市绿皮书

中国生态城市建设发展报告（2017）

刘举科　孙伟平　胡文臻 / 主编　2017 年 7 月出版　估价：118.00 元

◆　报告以绿色发展、循环经济、低碳生活、民生宜居为理念，以更新民众观念、提供决策咨询、指导工程实践、引领绿色发展为宗旨，试图探索一条具有中国特色的城市生态文明建设新路。

城市生活质量蓝皮书

中国城市生活质量报告（2017）

中国经济实验研究院 / 主编　2017 年 7 月出版　估价：89.00 元

◆　本书对全国 35 个城市居民的生活质量主观满意度进行了电话调查，同时对 35 个城市居民的客观生活质量指数进行了计算，为我国城市居民生活质量的提升，提出了针对性的政策建议。

公共服务蓝皮书

中国城市基本公共服务力评价（2017）

钟君　吴正杲 / 主编　2017 年 12 月出版　估价：89.00 元

◆　中国社会科学院经济与社会建设研究室与华图政信调查组成联合课题组，从 2010 年开始对基本公共服务力进行研究，研创了基本公共服务力评价指标体系，为政府考核公共服务与社会管理工作提供了理论工具。

行业报告类

行业报告类皮书立足重点行业、新兴行业领域，
提供及时、前瞻的数据与信息

企业社会责任蓝皮书

中国企业社会责任研究报告（2017）

黄群慧　钟宏武　张蒽　翟利峰 / 著　2017 年 10 月出版　估价：89.00 元

◆　本书剖析了中国企业社会责任在 2016 ~ 2017 年度的最新发展特征，详细解读了省域国有企业在社会责任方面的阶段性特征，生动呈现了国内外优秀企业的社会责任实践。对了解中国企业社会责任履行现状、未来发展，以及推动社会责任建设有重要的参考价值。

新能源汽车蓝皮书

中国新能源汽车产业发展报告（2017）

黄中国汽车技术研究中心　日产（中国）投资有限公司
东风汽车有限公司 / 编著　2017 年 7 月出版　估价：98.00 元

◆　本书对我国 2016 年新能源汽车产业发展进行了全面系统的分析，并介绍了国外的发展经验。有助于相关机构、行业和社会公众等了解中国新能源汽车产业发展的最新动态，为政府部门出台新能源汽车产业相关政策法规、企业制定相关战略规划，提供必要的借鉴和参考。

杜仲产业绿皮书

中国杜仲橡胶资源与产业发展报告（2016 ~ 2017）

杜红岩　胡文臻　俞锐 / 主编　2017 年 1 月出版　估价：85.00 元

◆　本书对 2016 年来的杜仲产业的发展情况、研究团队在杜仲研究方面取得的重要成果、部分地区杜仲产业发展的具体情况、杜仲新标准的制定情况等进行了较为详细的分析与介绍，使广大关心杜仲产业发展的读者能够及时跟踪产业最新进展。

企业蓝皮书

中国企业绿色发展报告 No.2（2017）

李红玉　朱光辉 / 主编　　2017 年 8 月出版　　估价：89.00 元

◆　本书深入分析中国企业能源消费、资源利用、绿色金融、绿色产品、绿色管理、信息化、绿色发展政策及绿色文化方面的现状，并对目前存在的问题进行研究，剖析因果，谋划对策。为企业绿色发展提供借鉴，为我国生态文明建设提供支撑。

中国上市公司蓝皮书

中国上市公司发展报告（2017）

张平　王宏淼 / 主编　　2017 年 10 月出版　　估价：98.00 元

◆　本书由中国社会科学院上市公司研究中心组织编写的，着力于全面、真实、客观反映当前中国上市公司财务状况和价值评估的综合性年度报告。本书详尽分析了 2016 年中国上市公司情况，特别是现实中暴露出的制度性、基础性问题，并对资本市场改革进行了探讨。

资产管理蓝皮书

中国资产管理行业发展报告（2017）

智信资产管理研究院 / 编著　　2017 年 6 月出版　　估价：89.00 元

◆　中国资产管理行业刚刚兴起，未来将中国金融市场最有看点的行业。本书主要分析了 2016 年度资产管理行业的发展情况，同时对资产管理行业的未来发展做出科学的预测。

体育蓝皮书

中国体育产业发展报告（2017）

阮伟　钟秉枢 / 主编　　2017 年 12 月出版　　估价：89.00 元

◆　本书运用多种研究方法，在对于体育竞赛业、体育用品业、体育场馆业、体育传媒业等传统产业研究的基础上，紧紧围绕 2016 年体育领域内的各种热点事件进行研究和梳理，进一步拓宽了研究的广度、提升了研究的高度、挖掘了研究的深度。

国别与地区类

国别与地区类皮书关注全球重点国家与地区，
提供全面、独特的解读与研究

美国蓝皮书

美国研究报告（2017）

郑秉文　黄平 / 主编　2017 年 6 月出版　估价：89.00 元

◆　本书是由中国社会科学院美国所主持完成的研究成果，它回顾了美国 2016 年的经济、政治形势与外交战略，对 2017 年以来美国内政外交发生的重大事件及重要政策进行了较为全面的回顾和梳理。

日本蓝皮书

日本研究报告（2017）

杨伯江 / 主编　2017 年 5 月出版　估价：89.00 元

◆　本书对 2016 年拉丁美洲和加勒比地区诸国的政治、经济、社会、外交等方面的发展情况做了系统介绍，对该地区相关国家的热点及焦点问题进行了总结和分析，并在此基础上对该地区各国 2017 年的发展前景做出预测。

亚太蓝皮书

亚太地区发展报告（2017）

李向阳 / 主编　2017 年 3 月出版　估价：89.00 元

◆　本书是中国社会科学院亚太与全球战略研究院的集体研究成果。2016 年的“亚太蓝皮书”继续关注中国周边环境的变化。该书盘点了 2016 年亚太地区的焦点和热点问题，为深入了解 2016 年及未来中国与周边环境的复杂形势提供了重要参考。

德国蓝皮书

德国发展报告（2017）

郑春荣 / 主编　2017 年 6 月出版　估价：89.00 元

◆　本报告由同济大学德国研究所组织编撰，由该领域的专家学者对德国的政治、经济、社会文化、外交等方面的形势发展情况，进行全面的阐述与分析。

日本经济蓝皮书

日本经济与中日经贸关系研究报告（2017）

王洛林　张季风 / 编著　2017 年 5 月出版　估价：89.00 元

◆　本书系统、详细地介绍了 2016 年日本经济以及中日经贸关系发展情况，在进行了大量数据分析的基础上，对 2017 年日本经济以及中日经贸关系的大致发展趋势进行了分析与预测。

俄罗斯黄皮书

俄罗斯发展报告（2017）

李永全 / 编著　2017 年 7 月出版　估价：89.00 元

◆　本书系统介绍了 2016 年俄罗斯经济政治情况，并对 2016 年该地区发生的焦点、热点问题进行了分析与回顾；在此基础上，对该地区 2017 年的发展前景进行了预测。

非洲黄皮书

非洲发展报告 No.19（2016 ~ 2017）

张宏明 / 主编　2017 年 8 月出版　估价：89.00 元

◆　本书是由中国社会科学院西亚非洲研究所组织编撰的非洲形势年度报告，比较全面、系统地分析了 2016 年非洲政治形势和热点问题，探讨了非洲经济形势和市场走向，剖析了大国对非洲关系的新动向；此外，还介绍了国内非洲研究的新成果。

地方发展类

地方发展类皮书关注中国各省份、经济区域，
提供科学、多元的预判与资政信息

北京蓝皮书

北京公共服务发展报告（2016~2017）

施昌奎 / 主编　2017 年 2 月出版　估价：89.00 元

◆　本书是由北京市政府职能部门的领导、首都著名高校的教授、知名研究机构的专家共同完成的关于北京市公共服务发展与创新的研究成果。

河南蓝皮书

河南经济发展报告（2017）

张占仓 / 编著　2017 年 3 月出版　估价：89.00 元

◆　本书以国内外经济发展环境和走向为背景，主要分析当前河南经济形势，预测未来发展趋势，全面反映河南经济发展的最新动态、热点和问题，为地方经济发展和领导决策提供参考。

广州蓝皮书

2017 年中国广州经济形势分析与预测

庾建设　陈浩钿　谢博能 / 主编　2017 年 7 月出版　估价：85.00 元

◆　本书由广州大学与广州市委政策研究室、广州市统计局联合主编，汇集了广州科研团体、高等院校和政府部门诸多经济问题研究专家、学者和实际部门工作者的最新研究成果，是关于广州经济运行情况和相关专题分析、预测的重要参考资料。

文化传媒类

文化传媒类皮书透视文化领域、文化产业，
探索文化大繁荣、大发展的路径

新媒体蓝皮书

中国新媒体发展报告 No.8（2017）

唐绪军 / 主编　2017 年 6 月出版　估价：89.00 元

◆　本书是由中国社会科学院新闻与传播研究所组织编写的关于新媒体发展的最新年度报告，旨在全面分析中国新媒体的发展现状，解读新媒体的发展趋势，探析新媒体的深刻影响。

移动互联网蓝皮书

中国移动互联网发展报告（2017）

官建文 / 编著　　2017 年 6 月出版　　估价：89.00 元

◆　本书着眼于对中国移动互联网 2016 年度的发展情况做深入解析，对未来发展趋势进行预测，力求从不同视角、不同层面全面剖析中国移动互联网发展的现状、年度突破及热点趋势等。

传媒蓝皮书

中国传媒产业发展报告（2017）

崔保国 / 主编　2017 年 5 月出版　估价：98.00 元

◆　"传媒蓝皮书"连续十多年跟踪观察和系统研究中国传媒产业发展。本报告在对传媒产业总体以及各细分行业发展状况与趋势进行深入分析基础上，对年度发展热点进行跟踪，剖析新技术引领下的商业模式，对传媒各领域发展趋势、内体经营、传媒投资进行解析，为中国传媒产业正在发生的变革提供前瞻行参考。

经济类

“三农”互联网金融蓝皮书
中国“三农”互联网金融发展报告（2017）
著(编)者：李勇坚 王弢　2017年8月出版 / 估价：98.00元
PSN B-2016-561-1/1

G20国家创新竞争力黄皮书
二十国集团（G20）国家创新竞争力发展报告（2016~2017）
著(编)者：李建平 李闽榕 赵新力 周天勇
2017年8月出版 / 估价：158.00元
PSN Y-2011-229-1/1

产业蓝皮书
中国产业竞争力报告（2017）No.7
著(编)者：张其仔　2017年12月出版 / 估价：98.00元
PSN B-2010-175-1/1

城市创新蓝皮书
中国城市创新报告（2017）
著(编)者：周天勇 旷建伟　2017年11月出版 / 估价：89.00元
PSN B-2013-340-1/1

城市蓝皮书
中国城市发展报告 No.10
著(编)者：潘家华 单菁菁　2017年9月出版 / 估价：89.00元
PSN B-2007-091-1/1

城乡一体化蓝皮书
中国城乡一体化发展报告（2016～2017）
著(编)者：汝信 付崇兰　2017年7月出版 / 估价：85.00元
PSN B-2011-226-1/2

城镇化蓝皮书
中国新型城镇化健康发展报告（2017）
著(编)者：张占斌　2017年8月出版 / 估价：89.00元
PSN B-2014-396-1/1

创新蓝皮书
创新型国家建设报告（2016～2017）
著(编)者：詹正茂　2017年12月出版 / 估价：89.00元
PSN B-2009-140-1/1

创业蓝皮书
中国创业发展报告（2016～2017）
著(编)者：黄群慧 赵卫星 钟宏武等
2017年11月出版 / 估价：89.00元
PSN B-2016-578-1/1

低碳发展蓝皮书
中国低碳发展报告（2016~2017）
著(编)者：齐晔 张希良　2017年3月出版 / 估价：98.00元
PSN B-2011-223-1/1

低碳经济蓝皮书
中国低碳经济发展报告（2017）
著(编)者：薛进军 赵忠秀　2017年6月出版 / 估价：85.00元
PSN B-2011-194-1/1

东北蓝皮书
中国东北地区发展报告（2017）
著(编)者：朱宇 张新颖　2017年12月出版 / 估价：89.00元
PSN B-2006-067-1/1

发展与改革蓝皮书
中国经济发展和体制改革报告No.8
著(编)者：邹东涛 王再文　2017年1月出版 / 估价：98.00元
PSN B-2008-122-1/1

工业化蓝皮书
中国工业化进程报告（2017）
著(编)者：黄群慧　2017年12月出版 / 估价：158.00元
PSN B-2007-095-1/1

管理蓝皮书
中国管理发展报告（2017）
著(编)者：张晓东　2017年10月出版 / 估价：98.00元
PSN B-2014-416-1/1

国际城市蓝皮书
国际城市发展报告（2017）
著(编)者：屠启宇　2017年2月出版 / 估价：89.00元
PSN B-2012-260-1/1

国家创新蓝皮书
中国创新发展报告（2017）
著(编)者：陈劲　2017年12月出版 / 估价：89.00元
PSN B-2014-370-1/1

金融蓝皮书
中国金融发展报告（2017）
著(编)者：李杨 王国刚　2017年12月出版 / 估价：89.00元
PSN B-2004-031-1/6

京津冀金融蓝皮书
京津冀金融发展报告（2017）
著(编)者：王爱俭 李向前
2017年3月出版 / 估价：89.00元
PSN B-2016-528-1/1

京津冀蓝皮书
京津冀发展报告（2017）
著(编)者：文魁 祝尔娟　2017年4月出版 / 估价：89.00元
PSN B-2012-262-1/1

经济蓝皮书
2017年中国经济形势分析与预测
著(编)者：李扬　2016年12月出版 / 定价：89.00元
PSN B-1996-001-1/1

经济蓝皮书・春季号
2017年中国经济前景分析
著(编)者：李扬　2017年6月出版 / 估价：89.00元
PSN B-1999-008-1/1

经济蓝皮书・夏季号
中国经济增长报告（2016～2017）
著(编)者：李扬　2017年9月出版 / 估价：98.00元
PSN B-2010-176-1/1

经济信息绿皮书
中国与世界经济发展报告（2017）
著(编)者：杜平　2017年12月出版 / 估价：89.00元
PSN G-2003-023-1/1

就业蓝皮书
2017年中国本科生就业报告
著(编)者：麦可思研究院　2017年6月出版 / 估价：98.00元
PSN B-2009-146-1/2

就业蓝皮书
2017年中国高职高专生就业报告
著(编)者：麦可思研究院　2017年6月出版 / 估价：98.00元
PSN B-2015-472-2/2

科普能力蓝皮书
中国科普能力评价报告（2017）
著(编)者：李富 强李群　2017年8月出版 / 估价：89.00元
PSN B-2016-556-1/1

临空经济蓝皮书
中国临空经济发展报告（2017）
著(编)者：连玉明　2017年9月出版 / 估价：89.00元
PSN B-2014-421-1/1

农村绿皮书
中国农村经济形势分析与预测（2016～2017）
著(编)者：魏后凯 杜志雄 黄秉信
2017年4月出版 / 估价：89.00元
PSN G-1998-003-1/1

农业应对气候变化蓝皮书
气候变化对中国农业影响评估报告 No.3
著(编)者：矫梅燕　2017年8月出版 / 估价：98.00元
PSN B-2014-413-1/1

气候变化绿皮书
应对气候变化报告（2017）
著(编)者：王伟光 郑国光　2017年6月出版 / 估价：89.00元
PSN G-2009-144-1/1

区域蓝皮书
中国区域经济发展报告（2016～2017）
著(编)者：赵弘　2017年6月出版 / 估价：89.00元
PSN B-2004-034-1/1

全球环境竞争力绿皮书
全球环境竞争力报告（2017）
著(编)者：李建平 李闽榕 王金南
2017年12月出版 / 估价：198.00元
PSN G-2013-363-1/1

人口与劳动绿皮书
中国人口与劳动问题报告 No.18
著(编)者：蔡昉 张车伟　2017年11月出版 / 估价：89.00元
PSN G-2000-012-1/1

商务中心区蓝皮书
中国商务中心区发展报告 No.3（2016）
著(编)者：李国红 单菁菁　2017年1月出版 / 估价：89.00元
PSN B-2015-444-1/1

世界经济黄皮书
2017年世界经济形势分析与预测
著(编)者：张宇燕　2016年12月出版 / 定价：89.00元
PSN Y-1999-006-1/1

世界旅游城市绿皮书
世界旅游城市发展报告（2017）
著(编)者：宋宇　2017年1月出版 / 估价：128.00元
PSN G-2014-400-1/1

土地市场蓝皮书
中国农村土地市场发展报告（2016～2017）
著(编)者：李光荣　2017年3月出版 / 估价：89.00元
PSN B-2016-527-1/1

西北蓝皮书
中国西北发展报告（2017）
著(编)者：高建龙　2017年3月出版 / 估价：89.00元
PSN B-2012-261-1/1

西部蓝皮书
中国西部发展报告（2017）
著(编)者：姚慧琴 徐璋勇　2017年9月出版 / 估价：89.00元
PSN B-2005-039-1/1

新型城镇化蓝皮书
新型城镇化发展报告（2017）
著(编)者：李伟 宋敏 沈体雁　2017年3月出版 / 估价：98.00元
PSN B-2014-431-1/1

新兴经济体蓝皮书
金砖国家发展报告（2017）
著(编)者：林跃勤 周文　2017年12月出版 / 估价：89.00元
PSN B-2011-195-1/1

长三角蓝皮书
2017年新常态下深化一体化的长三角
著(编)者：王庆五　2017年12月出版 / 估价：88.00元
PSN B-2005-038-1/1

中部竞争力蓝皮书
中国中部经济社会竞争力报告（2017）
著(编)者：教育部人文社会科学重点研究基地
南昌大学中国中部经济社会发展研究中心
2017年12月出版 / 估价：89.00元
PSN B-2012-276-1/1

中部蓝皮书
中国中部地区发展报告（2017）
著(编)者：宋亚平　2017年12月出版 / 估价：88.00元
PSN B-2007-089-1/1

中国省域竞争力蓝皮书
中国省域经济综合竞争力发展报告（2017）
著(编)者：李建平 李闽榕 高燕京
2017年2月出版 / 估价：198.00元
PSN B-2007-088-1/1

中三角蓝皮书
长江中游城市群发展报告（2017）
著(编)者：秦尊文　2017年9月出版 / 估价：89.00元
PSN B-2014-417-1/1

中小城市绿皮书
中国中小城市发展报告（2017）
著(编)者：中国城市经济学会中小城市经济发展委员会
中国城镇化促进会中小城市发展委员会
《中国中小城市发展报告》编纂委员会
中小城市发展战略研究院
2017年11月出版 / 估价：128.00元
PSN G-2010-161-1/1

中原蓝皮书
中原经济区发展报告（2017）
著(编)者：李英杰　2017年6月出版 / 估价：88.00元
PSN B-2011-192-1/1

自贸区蓝皮书
中国自贸区发展报告（2017）
著(编)者：王力　2017年7月出版 / 估价：89.00元
PSN B-2016-559-1/1

社会政法类

北京蓝皮书
中国社区发展报告（2017）
著(编)者：于燕燕　　2017年2月出版 / 估价：89.00元
PSN B-2007-083-5/8

殡葬绿皮书
中国殡葬事业发展报告（2017）
著(编)者：李伯森　　2017年4月出版 / 估价：158.00元
PSN G-2010-180-1/1

城市管理蓝皮书
中国城市管理报告（2016~2017）
著(编)者：刘林　刘承水　2017年5月出版 / 估价：158.00元
PSN B-2013-336-1/1

城市生活质量蓝皮书
中国城市生活质量报告（2017）
著(编)者：中国经济实验研究院
2017年7月出版 / 估价：89.00元
PSN B-2013-326-1/1

城市政府能力蓝皮书
中国城市政府公共服务能力评估报告（2017）
著(编)者：何艳玲　　2017年4月出版 / 估价：89.00元
PSN B-2013-338-1/1

慈善蓝皮书
中国慈善发展报告（2017）
著(编)者：杨团　　2017年6月出版 / 估价：89.00元
PSN B-2009-142-1/1

党建蓝皮书
党的建设研究报告 No.2（2017）
著(编)者：崔建民　陈东平　　2017年2月出版 / 估价：89.00元
PSN B-2016-524-1/1

地方法治蓝皮书
中国地方法治发展报告 No.3（2017）
著(编)者：李林　田禾　　2017年3出版 / 估价：108.00元
PSN B-2015-442-1/1

法治蓝皮书
中国法治发展报告 No.15（2017）
著(编)者：李林 田禾　　2017年3月出版 / 估价：118.00元
PSN B-2004-027-1/1

法治政府蓝皮书
中国法治政府发展报告（2017）
著(编)者：中国政法大学法治政府研究院
2017年2月出版 / 估价：98.00元
PSN B-2015-502-1/2

法治政府蓝皮书
中国法治政府评估报告（2017）
著(编)者：中国政法大学法治政府研究院
2016年11月出版 / 估价：98.00元
PSN B-2016-577-2/2

反腐倡廉蓝皮书
中国反腐倡廉建设报告 No.7
著(编)者：张英伟　　2017年12月出版 / 估价：89.00元
PSN B-2012-259-1/1

非传统安全蓝皮书
中国非传统安全研究报告（2016～2017）
著(编)者：余潇枫 魏志江　　2017年6月出版 / 估价：89.00元
PSN B-2012-273-1/1

妇女发展蓝皮书
中国妇女发展报告 No.7
著(编)者：王金玲　　2017年9月出版 / 估价：148.00元
PSN B-2006-069-1/1

妇女教育蓝皮书
中国妇女教育发展报告 No.4
著(编)者：张李玺　　2017年10月出版 / 估价：78.00元
PSN B-2008-121-1/1

妇女绿皮书
中国性别平等与妇女发展报告（2017）
著(编)者：谭琳　　2017年12月出版 / 估价：99.00元
PSN G-2006-073-1/1

公共服务蓝皮书
中国城市基本公共服务力评价（2017）
著(编)者：钟君 吴正杲　　2017年12月出版 / 估价：89.00元
PSN B-2011-214-1/1

公民科学素质蓝皮书
中国公民科学素质报告（2016～2017）
著(编)者：李群　陈雄　马宗文
2017年1月出版 / 估价：89.00元
PSN B-2014-379-1/1

公共关系蓝皮书
中国公共关系发展报告（2017）
著(编)者：柳斌杰　　2017年11月出版 / 估价：89.00元
PSN B-2016-580-1/1

公益蓝皮书
中国公益慈善发展报告（2017）
著(编)者：朱健刚　　2017年4月出版 / 估价：118.00元
PSN B-2012-283-1/1

国际人才蓝皮书
海外华侨华人专业人士报告（2017）
著(编)者：王辉耀 苗绿　　2017年8月出版 / 估价：89.00元
PSN B-2014-409-4/4

国际人才蓝皮书
中国国际移民报告（2017）
著(编)者：王辉耀　　2017年2月出版 / 估价：89.00元
PSN B-2012-304-3/4

国际人才蓝皮书
中国留学发展报告（2017）No.5
著(编)者：王辉耀 苗绿　　2017年10月出版 / 估价：89.00元
PSN B-2012-244-2/4

海洋社会蓝皮书
中国海洋社会发展报告（2017）
著(编)者：崔凤 宋宁而　　2017年7月出版 / 估价：89.00元
PSN B-2015-478-1/1

行政改革蓝皮书
中国行政体制改革报告（2017）No.6
著(编)者：魏礼群　2017年5月出版 / 估价：98.00元
PSN B-2011-231-1/1

华侨华人蓝皮书
华侨华人研究报告（2017）
著(编)者：贾益民　2017年12月出版 / 估价：128.00元
PSN B-2011-204-1/1

环境竞争力绿皮书
中国省域环境竞争力发展报告（2017）
著(编)者：李建平 李闽榕 王金南
2017年11月出版 / 估价：198.00元
PSN G-2010-165-1/1

环境绿皮书
中国环境发展报告（2017）
著(编)者：刘鉴强　2017年11月出版 / 估价：89.00元
PSN G-2006-048-1/1

基金会蓝皮书
中国基金会发展报告（2016~2017）
著(编)者：中国基金会发展报告课题组
2017年4月出版 / 估价：85.00元
PSN B-2013-368-1/1

基金会绿皮书
中国基金会发展独立研究报告（2017）
著(编)者：基金会中心网 中央民族大学基金会研究中心
2017年6月出版 / 估价：88.00元
PSN G-2011-213-1/1

基金会透明度蓝皮书
中国基金会透明度发展研究报告（2017）
著(编)者：基金会中心网 清华大学廉政与治理研究中心
2017年12月出版 / 估价：89.00元
PSN B-2015-509-1/1

家庭蓝皮书
中国“创建幸福家庭活动”评估报告（2017）
国务院发展研究中心“创建幸福家庭活动评估”课题组著
2017年8月出版 / 估价：89.00元
PSN B-2012-261-1/1

健康城市蓝皮书
中国健康城市建设研究报告（2017）
著(编)者：王鸿春 解树江 盛继洪
2017年9月出版 / 估价：89.00元
PSN B-2016-565-2/2

教师蓝皮书
中国中小学教师发展报告（2017）
著(编)者：曾晓东 鱼霞　2017年6月出版 / 估价：89.00元
PSN B-2012-289-1/1

教育蓝皮书
中国教育发展报告（2017）
著(编)者：杨东平　2017年4月出版 / 估价：89.00元
PSN B-2006-047-1/1

科普蓝皮书
中国基层科普发展报告（2016～2017）
著(编)者：赵立 新陈玲　2017年9月出版 / 估价：89.00元
PSN B-2016-569-3/3

科普蓝皮书
中国科普基础设施发展报告（2017）
著(编)者：任福君　2017年6月出版 / 估价：89.00元
PSN B-2010-174-1/3

科普蓝皮书
中国科普人才发展报告（2017）
著(编)者：郑念 任嵘嵘　2017年4月出版 / 估价：98.00元
PSN B-2015-513-2/3

科学教育蓝皮书
中国科学教育发展报告（2017）
著(编)者：罗晖 王康友　2017年10月出版 / 估价：89.00元
PSN B-2015-487-1/1

劳动保障蓝皮书
中国劳动保障发展报告（2017）
著(编)者：刘燕斌　2017年9月出版 / 估价：188.00元
PSN B-2014-415-1/1

老龄蓝皮书
中国老年宜居环境发展报告（2017）
著(编)者：党俊武 周燕珉　2017年1月出版 / 估价：89.00元
PSN B-2013-320-1/1

连片特困区蓝皮书
中国连片特困区发展报告（2017）
著(编)者：游俊 冷志明 丁建军
2017年3月出版 / 估价：98.00元
PSN B-2013-321-1/1

民间组织蓝皮书
中国民间组织报告（2017）
著(编)者：黄晓勇　2017年12月出版 / 估价：89.00元
PSN B-2008-118-1/1

民调蓝皮书
中国民生调查报告（2017）
著(编)者：谢耘耕　2017年12月出版 / 估价：98.00元
PSN B-2014-398-1/1

民族发展蓝皮书
中国民族发展报告（2017）
著(编)者：郝时远 王延中 王希恩
2017年4月出版 / 估价：98.00元
PSN B-2006-070-1/1

女性生活蓝皮书
中国女性生活状况报告 No.11（2017）
著(编)者：韩湘景　2017年10月出版 / 估价：98.00元
PSN B-2006-071-1/1

汽车社会蓝皮书
中国汽车社会发展报告（2017）
著(编)者：王俊秀　2017年1月出版 / 估价：89.00元
PSN B-2011-224-1/1

青年蓝皮书
中国青年发展报告（2017）No.3
著(编)者：廉思 等　2017年4月出版 / 估价：89.00元
PSN B-2013-333-1/1

青少年蓝皮书
中国未成年人互联网运用报告（2017）
著(编)者：李文革 沈杰 季为民
2017年11月出版 / 估价：89.00元
PSN B-2010-156-1/1

青少年体育蓝皮书
中国青少年体育发展报告（2017）
著(编)者：郭建军 杨桦　2017年9月出版 / 估价：89.00元
PSN B-2015-482-1/1

群众体育蓝皮书
中国群众体育发展报告（2017）
著(编)者：刘国永 杨桦　2017年12月出版 / 估价：89.00元
PSN B-2016-519-2/3

人权蓝皮书
中国人权事业发展报告 No.7（2017）
著(编)者：李君如　2017年9月出版 / 估价：98.00元
PSN B-2011-215-1/1

社会保障绿皮书
中国社会保障发展报告（2017）No.9
著(编)者：王延中　2017年4月出版 / 估价：89.00元
PSN G-2001-014-1/1

社会风险评估蓝皮书
风险评估与危机预警评估报告（2017）
著(编)者：唐钧　2017年8月出版 / 估价：85.00元
PSN B-2016-521-1/1

社会工作蓝皮书
中国社会工作发展报告（2017）
著(编)者：民政部社会工作研究中心
2017年8月出版 / 估价：89.00元
PSN B-2009-141-1/1

社会管理蓝皮书
中国社会管理创新报告 No.5
著(编)者：连玉明　2017年11月出版 / 估价：89.00元
PSN B-2012-300-1/1

社会蓝皮书
2017年中国社会形势分析与预测
著(编)者：李培林 陈光金 张翼
2016年12月出版 / 定价：89.00元
PSN B-1998-002-1/1

社会体制蓝皮书
中国社会体制改革报告No.5（2017）
著(编)者：龚维斌　2017年4月出版 / 估价：89.00元
PSN B-2013-330-1/1

社会心态蓝皮书
中国社会心态研究报告（2017）
著(编)者：王俊秀 杨宜音　2017年12月出版 / 估价：89.00元
PSN B-2011-199-1/1

社会组织蓝皮书
中国社会组织评估发展报告（2017）
著(编)者：徐家良 廖鸿　2017年12月出版 / 估价：89.00元
PSN B-2013-366-1/1

生态城市绿皮书
中国生态城市建设发展报告（2017）
著(编)者：刘举科 孙伟平 胡文臻
2017年9月出版 / 估价：118.00元
PSN G-2012-269-1/1

生态文明绿皮书
中国省域生态文明建设评价报告（ECI 2017）
著(编)者：严耕　2017年12月出版 / 估价：98.00元
PSN G-2010-170-1/1

体育蓝皮书
中国公共体育服务发展报告（2017）
著(编)者：戴健　2017年12月出版 / 估价：89.00元
PSN B-2013-367-2/4

土地整治蓝皮书
中国土地整治发展研究报告 No.4
著(编)者：国土资源部土地整治中心
2017年7月出版 / 估价：89.00元
PSN B-2014-401-1/1

土地政策蓝皮书
中国土地政策研究报告（2017）
著(编)者：高延利 李宪文
2017年12月出版 / 估价：89.00元
PSN B-2015-506-1/1

医改蓝皮书
中国医药卫生体制改革报告（2017）
著(编)者：文学国 房志武　2017年11月出版 / 估价：98.00元
PSN B-2014-432-1/1

医疗卫生绿皮书
中国医疗卫生发展报告 No.7（2017）
著(编)者：申宝忠 韩玉珍　2017年4月出版 / 估价：85.00元
PSN G-2004-033-1/1

应急管理蓝皮书
中国应急管理报告（2017）
著(编)者：宋英华　2017年9月出版 / 估价：98.00元
PSN B-2016-563-1/1

政治参与蓝皮书
中国政治参与报告（2017）
著(编)者：房宁　2017年9月出版 / 估价：118.00元
PSN B-2011-200-1/1

中国农村妇女发展蓝皮书
农村流动女性城市生活发展报告（2017）
著(编)者：谢丽华　2017年12月出版 / 估价：89.00元
PSN B-2014-434-1/1

宗教蓝皮书
中国宗教报告（2017）
著(编)者：邱永辉　2017年4月出版 / 估价：89.00元
PSN B-2008-117-1/1

行业报告类

SUV蓝皮书
中国SUV市场发展报告（2016~2017）
著(编)者：靳军 2017年9月出版 / 估价：89.00元
PSN B-2016-572-1/1

保健蓝皮书
中国保健服务产业发展报告 No.2
著(编)者：中国保健协会 中共中央党校
2017年7月出版 / 估价：198.00元
PSN B-2012-272-3/3

保健蓝皮书
中国保健食品产业发展报告 No.2
著(编)者：中国保健协会
中国社会科学院食品药品产业发展与监管研究中心
2017年7月出版 / 估价：198.00元
PSN B-2012-271-2/3

保健蓝皮书
中国保健用品产业发展报告 No.2
著(编)者：中国保健协会
国务院国有资产监督管理委员会研究中心
2017年3月出版 / 估价：198.00元
PSN B-2012-270-1/3

保险蓝皮书
中国保险业竞争力报告（2017）
著(编)者：项俊波 2017年12月出版 / 估价：99.00元
PSN B-2013-311-1/1

冰雪蓝皮书
中国滑雪产业发展报告（2017）
著(编)者：孙承华 伍斌 魏庆华 张鸿俊
2017年8月出版 / 估价：89.00元
PSN B-2016-560-1/1

彩票蓝皮书
中国彩票发展报告（2017）
著(编)者：益彩基金 2017年4月出版 / 估价：98.00元
PSN B-2015-462-1/1

餐饮产业蓝皮书
中国餐饮产业发展报告（2017）
著(编)者：邢颖 2017年6月出版 / 估价：98.00元
PSN B-2009-151-1/1

测绘地理信息蓝皮书
新常态下的测绘地理信息研究报告（2017）
著(编)者：库热西・买合苏提
2017年12月出版 / 估价：118.00元
PSN B-2009-145-1/1

茶业蓝皮书
中国茶产业发展报告（2017）
著(编)者：杨江帆 李闽榕 2017年10月出版 / 估价：88.00元
PSN B-2010-164-1/1

产权市场蓝皮书
中国产权市场发展报告（2016～2017）
著(编)者：曹和平 2017年5月出版 / 估价：89.00元
PSN B-2009-147-1/1

产业安全蓝皮书
中国出版传媒产业安全报告（2016~2017）
著(编)者：北京印刷学院文化产业安全研究院
2017年3月出版 / 估价：89.00元
PSN B-2014-384-13/14

产业安全蓝皮书
中国文化产业安全报告（2017）
著(编)者：北京印刷学院文化产业安全研究院
2017年12月出版 / 估价：89.00元
PSN B-2014-378-12/14

产业安全蓝皮书
中国新媒体产业安全报告（2017）
著(编)者：北京印刷学院文化产业安全研究院
2017年12月出版 / 估价：89.00元
PSN B-2015-500-14/14

城投蓝皮书
中国城投行业发展报告（2017）
著(编)者：王晨艳 丁伯康 2017年11月出版 / 估价：300.00元
PSN B-2016-514-1/1

电子政务蓝皮书
中国电子政务发展报告（2016~2017）
著(编)者：李季 杜平 2017年7月出版 / 估价：89.00元
PSN B-2003-022-1/1

杜仲产业绿皮书
中国杜仲橡胶资源与产业发展报告（2016～2017）
著(编)者：杜红岩 胡文臻 俞锐
2017年1月出版 / 估价：85.00元
PSN G-2013-350-1/1

房地产蓝皮书
中国房地产发展报告 No.14（2017）
著(编)者：李春华 王业强 2017年5月出版 / 估价：89.00元
PSN B-2004-028-1/1

服务外包蓝皮书
中国服务外包产业发展报告（2017）
著(编)者：王晓红 刘德军
2017年6月出版 / 估价：89.00元
PSN B-2013-331-2/2

服务外包蓝皮书
中国服务外包竞争力报告（2017）
著(编)者：王力 刘春生 黄育华
2017年11月出版 / 估价：85.00元
PSN B-2011-216-1/2

工业和信息化蓝皮书
世界网络安全发展报告（2016~2017）
著(编)者：洪京一 2017年4月出版 / 估价：89.00元
PSN B-2015-452-5/5

工业和信息化蓝皮书
世界信息化发展报告（2016~2017）
著(编)者：洪京一 2017年4月出版 / 估价：89.00元
PSN B-2015-451-4/5

工业和信息化蓝皮书
世界信息技术产业发展报告（2016~2017）
著(编)者：洪京一　2017年4月出版 / 估价：89.00元
PSN B-2015-449-2/5

工业和信息化蓝皮书
移动互联网产业发展报告（2016~2017）
著(编)者：洪京一　2017年4月出版 / 估价：89.00元
PSN B-2015-448-1/5

工业和信息化蓝皮书
战略性新兴产业发展报告（2016~2017）
著(编)者：洪京一　2017年4月出版 / 估价：89.00元
PSN B-2015-450-3/5

工业设计蓝皮书
中国工业设计发展报告（2017）
著(编)者：王晓红 于炜 张立群
2017年9月出版 / 估价：138.00元
PSN B-2014-420-1/1

黄金市场蓝皮书
中国商业银行黄金业务发展报告（2016~2017）
著(编)者：平安银行　2017年3月出版 / 估价：98.00元
PSN B-2016-525-1/1

互联网金融蓝皮书
中国互联网金融发展报告（2017）
著(编)者：李东荣　2017年9月出版 / 估价：128.00元
PSN B-2014-374-1/1

互联网医疗蓝皮书
中国互联网医疗发展报告（2017）
著(编)者：宫晓东　2017年9月出版 / 估价：89.00元
PSN B-2016-568-1/1

会展蓝皮书
中外会展业动态评估年度报告（2017）
著(编)者：张敏　2017年1月出版 / 估价：88.00元
PSN B-2013-327-1/1

金融监管蓝皮书
中国金融监管报告（2017）
著(编)者：胡滨　2017年6月出版 / 估价：89.00元
PSN B-2012-281-1/1

金融蓝皮书
中国金融中心发展报告（2017）
著(编)者：王力 黄育华　2017年11月出版 / 估价：85.00元
PSN B-2011-186-6/6

建筑装饰蓝皮书
中国建筑装饰行业发展报告（2017）
著(编)者：刘晓一 葛顺道　2017年7月出版 / 估价：198.00元
PSN B-2016-554-1/1

客车蓝皮书
中国客车产业发展报告（2016~2017）
著(编)者：姚蔚　2017年10月出版 / 估价：85.00元
PSN B-2013-361-1/1

旅游安全蓝皮书
中国旅游安全报告（2017）
著(编)者：郑向敏 谢朝武　2017年5月出版 / 估价：128.00元
PSN B-2012-280-1/1

旅游绿皮书
2016～2017年中国旅游发展分析与预测
著(编)者：张广瑞 刘德谦　2017年4月出版 / 估价：89.00元
PSN G-2002-018-1/1

煤炭蓝皮书
中国煤炭工业发展报告（2017）
著(编)者：岳福斌　2017年12月出版 / 估价：85.00元
PSN B-2008-123-1/1

民营企业社会责任蓝皮书
中国民营企业社会责任报告（2017）
著(编)者：中华全国工商业联合会
2017年12月出版 / 估价：89.00元
PSN B-2015-511-1/1

民营医院蓝皮书
中国民营医院发展报告（2017）
著(编)者：庄一强　2017年10月出版 / 估价：85.00元
PSN B-2012-299-1/1

闽商蓝皮书
闽商发展报告（2017）
著(编)者：李闽榕 王日根 林琛
2017年12月出版 / 估价：89.00元
PSN B-2012-298-1/1

能源蓝皮书
中国能源发展报告（2017）
著(编)者：崔民选 王军生 陈义和
2017年10月出版 / 估价：98.00元
PSN B-2006-049-1/1

农产品流通蓝皮书
中国农产品流通产业发展报告（2017）
著(编)者：贾敬敦 张东科 张玉玺 张鹏毅 周伟
2017年1月出版 / 估价：89.00元
PSN B-2012-288-1/1

企业公益蓝皮书
中国企业公益研究报告（2017）
著(编)者：钟宏武 汪杰 顾一 黄晓娟 等
2017年12月出版 / 估价：89.00元
PSN B-2015-501-1/1

企业国际化蓝皮书
中国企业国际化报告（2017）
著(编)者：王辉耀　2017年11月出版 / 估价：98.00元
PSN B-2014-427-1/1

企业蓝皮书
中国企业绿色发展报告 No.2（2017）
著(编)者：李红玉 朱光辉　2017年8月出版 / 估价：89.00元
PSN B-2015-481-2/2

企业社会责任蓝皮书
中国企业社会责任研究报告（2017）
著(编)者：黄群慧 钟宏武 张蒽 翟利峰
2017年11月出版 / 估价：89.00元
PSN B-2009-149-1/1

汽车安全蓝皮书
中国汽车安全发展报告（2017）
著(编)者：中国汽车技术研究中心
2017年7月出版 / 估价：89.00元
PSN B-2014-385-1/1

汽车电子商务蓝皮书
中国汽车电子商务发展报告（2017）
著(编)者：中华全国工商业联合会汽车经销商商会
北京易观智库网络科技有限公司
2017年10月出版 / 估价：128.00元
PSN B-2015-485-1/1

汽车工业蓝皮书
中国汽车工业发展年度报告（2017）
著(编)者：中国汽车工业协会 中国汽车技术研究中心
丰田汽车（中国）投资有限公司
2017年4月出版 / 估价：128.00元
PSN B-2015-463-1/2

汽车工业蓝皮书
中国汽车零部件产业发展报告（2017）
著(编)者：中国汽车工业协会 中国汽车工程研究院
2017年10月出版 / 估价：98.00元
PSN B-2016-515-2/2

汽车蓝皮书
中国汽车产业发展报告（2017）
著(编)者：国务院发展研究中心产业经济研究部
中国汽车工程学会 大众汽车集团（中国）
2017年8月出版 / 估价：98.00元
PSN B-2008-124-1/1

人力资源蓝皮书
中国人力资源发展报告（2017）
著(编)者：余兴安 2017年11月出版 / 估价：89.00元
PSN B-2012-287-1/1

融资租赁蓝皮书
中国融资租赁业发展报告（2016～2017）
著(编)者：李光荣 王力 2017年8月出版 / 估价：89.00元
PSN B-2015-443-1/1

商会蓝皮书
中国商会发展报告No.5（2017）
著(编)者：王钦敏 2017年7月出版 / 估价：89.00元
PSN B-2008-125-1/1

输血服务蓝皮书
中国输血行业发展报告（2017）
著(编)者：朱永明 耿鸿武 2016年8月出版 / 估价：89.00元
PSN B-2016-583-1/1

上市公司蓝皮书
中国上市公司社会责任信息披露报告（2017）
著(编)者：张旺 张杨 2017年11月出版 / 估价：89.00元
PSN B-2011-234-1/2

社会责任管理蓝皮书
中国上市公司社会责任能力成熟度报告（2017）No.2
著(编)者：肖红军 王晓光 李伟阳
2017年12月出版 / 估价：98.00元
PSN B-2015-507-2/2

社会责任管理蓝皮书
中国企业公众透明度报告(2017)No.3
著(编)者：黄速建 熊梦 王晓光 肖红军
2017年1月出版 / 估价：98.00元
PSN B-2015-440-1/2

食品药品蓝皮书
食品药品安全与监管政策研究报告（2016～2017）
著(编)者：唐民皓 2017年6月出版 / 估价：89.00元
PSN B-2009-129-1/1

世界能源蓝皮书
世界能源发展报告（2017）
著(编)者：黄晓勇 2017年6月出版 / 估价：99.00元
PSN B-2013-349-1/1

水利风景区蓝皮书
中国水利风景区发展报告（2017）
著(编)者：谢婵才 兰思仁 2017年5月出版 / 估价：89.00元
PSN B-2015-480-1/1

私募市场蓝皮书
中国私募股权市场发展报告（2017）
著(编)者：曹和平 2017年12月出版 / 估价：89.00元
PSN B-2010-162-1/1

碳市场蓝皮书
中国碳市场报告（2017）
著(编)者：定金彪 2017年11月出版 / 估价：89.00元
PSN B-2014-430-1/1

体育蓝皮书
中国体育产业发展报告（2017）
著(编)者：阮伟 钟秉枢 2017年12月出版 / 估价：89.00元
PSN B-2010-179-1/4

网络空间安全蓝皮书
中国网络空间安全发展报告（2017）
著(编)者：惠志斌 唐涛 2017年4月出版 / 估价：89.00元
PSN B-2015-466-1/1

西部金融蓝皮书
中国西部金融发展报告（2017）
著(编)者：李忠民 2017年8月出版 / 估价：85.00元
PSN B-2010-160-1/1

协会商会蓝皮书
中国行业协会商会发展报告（2017）
著(编)者：景朝阳 李勇 2017年4月出版 / 估价：99.00元
PSN B-2015-461-1/1

新能源汽车蓝皮书
中国新能源汽车产业发展报告（2017）
著(编)者：中国汽车技术研究中心
日产（中国）投资有限公司 东风汽车有限公司
2017年7月出版 / 估价：98.00元
PSN B-2013-347-1/1

新三板蓝皮书
中国新三板市场发展报告（2017）
著(编)者：王力 2017年6月出版 / 估价：89.00元
PSN B-2016-534-1/1

信托市场蓝皮书
中国信托业市场报告（2016～2017）
著(编)者：用益信托工作室
2017年1月出版 / 估价：198.00元
PSN B-2014-371-1/1

信息化蓝皮书
中国信息化形势分析与预测（2016~2017）
著(编)者：周宏仁　2017年8月出版 / 估价：98.00元
PSN B-2010-168-1/1

信用蓝皮书
中国信用发展报告（2017）
著(编)者：章政 田侃　2017年4月出版 / 估价：99.00元
PSN B-2013-328-1/1

休闲绿皮书
2017年中国休闲发展报告
著(编)者：宋瑞　2017年10月出版 / 估价：89.00元
PSN G-2010-158-1/1

休闲体育蓝皮书
中国休闲体育发展报告（2016～2017）
著(编)者：李相如　钟炳枢　2017年10月出版 / 估价：89.00元
PSN G-2016-516-1/1

养老金融蓝皮书
中国养老金融发展报告（2017）
著(编)者：董克用　姚余栋
2017年6月出版 / 估价：89.00元
PSN B-2016-584-1/1

药品流通蓝皮书
中国药品流通行业发展报告（2017）
著(编)者：佘鲁林 温再兴　2017年8月出版 / 估价：158.00元
PSN B-2014-429-1/1

医院蓝皮书
中国医院竞争力报告（2017）
著(编)者：庄一强　曾益新　2017年3月出版 / 估价：128.00元
PSN B-2016-529-1/1

医药蓝皮书
中国中医药产业园战略发展报告（2017）
著(编)者：裴长洪 房书亭 吴滌心
2017年8月出版 / 估价：89.00元
PSN B-2012-305-1/1

邮轮绿皮书
中国邮轮产业发展报告（2017）
著(编)者：汪泓　2017年10月出版 / 估价：89.00元
PSN G-2014-419-1/1

智能养老蓝皮书
中国智能养老产业发展报告（2017）
著(编)者：朱勇　2017年10月出版 / 估价：89.00元
PSN B-2015-488-1/1

债券市场蓝皮书
中国债券市场发展报告（2016～2017）
著(编)者：杨农　2017年10月出版 / 估价：89.00元
PSN B-2016-573-1/1

中国节能汽车蓝皮书
中国节能汽车发展报告（2016~2017）
著(编)者：中国汽车工程研究院股份有限公司
2017年9月出版 / 估价：98.00元
PSN B-2016-566-1/1

中国上市公司蓝皮书
中国上市公司发展报告（2017）
著(编)者：张平 王宏淼
2017年10月出版 / 估价：98.00元
PSN B-2014-414-1/1

中国陶瓷产业蓝皮书
中国陶瓷产业发展报告（2017）
著(编)者：左和平 黄速建　2017年10月出版 / 估价：98.00元
PSN B-2016-574-1/1

中国总部经济蓝皮书
中国总部经济发展报告（2016～2017）
著(编)者：赵弘　2017年9月出版 / 估价：89.00元
PSN B-2005-036-1/1

中医文化蓝皮书
中国中医药文化传播发展报告（2017）
著(编)者：毛嘉陵　2017年7月出版 / 估价：89.00元
PSN B-2015-468-1/1

装备制造业蓝皮书
中国装备制造业发展报告（2017）
著(编)者：徐东华　2017年12月出版 / 估价：148.00元
PSN B-2015-505-1/1

资本市场蓝皮书
中国场外交易市场发展报告（2016～2017）
著(编)者：高峦　2017年3月出版 / 估价：89.00元
PSN B-2009-153-1/1

资产管理蓝皮书
中国资产管理行业发展报告（2017）
著(编)者：智信资产管理研究院
2017年6月出版 / 估价：89.00元
PSN B-2014-407-2/2

文化传媒类

传媒竞争力蓝皮书
中国传媒国际竞争力研究报告（2017）
著(编)者：李本乾 刘强
2017年11月出版 / 估价：148.00元
PSN B-2013-356-1/1

传媒蓝皮书
中国传媒产业发展报告（2017）
著(编)者：崔保国　2017年5月出版 / 估价：98.00元
PSN B-2005-035-1/1

传媒投资蓝皮书
中国传媒投资发展报告（2017）
著(编)者：张向东 谭云明
2017年6月出版 / 估价：128.00元
PSN B-2015-474-1/1

动漫蓝皮书
中国动漫产业发展报告（2017）
著(编)者：卢斌 郑玉明 牛兴侦
2017年9月出版 / 估价：89.00元
PSN B-2011-198-1/1

非物质文化遗产蓝皮书
中国非物质文化遗产发展报告（2017）
著(编)者：陈平　2017年5月出版 / 估价：98.00元
PSN B-2015-469-1/1

广电蓝皮书
中国广播电影电视发展报告（2017）
著(编)者：国家新闻出版广电总局发展研究中心
2017年7月出版 / 估价：98.00元
PSN B-2006-072-1/1

广告主蓝皮书
中国广告主营销传播趋势报告 No.9
著(编)者：黄升民 杜国清 邵华冬 等
2017年10月出版 / 估价：148.00元
PSN B-2005-041-1/1

国际传播蓝皮书
中国国际传播发展报告（2017）
著(编)者：胡正荣 李继东 姬德强
2017年11月出版 / 估价：89.00元
PSN B-2014-408-1/1

纪录片蓝皮书
中国纪录片发展报告（2017）
著(编)者：何苏六　2017年9月出版 / 估价：89.00元
PSN B-2011-222-1/1

科学传播蓝皮书
中国科学传播报告（2017）
著(编)者：詹正茂　2017年7月出版 / 估价：89.00元
PSN B-2008-120-1/1

两岸创意经济蓝皮书
两岸创意经济研究报告（2017）
著(编)者：罗昌智 林咏能
2017年10月出版 / 估价：98.00元
PSN B-2014-437-1/1

两岸文化蓝皮书
两岸文化产业合作发展报告（2017）
著(编)者：胡惠林 李保宗　2017年7月出版 / 估价：89.00元
PSN B-2012-285-1/1

媒介与女性蓝皮书
中国媒介与女性发展报告(2016~2017)
著(编)者：刘利群　2017年9月出版 / 估价：118.00元
PSN B-2013-345-1/1

媒体融合蓝皮书
中国媒体融合发展报告（2017）
著(编)者：梅宁华 宋建武　2017年7月出版 / 估价：89.00元
PSN B-2015-479-1/1

全球传媒蓝皮书
全球传媒发展报告（2017）
著(编)者：胡正荣 李继东 唐晓芬
2017年11月出版 / 估价：89.00元
PSN B-2012-237-1/1

少数民族非遗蓝皮书
中国少数民族非物质文化遗产发展报告（2017）
著(编)者：肖远平（彝） 柴立（满）
2017年8月出版 / 估价：98.00元
PSN B-2015-467-1/1

视听新媒体蓝皮书
中国视听新媒体发展报告（2017）
著(编)者：国家新闻出版广电总局发展研究中心
2017年7月出版 / 估价：98.00元
PSN B-2011-184-1/1

文化创新蓝皮书
中国文化创新报告（2017）No.7
著(编)者：于平 傅才武　2017年7月出版 / 估价：98.00元
PSN B-2009-143-1/1

文化建设蓝皮书
中国文化发展报告（2016~2017）
著(编)者：江畅 孙伟平 戴茂堂
2017年6月出版 / 估价：116.00元
PSN B-2014-392-1/1

文化科技蓝皮书
文化科技创新发展报告（2017）
著(编)者：于平 李凤亮　2017年11月出版 / 估价：89.00元
PSN B-2013-342-1/1

文化蓝皮书
中国公共文化服务发展报告（2017）
著(编)者：刘新成 张永新 张旭
2017年12月出版 / 估价：98.00元
PSN B-2007-093-2/10

文化蓝皮书
中国公共文化投入增长测评报告（2017）
著(编)者：王亚南　2017年4月出版 / 估价：89.00元
PSN B-2014-435-10/10

文化蓝皮书
中国少数民族文化发展报告（2016~2017）
著(编)者：武翠英 张晓明 任乌晶
2017年9月出版 / 估价：89.00元
PSN B-2013-369-9/10

文化蓝皮书
中国文化产业发展报告（2016~2017）
著(编)者：张晓明 王家新 章建刚
2017年2月出版 / 估价：89.00元
PSN B-2002-019-1/10

文化蓝皮书
中国文化产业供需协调检测报告（2017）
著(编)者：王亚南 2017年2月出版 / 估价：89.00元
PSN B-2013-323-8/10

文化蓝皮书
中国文化消费需求景气评价报告（2017）
著(编)者：王亚南 2017年4月出版 / 估价：89.00元
PSN B-2011-236-4/10

文化品牌蓝皮书
中国文化品牌发展报告（2017）
著(编)者：欧阳友权 2017年5月出版 / 估价：98.00元
PSN B-2012-277-1/1

文化遗产蓝皮书
中国文化遗产事业发展报告（2017）
著(编)者：苏杨 张颖岚 王宇飞
2017年8月出版 / 估价：98.00元
PSN B-2008-119-1/1

文学蓝皮书
中国文情报告（2016～2017）
著(编)者：白烨 2017年5月出版 / 估价：49.00元
PSN B-2011-221-1/1

新媒体蓝皮书
中国新媒体发展报告No.8（2017）
著(编)者：唐绪军 2017年6月出版 / 估价：89.00元
PSN B-2010-169-1/1

新媒体社会责任蓝皮书
中国新媒体社会责任研究报告（2017）
著(编)者：钟瑛 2017年11月出版 / 估价：89.00元
PSN B-2014-423-1/1

移动互联网蓝皮书
中国移动互联网发展报告（2017）
著(编)者：官建文 2017年6月出版 / 估价：89.00元
PSN B-2012-282-1/1

舆情蓝皮书
中国社会舆情与危机管理报告（2017）
著(编)者：谢耘耕 2017年9月出版 / 估价：128.00元
PSN B-2011-235-1/1

影视风控蓝皮书
中国影视舆情与风控报告（2017）
著(编)者：司若 2017年4月出版 / 估价：138.00元
PSN B-2016-530-1/1

地方发展类

安徽经济蓝皮书
合芜蚌国家自主创新综合示范区研究报告（2016～2017）
著(编)者：王开玉 2017年11月出版 / 估价：89.00元
PSN B-2014-383-1/1

安徽蓝皮书
安徽社会发展报告（2017）
著(编)者：程桦 2017年4月出版 / 估价：89.00元
PSN B-2013-325-1/1

安徽社会建设蓝皮书
安徽社会建设分析报告（2016～2017）
著(编)者：黄家海 王开玉 蔡宪
2016年4月出版 / 估价：89.00元
PSN B-2013-322-1/1

澳门蓝皮书
澳门经济社会发展报告（2016～2017）
著(编)者：吴志良 郝雨凡 2017年6月出版 / 估价：98.00元
PSN B-2009-138-1/1

北京蓝皮书
北京公共服务发展报告（2016～2017）
著(编)者：施昌奎 2017年2月出版 / 估价：89.00元
PSN B-2008-103-7/8

北京蓝皮书
北京经济发展报告（2016～2017）
著(编)者：杨松 2017年6月出版 / 估价：89.00元
PSN B-2006-054-2/8

北京蓝皮书
北京社会发展报告（2016～2017）
著(编)者：李伟东 2017年6月出版 / 估价：89.00元
PSN B-2006-055-3/8

北京蓝皮书
北京社会治理发展报告（2016～2017）
著(编)者：殷星辰 2017年5月出版 / 估价：89.00元
PSN B-2014-391-8/8

北京蓝皮书
北京文化发展报告（2016～2017）
著(编)者：李建盛 2017年4月出版 / 估价：89.00元
PSN B-2007-082-4/8

北京律师绿皮书
北京律师发展报告No.3（2017）
著(编)者：王隽 2017年7月出版 / 估价：88.00元
PSN G-2012-301-1/1

北京旅游蓝皮书
北京旅游发展报告（2017）
著(编)者：北京旅游学会 2017年1月出版 / 估价：88.00元
PSN B-2011-217-1/1

北京人才蓝皮书
北京人才发展报告（2017）
著(编)者：于淼 2017年12月出版 / 估价：128.00元
PSN B-2011-201-1/1

北京社会心态蓝皮书
北京社会心态分析报告（2016～2017）
著(编)者：北京社会心理研究所
2017年8月出版 / 估价：89.00元
PSN B-2014-422-1/1

北京社会组织管理蓝皮书
北京社会组织发展与管理（2016～2017）
著(编)者：黄江松 2017年4月出版 / 估价：88.00元
PSN B-2015-446-1/1

北京体育蓝皮书
北京体育产业发展报告（2016～2017）
著(编)者：钟秉枢 陈杰 杨铁黎
2017年9月出版 / 估价：89.00元
PSN B-2015-475-1/1

北京养老产业蓝皮书
北京养老产业发展报告（2017）
著(编)者：周明明 冯喜良 2017年8月出版 / 估价：89.00元
PSN B-2015-465-1/1

滨海金融蓝皮书
滨海新区金融发展报告（2017）
著(编)者：王爱俭 张锐钢 2017年12月出版 / 估价：89.00元
PSN B-2014-424-1/1

城乡一体化蓝皮书
中国城乡一体化发展报告•北京卷（2016～2017）
著(编)者：张宝秀 黄序 2017年5月出版 / 估价：89.00元
PSN B-2012-258-2/2

创意城市蓝皮书
北京文化创意产业发展报告（2017）
著(编)者：张京成 王国华 2017年10月出版 / 估价：89.00元
PSN B-2012-263-1/7

创意城市蓝皮书
青岛文化创意产业发展报告（2017）
著(编)者：马达 张丹妮 2017年8月出版 / 估价：89.00元
PSN B-2011-235-1/1

创意城市蓝皮书
天津文化创意产业发展报告（2016～2017）
著(编)者：谢思全 2017年6月出版 / 估价：89.00元
PSN B-2016-537-7/7

创意城市蓝皮书
无锡文化创意产业发展报告（2017）
著(编)者：谭军 张鸣年 2017年10月出版 / 估价：89.00元
PSN B-2013-346-3/7

创意城市蓝皮书
武汉文化创意产业发展报告（2017）
著(编)者：黄永林 陈汉桥 2017年9月出版 / 估价：99.00元
PSN B-2013-354-4/7

创意上海蓝皮书
上海文化创意产业发展报告（2016～2017）
著(编)者：王慧敏 王兴全 2017年8月出版 / 估价：89.00元
PSN B-2016-562-1/1

福建妇女发展蓝皮书
福建省妇女发展报告（2017）
著(编)者：刘群英 2017年11月出版 / 估价：88.00元
PSN B-2011-220-1/1

福建自贸区蓝皮书
中国（福建）自由贸易实验区发展报告（2016～2017）
著(编)者：黄茂兴 2017年4月出版 / 估价：108.00元
PSN B-2017-532-1/1

甘肃蓝皮书
甘肃经济发展分析与预测（2017）
著(编)者：朱智文 罗哲 2017年1月出版 / 估价：89.00元
PSN B-2013-312-1/6

甘肃蓝皮书
甘肃社会发展分析与预测（2017）
著(编)者：安文华 包晓霞 谢增虎
2017年1月出版 / 估价：89.00元
PSN B-2013-313-2/6

甘肃蓝皮书
甘肃文化发展分析与预测（2017）
著(编)者：安文华 周小华 2017年1月出版 / 估价：89.00元
PSN B-2013-314-3/6

甘肃蓝皮书
甘肃县域和农村发展报告（2017）
著(编)者：刘进军 柳民 王建兵
2017年1月出版 / 估价：89.00元
PSN B-2013-316-5/6

甘肃蓝皮书
甘肃舆情分析与预测（2017）
著(编)者：陈双梅 郝树声 2017年1月出版 / 估价：89.00元
PSN B-2013-315-4/6

甘肃蓝皮书
甘肃商贸流通发展报告（2017）
著(编)者：杨志武 王福生 王晓芳
2017年1月出版 / 估价：89.00元
PSN B-2016-523-6/6

广东蓝皮书
广东全面深化改革发展报告（2017）
著(编)者：周林生 涂成林 2017年12月出版 / 估价：89.00元
PSN B-2015-504-3/3

广东蓝皮书
广东社会工作发展报告（2017）
著(编)者：罗观翠 2017年6月出版 / 估价：89.00元
PSN B-2014-402-2/3

广东蓝皮书
广东省电子商务发展报告（2017）
著(编)者：程晓 邓顺国 2017年7月出版 / 估价：89.00元
PSN B-2013-360-1/3

广东社会建设蓝皮书
广东省社会建设发展报告（2017）
著(编)者：广东省社会工作委员会
2017年12月出版 / 估价：99.00元
PSN B-2014-436-1/1

广东外经贸蓝皮书
广东对外经济贸易发展研究报告（2016~2017）
著(编)者：陈万灵　2017年8月出版 / 估价：98.00元
PSN B-2012-286-1/1

广西北部湾经济区蓝皮书
广西北部湾经济区开放开发报告（2017）
著(编)者：广西北部湾经济区规划建设管理委员会办公室
广西社会科学院广西北部湾发展研究院
2017年2月出版 / 估价：89.00元
PSN B-2010-181-1/1

巩义蓝皮书
巩义经济社会发展报告（2017）
著(编)者：丁同民 朱军　2017年4月出版 / 估价：58.00元
PSN B-2016-533-1/1

广州蓝皮书
2017年中国广州经济形势分析与预测
著(编)者：庾建设 陈浩钿 谢博能
2017年7月出版 / 估价：85.00元
PSN B-2011-185-9/14

广州蓝皮书
2017年中国广州社会形势分析与预测
著(编)者：张强 陈怡霓 杨秦　2017年6月出版 / 估价：85.00元
PSN B-2008-110-5/14

广州蓝皮书
广州城市国际化发展报告（2017）
著(编)者：朱名宏　2017年8月出版 / 估价：79.00元
PSN B-2012-246-11/14

广州蓝皮书
广州创新型城市发展报告（2017）
著(编)者：尹涛　2017年7月出版 / 估价：79.00元
PSN B-2012-247-12/14

广州蓝皮书
广州经济发展报告（2017）
著(编)者：朱名宏　2017年7月出版 / 估价：79.00元
PSN B-2005-040-1/14

广州蓝皮书
广州农村发展报告（2017）
著(编)者：朱名宏　2017年8月出版 / 估价：79.00元
PSN B-2010-167-8/14

广州蓝皮书
广州汽车产业发展报告（2017）
著(编)者：杨再高 冯兴亚　2017年7月出版 / 估价：79.00元
PSN B-2006-066-3/14

广州蓝皮书
广州青年发展报告（2016～2017）
著(编)者：徐柳 张强　2017年9月出版 / 估价：79.00元
PSN B-2013-352-13/14

广州蓝皮书
广州商贸业发展报告（2017）
著(编)者：李江涛 肖振宇 荀振英
2017年7月出版 / 估价：79.00元
PSN B-2012-245-10/14

广州蓝皮书
广州社会保障发展报告（2017）
著(编)者：蔡国萱　2017年8月出版 / 估价：79.00元
PSN B-2014-425-14/14

广州蓝皮书
广州文化创意产业发展报告（2017）
著(编)者：徐咏虹　2017年7月出版 / 估价：79.00元
PSN B-2008-111-6/14

广州蓝皮书
中国广州城市建设与管理发展报告（2017）
著(编)者：董皞 陈小钢 李江涛
2017年7月出版 / 估价：85.00元
PSN B-2007-087-4/14

广州蓝皮书
中国广州科技创新发展报告（2017）
著(编)者：邹采荣 马正勇 陈爽
2017年7月出版 / 估价：79.00元
PSN B-2006-065-2/14

广州蓝皮书
中国广州文化发展报告（2017）
著(编)者：徐俊忠 陆志强 顾涧清
2017年7月出版 / 估价：79.00元
PSN B-2009-134-7/14

贵阳蓝皮书
贵阳城市创新发展报告No.2（白云篇）
著(编)者：连玉明　2017年10月出版 / 估价：89.00元
PSN B-2015-491-3/10

贵阳蓝皮书
贵阳城市创新发展报告No.2（观山湖篇）
著(编)者：连玉明　2017年10月出版 / 估价：89.00元
PSN B-2011-235-1/1

贵阳蓝皮书
贵阳城市创新发展报告No.2（花溪篇）
著(编)者：连玉明　2017年10月出版 / 估价：89.00元
PSN B-2015-490-2/10

贵阳蓝皮书
贵阳城市创新发展报告No.2（开阳篇）
著(编)者：连玉明　2017年10月出版 / 估价：89.00元
PSN B-2015-492-4/10

贵阳蓝皮书
贵阳城市创新发展报告No.2（南明篇）
著(编)者：连玉明　2017年10月出版 / 估价：89.00元
PSN B-2015-496-8/10

贵阳蓝皮书
贵阳城市创新发展报告No.2（清镇篇）
著(编)者：连玉明　2017年10月出版 / 估价：89.00元
PSN B-2015-489-1/10

贵阳蓝皮书
贵阳城市创新发展报告No.2（乌当篇）
著(编)者：连玉明　2017年10月出版 / 估价：89.00元
PSN B-2015-495-7/10

贵阳蓝皮书
贵阳城市创新发展报告No.2（息烽篇）
著(编)者：连玉明　2017年10月出版 / 估价：89.00元
PSN B-2015-493-5/10

贵阳蓝皮书
贵阳城市创新发展报告No.2（修文篇）
著(编)者：连玉明　2017年10月出版 / 估价：89.00元
PSN B-2015-494-6/10

贵阳蓝皮书
贵阳城市创新发展报告No.2（云岩篇）
著(编)者：连玉明　2017年10月出版 / 估价：89.00元
PSN B-2015-498-10/10

贵州房地产蓝皮书
贵州房地产发展报告No.4（2017）
著(编)者：武廷方　2017年7月出版 / 估价：89.00元
PSN B-2014-426-1/1

贵州蓝皮书
贵州册亨经济社会发展报告 (2017)
著(编)者：黄德林　2017年3月出版 / 估价：89.00元
PSN B-2016-526-8/9

贵州蓝皮书
贵安新区发展报告（2016~2017）
著(编)者：马长青 吴大华　2017年6月出版 / 估价：89.00元
PSN B-2015-459-4/9

贵州蓝皮书
贵州法治发展报告（2017）
著(编)者：吴大华　2017年5月出版 / 估价：89.00元
PSN B-2012-254-2/9

贵州蓝皮书
贵州国有企业社会责任发展报告（2016～2017）
著(编)者：郭丽 周航 万强
2017年12月出版 / 估价：89.00元
PSN B-2015-512-6/9

贵州蓝皮书
贵州民航业发展报告（2017）
著(编)者：申振东 吴大华　2017年10月出版 / 估价：89.00元
PSN B-2015-471-5/9

贵州蓝皮书
贵州民营经济发展报告（2017）
著(编)者：杨静 吴大华　2017年3月出版 / 估价：89.00元
PSN B-2016-531-9/9

贵州蓝皮书
贵州人才发展报告（2017）
著(编)者：于杰 吴大华　2017年9月出版 / 估价：89.00元
PSN B-2014-382-3/9

贵州蓝皮书
贵州社会发展报告（2017）
著(编)者：王兴骥　2017年6月出版 / 估价：89.00元
PSN B-2010-166-1/9

贵州蓝皮书
贵州国家级开放创新平台发展报告（2017）
著(编)者：申晓庆　吴大华　李泓
2017年6月出版 / 估价：89.00元
PSN B-2016-518-1/9

海淀蓝皮书
海淀区文化和科技融合发展报告（2017）
著(编)者：陈名杰 孟景伟　2017年5月出版 / 估价：85.00元
PSN B-2013-329-1/1

杭州都市圈蓝皮书
杭州都市圏发展报告（2017）
著(编)者：沈翔 戚建国　2017年5月出版 / 估价：128.00元
PSN B-2012-302-1/1

杭州蓝皮书
杭州妇女发展报告（2017）
著(编)者：魏颖　2017年6月出版 / 估价：89.00元
PSN B-2014-403-1/1

河北经济蓝皮书
河北省经济发展报告（2017）
著(编)者：马树强 金浩 张贵
2017年4月出版 / 估价：89.00元
PSN B-2014-380-1/1

河北蓝皮书
河北经济社会发展报告（2017）
著(编)者：郭金平　2017年1月出版 / 估价：89.00元
PSN B-2014-372-1/1

河北食品药品安全蓝皮书
河北食品药品安全研究报告（2017）
著(编)者：丁锦霞　2017年6月出版 / 估价：89.00元
PSN B-2015-473-1/1

河南经济蓝皮书
2017年河南经济形势分析与预测
著(编)者：胡五岳　2017年2月出版 / 估价：89.00元
PSN B-2007-086-1/1

河南蓝皮书
2017年河南社会形势分析与预测
著(编)者：刘道兴 牛苏林　2017年4月出版 / 估价89.00元
PSN B-2005-043-1/8

河南蓝皮书
河南城市发展报告（2017）
著(编)者：张占仓 王建国　2017年5月出版 / 估价：89.00元
PSN B-2009-131-3/8

河南蓝皮书
河南法治发展报告（2017）
著(编)者：丁同民 张林海　2017年5月出版 / 估价：89.00元
PSN B-2014-376-6/8

河南蓝皮书
河南工业发展报告（2017）
著(编)者：张占仓 丁同民　2017年5月出版 / 估价：89.00元
PSN B-2013-317-5/8

河南蓝皮书
河南金融发展报告（2017）
著(编)者：河南省社会科学院
2017年6月出版 / 估价：89.00元
PSN B-2014-390-7/8

河南蓝皮书
河南经济发展报告（2017）
著(编)者：张占仓　2017年3月出版 / 估价：89.00元
PSN B-2010-157-4/8

河南蓝皮书
河南农业农村发展报告（2017）
著(编)者：吴海峰　2017年4月出版 / 估价：89.00元
PSN B-2015-445-8/8

河南蓝皮书
河南文化发展报告（2017）
著(编)者：卫绍生　2017年3月出版 / 估价：88.00元
PSN B-2008-106-2/8

河南商务蓝皮书
河南商务发展报告（2017）
著(编)者：焦锦淼 穆荣国　2017年6月出版 / 估价：88.00元
PSN B-2014-399-1/1

黑龙江蓝皮书
黑龙江经济发展报告（2017）
著(编)者：朱宇　2017年1月出版 / 估价：89.00元
PSN B-2011-190-2/2

黑龙江蓝皮书
黑龙江社会发展报告（2017）
著(编)者：谢宝禄　2017年1月出版 / 估价：89.00元
PSN B-2011-189-1/2

湖北文化蓝皮书
湖北文化发展报告（2017）
著(编)者：吴成国　2017年10月出版 / 估价：95.00元
PSN B-2016-567-1/1

湖南城市蓝皮书
区域城市群整合
著(编)者：童中贤 韩未名
2017年12月出版 / 估价：89.00元
PSN B-2006-064-1/1

湖南蓝皮书
2017年湖南产业发展报告
著(编)者：梁志峰　2017年5月出版 / 估价：128.00元
PSN B-2011-207-2/8

湖南蓝皮书
2017年湖南电子政务发展报告
著(编)者：梁志峰　2017年5月出版 / 估价：128.00元
PSN B-2014-394-6/8

湖南蓝皮书
2017年湖南经济展望
著(编)者：梁志峰　2017年5月出版 / 估价：128.00元
PSN B-2011-206-1/8

湖南蓝皮书
2017年湖南两型社会与生态文明发展报告
著(编)者：梁志峰　2017年5月出版 / 估价：128.00元
PSN B-2011-208-3/8

湖南蓝皮书
2017年湖南社会发展报告
著(编)者：梁志峰　2017年5月出版 / 估价：128.00元
PSN B-2014-393-5/8

湖南蓝皮书
2017年湖南县域经济社会发展报告
著(编)者：梁志峰　2017年5月出版 / 估价：128.00元
PSN B-2014-395-7/8

湖南蓝皮书
湖南城乡一体化发展报告（2017）
著(编)者：陈文胜 王文强 陆福兴 邝奕轩
2017年6月出版 / 估价：89.00元
PSN B-2015-477-8/8

湖南县域绿皮书
湖南县域发展报告 No.3
著(编)者：袁准 周小毛　2017年9月出版 / 估价：89.00元
PSN G-2012-274-1/1

沪港蓝皮书
沪港发展报告（2017）
著(编)者：尤安山　2017年9月出版 / 估价：89.00元
PSN B-2013-362-1/1

吉林蓝皮书
2017年吉林经济社会形势分析与预测
著(编)者：马克　2015年12月出版 / 估价：89.00元
PSN B-2013-319-1/1

吉林省城市竞争力蓝皮书
吉林省城市竞争力报告（2017）
著(编)者：崔岳春 张磊　2017年3月出版 / 估价：89.00元
PSN B-2015-508-1/1

济源蓝皮书
济源经济社会发展报告（2017）
著(编)者：喻新安　2017年4月出版 / 估价：89.00元
PSN B-2014-387-1/1

健康城市蓝皮书
北京健康城市建设研究报告（2017）
著(编)者：王鸿春　2017年8月出版 / 估价：89.00元
PSN B-2015-460-1/2

江苏法治蓝皮书
江苏法治发展报告 No.6（2017）
著(编)者：蔡道通 龚廷泰　2017年8月出版 / 估价：98.00元
PSN B-2012-290-1/1

江西蓝皮书
江西经济社会发展报告（2017）
著(编)者：张勇 姜玮 梁勇　2017年10月出版 / 估价：89.00元
PSN B-2015-484-1/2

江西蓝皮书
江西设区市发展报告（2017）
著(编)者：姜玮 梁勇　2017年10月出版 / 估价：79.00元
PSN B-2016-517-2/2

江西文化蓝皮书
江西文化产业发展报告（2017）
著(编)者：张圣才 汪春翔
2017年10月出版 / 估价：128.00元
PSN B-2015-499-1/1

街道蓝皮书
北京街道发展报告No.2（白纸坊篇）
著(编)者：连玉明　2017年8月出版 / 估价：98.00元
PSN B-2016-544-7/15

街道蓝皮书
北京街道发展报告No.2（椿树篇）
著(编)者：连玉明　2017年8月出版 / 估价：98.00元
PSN B-2016-548-11/15

街道蓝皮书
北京街道发展报告No.2（大栅栏篇）
著(编)者：连玉明　2017年8月出版 / 估价：98.00元
PSN B-2016-552-15/15

街道蓝皮书
北京街道发展报告No.2（德胜篇）
著(编)者：连玉明　2017年8月出版 / 估价：98.00元
PSN B-2016-551-14/15

街道蓝皮书
北京街道发展报告No.2（广安门内篇）
著(编)者：连玉明　2017年8月出版 / 估价：98.00元
PSN B-2016-540-3/15

街道蓝皮书
北京街道发展报告No.2（广安门外篇）
著(编)者：连玉明　2017年8月出版 / 估价：98.00元
PSN B-2016-547-10/15

街道蓝皮书
北京街道发展报告No.2（金融街篇）
著(编)者：连玉明　2017年8月出版 / 估价：98.00元
PSN B-2016-538-1/15

街道蓝皮书
北京街道发展报告No.2（牛街篇）
著(编)者：连玉明　2017年8月出版 / 估价：98.00元
PSN B-2016-545-8/15

街道蓝皮书
北京街道发展报告No.2（什刹海篇）
著(编)者：连玉明　2017年8月出版 / 估价：98.00元
PSN B-2016-546-9/15

街道蓝皮书
北京街道发展报告No.2（陶然亭篇）
著(编)者：连玉明　2017年8月出版 / 估价：98.00元
PSN B-2016-542-5/15

街道蓝皮书
北京街道发展报告No.2（天桥篇）
著(编)者：连玉明　2017年8月出版 / 估价：98.00元
PSN B-2016-549-12/15

街道蓝皮书
北京街道发展报告No.2（西长安街篇）
著(编)者：连玉明　2017年8月出版 / 估价：98.00元
PSN B-2016-543-6/15

街道蓝皮书
北京街道发展报告No.2（新街口篇）
著(编)者：连玉明　2017年8月出版 / 估价：98.00元
PSN B-2016-541-4/15

街道蓝皮书
北京街道发展报告No.2（月坛篇）
著(编)者：连玉明　2017年8月出版 / 估价：98.00元
PSN B-2016-539-2/15

街道蓝皮书
北京街道发展报告No.2（展览路篇）
著(编)者：连玉明　2017年8月出版 / 估价：98.00元
PSN B-2016-550-13/15

经济特区蓝皮书
中国经济特区发展报告（2017）
著(编)者：陶一桃　2017年12月出版 / 估价：98.00元
PSN B-2009-139-1/1

辽宁蓝皮书
2017年辽宁经济社会形势分析与预测
著(编)者：曹晓峰　梁启东
2017年1月出版 / 估价：79.00元
PSN B-2006-053-1/1

洛阳蓝皮书
洛阳文化发展报告（2017）
著(编)者：刘福兴 陈启明　2017年7月出版 / 估价：89.00元
PSN B-2015-476-1/1

南京蓝皮书
南京文化发展报告（2017）
著(编)者：徐宁　2017年10月出版 / 估价：89.00元
PSN B-2014-439-1/1

南宁蓝皮书
南宁经济发展报告（2017）
著(编)者：胡建华　2017年9月出版 / 估价：79.00元
PSN B-2016-570-2/3

南宁蓝皮书
南宁社会发展报告（2017）
著(编)者：胡建华　2017年9月出版 / 估价：79.00元
PSN B-2016-571-3/3

内蒙古蓝皮书
内蒙古反腐倡廉建设报告 No.2
著(编)者：张志华 无极　2017年12月出版 / 估价：79.00元
PSN B-2013-365-1/1

浦东新区蓝皮书
上海浦东经济发展报告（2017）
著(编)者：沈开艳 周奇　2017年1月出版 / 估价：89.00元
PSN B-2011-225-1/1

青海蓝皮书
2017年青海经济社会形势分析与预测
著(编)者：陈玮　2015年12月出版 / 估价：79.00元
PSN B-2012-275-1/1

人口与健康蓝皮书
深圳人口与健康发展报告（2017）
著(编)者：陆杰华 罗乐宣 苏杨
2017年11月出版 / 估价：89.00元
PSN B-2011-228-1/1

山东蓝皮书
山东经济形势分析与预测（2017）
著(编)者：李广杰　2017年7月出版 / 估价：89.00元
PSN B-2014-404-1/4

山东蓝皮书
山东社会形势分析与预测（2017）
著(编)者：张华 唐洲雁　2017年6月出版 / 估价：89.00元
PSN B-2014-405-2/4

山东蓝皮书
山东文化发展报告（2017）
著(编)者：涂可国　2017年11月出版 / 估价：98.00元
PSN B-2014-406-3/4

山西蓝皮书
山西资源型经济转型发展报告（2017）
著(编)者：李志强　2017年7月出版 / 估价：89.00元
PSN B-2011-197-1/1

陕西蓝皮书
陕西经济发展报告（2017）
著(编)者：任宗哲 白宽犁 裴成荣
2015年12月出版 / 估价：89.00元
PSN B-2009-135-1/5

陕西蓝皮书
陕西社会发展报告（2017）
著(编)者：任宗哲 白宽犁 牛昉
2015年12月出版 / 估价：89.00元
PSN B-2009-136-2/5

陕西蓝皮书
陕西文化发展报告（2017）
著(编)者：任宗哲 白宽犁 王长寿
2015年12月出版 / 估价：89.00元
PSN B-2009-137-3/5

上海蓝皮书
上海传媒发展报告（2017）
著(编)者：强荧 焦雨虹　2017年1月出版 / 估价：89.00元
PSN B-2012-295-5/7

上海蓝皮书
上海法治发展报告（2017）
著(编)者：叶青　2017年6月出版 / 估价：89.00元
PSN B-2012-296-6/7

上海蓝皮书
上海经济发展报告（2017）
著(编)者：沈开艳　2017年1月出版 / 估价：89.00元
PSN B-2006-057-1/7

上海蓝皮书
上海社会发展报告（2017）
著(编)者：杨雄 周海旺　2017年1月出版 / 估价：89.00元
PSN B-2006-058-2/7

上海蓝皮书
上海文化发展报告（2017）
著(编)者：荣跃明　2017年1月出版 / 估价：89.00元
PSN B-2006-059-3/7

上海蓝皮书
上海文学发展报告（2017）
著(编)者：陈圣来　2017年6月出版 / 估价：89.00元
PSN B-2012-297-7/7

上海蓝皮书
上海资源环境发展报告（2017）
著(编)者：周冯琦 汤庆合 任文伟
2017年1月出版 / 估价：89.00元
PSN B-2006-060-4/7

社会建设蓝皮书
2017年北京社会建设分析报告
著(编)者：宋贵伦 冯虹　2017年10月出版 / 估价：89.00元
PSN B-2010-173-1/1

深圳蓝皮书
深圳法治发展报告（2017）
著(编)者：张骁儒　2017年6月出版 / 估价：89.00元
PSN B-2015-470-6/7

深圳蓝皮书
深圳经济发展报告（2017）
著(编)者：张骁儒　2017年7月出版 / 估价：89.00元
PSN B-2008-112-3/7

深圳蓝皮书
深圳劳动关系发展报告（2017）
著(编)者：汤庭芬　2017年6月出版 / 估价：89.00元
PSN B-2007-097-2/7

深圳蓝皮书
深圳社会建设与发展报告（2017）
著(编)者：张骁儒 陈东平　2017年7月出版 / 估价：89.00元
PSN B-2008-113-4/7

深圳蓝皮书
深圳文化发展报告(2017)
著(编)者：张骁儒　2017年7月出版 / 估价：89.00元
PSN B-2016-555-7/7

四川法治蓝皮书
丝绸之路经济带发展报告（2016～2017）
著(编)者：任宗哲 白宽犁 谷孟宾
2017年12月出版 / 估价：85.00元
PSN B-2014-410-1/1

四川法治蓝皮书
四川依法治省年度报告 No.3（2017）
著(编)者：李林 杨天宗 田禾
2017年3月出版 / 估价：108.00元
PSN B-2015-447-1/1

四川蓝皮书
2017年四川经济形势分析与预测
著(编)者：杨钢　2017年1月出版 / 估价：98.00元
PSN B-2007-098-2/7

四川蓝皮书
四川城镇化发展报告（2017）
著(编)者：侯水平 陈炜　2017年4月出版 / 估价：85.00元
PSN B-2015-456-7/7

四川蓝皮书
四川法治发展报告（2017）
著(编)者：郑泰安　2017年1月出版 / 估价：89.00元
PSN B-2015-441-5/7

四川蓝皮书
四川企业社会责任研究报告（2016～2017）
著(编)者：侯水平 盛毅 翟刚
2017年4月出版 / 估价：89.00元
PSN B-2014-386-4/7

四川蓝皮书
四川社会发展报告（2017）
著(编)者：李羚　2017年5月出版 / 估价：89.00元
PSN B-2008-127-3/7

四川蓝皮书
四川生态建设报告（2017）
著(编)者：李晟之　2017年4月出版 / 估价：85.00元
PSN B-2015-455-6/7

四川蓝皮书
四川文化产业发展报告（2017）
著(编)者：向宝云 张立伟
2017年4月出版 / 估价：89.00元
PSN B-2006-074-1/7

体育蓝皮书
上海体育产业发展报告（2016～2017）
著(编)者：张林 黄海燕
2017年10月出版 / 估价：89.00元
PSN B-2015-454-4/4

体育蓝皮书
长三角地区体育产业发展报告（2016～2017）
著(编)者：张林　2017年4月出版 / 估价：89.00元
PSN B-2015-453-3/4

天津金融蓝皮书
天津金融发展报告（2017）
著(编)者：王爱俭 孔德昌
2017年12月出版 / 估价：98.00元
PSN B-2014-418-1/1

图们江区域合作蓝皮书
图们江区域合作发展报告（2017）
著(编)者：李铁　2017年6月出版 / 估价：98.00元
PSN B-2015-464-1/1

温州蓝皮书
2017年温州经济社会形势分析与预测
著(编)者：潘忠强 王春光 金浩
2017年4月出版 / 估价：89.00元
PSN B-2008-105-1/1

西咸新区蓝皮书
西咸新区发展报告（2016~2017）
著(编)者：李扬 王军　2017年6月出版 / 估价：89.00元
PSN B-2016-535-1/1

扬州蓝皮书
扬州经济社会发展报告（2017）
著(编)者：丁纯　2017年12月出版 / 估价：98.00元
PSN B-2011-191-1/1

长株潭城市群蓝皮书
长株潭城市群发展报告（2017）
著(编)者：张萍　2017年12月出版 / 估价：89.00元
PSN B-2008-109-1/1

中医文化蓝皮书
北京中医文化传播发展报告（2017）
著(编)者：毛嘉陵　2017年5月出版 / 估价：79.00元
PSN B-2015-468-1/2

珠三角流通蓝皮书
珠三角商圈发展研究报告（2017）
著(编)者：王先庆 林至颖
2017年7月出版 / 估价：98.00元
PSN B-2012-292-1/1

遵义蓝皮书
遵义发展报告（2017）
著(编)者：曾征 龚永育 雍思强
2017年12月出版 / 估价：89.00元
PSN B-2014-433-1/1

国际问题类

“一带一路”跨境通道蓝皮书
“一带一路”跨境通道建设研究报告（2017）
著(编)者：郭业洲　2017年8月出版 / 估价：89.00元
PSN B-2016-558-1/1

“一带一路”蓝皮书
“一带一路”建设发展报告（2017）
著(编)者：孔丹 李永全　2017年7月出版 / 估价：89.00元
PSN B-2016-553-1/1

阿拉伯黄皮书
阿拉伯发展报告（2016～2017）
著(编)者：罗林　2017年11月出版 / 估价：89.00元
PSN Y-2014-381-1/1

北部湾蓝皮书
泛北部湾合作发展报告（2017）
著(编)者：吕余生　2017年12月出版 / 估价：85.00元
PSN B-2008-114-1/1

大湄公河次区域蓝皮书
大湄公河次区域合作发展报告（2017）
著(编)者：刘稚　2017年8月出版 / 估价：89.00元
PSN B-2011-196-1/1

大洋洲蓝皮书
大洋洲发展报告（2017）
著(编)者：喻常森　2017年10月出版 / 估价：89.00元
PSN B-2013-341-1/1

德国蓝皮书
德国发展报告（2017）
著(编)者：郑春荣　2017年6月出版 / 估价：89.00元
PSN B-2012-278-1/1

东盟黄皮书
东盟发展报告（2017）
著(编)者：杨晓强 庄国土
2017年3月出版 / 估价：89.00元
PSN Y-2012-303-1/1

东南亚蓝皮书
东南亚地区发展报告（2016～2017）
著(编)者：厦门大学东南亚研究中心　王勤
2017年12月出版 / 估价：89.00元
PSN B-2012-240-1/1

俄罗斯黄皮书
俄罗斯发展报告（2017）
著(编)者：李永全　2017年7月出版 / 估价：89.00元
PSN Y-2006-061-1/1

非洲黄皮书
非洲发展报告 No.19（2016～2017）
著(编)者：张宏明　2017年8月出版 / 估价：89.00元
PSN Y-2012-239-1/1

公共外交蓝皮书
中国公共外交发展报告（2017）
著(编)者：赵启正 雷蔚真
2017年4月出版 / 估价：89.00元
PSN B-2015-457-1/1

国际安全蓝皮书
中国国际安全研究报告(2017)
著(编)者：刘慧　2017年7月出版 / 估价：98.00元
PSN B-2016-522-1/1

国际形势黄皮书
全球政治与安全报告（2017）
著(编)者：李慎明　张宇燕
2016年12月出版 / 估价：89.00元
PSN Y-2001-016-1/1

韩国蓝皮书
韩国发展报告（2017）
著(编)者：牛林杰 刘宝全
2017年11月出版 / 估价：89.00元
PSN B-2010-155-1/1

加拿大蓝皮书
加拿大发展报告（2017）
著(编)者：仲伟合　2017年9月出版 / 估价：89.00元
PSN B-2014-389-1/1

拉美黄皮书
拉丁美洲和加勒比发展报告（2016～2017）
著(编)者：吴白乙　2017年6月出版 / 估价：89.00元
PSN Y-1999-007-1/1

美国蓝皮书
美国研究报告（2017）
著(编)者：郑秉文 黄平　2017年6月出版 / 估价：89.00元
PSN B-2011-210-1/1

缅甸蓝皮书
缅甸国情报告（2017）
著(编)者：李晨阳　2017年12月出版 / 估价：86.00元
PSN B-2013-343-1/1

欧洲蓝皮书
欧洲发展报告（2016～2017）
著(编)者：黄平 周弘 江时学
2017年6月出版 / 估价：89.00元
PSN B-1999-009-1/1

葡语国家蓝皮书
葡语国家发展报告（2017）
著(编)者：王成安 张敏　2017年12月出版 / 估价：89.00元
PSN B-2015-503-1/2

葡语国家蓝皮书
中国与葡语国家关系发展报告·巴西（2017）
著(编)者：张曙光　2017年8月出版 / 估价：89.00元
PSN B-2016-564-2/2

日本经济蓝皮书
日本经济与中日经贸关系研究报告（2017）
著(编)者：张季风　2017年5月出版 / 估价：89.00元
PSN B-2008-102-1/1

日本蓝皮书
日本研究报告（2017）
著(编)者：杨柏江　2017年5月出版 / 估价：89.00元
PSN B-2002-020-1/1

上海合作组织黄皮书
上海合作组织发展报告（2017）
著(编)者：李进峰 吴宏伟 李少捷
2017年6月出版 / 估价：89.00元
PSN Y-2009-130-1/1

世界创新竞争力黄皮书
世界创新竞争力发展报告（2017）
著(编)者：李闽榕 李建平 赵新力
2017年1月出版 / 估价：148.00元
PSN Y-2013-318-1/1

泰国蓝皮书
泰国研究报告（2017）
著(编)者：庄国土 张禹东
2017年8月出版 / 估价：118.00元
PSN B-2016-557-1/1

土耳其蓝皮书
土耳其发展报告（2017）
著(编)者：郭长刚 刘义　2017年9月出版 / 估价：89.00元
PSN B-2014-412-1/1

亚太蓝皮书
亚太地区发展报告（2017）
著(编)者：李向阳　2017年3月出版 / 估价：89.00元
PSN B-2001-015-1/1

印度蓝皮书
印度国情报告（2017）
著(编)者：吕昭义　2017年12月出版 / 估价：89.00元
PSN B-2012-241-1/1

印度洋地区蓝皮书
印度洋地区发展报告（2017）
著(编)者：汪戎　　2017年6月出版 / 估价：89.00元
PSN B-2013-334-1/1

英国蓝皮书
英国发展报告（2016～2017）
著(编)者：王展鹏　　2017年11月出版 / 估价：89.00元
PSN B-2015-486-1/1

越南蓝皮书
越南国情报告（2017）
著(编)者：广西社会科学院 罗梅 李碧华
2017年12月出版 / 估价：89.00元
PSN B-2006-056-1/1

以色列蓝皮书
以色列发展报告（2017）
著(编)者：张倩红　　2017年8月出版 / 估价：89.00元
PSN B-2015-483-1/1

伊朗蓝皮书
伊朗发展报告（2017）
著(编)者：冀开远　　2017年10月出版 / 估价：89.00元
PSN B-2016-575-1/1

中东黄皮书
中东发展报告 No.19（2016～2017）
著(编)者：杨光　　2017年10月出版 / 估价：89.00元
PSN Y-1998-004-1/1

中亚黄皮书
中亚国家发展报告（2017）
著(编)者：孙力 吴宏伟　　2017年7月出版 / 估价：98.00元
PSN Y-2012-238-1/1

皮书序列号是社会科学文献出版社专门为识别皮书、管理皮书而设计的编号。皮书序列号是出版皮书的许可证号，是区别皮书与其他图书的重要标志。

它由一个前缀和四部分构成。这四部分之间用连字符“-”连接。前缀和这四部分之间空半个汉字（见示例）。

《国际人才蓝皮书：中国留学发展报告》序列号示例

从示例中可以看出，《国际人才蓝皮书：中国留学发展报告》的首次出版年份是2012年，是社科文献出版社出版的第244个皮书品种，是“国际人才蓝皮书”系列的第2个品种（共4个品种）。

✧ 皮书起源 ✧

“皮书”起源于十七、十八世纪的英国，主要指官方或社会组织正式发表的重要文件或报告，多以“白皮书”命名。在中国，“皮书”这一概念被社会广泛接受，并被成功运作、发展成为一种全新的出版形态，则源于中国社会科学院社会科学文献出版社。

✧ 皮书定义 ✧

皮书是对中国与世界发展状况和热点问题进行年度监测，以专业的角度、专家的视野和实证研究方法，针对某一领域或区域现状与发展态势展开分析和预测，具备原创性、实证性、专业性、连续性、前沿性、时效性等特点的公开出版物，由一系列权威研究报告组成。

✧ 皮书作者 ✧

皮书系列的作者以中国社会科学院、著名高校、地方社会科学院的研究人员为主，多为国内一流研究机构的权威专家学者，他们的看法和观点代表了学界对中国与世界的现实和未来最高水平的解读与分析。

✧ 皮书荣誉 ✧

皮书系列已成为社会科学文献出版社的著名图书品牌和中国社会科学院的知名学术品牌。2016 年，皮书系列正式列入“十三五”国家重点出版规划项目；2012~2016 年，重点皮书列入中国社会科学院承担的国家哲学社会科学创新工程项目；2017 年，55 种院外皮书使用“中国社会科学院创新工程学术出版项目”标识。

中国皮书网

www.pishu.cn

发布皮书研创资讯，传播皮书精彩内容
引领皮书出版潮流，打造皮书服务平台

栏目设置

关于皮书：何谓皮书、皮书分类、皮书大事记、皮书荣誉、
　　　　　皮书出版第一人、皮书编辑部

最新资讯：通知公告、新闻动态、媒体聚焦、网站专题、视频直播、下载专区

皮书研创：皮书规范、皮书选题、皮书出版、皮书研究、研创团队

皮书评奖评价：指标体系、皮书评价、皮书评奖

互动专区：皮书说、皮书智库、皮书微博、数据库微博

所获荣誉

2008 年、2011 年，中国皮书网均在全国新闻出版业网站荣誉评选中获得“最具商业价值网站”称号；

2012 年,获得“出版业网站百强”称号。

网库合一

2014 年，中国皮书网与皮书数据库端口合一，实现资源共享。更多详情请登录 www.pishu.cn。

更多信息请登录

皮书数据库
http：//www.pishu.com.cn

中国皮书网
http：//www.pishu.cn

皮书微博
http：//weibo.com/pishu

皮书博客
http：//blog.sina.com.cn/pishu

皮书微信“皮书说”

请到当当、亚马逊、京东或各地书店购买，也可办理邮购

咨询/邮购电话：010-59367028　59367070
邮　　箱：duzhe@ssap.cn
邮购地址：北京市西城区北三环中路甲29号院3号楼华龙大厦13层读者服务中心
邮　　编：100029
银行户名：社会科学文献出版社
开户银行：中国工商银行北京北太平庄支行
账　　号：0200010019200365434

世界网络安全发展报告（2016~2017）

ANNUAL REPORT ON WORLD CYBER SECURITY
(2016-2017)

主　编／尹丽波
国家工业信息安全发展研究中心

社会科学文献出版社
SOCIAL SCIENCES ACADEMIC PRESS (CHINA)

图书在版编目（CIP）数据

世界网络安全发展报告．2016－2017／尹丽波主编
．－－北京：社会科学文献出版社，2017.6
（工业和信息化蓝皮书）
ISBN 978－7－5201－0381－7

Ⅰ．①世…　Ⅱ．①尹…　Ⅲ．①计算机网络－网络安全
－研究报告－世界－2016－2017　Ⅳ．①TP393.08

中国版本图书馆 CIP 数据核字（2017）第036760号

工业和信息化蓝皮书
世界网络安全发展报告（2016～2017）

主　　编／尹丽波

出 版 人／谢寿光
项目统筹／吴　敏
责任编辑／宋　静

出　　版／社会科学文献出版社・皮书出版分社（010）59367127
地址：北京市北三环中路甲29号院华龙大厦　邮编：100029
网址：www.ssap.com.cn
发　　行／市场营销中心（010）59367081　59367018
印　　装／北京季蜂印刷有限公司

规　　格／开　本：787mm×1092mm　1/16
印　张：21.75　字　数：362千字
版　　次／2017年6月第1版　2017年6月第1次印刷
书　　号／ISBN 978－7－5201－0381－7
定　　价／89.00元

皮书序列号／PSN B－2015－452－5/6

工业和信息化蓝皮书
编　委　会

《世界网络安全发展报告（2016～2017）》
课　题　组

课题编写　国家工业信息安全发展研究中心
网络与信息安全研究部

顾　　问　何德全　崔书昆　胡红升　沈　逸

组　　长　何小龙

副 组 长　刘　迎　张　格　张　恒

成　　员　肖俊芳　于　盟　李　俊　张慧敏　孙立立
刘京娟　杨帅锋　张　妍　刘　冬　程薇宸
吴艳艳　王　墨　江　浩　唐　旺　胡　彬
刘文胜　杨佳宁　张哲宇　孙　军　黄　丹
刘小飞　董良遇　唐旖浓　李耀兵　李　敏
王晓磊　程　宇　张　莹　郭　娴　赵　冉
伍　扬　张　伟

主编简介

尹丽波 国家工业信息安全发展研究中心（工业和信息化部电子第一研究所）主任，高级工程师。国家工业信息安全产业发展联盟理事长、中国两化融合咨询服务联盟副理事长、国家网络安全检查专家委员会秘书长。长期从事网络信息安全和信息化领域的理论与技术研究，先后主持工业转型升级专项、国家发改委信息安全专项、国家242信息安全计划等几十项重要研究课题，作为第一完成人获部级奖励1项。

国家工业信息安全发展研究中心

国家工业信息安全发展研究中心（工业和信息化部电子第一研究所），前身为工业和信息化部电子科学技术情报研究所，成立于1959年，是我国第一批成立的专业科技情报研究机构之一。

围绕工业和信息化部等上级主管部门的重点工作和行业发展需求，国家工业信息安全发展研究中心重点开展国内外信息化、信息安全、信息技术、物联网、软件服务、工业经济政策、知识产权等领域的情报跟踪、分析研究与开发利用，为政府部门及特定用户编制战略规划、制定政策法规、进行宏观调控及相关决策提供软科学研究与支撑服务，形成了情报研究与决策咨询、知识产权研究与咨询、政府服务与管理支撑、信息资源与技术服务、媒体传播与信息服务五大业务体系。同时，国家工业信息安全发展研究中心还是中国语音产业联盟、中国两化融合服务联盟、国家工业信息安全产业发展联盟的发起单位和依托单位。

国家工业信息安全发展研究中心将立足制造强国和网络强国的战略需求，以“支撑政府、服务行业”为宗旨，以保障工业领域信息安全、推进信息化和工业化深度融合为方向，致力于成为工业信息安全和两化融合领域具有国际先进水平的国内一流研究机构，成为国家战略决策的高端智库和服务行业发展的权威机构。

序

新一轮科技革命和产业变革正在兴起，制造业与互联网融合发展，使其数字化、网络化、智能化特征越来越明显。云计算、大数据、物联网等新一代信息技术席卷全球，典型应用层出不穷，人工智能、量子计算、光通信、3D 打印等前沿技术正取得重大突破。以智能制造、信息经济为主要特征的信息化社会将引领我国迈入转型发展新时代。

由国家工业信息安全发展研究中心编写的“工业和信息化蓝皮书”已连续出版三年，在业界形成了一定的影响力。2016 ~ 2017 系列蓝皮书在深入研究和综合分析的基础上，密切跟踪全球工业、网络安全、人工智能、智慧城市和信息化领域的最新动态，主题覆盖宽广、内容丰富翔实、数据图表完备，前瞻探索颇具深度。

值此系列图书付梓出版之际，谨以此序表示祝贺，并期望本系列蓝皮书能对我国制造强国和网络强国建设有所助益。

刘利华

工业和信息化部党组成员、副部长

2017 年 5 月 23 日

摘　要

当今时代，基于信息网络的技术创新、变革突破、融合应用空前活跃，网络已经渗透到政治、经济、文化、社会、军事等各个领域，网络空间已成为继陆地、海洋、天空、太空之外的“第五空间”，信息资源与关键信息基础设施已成为国家发展最重要的“战略资产”和“核心要素”，网络安全在国家安全诸要素中的地位日益凸显。以美国为首的发达国家对网络安全的重视达到前所未有的程度，纷纷将网络安全上升到国家安全与发展的战略高度，并加强了争夺网络空间优势地位、抢占国家综合实力制高点的部署和行动。

随着我国经济发展和社会信息化进程加快，网络信息技术在国家政治、经济、文化等领域的应用日益广泛，保障网络安全已经成为关系国家经济发展、社会稳定乃至国家安全的重要战略任务。习近平总书记指出：网络安全和信息化是事关国家安全和国家发展、事关广大人民群众工作生活的重大战略问题，要从国际国内大势出发，总体布局，统筹各方，创新发展，努力把我国建设成为网络强国……没有网络安全就没有国家安全，没有信息化就没有现代化。中央网络安全和信息化领导小组的成立，进一步强化了网络安全工作的顶层设计和总体协调。党的十八大，十八届三中、四中、五中、六中全会都把网络安全作为重要议题，强调完善网络安全法律法规，加强网络安全问题治理，确保国家网络安全。建设网络强国战略目标的提出，发展“互联网+”、大数据、智能制造等行动计划的出台，国家网络空间安全战略的发布，为未来我国网络安全保障与建设指明了方向。《中华人民共和国网络安全法》的出台，使网络安全各项工作开展和推进正式步入有法可依、有据可循新阶段。

立足新时期、面对新形势，为更好地反映国内外网络安全发展态势和特点，及时把握世界各国在网络安全战略、政策、技术、产业发展等方面的最新动向与进展情况，为政府部门和军方、行业、有关企事业单位以及相关科研机构提供决策信息参考，国家工业信息安全发展研究中心网络与信息安全研究部

在对 2016 年世界网络安全领域持续跟踪的基础上推出了《世界网络安全发展报告（2016～2017）》。报告详细阐述了世界主要国家和地区的信息安全政策与措施，密切跟踪国内外网络安全领域技术动向与产业发展状况，全面、深入分析了世界网络安全领域发展态势与特征。

2009 年以来，国家工业信息安全发展研究中心每年编写世界网络安全发展年度报告。《世界网络安全发展报告（2016～2017）》以 2016 年世界网络安全领域的新情况、新动态和新进展为着眼点，通过对网络安全战略法规、网络安全政策制度、工控信息安全、政府网络安全、网络安全技术及网络安全产业等内容的系统梳理与分析，总结提炼了 2016 年世界网络安全发展态势与特征，并对未来世界网络安全发展趋势进行了预测和展望。

目　录

Ⅰ　总报告

B.1　世界网络安全特征与趋势 …………… 刘京娟　杨帅锋　肖俊芳 / 001

　　一　世界网络安全总体态势与特征 ………………………………… / 002

　　二　未来网络安全发展趋势 ……………………………………… / 011

Ⅱ　战略法规篇

B.2　《美国国务院国际网络空间政策战略》研究 ……………… 杨帅锋 / 023

B.3　网络安全立法取得突破 ………………………… 刘京娟　刘　冬 / 036

Ⅲ　政策制度篇

B.4　美国《网络安全国家行动计划》实施进展研究

　　…………………………………………………… 张　妍　张慧敏 / 059

B.5　美国网络安全应急管理机制研究 ……………… 程薇宸　孙立立 / 073

B.6　国内外网络安全意识教育综述 ……… 王晓磊　张　莹　程　宇 / 098

Ⅳ　工控信息安全篇

B.7　工业控制系统信息安全态势分析 …………………………… 董良遇 / 121

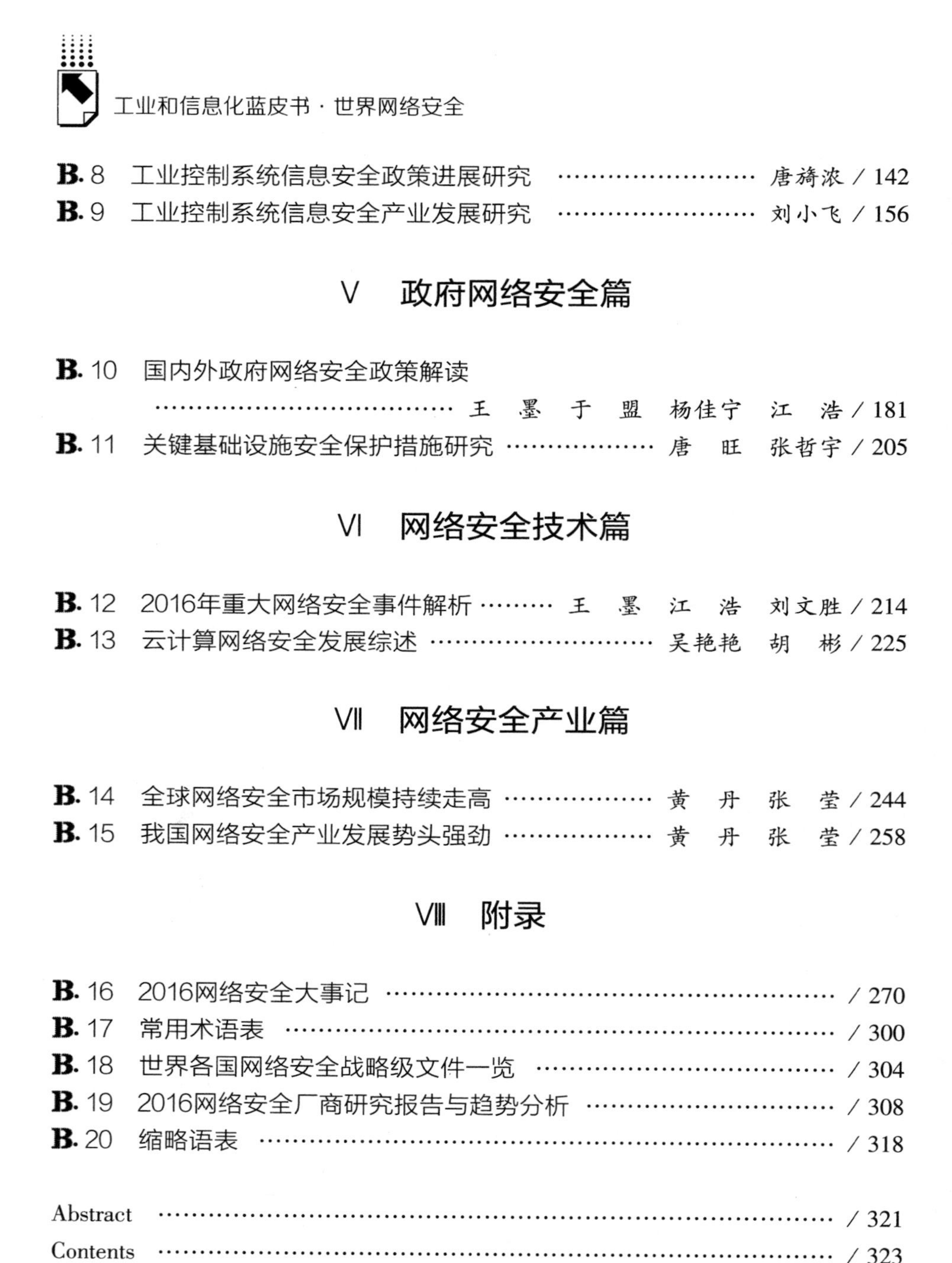

B.8　工业控制系统信息安全政策进展研究 …………………… 唐旖浓 / 142
B.9　工业控制系统信息安全产业发展研究 …………………… 刘小飞 / 156

Ⅴ　政府网络安全篇

B.10　国内外政府网络安全政策解读
…………………………………… 王　墨　于　盟　杨佳宁　江　浩 / 181
B.11　关键基础设施安全保护措施研究 ……………… 唐　旺　张哲宇 / 205

Ⅵ　网络安全技术篇

B.12　2016年重大网络安全事件解析 ……… 王　墨　江　浩　刘文胜 / 214
B.13　云计算网络安全发展综述 ……………………… 吴艳艳　胡　彬 / 225

Ⅶ　网络安全产业篇

B.14　全球网络安全市场规模持续走高 ………………… 黄　丹　张　莹 / 244
B.15　我国网络安全产业发展势头强劲 ………………… 黄　丹　张　莹 / 258

Ⅷ　附录

B.16　2016网络安全大事记 ………………………………………………… / 270
B.17　常用术语表 ……………………………………………………………… / 300
B.18　世界各国网络安全战略级文件一览 ……………………………… / 304
B.19　2016网络安全厂商研究报告与趋势分析 ………………………… / 308
B.20　缩略语表 ………………………………………………………………… / 318

Abstract …………………………………………………………………………… / 321
Contents …………………………………………………………………………… / 323

皮书数据库阅读**使用指南**

总 报 告

General Report

B.1
世界网络安全特征与趋势

刘京娟　杨帅锋　肖俊芳*

摘　要：　2016年，网络空间博弈持续发酵，关键信息基础设施的安全防护不容乐观，少数国家多管齐下提升网络军备实力，全球网络安全形势仍然十分严峻。维护国家网络空间安全已成为国际共识，世界各国重视加强顶层设计，积极开展双边、多边合作。未来，中美在网络安全领域的关系将步入新阶段，严厉打击网络犯罪的需求将愈发迫切，新技术、新应用的安全问题将日益凸显。

关键词：　网络安全　网络空间　风险　合作

* 刘京娟，硕士，国家工业信息安全发展研究中心工程师，研究方向为网络安全政策法规、大数据网络安全、关键信息基础设施保护；杨帅锋，硕士，国家工业信息安全发展研究中心助理工程师，研究方向为工业信息安全、网络安全战略规划；肖俊芳，博士，国家工业信息安全发展研究中心高级工程师，研究方向为网络安全战略规划与情报分析。

一　世界网络安全总体态势与特征

（一）网络空间博弈持续发酵

2016年，国家、政府与企业间在网络空间的博弈加剧，其中，国家、地区间的博弈焦点主要围绕国际话语权争夺、国家经济利益维护以及网络攻击和窃密行为；企业与政府博弈则更多地聚焦于加密技术与监控的对抗。与此同时，随着网络空间的战略地位逐渐上升，现实世界的物理冲突蔓延至网络空间，少数国家间甚至爆发网络冲突。

1.大国围绕国际话语权展开角逐

近年来，美国持续通过垄断核心技术资源、制定推出国际标准规则、加大网络意识形态渗透、加强网络军备建设等手段把持并强化其网络霸主地位，掌控着网络空间的话语权。尽管"棱镜门"事件对美国在国际上的声誉造成了严重不良影响，甚至对美国互联网控制权产生冲击，然而美国并未放弃对网络主导权的把控。2016年，美国依然延续其一贯作风，在谋求网络主导权的路上越行越远。一方面，美国丝毫不掩饰其意欲制定国际网络规则的野心和行动。2016年3月，据公开发表的《美国国务院国际网络空间政策战略》，美国已经制定并且正在推进有关国际网络稳定性的战略框架，这一战略框架已经获得专注于国际安全环境下信息和通信领域发展的联合国信息安全政府专家组（UNGGE）的支持。此外，2016年，美国官员多次在公开场合标榜其他国家应该效仿和应用美国制定的网络安全标准和立法，世界需要遵守美国的网络规范。2016年10月19日，美国白宫发言人欧内斯特表示，推动建立网络空间国际规则应该是下一任美国总统面临的国家安全重要"优先事项"。另一方面，尽管美国已于2016年10月1日将互联网数字分配机构（IANA）职能管理权移交给互联网名称与数字地址分配机构（ICANN），但是美国为这一移交设定了有利于其自身的前提条件，那就是不交给联合国、国际电信联盟或其他政府间机构，而是交给"全球互联网多利益攸关社群"（包括学界、民间组织、行业组织、政府等），而美国依然将通过比其他国家强大得多的企业、硬件和软件技术、人才等优势继续保持其对全球互联网管理的至高影响力。事实上，这一移交在美国国内也曾遭遇重重阻碍，其移交过程甚至“一波三折”。

面对美国这一行径，包括中国在内的新兴国家坚持网络空间国际规则的制定要在联合国框架下进行，主张各国在网络空间应遵守以《联合国宪章》为基础的国际法和公认的国际关系基本准则，推动建立网络空间新秩序。早在2011年，中国和俄罗斯等国即向联合国大会提交了《信息安全国际行为准则（草案）》，之后综合国际社会意见和形势发展，上海合作组织成员国对该准则草案进行修改更新，并于2015年1月向联合国大会提交了新版“信息安全国际行为准则”，作为联合国大会正式文件散发，中俄等国积极在联合国层面推动该准则的落实。2016年6月25日，中俄两国元首发表《中俄协作推进信息网络空间发展联合声明》，声明提到“支持各国维护自身安全和发展的合理诉求，倡导构建和平、安全、开放、合作的信息网络空间新秩序，探索在联合国框架内制定普遍接受的负责人行为国际准则”，并提出“主张各国均有权平等参与互联网治理”，“倡议建立多边、民主、透明的互联网治理体系，支持联合国在建立互联网国际治理机制方面发挥重要作用”，中俄基于此声明达成7点共识。

2. 多个国家和地区在网络空间频频“交锋”

2016年，美国、俄罗斯、韩国、朝鲜、土耳其、泰国、缅甸、印度、巴基斯坦等多个国家和地区在网络空间领域存在“摩擦”。

一是多个国家指责他国对其实施网络攻击和窃密等行为。美国多次指责中国、俄罗斯对其实施网络攻击和窃密活动，表示中俄正利用隐秘网络行动窃取其机密。此外，韩国和朝鲜相互指责抨击：韩国政府指控朝鲜加强了对其政府的网络攻击，并对其国防承包商发起网络攻击；朝鲜则称韩国的网络攻击指控纯属捏造。美国除了指责中国、俄罗斯外，还指控伊朗对其银行和纽约大坝进行网络攻击，并对伊朗黑客提起诉讼。

二是国家间、地区间冲突蔓延至网络空间，少数国家甚至爆发网络冲突。全球范围内，土俄、泰缅、韩朝、印巴等多个国家间、地区间的物理冲突也在网络空间得到体现。土耳其工业科学与技术部部长承认，土俄关系紧张致黑客攻击增强。泰国曼谷的多个警局网站遭受黑客攻击，泰警方怀疑网络攻击事件与龟岛判决有关。此外，韩国在朝鲜核爆试验后提高军队网络防御能力，并针对朝鲜网络攻击加强安全防范措施。印度与巴基斯坦的紧张局势也蔓延至网络空间。两岸关系问题引发社交媒体网络大战。这些都是现实世界冲突蔓延至网络空间的真实案例。除了物理冲突蔓延至网络空间外，少数国家间甚至爆发网络冲突。继 2015 年底乌克兰电网遭受俄罗斯黑客攻击后，2016 年 1 月，乌政府称俄罗斯针对其最大机场发动网络攻击，使其感染黑色能量（Black Energy）病毒。2016 年 10 月，英国军方承认其对控制伊拉克摩苏尔的“伊斯兰国”武装分子发动网络战争，支援伊拉克部队重夺重镇摩苏尔的战役。

3. 企业与政府在网络空间领域存在激烈博弈

这方面，2016 年最为典型的例子是著名科技公司苹果与美国联邦调查局（FBI）在关于加密与隐私监控方面开展的持久拉锯战。这一“隐私大战”或将在历史上留下浓墨重彩的一笔。在这场旷日持久的“斗争”中，美国 FBI 认为，出于打击恐怖主义需要，要求苹果公司提供“适当的技术协助”，为这部手机“开后门”，从而取出手机中的数据，苹果公司则认为政府要求对苹果手机“开后门”的做法会威胁到用户的安全，不能容忍和接受，双方就这一分歧过招数回合，FBI 通过联邦法官的法庭指令，要求苹果为联邦调查局开发“政府系统”。苹果 CEO 库克则发表公开信谴责 FBI 行为，随后也以判决违反美国宪法第一修正案和第五修正案为由提出异议，并要求法庭重新考虑和解除此前颁布的强制令。这场战火还烧到了整个科技圈，Facebook、谷歌、亚马逊、Twitter、WhatsApp、微软等都表态支持苹果；FBI 则得到了奥巴马、特朗普等政界人士的支持。虽然，最后 FBI 通过第三方破解公司破解了苹果手机，为这场“战争”暂时画上了一个句号，但是政府监管层面和公司保护用户隐私之间的博弈远没有结束。

企业维护商业利益与国家维护网络安全以保障国家安全之间存在摩擦与纷争，企业希望国家尽可能少地为了国家安全牺牲商业利益，而国家则将维护国家安全放在至高无上的地位，矛盾的主要焦点是国家安全和商业利益。在美国，商业利益集团使用个人隐私作为盾牌，来抵制国家权力的扩张；在中国，这些商业利益集团则通过利用自由贸易和国际规则，来抵制国家主权的管辖。

（二）部分国家和地区网络安全顶层设计增强

2016 年，美国、欧盟、印度、澳大利亚等多个国家和地区通过加强立法、制定与更新战略计划等手段加强其网络安全顶层设计。

1. 多个国家和地区加强网络安全立法

2016年，美国在加强网络安全立法方面做了许多工作与尝试，并且取得了显著成果。5月11日，奥巴马总统正式签署了《保护商业秘密法案》（*Defend Trade Secrets Act*，DTSA），强化了对美国商业秘密的保护，以实现维护美国经济利益和国家网络安全的目的。总统的签署意味着，该法案在美国正式生效。此前商业秘密类案件由各州管辖，该法案将赋予联邦法院针对此类案件的管辖权，使受害人可根据自身需要，选择在地方法院或联邦法院提交诉讼。这标志着美国历史上第一部针对商业秘密保护的联邦法正式生效，也意味着美国对商业秘密的保护将一改以往各州法“自扫门前雪”之态势，联邦法将与州法一起“并驾齐驱”，为美国商业秘密保护注入一针强心剂。此外，尝试对加密进行立法是2016年美国立法工作的重头戏，先是两院议员拟推法案成立加密委员会，之后推出新加密信息访问法案，美国国家标准与技术研究所发布新指南简化加密模式，随后参议院情报委员会发布官方加密法案草案，这项颇具争议的法案草案将会赋予法院权力，使其能够强制要求苹果这样的科技公司协助政府去破解加密设备或通信，从而满足情报或执法的需要。

2016年，欧盟在网络安全立法方面也取得较大进展。先是欧洲议会于2016年4月14日投票通过了新的欧盟数据保护规则。这标志着4年多的欧盟数据保护改革工作暂时告一段落，这也是新数字时代欧盟数据保护立法的重大进展。新规则包括一项数据保护条例，即一般数据保护条例，以及一项出于警务和司法目的的数据保护指令。新规则将取代欧盟当前使用的1995年的数据保护指令（95/46/EC）以及2008年针对警察和刑事事项的司法合作框架处理个人数据的保护的框架决定（2008/977/JHA）。新的数据保护规则旨在给予公民更强的个人数据的控制权，并在全欧盟范围内创建适用于数字时代的高水平、一体化的数据保护标准。之后欧洲议会全体会议又于2016年7月6日通过了2013年欧洲委员会提出的《网络和信息系统安全指令》（NIS），这是欧盟自1992年的《信息安全框架决议》（92/242/EEC）（Council Decision of 31 March 1992 in the Field of Security of Information Systems）以来，在网络和信息安全领域综合性立法的又一重大成果。

中国于2016年在网络安全立法方面也取得重大突破。11月7日，中国第十二届全国人民代表大会常务委员会第二十四次会议通过了《中华人民共和国网络安全法》，该法是中国首部网络安全领域的专门立法和综合立法，是近年来中国在网络安全立法领域取得的重要进展，是迄今为止网络安全领域最全面、最综合的立法。该法共七章七十九条，内容涵盖总则、网络安全支持与促进、网络运行安全、一般规定、关键信息基础设施的运行安全、网络信息安全、监测预警与应急处置、法律责任、附则，涉及网络安全的顶层设计、标准制度、宣传教育、风险评估、监测预警、应急处置等多个方面的内容，明确了网络安全保护的一些基本要求，并对网络运行过程中可能出现的一些问题，例如个人信息安全、非法信息传输等做出明确规定，并规定该法自2017年6月1日起施行。

2. 多国制订或更新网络安全战略计划

2016年4月21日，澳大利亚总理内阁部发布《澳大利亚网络安全战略》（*Australia's Cyber Security Strategy*），这是继2009年澳大利亚网络安全战略文件发布以来的首次更新，该战略规定政府将拨款约2.32亿澳元实施一系列措施，包括构建联合网络威胁监测中心，以便各机构能够快速地共享重要网络威胁信息，并帮助企业评估和增强其网络安全抵抗力，以及发掘培养未来网络安全技能人才。澳大利亚网络安全战略规定了未来四年将要进行的五大主题行动：①构建政府、研究者和企业之间的国家网络合作关系，包括定期组织会议来加强政府领导和解决不断出现的问题；②采取强有力的网络防御措施来更好地发现、阻止并应对威胁的发生，并对风险进行预测；③增强全球化的责任感和影响力，通过与国际合作伙伴合作来共同营造一个安全、开放和自由的互联网环境，同时，培养打击网络犯罪和关闭网络犯罪的安全避风港的能力；④帮助澳大利亚的网络安全企业成长繁荣，并培育土生土长的专家，使其获得工作和发展；⑤建设一个网络智能国家，通过在大学里构建网络安全精英学术中心，培养出越来越多的澳大利亚网络安全专家，并促进整个教育系统对科学、技术、工程、数学的技能培养。此外，印度加纳提出建立网络安全框架；美国联邦通信委员会提出互联网改革方案，参议院敦促白宫加速网络政策更新等也反映了多个国家和地区对网络安全顶层设计的重视。2016年11月1日，英国政府发布了《国家网络安全战略》，提出将在2016～2021年投资约19亿英镑重点从防御、威慑和发展三个领域强化网络安全能力。防御方面，英国重点要加强政府以及关键基础设施方面的网络防御，并将通过采取主动防御技术来应对网络攻击。威慑方面，英国政府致力于从加强密码技术发展并通过政治管控来控制事关英国国家安全的密码技术，保护英国的敏感信息和机密。此外，英国还将通过加强网络执法能力来加强对网络犯罪的打击和惩罚。发展方面，战略提出了加强人才培养和网络安全科学与技术发展等方面的目标和举措，并提出将设立网络安全研究所，推出“创新资金”用于支持初创网络安全企业发展等措施。2016 年 12 月 27 日，中国发布了首个《国家网络空间安全战略》，阐明了中国网络空间发展和安全的目标、原则以及重大立场，并明确提出了九大战略任务——坚定捍卫网络空间主权、坚决维护国家安全、保护关键信息基础设施、加强网络文化建设、打击网络恐怖和违法犯罪、完善网络治理体系、夯实网络安全基础、提升网络空间防护能力、强化网络空间国际合作，为今后中国网络安全工作提供了基本原则和总指导。

（三）关键基础设施网络安全形势依然十分严峻

2016 年，全球范围内关键基础设施依然面临严峻的网络安全形势。首先，核电、医疗等重点行业领域存在严重安全隐患，易遭受网络攻击；其次，针对关键基础设施的网络攻击增多，关键基础设施成为黑客或恐怖分子重点攻击的对象，造成了严重后果；最后，新型恶意软件重点瞄准关键基础设施，威胁关键基础设施安全。

1. 重点行业领域存在严重网络安全隐患

2016 年 1 月，据一份核不扩散观察报告，20 个国家的核电厂存在网络攻击隐患。研究发现，具有重要的原子储备或核电站的 20 个国家都缺乏保护其不受网络攻击的政府监管。核威胁倡议协会会长 Joan Rohlfing 表示，目前全球的核安全缺乏全面有效的安全体系，只有其中存在的危险环节能够被解决，恐怖分子才不会利用它们威胁核安全。该组织公布的对公共数据信息分析得到的名单上，伊朗、朝鲜、中国和印度尼西亚赫然在列。其中的 24 个具有核武器的国家中，只有 9 个国家在网络安全上得到了最高分数。

2. 关键基础设施成为网络攻击重灾区

政府部门，如爱尔兰政府部门、印度外交部和军事网络、美国国家航天局系统、美国国防部、美国国安局数据中心等；金融行业，包括日本银行业；能源行业，包括乌克兰电网、以色列电力局、德国核电站；医疗卫生行业，包括澳大利亚的卫生部门、美国医疗机构；水利行业，包括美国水电公司服务器、污水处理厂；交通行业，如美国犹他州机场网站等，都遭受了来自黑客或恐怖分子的网络攻击。

3. 关键基础设施面临来自新型恶意软件的安全威胁

2016 年，美国 F5 网络安全营运中心（SOC）发现，Tinba 的恶意软件变体 Tinbapore 正瞄准亚洲银行及其他金融机构，并可能使其损失百万美元，此类攻击以附带恶意下载或链接的垃圾邮件为诱饵，恶意软件则会将所有浏览器与受感染的计算机相连，并截取 HTTP 请求从而窃取数据。此外，趋势科技高级威胁研究员研究发现，BlackEnergy 恶意软件正在入侵新领域：研究人员在矿业公司和铁路系统中发现了 BlackEnergy 和 KillDisk 恶意软件的样本，与乌克兰电厂事件中的样本类似。研究人员认为，俄罗斯黑客可能试图利用 BlackEnergy 攻击采矿业和铁路系统，这意味着能源行业之外的企业需要提高警惕，做好防范 BlackEnergy 的准备。

（四）网络安全合作显著增强

2016 年，全球范围内的网络安全合作得到显著增强。一方面，美德、美俄、中美、美欧、印伊等国家和地区纷纷推进网络安全领域的国际合作，深入推进在关键基础设施保护、网络恐怖主义与网络犯罪打击、数据保护等领域的合作。另一方面，多个国家和地区非常重视网络安全领域的公私合作，在信息共享、公共云服务、加密等领域开展了一系列工作，取得了一定成效。

1. 多个国家和地区积极开展国际合作

2016 年 3 月，美国和德国在华盛顿召开双边网络会议，扩大、深化两国在网络领域的合作，包括加强政府和跨机构在打击网络恐怖主义和关键基础设施网络安全方面的合作，进一步深化两国在诸多网络问题以及战略和任务目标上的合作。同月，美俄计划重启网络安全合作，试图加快重启早在 2013 年两国就签署的一系列网络国防双边协议，包括全球首部在 IT 领域中的互不侵犯条约。美国与欧盟在国际合作方面取得了有效进展，包括双方于 2016 年 2 月达成《欧美隐私盾协议》（*EU-U. S. Privacy Shield*）以取代之前的《安全港协议》；之后于 2016 年 4 月，双方签署并缔结《欧美数据保护伞协定》，协定涵盖欧美之间数据交换的所有领域，包括预防、发现、调查和起诉恐怖主义等刑事案件，为数据传输的合法性提供法律保障，并给予欧盟公民与美国公民同等的司法救济权。此外，印度和伊朗也在网络安全国际合作方面取得进展，双方于2016年5月决定建立战略合作伙伴关系，共同打击恐怖主义、激进主义和网络犯罪，并签订开发恰赫巴哈尔港协议。中美、中俄也于2016年在网络安全合作方面取得重要进展。中美合作方面，2016年5月，中美围绕“网络空间的国家行为规则及其他关键国际安全问题”进行了网络安全高级专家组级别的会谈，2016年6月，第二次中美打击网络犯罪及相关事项高级别联合对话举行，双方达成广泛共识并通过了《中美打击网络犯罪及相关事项热线机制运作方案》。中俄合作方面，2016年4月28日，首届“中俄网络空间发展与安全论坛”举行，主题为“中俄信息通信技术合作的前景”。2016年6月，中俄元首还共同发表了《中俄协作推进信息网络空间发展联合声明》。

2. 公私合作得到显著加强

公私合作在网络安全方面显得尤为重要，这不仅是因为网络安全单靠政府一己之力难以保障，也是因为企业拥有大量技术资源可以为国家保护网络安全所用。美国非常重视网络安全领域的公私合作，尤其重视在信息共享领域的公私合作，2016年以来，美国为促进网络安全信息共享开展了一系列工作，取得了显著进展，包括美国国土安全部（DHS）建立公私网络信息共享平台，推出双向网络威胁共享系统——自动化威胁情报共享系统（AIS），与企业分享网络安全威胁指标、网络威胁数据信息。AIS将连接参与组织，允许双向共享网络威胁指标，分享合作伙伴共享的威胁指标。该系统旨在通过机器连接，在一个共同的平台上共享威胁信息，通过结构化威胁信息表达（*Structured Threat Information eXchange*，STIX），实现标准格式的威胁情报的共享。其他国家和地区在公私合作方面也开展了一系列工作，包括欧盟与科技公司签订合同，增强公共云服务；英国政府通讯总部主任呼吁与科技公司在加密问题上建立新合作关系；英国国家网络安全中心为企业提供网络建议；苹果首席执行长官与印度领导人讨论安全与加密事宜等。

（五）少数国家多管齐下提升网络军备实力

2016年，美国等国家高度重视网络军备、网络战、网络能力建设，尤其是美国在加强网络军备、网络战、网络能力建设等领域采取了包括加强顶层设计、扩大资金投入、部署网络武器系统、扩充作战队伍、联合开展演习等在内的全方位措施来整体增强美国网络军备实力。

1. 加强顶层设计

美国陆军首席信息官在2016年4月发布了《塑造陆军网络2025~2040》，该文件在《陆军网络行动计划中期指导》基础上讨论陆军下一步的技术需求。文件强调，为在未来继续保持战场优势，美国陆军必须与其他国家政府、联邦机构不同部门、工业界和学术界展开合作，对信息技术的发展做出恰当指导。文件基于美国和国际范围内商业和学术界的预测，通过对2040年作战场景进行预想，指出陆军未来网络的发展将充分利用五个关键领域的技术进步成果，包括动态传输、计算和边缘传感器，数据-决策活动，人类认知能力强化，机器人和自主作战能力，网络空间安全和可恢复性。

2. 加大资金投入

2016年2月，美国国防部称将386亿美元总网络预算的67亿美元用于网络安全建设，以将美国军方网络能力提高到一个新的水平。美国参谋长联席会议主席约瑟夫·邓福德（Joseph Dunford）对众议院拨款委员会国防预算分会表示，美国军方已经稳步培养了一批可以使用附加工具和培训方式来展示其技能的计算机专家，并表示2016年的投资重点是为网络任务部队提供支持工具，即提供培训设施。

3. 部署网络武器系统

2016年1月，美国空军发布首个网络武器系统。美国空军在其空军内联网控制（AFINC）武器系统中达到完全作战能力（FOC），该军种官员称这是首个达到FOC状态的网络武器系统。AFINC达到FOC意味着该系统“完全有能力成为顶级防守边界，以及所有网络流量转入AFINC的切入点”。该系统包括16个网关套件，它是从100多个被合并或替换的区域管理网络切入点削减而来的。该系统还包括了国防部的机密SIPRNet网络的15个节点、超过200个服务点和两个集成管理套件。这一切都由第26网络作战中队（NOS）集中运作。2016年2月，美国空军宣布第二个网络武器平台——网络空间脆弱性评估/探查平台（CVA/H）已经达到全面运行能力。空军已经为网络保护团队配备了CVA/H防御工具，用于捍卫内部网络系统。这意味着CVA/H完全有能力作为首选飞地防御平台，享有空军信息网（AFIN）优先级流量。CVA/H系统可以用于脆弱性评估、敌方威胁检测和合规性评估。

4. 扩充作战队伍

据2016年2月媒体报道，美国计划缩减海军陆战队（USMC）的规模，并相应增加对网络部队的投入。美国海军陆战队司令罗伯特·内勒（Robert Neller）上将在参加大西洋理事会的活动时指出，相关部门正计划培养训练有素的网络战部队。内勒透露，“培养一支网络战部队需要两年的时间，我们正在不断提升网络战的能力。这一过程的人才流失率很高，但这是人才管理不可避免的问题，我们对此表示充分理解。”内勒还表示，希望能积极利用美国海军陆战队预备役现有的网络人才资源，以便对培训资金物尽其用。

5. 联合开展演习

2016年5月，美国国民警卫队，陆军、预备役和海军陆战队网络战士联合开展大规模的网络演习。此次网络神盾2016（Cyber Shield 2016）演习活动主要针对基础设施潜在威胁，是一场立足于国家层面的事件响应活动，旨在引入行业合作伙伴与国民警卫队间的协作，允许合作伙伴利用警卫队响应技术来应对自身环境内的各类网络入侵状况。作为第五届演习，此次活动在印第安纳州（Indiana）的阿特伯里训练营（Camp Atterbury）举行，首周内容以培训为主，第二周则由拥有国家认证的红队对蓝队及友军的网络防御能力进行模拟测试。2016年的演习首次引入多家行业合作伙伴，包括水处理与电力设施等企业。

二　未来网络安全发展趋势

（一）中美在网络安全领域的关系步入新阶段

在2015年9月习近平主席访美期间，中美双方在网络安全领域达成了重要合作。继2015年12月举行首次中美打击网络犯罪及相关事项高级别联合对话之后，2016年6月，第二次对话在桌面推演、热线机制、网络保护、信息共享等方面取得了多项成果。

表1　第二次中美打击网络犯罪及相关事项高级别联合对话成果

合作方面	具体合作内容
桌面推演	双方认可2016年4月举行的网络安全桌面推演，认为推演内容充实，富有成效。双方决定在下次对话前就网络犯罪和网络保护场景举行第二次桌面推演
热线机制	双方决定实施《中美打击网络犯罪及相关事项热线机制运作方案》，并就热线的范围、目标和程序达成一致。中美决定在2016年9月前测试热线机制
网络保护	中美双方决定继续加强在网络保护方面的合作。双方决定于2016年8月在中国举行网络安全保护工作层面专家研讨会。今后专家将继续定期会晤并在高级别对话中向部长们报告
信息共享、案件合作和资源	中美双方决定加强关于网络犯罪及其他恶意网络行为的协查和信息请求的交流；继续就网络犯罪调查和双方共同关心的网络事件进行信息分享和开展合作；就如何加强双方刑事司法协助信息交流和处理召开研讨会；定期共享网络威胁信息，包括加强恶意软件样本及相关分析报告的共享。双方认识到增加人力和资源解决网络犯罪威胁的重要性，将进一步强化联络机制和各自负责刑事司法协助约定的中央主管机关。双方讨论了用于向外国执法部门提出的包括电子证据在内的紧急协助请求提供帮助的24/7高科技国际联络点网络
利用网络实施的犯罪案件	双方致力于优先就以获取经济利益为目的的网络知识产权窃密案件进行合作。在打击网络传播儿童淫秽信息、不正当使用技术和通信帮助暴力恐怖活动、电子邮箱和钓鱼网站等网络诈骗、网络贩枪4个领域开展合作。双方决定于2016年在中国召开针对不正当使用技术和通信帮助暴力恐怖活动的研讨会。中美双方决定制订行动计划来应对电子邮件诈骗案件带来的威胁
中美网络空间国际规则高级别专家组会议	双方就中美网络空间国际规则高级别专家组首次会议进行了讨论

资料来源：国家工业信息安全发展研究中心整理。

2016年12月7日，中美双方在华盛顿举行第三次中美打击网络犯罪及相关事项高级别联合对话，旨在对网络犯罪或其他恶意网络行为的信息和协助请求进行响应的时效性和质量进行评估，并加强打击网络犯罪、网络保护及其他相关事项的双边务实合作。双方一致认为，对话机制的建立有利于双方沟通交流、加强合作，进一步巩固、发展、延续对话机制，继续加强双方在网络安全领域的合作，符合双方共同利益。

虽然中美通过联合对话等形式在多个网络安全领域开展合作，但是，美国依然将我国视为网络空间中的主要对手，两国在网络空间中博弈激烈的局面没有得到根本改变，未来竞争与合作共存的双边关系将依然是常态。

美国一直以“网络商业窃密”为“幌子”，持续污蔑指责中国窃取其商业秘密。然而，这一系列的指责背后是美国“张冠李戴”的策略表现，其故意将“网络商业窃密”和“网络空间正常情报活动”混为一谈，试图将中国的“网络空间正常情报活动”全部作为“网络商业窃密”，以此建立中美网络安全战略博弈的规则。

2016 年以来，美国依然多次指责我国对其实施网络入侵、窃取商业机密等黑客行为。

表 2　第三次中美打击网络犯罪及相关事项高级别联合对话成果

合作方面	具体合作内容
打击针对和利用网络实施的犯罪	双方重申针对源自中国或美国的网络犯罪和恶意网络行为继续合作调查，制止以帮助公司或商业部门获得竞争优势为目的、利用网络窃取知识产权的行为。为此，双方： 1. 继续中美网络犯罪案件情况报告机制，以评估双方在案件方面合作的效果 2. 确认关注黑客和网络诈骗案件的合作，及时通报网络犯罪相关的线索和信息，确定一批重点案件继续开展执法合作。双方拟继续侦办网络传播儿童淫秽信息案件，寻求扩大打击利用网络实施犯罪的合作范围，共同打击在暗网市场上销售合成毒品和枪支等非法行为 3. 寻求就对话范围内提交的案件提供具体和及时的回应 4. 就现有多边合作渠道交换了意见，拟继续就此议题交换意见
网络保护	双方认可 2016 年 8 月在中国举行的网络安全保护专家研讨会，认为加强网络保护符合双方利益。双方建议可通过远程或面对面会议的形式，定期召开网络保护工作层面会议，下次会议拟于 2017 年召开。双方寻求通过多种方式加强对各自网络的保护。为此，双方： 1. 通过清理各自网络中的恶意软件、修补漏洞补丁以及推动最佳网络保护实践等活动，来加强对网络空间的净化 2. 提议定期互惠共享恶意 IP 地址、恶意软件样本、分析报告和其他网络保护信息，制定指导网络保护合作的标准操作流程 3. 寻求评估共享信息的有效性并就信息的使用情况予以有效反馈 4. 定期向双方领导汇报网络保护合作情况 5. 拟就关键基础设施的网络安全保护合作继续进行讨论，确认对损害关键基础设施的网络安全事件及时提供帮助 6. 拟于 2017 年尽快召开中美政府与科技企业圆桌会议，讨论双方关切的网络安全问题

续表

合作方面	具体合作内容
打击利用技术和通信组织、策划和实施暴力恐怖活动	双方认可2016年11月在中国举行的打击利用技术和通信组织、策划和实施暴力恐怖活动研讨会,决定继续共享信息,合作打击利用互联网实施恐怖活动和其他犯罪行为。双方考虑于2017年举行第二次研讨会
热线机制	双方欢迎中美打击网络犯罪及相关事项热线机制的建立,决定继续根据热线运作方案使用热线。双方将定期回顾热线的使用情况
对话延续	双方建议今后继续每年举行对话,第四次对话于2017年举行
中美网络空间国际规则高级别专家组会议	双方就中美网络空间国际规则高级别专家组首次会议进行了讨论

资料来源：国家工业信息安全发展研究中心整理。

一是多名美国政府官员对我国横加指责。美国国家情报总监詹姆斯·克拉珀称，虽然中国在上年9月承诺停止对美国私人企业进行攻击，但奥巴马政府仍然不能确定中国是否遵守承诺，并表示中国仍继续进行网络间谍活动；美国国家安全局局长迈克尔·罗杰斯表示，中国和一个或两个其他国家仍在对美国部分关键基础设施进行网络攻击，中国依旧对美国公司进行网络商业间谍活动；美国司法部称中国商人苏斌承认参与了一项长达数年的入侵美国主要国防承包商计算机网络的计划，窃取了C－17型运输机和一些军事战机的绝密资料，并发送给中国政府；美国国防情报机构的网络防御情报官员Ronald Carback概述了目前来自全球的主要网络威胁因素和实施者，将中国列为美国面临的头号威胁国家。

二是多家美国企业和社会团体指责中国。美国4家安全公司表示，中国政府支持的黑客已经进入急速发展的勒索软件网络犯罪领域；美国钢铁公司向美国国际贸易委员会（ITC）提出贸易申诉，指责中国企业联合操纵价格并利用政府部门窃取其贸易机密；美国知名网络安全公司火眼（Fire Eye）发布名为《红线划定：中国重新规划网络间谍行动》的报告，对2003年以来的中国网络间谍活动轨迹进行了系统分析和描绘，认为中国攻击行为集中度更高、目的性更强、成功率更高，中国依然是美国和其他国家的主要网络威胁来源；赛门铁克（Symantec）研究人员表示，以攻击外交和政府机构著称的网络间谍组织Patchwork已将攻击目标转向航空、广播、能源、金融等多个行业的企业和组织，并指出该组织的主要行为与中国外交举动有关联；美国域名系统服务商Dyn公司遭受了DDoS攻击，致使半个美国网络瘫痪。部分媒体将矛头指向中国，并称中国雄迈科技公司的设备参与了此次攻击。

2016年，新一届美国大选落下帷幕，特朗普成功当选总统。美对华政策不确定性有所增加。特朗普及其竞选团队对政府会如何解决网络安全问题含糊其辞，目前仍不明朗。但是，中美之间的新型大国关系不会因为某个人或利益集团的意志发生改变。在网络安全领域，保护关键信息基础设施、打击网络犯罪和网络恐怖主义等方面是中美双方共同的安全需要。中美有着共同的利益诉求，未来具有广阔的合作空间。

中国国家主席习近平给特朗普的贺电指出，中美要“秉持不冲突不对抗、相互尊重、合作共赢的原则，拓展两国在双边、地区、全球层面各领域合作，以建设性方式管控分歧，推动中美关系在新的起点上取得更大进展，更好造福两国人民和各国人民”，这也将是未来中美两国在网络安全领域开展工作的重要遵循。

（二）网络空间监控力度将进一步加大

随着信息技术的发展，网络空间日益成为各国情报搜集的主要阵地，能够对网络空间进行有效监控将是取得网络战胜利的关键。2016年，部分国家加强了网络空间监控，同时出台或修订法律，意在将监控行为进一步合法化。

自“棱镜门”事件被世人所知后，美国情报搜集与监控行为似乎有所收敛。但是，美国一直没有放弃网络空间的情报搜集与监控，近一年来，美国通过升级系统、修改法案等方式加大了监控力度。在升级系统方面，美国国家安全局（NSA）于2015年11月开始实施新监控系统，要求私人电话公司提供可疑嫌疑人的通话记录。NSA的新监控系统还允许政府收集更多的电话记录，而之前的旧系统则无法收集如此多的移动通话资料。但根据规定，NSA和执法机构必须有法院命令才能要求通信公司授权对特定人员或团体的通信记录实施长达6个月的监控。新系统只是给予美国情报官员更多可利用的工具，在搜索恐怖分子时，新系统的覆盖率达100%，而旧系统只能覆盖20%～30%的电话号码。NSA坚称其新的国内电话信息收集系统符合所有适用的隐私保护标准和公民自由基准。根据NSA公民自由和隐私权办公室发布的一份报告，新

收集系统自 2015 年 11 月实施以来，已妥善执行了包括透明度、监督、数据最小化和使用限制等在内的八项隐私保护措施。在修订法律方面，美国政府修订了《联邦刑事诉讼程序规则》第 41 条的相关条款，这将允许美国政府部门在位置未知的情况下取得入侵计算机的授权许可，这将会损害全球个人信息安全。此外，美国联邦调查局（FBI）正采取一项黑客行动，对 120 个国家的 8000 个 IP 进行入侵。美国情报总监办公室（ODNI）的“先进研究资助单位”正在开展一个名为“通过多模态目标感知内容对个体进行评价”的项目，挑选拥有“心理驱动能力、认知能力、精神健康并且恢复力强健”的员工执行严酷的情报工作任务，协助美国情报机构通过可穿戴设备监视间谍活动。

除了美国，俄罗斯、英国、瑞典等发达国家以及巴西、朝鲜等国都采取措施加强网络空间情报搜集和监控。2016 年 6 月，俄罗斯议会以 277 票赞成、148 票反对和 1 票弃权的结果通过新反恐法案，要求所有消息应用内置加密后门，WhatsApp、Viber 和 Telegram 等消息应用都是新法案的目标。新法案强制规定俄罗斯政府情报机关联邦安全局访问并获取 6 个月内所有企业的电信通信信息，包括所有元数据、实际文本、邮件、短信息和浏览记录，且元数据将会被统一存放 3 年。不向政府提供关于恐怖袭击、非法武装起义或者其他犯罪活动的情报信息的行为均定性为犯罪活动。任何企图组织或者允许恐怖主义活动的个人，都会被判 4～8 年有期徒刑，且承担刑事责任年限降到了 14 岁。违反该法案的企业将面临 100 万卢布（15000 美元左右）的罚款，使用消息应用的俄罗斯公民若拒绝让政府读取个人数据，将会面临 3000 卢布的处罚。

英国加强了互联网公司的数据监管，强制要求互联网公司协助调查。2016 年 11 月，英国通过了《调查权力法案》，赋予政府调查人员更大的权力访问加密数据。法案要求互联网公司保留客户网络活动信息长达一年，并迫使他们帮助调查人员访问该数据，旨在更新和强化警察、情报人员及其他机构收集在线资料的权力。英国国内对该法案发出了不同的声音：政府坚称新法案需要跟上罪犯日益使用网络实施犯罪的趋势，但批评人士警告称该法案过多地入侵了民众的私人生活，尤其是要求互联网公司将客户使用互联网的记录保留 1 年，这将使一系列政府机构在无须获得授权的情况下就能看到这些记录。

瑞士为扩大国家情报机构的监控权力，在 2016 年 9 月举行了一次全民公投，针对扩大国家情报机构的监控权力，获得了高达 65.5% 的支持率。这将允许瑞士情报机构监听电话和邮件，并允许瑞士联邦情报局和其他机构通过隐藏的摄像机和麦克风监视嫌疑犯。但是，情报机构首先要获得联邦法院的授权，并接受监督。支持公投者表示，有必要提高国家监控权限以对抗网络犯罪和极端分子的攻击。反对公投者表示，此举不会对抗击恐怖主义有效，只会减少公民自由权利。

巴西指导委员会的研究表明，监控员工的互联网使用已成为巴西企业的普遍做法，并且监控的发生概率随着企业规模增加而提高。员工人数在 49 人以下的企业中采用网络监控的占 38%，人数为 50 ~ 249 人的企业中该比例为 58%，人数在 250 人以上的企业中该比例为 73%。43% 的受访企业阻止员工访问特定类型的在线内容。在禁止访问的在线内容中，社交网站占据首位，81% 的大型企业禁止员工访问社交网站，48% 的少于 50 人的企业也禁止员工访问 Facebook 和 Twitter 等网站。其他被禁止访问的在线内容还包括色情内容、游戏、文件下载、娱乐、新闻或体育、个人邮件和通信服务等。

朝鲜政府升级了国家研发的“红星 OS”操作系统，借此追踪所有运行该系统的计算机。该系统已在全国范围内投入使用。一位来自德国安全咨询公司 ERNW 的研究人员 Florian Grunow 指出，朝鲜似乎想监控每一个国民的网络行为，而“红星”系统将会帮助政府实现这一目标。当打开运行“红星”系统的计算机时，它会自动搜索相关文档，若有人下载有关朝鲜政府负面信息的文件，计算机就会不停地重新启动。

由此可见，近一年来，网络空间监控力度不断加大，而且多国开始通过立法将政府的监控行为合法化。未来，这一趋势或将愈演愈烈，监控将成为各国政府为维护国家网络空间安全而采取的强制性手段。

（三）严厉打击网络犯罪的需求愈发迫切

近年来，网络犯罪活动十分猖獗。犯罪分子已将网络作为实施不法活动的“新天地”，不断寻求可以利用的网络工具，授权诈骗、CEO 诈骗、零售业诈骗、网络欺诈、网络赌博、网上贩毒贩枪、网络窃密、勒索软件攻击、钓鱼攻击等犯罪形式花样百出。网络犯罪正呈现越来越复杂、越来越广泛的趋势，打击网络犯罪的形势十分严峻，打击网络犯罪已成为世界各国面对的共同难题。

作为世界上网络技术最为强大的美国也面临着网络犯罪难以有效应对的局

面。美国国家安全局（NSA）局长罗杰斯称，网络犯罪仍是美国网络和数据面对的最普遍威胁，不法分子经常通过网络勒索等方式达到犯罪目的。例如，2016年2月，美国加州的一家医院遭到勒索，为破解电脑中的黑客病毒支付了17000美元的赎金。

英国的网络犯罪在技术发展速度和犯罪能力方面，已经超越传统犯罪。这一趋势表明需要政府、执法部门和行业给予更多的回应。英国国家打击犯罪局（NCA）估计，网络犯罪造成英国每年经济损失达数十亿英镑，而且这一数字正在增长。几百个国际网络罪犯对英国商业进行的网络攻击造成巨大损失，是对英国最严重的网络犯罪威胁。英国将网络犯罪首次纳入年度犯罪统计后，英国国家统计局（ONS）数据显示，网络犯罪数量几乎是所有其他犯罪种类的总和。ONS已经宣布，网络犯罪在过去一年激增，首次超越物理犯罪，每10个英国成人中就有1个受到网络犯罪影响。

IBM安全公司顾问里默（LimorKessem）称，网络罪犯喜欢去重大活动举办地，因此，作为2016年奥运会的主办国，巴西的网络犯罪形势更为严峻。IBM的一项研究显示，巴西在网络犯罪资产损失中排名全球第四，网上银行欺诈和金融恶意攻击事件发生率位居全球第二。而巴西法律却还未将网络犯罪归为犯罪行为，不能有效地惩治网络犯罪分子。

中东国家网络犯罪已经成为威胁该地区安全的重大问题。大多数中东国家的网络安全问题严重，无论是来自内部或外部的网络威胁，一律被视为外部威胁。大多数政府更加注重依靠网络攻击实施报复，而不是打击网络犯罪。Symantec和Deloitte的研究表明，2/3的中东组织无法应对复杂网络攻击，近70%的中东IT专家对本公司的网络安全措施缺乏信心，并且政府相关法规仍未健全，无法有效分配资源。此外，网络犯罪案件每年会让非洲国家肯尼亚经济遭受数百亿先令的损失，银行诈骗、身份盗窃和儿童色情等网络犯罪日益严重。

面对如此猖獗的网络犯罪活动，立法与合作成为各国打击网络犯罪的重要手段。在2016年伦敦举行的“欧洲信息安全会议”上，专家们敦促各企业，在遭遇网络犯罪时，应尽早通过法律手段解决。英国、印度、巴基斯坦、肯尼亚、新加坡等国纷纷加强打击网络犯罪立法。英国《警务和犯罪法案》的最新内容鼓励拥有专业IT或会计技能的人与警方一同工作，调查网络或金融犯罪，帮助警方更为广泛地打击犯罪。印度议会制定了《信息技术法案》，同时对《印度证据法》、《印度刑事法典》和其他印度刑法进行了重大修订，以应对新兴的网络犯罪威胁。此外，考虑到网络犯罪的增加趋势，印度国家犯罪记录局（NCRB）将网络犯罪作为独立犯罪类型进行记录。巴基斯坦国会通过了《2016 打击网络犯罪法案》，法案对那些现有立法无法有效处理的新型网络犯罪进行了规定，包括非法访问的数据、干扰数据和信息系统、电子诈骗、身份盗窃等。肯尼亚出台了《2016 计算机和网络犯罪法案》，规定对利用互联网传播仇恨、非法入侵或通信拦截等网络犯罪行为处以 2000 万先令或 20 年监禁的处罚，或进行双重处罚。在 2016 年 RSA 亚太会议上，新加坡内政部长兼律政部长尚穆根进一步强调了关注网络防御以及建立一个快速应对网络犯罪行动立法的必要性。他表示新加坡立法需要保持更新，如果有必要，将重新定义犯罪性质。执法人员技能必须升级到包括数字取证、情报、犯罪预防和功能分析等新战术层面。

网络犯罪跨地区、跨国界的趋势愈发明显，合作打击网络犯罪已逐渐形成国际共识。各国不仅重视加强国内各地区合作，还积极开展国际合作打击网络犯罪。美联邦调查局举办活动提升美国国内大型城市的相关行业就网络事件向网络犯罪标准中心报告的能力，奥尔巴尼、水牛城、堪萨斯城、诺克斯维尔、新奥尔良、纽约、菲尼克斯、俄克拉荷马城、盐湖城、圣地亚哥 10 个城市参加了此次活动，并投放特色数字广告，提醒市民向网络犯罪标准中心报告网络事件。这 10 个城市也是目前具备网络特遣部队的城市，特遣部队与当地以及联邦政府协调合作共同打击网络犯罪。英国政府组建了反网络欺诈工作组，参与机构包括英国国家犯罪调查局、反欺诈局、英国金融诈骗行动组织、伦敦市警察局和英国央行。新南威尔士大学（UNSW）教授 Greg Austin 和 Jill Slay 认为，澳大利亚应建立全国性打击网络犯罪部队，并且每年至少投入 2000 万美元帮助打击网络犯罪。

在打击网络犯罪国际合作方面，第五届美印网络对话强调打击网络犯罪，促进双边合作执法和解决网络犯罪问题。在杭州 G20 峰会上，时任美国总统奥巴马会晤印度总理莫迪，双方都希望更好地为两国的执法机构打击网络犯罪提供支持。金砖国家（BRICS）的网络安全顾问同意通过打击网络犯罪最佳实践和信息共享来加强技术部门和执法机构之间的合作，参与的国家包括巴西、俄罗斯、中国、南非和印度。澳大利亚总理马尔科姆·特恩布尔称，要加强与美国的合作，以对抗恐怖分子的网络犯罪。澳大利亚已经与美国情报部门就打击“暴力极端分子”网络犯罪的方法进行了商谈。海峡群岛目前已经决定采取新的措施，共同对抗网络犯罪。来自泽西岛、根西岛、马恩岛、直布罗陀、马耳他岛以及塞浦路斯的代表们齐聚一堂，加强合作以共同打击网络犯罪。

近年来，我国已先后与美国、俄罗斯、英国等国家在合作打击网络犯罪方面达成共识，推进网络安全国际合作，积极营造全方位、宽领域、多层次、讲实效的打击网络犯罪国际执法合作格局。未来，网络犯罪依然是世界各国共同面对的问题，严厉打击网络犯罪是各国共同的需求，加强合作打击网络犯罪将显得愈发重要而迫切。

（四）新技术新应用的安全问题日益凸显

移动互联、物联网、区块链等新技术飞速发展，并在电力、电信、金融、交通等重要行业得到快速应用，在有力促进经济发展、社会进步的同时，也给维护国家安全和网络秩序带来了重大挑战，如何管理好、利用好、发展好互联网，是当前面临的重要课题。

移动网络和社交媒体都需要与云数据访问后台的应用服务连接，随着网络接口越来越多，面临的安全风险也随之扩大。社交软件成为将数据导入黑客手中的工具，攻击者可以利用社交软件的漏洞，轻易地进入云数据中心。黑客只需要找到一个能接入企业信息系统的人，并在他使用的社交和移动应用中植入恶意代码，就可以通过这段恶意代码把企业数据同步至某个云盘，在不知不觉中数据就已泄露。

物联网革命正在扫荡整个互联网，其将车辆、心脏起搏器、工业机器人、豆浆机乃至安保摄像头等设备都纳入其中。Gartner 公司的调查显示，截至 2016 年底，将有超过 60 亿台此类设备接入全球互联网。物联网设备与人们熟知的电脑一样，也是由硬件与操作系统构成，只要联网就同样会受到传统漏洞和攻击的威胁。此外，物联网设备自带弱口令密码且用户不重视修改，设备默认联网，常常不安装安全软件，相当一部分设备缺乏必要的保护举措，其中可能使用了硬编码密码等不安全机制，制造商无法以远程方式向其推送更新补丁等，这些问题都使物联网设备很容易遭受黑客攻击。加之杀毒软件、防火墙等传统安全措施不适用于物联网设备，而当前又缺乏有效的安全防护手段，物联网安全风险更加突出。2016 年 10 月，攻击者利用被 Mirai 病毒感染的物联网设备构建的僵尸网络，向美国 DNS（域名系统）服务商 Dyn 公司发起大规模 DDoS 攻击，导致 Twitter、Spotify、Netflix、AirBnb、CNN、华尔街日报等数百家网站无法访问。媒体将此次攻击称作“史上最严重 DDoS 攻击”，可见其影响之恶劣。

如今，从与人们生活密切相关的洗衣机、冰箱等家庭设备，到与人们生命密切相关的婴儿监视器、心脏起搏器等医疗卫生设备，再到与人们健康密切相关的智能手环、健身追踪器等可穿戴设备，越来越多的物品贴上了“智能”标签，成为联网设备。然而，这些智能设备的安全风险却常常被人忽视。例如，黑客会入侵婴儿监视器，偷窥婴儿的同时还会在深夜里对其大喊大叫；行驶在高速公路上的智能汽车突然被恶意入侵的黑客接管，将可能造成重大交通事故；心脏起搏器被黑，将会直接导致生命死亡。

区块链技术的应用可以把复杂的经济生活变得较为简单。例如，在跨境汇款中应用区块链技术可以实现便捷支付，节省时间。通过智能合约生成的智能证券能在区块链上进行证券的发行、交易、清算，使交易变得简单直接。然而，区块链技术应用也存在安全风险。2016 年 6 月，集资 1.5 亿美元的众筹项目 The DAO 遭受黑客攻击，价值 6000 万美元的以太币被劫持。The DAO 是一个基于以太坊的分布式自治组织，采用去中心化的管理模式，通过集体决策决定投资各类区块链项目。本来一个交易只能完成一次价值转移，但是黑客利用了 The DAO 智能合约中的编程漏洞，在单个交易过程中实现多次支取，成功劫持了资金。随后，以太坊决定采用硬分叉方案，把时间调到 The DAO 受攻击以前，将被劫持资金返还到初始投资者的账户。区块链技术的一个特点是不可篡改、不可逆转，但是在 The DAO 事件中，通过硬分叉的方式把时间调回到受攻击以前，就可以实现把被劫持的资金返还到初始投资者的账户上，这说明区块链技术同样存在风险隐患。

无人机的应用也逐渐广泛，Google、亚马逊联手大疆、亿航等公司成立了小型无人机联盟，支持无人机爱好者和发烧友的娱乐应用。无人机被某些不法分子用作监视工具的可能性大增，尤其是在廉价相机配合的情况下，问题可能更加突出。因此，当无人机从极客玩物变成大众消费品后，如何保护个人隐私成为亟须解决的问题。出于安全和隐私方面的担忧，美国联邦航空管理局（FAA）对无人机的监管政策一直没有放开。随着无人机应用逐渐普及，黑客也将其作为网络攻击的目标。例如，通过欺骗无人机的 GPS 模块或者劫持无人机遥控器信号，实现信号干扰，甚至还有黑客通过无人机劫持无人机。

未来，新技术的快速发展依然势不可挡，由此带来的安全风险依然不容忽视。例如，黑客开始着眼于安保摄像头等更多小型联网设备，这些设备分布广泛，且缺乏有效的安防机制，将成为黑客手中的强大武器。这样的事态发展趋势令人忧心，亟须采取有效措施加以应对。

参考文献

《中美打击网络犯罪及相关事项高级别联合对话取得七项成果》，http：//news. china. com. cn/world/2016 - 06/15/content_ 38675258. htm。

《中美举行第三次打击网络犯罪及相关事项高级别联合对话》，http：//world. people. com. cn/n1/2016/1208/c1002 - 28933778. html。

《Fire eye 火眼公司发布报告，评论中国网络间谍活动》，http：//www. freebuf. com/news/topnews/13578. html。

《英国通过〈调查权力法案〉，苹果揪心用户信息安全》，http：//www. cnbeta. com/articles/563465. htm。

《巴基斯坦参议院小组批准了颇具争议的网络犯罪法案》，http：//www. cnbeta. com/articles/524093. htm。

《The DAO 事件解读：区块链在创造一个什么样的世界?》，http：//b2b. toocle. com/detail - - 6340473. html。

战略法规篇

Reports on Strategies and Laws

B.2
《美国国务院国际网络空间政策战略》研究

杨帅锋*

摘 要: 2016年3月，美国国务院发布了《美国国务院国际网络空间政策战略》（以下简称《战略》），其主要内容包括关于总统2011年发布的美国《网络空间国际战略》（以下简称《国际战略》）的行动和活动的实施，国家在网络空间行为规范方面的推进工作，某些其他国家推崇的网络空间国际规范的备选理念，美国网络空间面临的威胁，总统可用于阻止恶意行为者的工具，以及构建网络空间国际规范所需的资源等。《战略》提到了在实施《国际战略》过程中的重大进展事项，反映了三大主题——国际法的适用性、推进建立信任措施的重要性以及国务院同其他联邦部门和机构合作在国家网络空间

* 杨帅锋，硕士，国家工业信息安全发展研究中心助理工程师，研究方向为工业信息安全、网络安全战略规划。

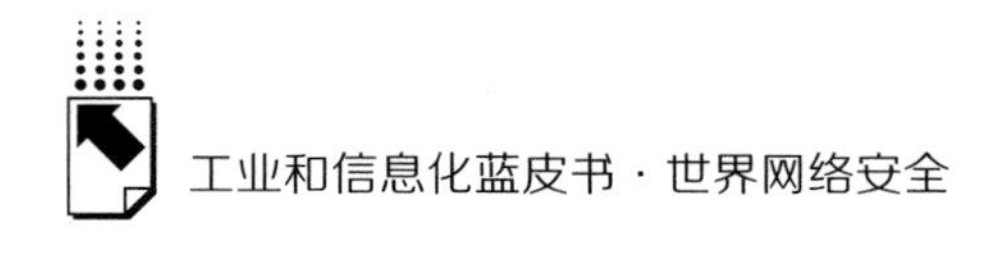

行为规范和推进该领域未来计划过程中的重大进展。

关键词： 网络空间 网络安全 国际战略

一 《战略》出台过程

美国国务院是美国政府实现外交政策和国家安全目标的领先参与者，领导美国政府在网络空间中参与了大量外交和发展行动。在过去五年中，网络安全问题在全球范围内的重要性得到极大的提升。因此，美国国务院以总统签署的《国际战略》为基础，在美国的所有外交活动中将网络空间政策问题优先放在重要位置，并将其作为外交政策领域的当务之急。美国国务院围绕《国际战略》提出了相互联系的、动态的、跨部门的政策重点，绘制其网络空间外交政策。

2015 年 11 月 2 日，美国众议院国土安全委员会主席迈克尔·麦克考尔向众议院外交事务委员会提交了《2015 年国际网络政策监督法案》。2015 年 12 月 18 日，美国总统奥巴马正式签署《2016 年综合拨款法案》，其中，《2015 年网络安全法案》作为《2016 年综合拨款法案》的第 N 章正式成为美国公法，而《2015 年网络安全法案》中的第 4 节第 402 条的内容正是《2015 年国际网络政策监督法案》的内容，即《2015 年国际网络政策监督法案》的内容已作为《2015 年网络安全法案》的一部分成为美国公法。《2015 年网络安全法案》中的第 4 节第 402 条“国务院网络空间政策战略”要求美国须根据网络空间国际政策，在 90 天内制定一个综合性的战略。因此，美国国务院于 2016 年 3 月发布了《美国国务院国际网络空间政策战略》。

二 《战略》首次全面回顾《国际战略》的推进实施

（一）《国际战略》简析

2011 年 5 月 16 日，美国举行《网络空间国际战略》发布会，包括六大部门高官在内的多名政要出席，美国国务卿克林顿、国土安全部部长纳波利塔诺、白宫国土安全及反恐事务顾问布伦南、司法部部长霍尔德、商务部部长骆家辉等悉数到场，如此壮大的阵势，实属罕有，充分表明了美国全面推进该战略的决心。战略阐述了美国在“认识到网络发展给国家和国际社会安全带来的新挑战”的基础上，追求“能够创新经济发展和改善生活水平的网络空间国际战略”，致力于“维护和加强数字网络为社会和经济发展带来的益处”。战略试图规划全球网络空间未来发展与安全的“美好图景”，其内容与目标已从美国自身的网络空间扩展到全球范围的网络空间。正如时任总统奥巴马在序言中所言，“这是美国第一次提出将与国际合作伙伴共同围绕网络空间的各种问题制定一系列统一的战略方针”，其目的是“建设一个开放的、共享的、安全的、可靠的未来网络空间”。

《国际战略》提出了三个基本原则，即兼顾“基本自由维护”与“违禁内容限制”、兼顾“个人隐私保护”与“依法调查追踪”、兼顾“信息自由流动”与“网络空间安全”。该战略的总体目标是“美国将与国际社会共同合作，发挥美国在外交、国防与网络空间全球能力建设方面的国际作用，建立和维护一套指导各国政府行为、维护国际伙伴关系、支持网络空间法治化的行为准则，促进建立开放互通、安全可靠、稳定繁荣的网络空间，以支持全球范围内的国际贸易、加强国际和平安全、促进言论自由与创新发展”。为实现这一目标，美国将运用外交手段加强与各国的伙伴关系，运用国防手段对恶意网络行为施以遏制与威慑，运用国际援助手段持续推动全球网络空间能力建设。该战略还将经济、网络安全、执法、军事、网络管理、国际援助、网络自由七个领域确定为政策重点。

通过实施该战略，美国希望从国内、国际两方面入手，增进各方合作，加快推进各项网络安全计划，维护自身利益。美国将网络作为促进其获得全球经济利益的有力工具，凭借技术优势促使发展中国家开放技术、产品与服务市场，企图掠夺他国重要资源和经济利益。美国还极力将其倡导的“自由民主”理念推广到网络空间，强调网络空间言论和结社自由，意在通过网络宣传西方价值观，巩固并扩大其文化软实力的影响力。此外，在国际网络空间规则制定方面，美国通过提出网络空间国际立法、执法以及国际规则制定试图在建立网络空间秩序、确立网络资源管理原则、打击网络犯罪等方面占据主导地位。这些战略意图无不体现了美国综合运用外交、军事、媒体、法律、政策等手段维护美国国家利益以及谋求网络空间霸权的本质用心。

（二）《战略》旨在为美进一步制定政策铺路

自《国际战略》发布以来，美国国务院及美国的跨机构合作伙伴在实施所有战略的重点目标方面已经取得了重大进展。《战略》回顾美国自 2011 年《国际战略》发布以来，在网络空间中开展的工作，包括数字经济、国际安全、推动网络安全尽职调查、打击网络犯罪、互联网治理、互联网自由、国际开发与能力建设、全球跨领域网络问题、国务院内部的主流网络问题等方面。《战略》正文分为 6 节，主要内容如下。①回顾国务卿到目前为止所进行的、实现总统在 2011 年 5 月发布的《国际战略》的目标的行动和活动，即“在国际上推广开放、协作、安全和可靠的信息和通信基础设施，以支持国际商贸，强化国际安全，促进自由表达和创新”。②指导国务卿外交政策的行动计划，涉及不同的国家，包括开展双边和多边活动以形成网络空间内负责任的国际行为规范，以及回顾多边论坛中现有的讨论状况来达成网络空间国际规范协议。③回顾有关网络空间国际规范的备选理念，这些理念来自包括中国、俄罗斯、巴西和印度在内的主要参与国。④详细叙述了美国网络空间在国家安全层面面临的威胁，这些威胁来自其他国家、由国家支持的参与者、联邦政府的个人参与者、美国私营部门的基础设施、美国国内的知识产权以及美国民众的隐私。⑤回顾总统可以利用的政策手段，这些手段可以用来阻止其他国家、由国家支持的参与者和个人参与者，包括于 2015 年 4 月 1 日发布的行政命令 13694 中列出的那些手段。⑥回顾美国建立国际网络行为规范所需要的资源，包括网络问题协调员办公室。

截至目前，美国已发布了十余份网络安全战略级文件，其战略体系布局已较为完善。但是，从近年来的趋势来看，美国每年都会出台重大的网络安全相关战略政策，此次对五年来的网络安全工作进行回顾，可以更好地总结经验，认识不足，对今后制定网络安全战略政策具有重要的参考价值。

三 《战略》悉数列举种种成就，意在威慑他国

《战略》用很大篇幅列举了美国在网络空间中取得的大量成就，具体情况如下。

（一）数字经济方面

美国国务院同其他联邦部门和机构开展地区和全球层面的双边和多边合作，围绕着实现公开、安全、协作和可靠的互联网目标，领导并影响国际讨论；应对限制美国信息和通信技术（ICT）产品与服务进口的市场准入壁垒，阻止数据本地化和“谨慎责任”要求等新壁垒的形成；推广跨境数据流动。国务院同商务部和其他部门协作，在公共和私营部门协同制定国际标准、共享实现创新的最佳实践，提高互操作性、安全性和可恢复能力，提高对在线交易的信任，刺激全球市场内的竞争等方面发挥领导作用。取得的成就有：参与《经济合作与发展组织互联网政策制定原则（2011）》谈判，以及对“隐私指南”（2013）和“安全指南”（2014）进行更新；推进政策来增加宽带接入和促进跨境信息的自由流通；通过亚太经合组织（APEC）和国际电信联盟（ITU）等国际组织的参与制定全球 ICT 标准；参与协商《无线电法则》的更新；通过重点外交接触，在多个情况下阻止了制定数据本地化要求行动；推动了就《隐私盾协议》（取代《安全港协议》）同欧盟委员会展开磋商。

（二）国际安全方面

美国国务院强调，当前的国际法适用于国家在网络空间的行为，与此同时，还提倡推广共享自愿准则框架来指导国家在和平时期的行为，推动制定实用的网络信任建立措施（CBMs）来降低风险并实现建立国家联盟来支持该框架的目标。取得的成就有：实现 2015 年 20 国集团领导人在国际法适用于网络空间中的国家行为，制止通过网络盗窃知识产权获取商业利益的行为，支持所有国家应遵守责任行为规则的观点等方面的承诺；通过 2013 年和 2015 年联合国信息安全政府专家组内的关键磋商，采用美国主导的国际网络稳定性框架，因此包括《联合国宪章》在内的当前国际法在网络空间国家行为方面的适用性得到肯定，和平时期自愿的国家行为规范的表达也得到肯定；在 2013 年和 2016 年达成协议，并开始在 CBMs 的欧洲安全与合作组织（OSCE）内实施；在 2015 年东盟地区论坛上就详细工作计划达成协议，并提出了在未来实施一系列 CBMs 行动；在 2014 年北大西洋公约组织的威尔士峰会上就肯定国际法适用于网络空间中的国家行为、网络防御是北约集体防御任务组成的声明达成共识。

（三）打击网络犯罪方面

美国国务院通过与司法部以及国土安全部合作，成为全球打击跨国网络犯罪领域的领军者。美国积极与重要盟友及多边伙伴进行合作，帮助各国有效利用现有法律工具；资助并支持美国执法计划制定现代法律框架；建设专业的调查、检察、司法以及边境与海关能力；向伙伴国家的执法人员提供网络犯罪调查培训；改善国际合作机制，使其更加有效地对抗现代高科技犯罪威胁。取得的成就有：自2011年起，帮助《布达佩斯公约》增加了17个成员国，帮助推动另外十个国家积极努力加入该公约组织；推动众多其他国家采纳公约作为框架性文件；与司法部合作，扩大G7 24/7网络；通过国务院为跨国有组织犯罪项目提供多达775万美元的信息报酬，帮助逮捕或定罪五名跨国网络犯罪组织的嫌疑领导人和成员。

（四）互联网治理方面

美国国务院通过与司法部以及其他部门合作，在全球范围内积极努力，不断寻找新的伙伴，以确保建立“多利益攸关方”的互联网治理模式，打破试图建立以国家为中心框架的企图。取得的成就有：推进并维护“多利益攸关方”的互联网治理方案，实现在重要国际性会谈中部署新的科技与服务并推动互联网的开放与网络空间安全；与跨机构伙伴合作，支持商务部于2014年3月宣布的将重要互联网功能的管理移交至多方参与共同体的意愿，参与了全球性的由多方参与的管理移交工作，并强化互联网名称与数字地址分配机构的责任；通过实质性经济贡献，支持互联网治理论坛。

此外，《战略》还详细列举了美国在推动网络安全尽职调查、互联网自由、国际开发与能力建设、全球跨领域网络问题、国务院内部的主流网络问题等方面取得的成就。当前，美国网络空间战略已从防御转向威慑，只有显示其强大，才有可能起到“强凌弱、弱怕强”的“威慑”效果。因此，美国在《战略》中大量列举其所取得的成就意在显示其在网络空间的各个方面都处于世界领先水平，认为其在网络空间的影响力不亚于其他空间，欲使其他国家认可其网络水平最强，认定其网络霸主地位，从而不敢对美国发起网络攻击。

四 《战略》重点突出网络安全合作，凸显美国重视并迫切需要开展更多合作

美国已认识到网络空间与其他空间不可同日而语，其他空间或可借助实际力量维持霸权，但是要想保住网络霸主的地位，不可能单枪匹马成就霸业。因为往往网络发展水平越高，其面临的网络威胁越大。因此，作为世界上网络发展水平最高的国家，美国面临着严重的网络威胁。美国只好利用各种方式开展网络空间国际合作，企图通过在网络安全领域加强与其他国家的合作来保住其网络霸主的地位。

（一）发起和支持相关联盟与论坛

2011 年 12 月，作为 15 个创始国之一，美国启动了自由在线联盟，并帮助其到 2016 年 2 月将成员国扩展至 29 个。2013 年，帮助启动了廉价互联网联盟，致力于推动政策变化，以期在全球范围内降低宽带成本并推动互联网渗透率的快速增长。2015 年，与荷兰共同创立了全球网络专业知识论坛，这是一个为各国、各国际组织以及私人部门提供的进行网络能力建设最佳实践与专业知识交流的全球性平台。此外，美国还通过实质性经济贡献，支持互联网治理论坛。同 2011 年 9 月成立的全球反恐论坛合作，制定并实施反恐金融、法治推广、应对外国恐怖分子、打击暴力极端主义等方面的国际最佳实践，打击以恐怖主义目的使用互联网的行为。

（二）为他国提供网络安全培训

美国与跨机构伙伴合作，通过六场区域经济共同体系列研讨会，向来自 35 个撒哈拉以南的非洲国家官员提供网络犯罪与网络安全培训，为东盟国家提供网络犯罪培训，并在太平洋岛国开展此类培训。与跨机构伙伴以及美国通信培训研究所进行合作，启动了“全球环境下信息通信技术（ICT）决策和网络安全意识提高与能力建设”研讨会，截至 2015 年 12 月 31 日，向来自发展中和最不发达国家的 162 位官员提供了培训。

（三）积极发起和参与世界级网络空间大会

为推进并维护美国多方参与互联网治理的方案，美国积极参与世界大会，包括联大信息社会世界峰会成果审议高级别会议、韩国釜山国际电信联盟（ITU）全会（2014年）、巴西圣保罗互联网治理的未来——全球多利益相关方会议（2014年）、瑞士日内瓦ITU世界电信政策论坛（2013年）以及阿联酋迪拜国际电信世界大会（2012年）等。美国国务院还在欧洲启动了两场地区网络讨论会，专注于同波罗的海国家的合作，以及同北欧－波罗的海国家的协作；将网络政策整合到当前的机构中，比如，北美领导人峰会、海湾合作委员会。2011年，美英两国协作启动了网络空间全球会议，旨在扩大在志同道合的政府团体、公民社会组织和私营部门实体之间对《国际战略》中所述愿景的支持，并同匈牙利、荷兰、韩国政府合作，确保2012年、2013年和2015年会议的成功召开。此外，2012年，美国在东盟地区论坛上赞助并领导了首个打击恐怖分子在网络空间中使用代理的研讨会。

（四）加强对话合作

美国发起了由国务院领导的全政府网络政策对话，对话就所有问题同欧盟、德国、印度、日本和韩国等国家和地区进行，补充了美国国务院正在同这些国家、全政府ICT和巴西的互联网工作小组进行的数字经济政策对话、与哥伦比亚和中国台湾进行的新数字经济政策对话以及与东盟进行的对话合作。美国国务院通过跨机构合作，经常就网络问题同澳大利亚、加拿大、新西兰和英国进行接触，并同多个其他国家就网络问题进行定期的双边讨论。加强了同美洲国家组织框架成员国就网络相关问题展开的对话。将网络问题融入多个正在进行的政治、军事、战略安全和人权对话中，包括同巴西、印度、日本和韩国进行的总统级双边讨论。此外，《战略》还提到了美国与中国在2015年9月习近平总书记访美期间达成的协议。

（五）资助或捐赠合作

自2011年起，美国为非洲撒哈拉以南的区域性网络安全培训研讨会提供资助，以支持欠发达国家在法律、政策与制度方面进行提升。资助联合国反恐怖主义委员会、反恐执行工作队和联合国毒品和犯罪问题办事处等联合国反恐机构打击将互联网用于恐怖用途的多边行动。通过美洲国家组织美洲反恐委员会资助并推动网络安全移动实验室以及其他区域性活动的启动与利用，以发现漏洞，提高网络安全性，推动美洲国家组织与包括亚太经合组织以及欧洲安全与合作组织在内的其他组织进行合作。2015 年，在印度和马来西亚赞助专注于打击在线激进化和暴力招聘的研讨会。此外，美国还与日本和澳大利亚等国进行了捐助合作，并为包括美洲国家组织、欧洲理事会以及联合国毒品和犯罪问题办公室在内的多边组织的工作做出了贡献。

五 《战略》极力推进国际网络稳定性框架，企图谋求他国认同美国规则

《战略》指出，美国已经制定出并且正在推进有关国际网络稳定性的战略框架，设计该框架的目的在于实现和维持一个和平的网络空间环境，使各个国家都能充分意识到它带来的好处。这一战略框架具备三个关键要素：一是国际法律对于国家在网络空间的行为是否适用的全球性认定；二是就适用于和平时期负责任国家网络空间行为的额外标准和原则达成的国际共识的发展问题；三是建立措施的发展与实施，这些措施在降低误解和升级风险的同时有助于确保网络空间的稳定性。美国已就这一战略框架逐渐达成国际共识，并将继续推进达成有关国际网络稳定性的广泛共识。美国需要优先考虑的核心外交问题就是扩大和建立这一共识。《战略》在国际安全方面的成就中提到，2015 年 20 国集团领导人在以下方面做出承诺，肯定国际法适用于网络空间中的国家行为，制止网络上为了商业利益盗取知识产权的行为，支持所有国家应遵守负责任行为规则的观点。

《战略》强调，美国有关国际网络稳定性战略框架首要及最基本的支柱就是现有的国际法是否适用于网络空间国家行为的问题。联合国信息安全政府专家组于 2013 年发布的报告具有里程碑式的意义，该报告肯定了包括《联合国宪章》在内的现有国际法适用于网络空间的国家行为。报告强调，各个国家必须在既定的国际义务和承诺下在网络空间进行活动。《联合国宪章》试图阻止任何形式的战争，而所有国家都是《联合国宪章》的当事人。各国还必须

遵守《武装冲突法》规定的各项义务，以及《日内瓦公约》规定的义务。2014～2015年联合国信息安全政府专家组在与国际法的相关问题上取得重大进展，不仅肯定了固有权利也适用于自卫权，而且在《联合国宪章》的第五十一条中得到了印证，还指出了《武装冲突法》的基本原则是人性、必要性、比例性和区别性。联合国还在就负责任国家网络空间行为的额外自愿性准则方面达成共识。2015年报告最具影响力之处在于提出了自愿性国家行为规范，这些规范专为和平时期而设；报告中的另一项重要准则是呼吁各国寻求方法，阻止网络手段的扩散，以防被不法分子利用实施恶意网络活动。尽管这些规范准则本质上是自愿遵守的，但它们却可以用来定义一项国际行为准则，这些规范准则还有可能为那些负责任的国家提供一个公共平台，来对付本国或非本国的危险分子，维护网络稳定。

由此可见，美国正在紧锣密鼓地开展大量实际行动，谋求其他国家认同其主张的网络空间规则，强调国际法适用于网络空间中的国家行为，旨在宣扬各国需要在网络空间加强合作，共同治理网络空间，共同对抗网络空间恶意行为。

六　《战略》长篇详述他国网络空间治理理念，点名道姓指责中国理念

《战略》对中国、俄罗斯、巴西和印度这四个国家的网络空间理念做了详细介绍。美国致力于同广大志同道合的国家一起推进国际网络稳定性的战略框架实施，并且正在与巴西和印度密切合作，而中国和俄罗斯成为美国的指责对象。

《战略》指出，巴西对于网络空间国际安全政策的探索是有多种因素发展而成的，包括本国新兴的网络军事能力和政策，加入金砖国家和其他一些联盟，以及巴西在联合国中的影响力日益扩大。作为一个民主国家，巴西对人权和基本的自由有着强烈的信仰，包括言论自由和国家法律的重要性，这也是巴西愿意肯定国际法适用于网络空间国家行为的一个因素。美国通过美巴互联网和信息通信技术工作组，为巴西参与国际安全问题开辟了一条崭新的通道。除了巴西，美国在双边和多边论坛上就网络问题同印度进行了越来越多强有力的合作。印度也表示支持现有国际法律在网络空间国家行为上的适用性，且坚定

支持网上言论自由。美国通过美印网络对话，也为印度参与国际安全以及制定其他网络政策问题开辟了一条新道路。

相比巴西和印度，对于中俄两国的网络空间治理理念，美国用了更大的篇幅“不厌其烦”地描述，横加指责的态度跃然纸上。《战略》指出，中俄两国希望看到的是由政府监管的系统，而美国则主张由开放和协作的多利益相关方共同管理。中俄两国作为独断大国，不断推进针对网络空间国际稳定性的另类视角，并且试图动摇那些在地区性和多边场合中犹豫不决的国家。中国在网络空间内的主张是希望保持内部稳定，维护国内网络空间的主权，同时反对新兴网络军备竞赛以及网络空间的“军事化”。中国将其不断扩大的网络审查制度，包括诸如防火墙在内的相关技术，视为抵挡不稳定国内外影响的必要防御措施，同时还在国际范围内推广这一理念。虽然，中国肯定了国际法适用于网络空间，但是并不同意进一步肯定武装冲突法或者其他战争法的适用性。中国追求的是多边讨论，共同探讨有关定义、原则、规范以及在联合国创建额外的国际法规和一套“行为准则”，以寻求确保一个国家在本国境内对于网络言论内容及网络基础设施的主导权。

美国此次在《战略》中点名指责中国，并且将中国的网络空间治理理念排在第一位且篇幅最大，可见在网络空间中，美国依然将中国视为主要对手，并认为中国对其宣扬的网络空间“公域说”造成了极大的威胁与挑战，其必将继续不遗余力地对中国提倡的网络空间“主权说”进行诋毁和指责。

七　《战略》罗列说明可以利用的各类手段，美国必将加强网络威慑

美国国家和经济安全所面临的网络威胁在频率、规模、复杂性和严重性上与日俱增。总的来说，支持美国政府、军事、商业和社会活动的非机密信息和通信技术网络对间谍和破坏性行为的抵御能力十分脆弱。美国力图通过整体性政府手段来应对网络空间威胁，这一手段可以支撑全部的国家权力手段以及相应的政策手段，包括外交、信息、军事、经济、情报和执法手段等，并且符合相关法律规定。美国认为网络空间的威慑力最好通过“抵制性威慑”组合的方式来实现，即抑制潜在敌人利用网络能力对抗美国的动机，并且说服他们美

国可以否定他们的目标，即“通过实施成本进行威慑”，对那些针对美国发动恶意网络活动的敌对分子实施经济惩罚，以此产生震慑作用。总统为了实现“抵制性威慑”，拥有许多供他使用的手段，包括一系列政策、法规和旨在提高美国政府以及私营部门计算机系统的安全性和弹性的自愿性标准，同时还包括突发事件应变能力、网络威胁信息共享机制、国际合作、公私合作以及某些部门的执法手段。

《战略》专门针对成本实施问题，列举了一系列总统可以利用的应对手段，包括外交手段、执法手段、经济手段、军事手段以及情报手段，具体情况如下。

1. 外交手段

不管是针对友好国家还是潜在敌对国家，外交手段已然成为美国应对重大国际网络安全事件的常规手段。在敌对分子行为令人难以接受之时，美国提供与它们进行沟通的渠道，还会向盟国寻求支持和进一步的合作。

2. 执法手段

美国执法机构定期与世界各地的伙伴国家共同逮捕和引渡网络犯罪分子，在美国或第三方国家对他们进行起诉。美国国务院的跨国犯罪组织奖励计划直接支持将重大网络罪犯绳之以法的执法工作，对逮捕网络犯罪分子起到作用的信息给予奖励。

3. 经济手段

经济制裁等手段已成为应对恶意网络行为、降低成本的有效方式。例如，2015 年 4 月，奥巴马总统发布了 13694 行政令——《对某些参与重大恶意网络活动人员实行经济制裁》，批准对参与某些恶意网络活动并对美国国家安全、外交政策、经济运行以及财政稳定造成重大威胁的个人或团体实施制裁。

4. 军事手段

一直以来，美国都明确表示仅仅因为攻击行为发生在网络空间并不意味着要通过网络手段来实施合法有效的应对措施。美国国防部一直在构建自己的网络功能，加强自身的网络防御能力，保持威慑姿态。国防部将于 2018 年底之前创建由 133 支队伍组成的、全面运作的网络作战部队。这支已在运行的网络部队将保卫国防部的网络系统，阻止可能给美国带来严重后果的网络攻击。

5. **情报手段**

情报搜集是掌握敌对国家和地区情况的必备手段，也是奥巴马总统监测、应对和制止恶意网络活动的重要手段，尤其是在解释和理解恶意网络活动背后的动机时，与之相关的情报显得尤为重要。

此外，即便是有了这些手段，制止网络威胁依旧是个挑战。考虑到网络空间的特殊性，美国将继续努力开发针对恶意犯罪分子的额外制裁手段，特别是网络威慑手段将是美国今后在手段建设中的重中之重。

参考文献

《美国务院国际网络空间政策战略》（Department of State International Cyberspace Policy Strategy），https：//www. state. gov/documents/organization/255732. pdf。

《网络空间国际战略》（Cyberspace International Strategy），https：//www. whitehouse. gov/sites/default/files/rss_ viewer/international_ strategy_ for_ cyberspace. pdf。

崔光耀：《美国网络空间国际战略的微言要义——解读〈网络空间国际战略〉》，《中国信息安全》2011 年第 5 期。

鲁传颖：《奥巴马政府网络空间战略面临的挑战及其调整》，《现代国际关系》2014 年第 5 期。

唐岚：《解读美国〈网络空间国际战略〉》，《世界知识》2011 年第 12 期。

B.3
网络安全立法取得突破

刘京娟　刘　冬*

摘　要： 2016年，美国、欧盟、中国等多个国家和地区在网络安全立法领域取得突破。其中，美国出台《保护商业秘密法》，加大商业秘密保护力度；欧盟先后投票通过一般数据保护条例和《网络与信息系统安全指令》，加强数据保护和网络安全综合立法；中国则通过了网络安全法，这是中国首部网络安全基本法，它的出台具有划时代意义。

关键词： 网络安全　数据保护　商业秘密　立法

一　美国网络安全立法取得新成果

（一）网络安全综合立法取得进展

近年来，美国一直致力于在网络安全综合立法方面取得突破，2015年底，《网络安全法》被纳入《2016年综合拨款法案》，并被总统签署成为法律。实际上，这几届国会为了加强网络安全综合立法做出了大量的尝试，例如，自2011年以来，参院一直在试图将第111届国会期间国土安全和政府事务委员会提出的S. 3480号法案和商务、科学和运输委员会提出的S. 773号法案合并

* 刘京娟，硕士，国家工业信息安全发展研究中心工程师，研究方向为网络安全政策法规、大数据网络安全、关键信息基础设施保护；刘冬，硕士，国家工业信息安全发展研究中心助理工程师，主要研究方向为网络安全战略与政策、工业控制系统信息安全、关键信息基础设施网络安全保护等。

成一部综合性的网络安全法律。2012 年 2 月，参院提出吸收了上述两个法案主要内容的《2012 年网络安全法案》（S. 2105），并随后又提出了该法案的修正版本（S. 3414）和替代版本（S. 3342），但这些法案在第 112 届国会均未获通过。众院方面，博纳众议长在 2011 年 10 月指定 12 名共和党众议员成立特别工作组，用以协调众院各委员会提出的网络安全相关法案并提出立法建议。

作为网络安全立法的一项重要成果，《网络安全法》内容包括网络安全信息共享、国家整体网络安全增强、联邦网络安全人才评估、其他网络事项四大块，成为美国当前规制网络安全信息共享的一部较为完备的法律，其中首次明确了网络安全信息共享的范围包括“网络威胁指标”（Cyber Threat Indicator，CTI）和“防御性措施”（Defensive Measure）两大类，重点关注网络安全信息共享的参与主体、共享方式、实施和审查监督程序、组织机构、责任豁免及隐私保护规定等，并通过修订 2002 年《国土安全法》的相关内容，规范国家网络安全增强、联邦网络安全人事评估及其他网络事项。

《网络安全法》内容框架

第 I 篇　网络安全信息共享（第 101 条至第 111 条）

第 101 条　简称

本篇可以被简称为“2015 年《网络安全信息共享法》”

第 102 条　定义

在本篇中：

（1）机构——术语“机构”是指《美国法典》第 44 章第 3502 条规定的机构。

（2）反垄断法——术语“反垄断法”是指：

（A）《克莱顿法》第 1 条所指的反垄断法（《美国法典》第 15 章第 12 条）；

（B）包括《联邦贸易委员会法》第 5 条有关不正当竞争手段的规定（《美国法典》第 15 章第 45 条）；

（C）包括与上述（A）（B）有相同立法目的和法律效果的所有各州的反垄断法。

（3）适当的联邦实体——术语“适当的联邦实体”是指：

（A）商务部；

(B) 国防部;

(C) 能源部;

(D) 国土安全部;

(E) 司法部;

(F) 财政部;

(G) 国家情报总监办公室。

(4) 网络安全目的——术语“网络安全目的”是指保护信息系统或者系统中存储、处理或传输的信息免受网络安全威胁或安全漏洞的影响。

第 103 条　联邦政府部门的信息共享

第 104 条　针对预防、检测、分析和减轻网络安全威胁的授权

第 105 条　与联邦政府部门共享网络威胁指标和防御性措施

第 106 条　责任豁免

第 107 条　针对政府行为的监督

第 108 条　解释和优先

第 109 条　关于网络安全威胁的报告

第 110 条　国防部长传播特定信息的权力限制的例外规定

第 111 条　生效期间

第 II 篇　国家网络安全增强（第 201 条至第 229 条）

副标题 A——国家网络安全和通讯整合中心（第 201 条至第 211 条）

第 201 条　简称

第 202 条　定义

第 203 条　信息共享结构和流程

第 204 条　信息共享和分析组织

第 205 条　国家响应框架

第 206 条　减轻国土安全部数据中心内部网络安全风险的报告

第 207 条　评估

第 208 条　多重并发的关键基础设施网络事件

第 209 条　美国端口的网络安全漏洞报告
第 210 条　禁止设立新的监管机构
第 211 条　报告要求的终止
副标题 B——联邦网络安全增强（第 221 条至第 229 条）
第 221 条　简称
第 222 条　定义
第 223 条　改善的联邦网络安全
第 224 条　先进的内部防御
第 225 条　联邦网络安全的要求
第 226 条　评估和报告
第 227 条　终止
第 228 条　与国家安全有关的信息系统的识别
第 229 条　机构指引

第 III 篇　联邦网络安全人事评估（第 301 条至第 305 条）
第 301 条　简称
第 302 条　定义
第 303 条　国家网络安全人事评测计划
第 304 条　网络相关关键岗位的确定
第 305 条　政府问责办公室的状态报告

第 IV 篇　其他网络事项（第 401 条至第 407 条）
第 401 条　移动设备安全研究
第 402 条　国务院的国际网络空间政策战略
第 403 条　对国际网络犯罪的逮捕与起诉
第 404 条　增强应急服务
第 405 条　改善医疗卫生行业的网络安全
第 406 条　联邦计算机安全
第 407 条　禁止欺诈性地销售美国人民的金融信息

（二）出台《保护商业秘密法》

2016 年 5 月 11 日，时任美国总统奥巴马签署通过《保护商业秘密法》（*Defend Trade Secrets Act of 2016*，DTSA），强化了对商业秘密的保护。

1. 法律出台背景及过程

作为世界上商业秘密保护法律最为发达的国家之一，美国先后出台了多部法律来保护商业秘密。早在 1939 年，美国法律协会编纂了《侵权法重述》，该重述对商业秘密进行了界定，其中第 757 条和第 758 条论述了对商业秘密的保护，这成为之后很长一段时间内美国各州法院判决的主要参考和依据。直到 1979 年，美国统一州法委员会发布了《统一商业秘密法》（*Uniform Trade Secrets Act*，UTSA），该法规定了商业秘密的含义、受害者可获得的禁令性救济、损害赔偿以及律师费用。1985 年，美国对 UTSA 进行了修订。UTSA 主要将各州判例法中保护商业秘密的原则法典化，它只是一部示范法，而非真正的由州或联邦立法机构颁布的法典，它的作用的发挥取决于各州的采纳。UTSA 在美国商业秘密保护中发挥着重要作用，目前，已有 48 个州批准或采纳了 UTSA。但各州在商业秘密保护立法内容上存在差异，有的州采纳的是 1979 年版本的 UTSA，有的州采纳的是 1985 年版本的 UTSA，有的州甚至同时采纳了两个版本，有的州对 UTSA 进行了大刀阔斧的修改，或添加自己制定的条款。各州对商业秘密保护范围没能统一，各州法院对 UTSA 法律条款的解释，包括举证责任的承担、无过错获取商业秘密行为的性质认定等都存在差别。此外，UTSA 在应对跨州及跨国公司的商业秘密保护问题上还存在一定的局限性。鉴于此，1996 年，美国出台《经济间谍法》（*Economic Espionage Act*，EEA），首次将侵犯商业秘密行为列入联邦刑事犯罪行为进行规制，对于美国保护商业秘密起到了推动作用。EEA 的一个重大进步是它的域外管辖权，这主要体现在它既可以起诉外国人，也可以起诉由美国公民或组织在美境外实施的商业秘密盗窃活动，还可以起诉行为发生在境外但进一步的违法行为发生在美国境内的商业秘密盗窃活动。但与此同时，EEA 也存在一些局限：它并没有赋予商业秘密所有者单独向联邦法院起诉的权利，其仅能作为刑事诉讼附带请求提出，限制了商业秘密所有者获得民事救济的途径。

由于当前在商业秘密保护法律内容方面的局限性，美国试图制定一部新的全国统一标准的商业秘密保护法律，来解决应对新形势下的商业秘密保护面临的问题与挑战。2012 年，在第 112 届国会上，参议员向司法委员会提交《2012 年美国商业秘密与创新法案》（S. 3389）；2014 年，在第 113 届国会上，《2014 年商业秘密保护法案》（S. 2276）被提出；2015 年，基于上述两个法案，相关议员向司法委员会提出《2015 年商业秘密保护法案》（H. R. 3326）；2016 年议员对该法案进行修改，向参议院提交了《商业秘密保护法案》，之后，该法案全票在参议院通过，再之后又高票在众议院通过，于 2016 年 5 月 11 日被总统签署成为法律，同日，法律正式生效。

2. 法律主要内容

DTSA 主要内容包括七节。第一节法律名称，规定了本法可被引述为《2016 年保护商业秘密法》。第二节对于窃取商业秘密行为的联邦管辖权，规定了商业秘密的民事诉讼权和民事扣押内容，其中民事诉讼权主要指商业秘密涉及跨州或跨境贸易中使用或拟使用的产品和服务，商业秘密遭到不当使用的，商业秘密所有人可以针对侵犯该商业秘密的行为提起民事诉讼；民事扣押主要指商业秘密申请人只要能够证明自己的商业秘密已被或将被通过不正当手段滥用，法院可以通过查封令扣押被申请人财产，且扣押财产程序可以在不通知被申请人的情况下进行。第三节对窃取商业秘密行为的执法，主要规定了商业秘密所有者的权利——法院不得许可或指示披露任何被所有者宣称为商业秘密的信息，但法院允许所有者以密封形式提交文件说明其有意保密。第四节有关境外发生的窃取商业秘密行为的报告，规定了美国司法部部长每两年须向参议院和众议院的司法委员会递交关于境外窃取商业秘密行为的报告，报告内容包括发生在美国境外的窃取美国公司商业秘密行为的范围和广度；发生在美国境外的窃取商业秘密行为受到外国政府、机构的支持程度；发生在美国境外窃取商业秘密行为所构成的威胁；商业秘密所有人在阻止境外发生的不正当使用商业秘密行为、对窃取商业秘密的外国实体执行判决以及在海外阻止商业秘密行为进口等方面的能力和局限；美国贸易伙伴给予美国公司商业秘密保护措施、可获得执法力度及执法情况的详细说明；联邦政府与外国合作调查、逮捕和起诉发生在美国境外窃取商业秘密案件情况；立法和执法机构关于打击美国境外窃取商业秘密事项的行动建议等内容。第五节国会意见，陈述了国会对于商业秘密窃取的看法。第六节最佳做法，规定了联邦司法中心须在两年内总结关于获取信息和信息存储媒介以及信息获取后对信息和媒介的保护两个方面有关事项的最佳做法，并不定时进行更新，并向参议院和众议院的司法委员会进行提交。第七节向政府或在法庭上秘密披露商业秘密的责任豁免，规定了在法院立案中或向政府机关非公开性地披露商业秘密的行为，豁免其行为人的民事责任，并对雇主、雇员之间就商业秘密保护的权利义务及责任豁免的情形进行专门规定。

二　欧盟加强数据保护和网络安全综合立法

（一）欧洲议会投票通过了新的欧盟数据保护规则

2016 年 4 月 14 日，欧洲议会投票通过了新的欧盟数据保护规则，这标志着 4 年多的欧盟数据保护改革工作暂时告一段落，新规则的通过是新数字时代欧盟数据保护立法的重大进展。新规则包括一项数据保护条例，即一般数据保护条例，以及一项出于警务和司法目的的数据保护指令。新规则将取代欧盟当前使用的 1995 年的数据保护指令（95/46/EC）以及 2008 年针对警察和刑事事项的司法合作框架处理个人数据的保护的框架决定（2008/977/JHA）。新的数据保护规则旨在给予公民更强的个人数据的控制权，并在全欧盟范围内创建适用于数字时代的高水平、一体化的数据保护标准。

1. 法律出台背景和意义

（1）背景

欧盟的数据保护历史可以追溯到 20 世纪 90 年代通过的《数据保护指令》（简称“1995 年数据保护指令”，95/46/EC），它为欧盟成员国立法保护个人数据设立了最低标准。

但当时互联网还处于初期发展阶段，还没有广泛被大众使用，个人数据的收集及处理只是限定在用户名、地址及相对简单的金融信息等方面。随着互联网的飞速发展，欧盟逐渐意识到 95/46/EC 包含的访问权（即用户有权访问他们的信息并且修改不当的地方，目的是确保信息的正确性）已经不能满足用户的需求，用户转而寻求对个人数据的控制权。互联网新技术的发展和用户控制需求的变化，使以 1995 年数据保护指令为代表的传统数据保护框架亟待重大更新。

欧盟第一次修正努力始于2002年。欧盟在当年7月12日发布的《隐私与电子通讯指令》(*Directive on privacy and electronic communications*, Directive 2002/58/EC)中，详细规定了通信和互联网服务商需要采取适当的措施，保证通信和互联网服务的安全性；禁止在未征得用户同意的情况下存储和使用用户的数据；服务提供商应该保障用户的知情权，如告知用户所收集的数据及进一步处理此类数据的意图和用户有权不同意等。

2006年欧盟出台《数据留存指令》，重点修改了《隐私与电子通讯指令》中的数据留存条款。

2009年11月25日，欧盟对个人数据保护措施又进行了一次重要修正，通过了《欧洲Cookie指令》(EU Cookie Directive, Directive 2009/136/EC)，并确定其于2011年5月25日在欧盟正式启用。《欧洲Cookie指令》的核心内容是对电子商务中Cookie的使用加以规范和必要的信息披露管理。《欧洲Cookie指令》是《隐私与电子通讯指令》的重要补充，它一方面强化了用户的知情权，让用户对网站收集、存储和跟踪用户信息有了清晰明确的了解；另一方面，指令也对网站生成、使用和管理以Cookie为核心的用户个人数据提出了完整规范的管控要求，以避免网站滥用或以不够安全的方式操作与存储用户个人数据。

尽管欧盟在不同阶段通过了不同的数据保护修正指令，但是这些修正内容还是架构在1995年颁布的《数据保护指令》基本框架上。欧盟希望能够有一个全新的完整框架用来代替20年前构建的、已经不能适应移动互联网时代需求的陈旧框架。

2012年1月，欧盟司法专员、欧洲委员会副主席Viviane Reding提出一揽子数据保护改革方案，包括一般数据保护条例及一项出于警务和司法目的数据保护指令。它更新和替代了基于1995年的数据保护指令和2008年警察和刑事司法部门个人数据保护框架决定（2008/977/JHA）的当前数据保护规则。

经过四年多艰难的辩论和谈判，2016年4月14日，新的数据保护改革方案终于在欧洲议会投票下通过，标志着四年来欧洲议会、理事会、企业、民间团体和其他利益相关者参与的欧盟数据保护改革工作暂时告一段落，新规则的通过是新数字时代欧盟数据保护立法的重大进展。

（2）意义

欧盟致力于建立世界一流的数据保护标准。新的数据保护条例将确保全民拥有个人数据保护基本权利。一般数据保护条例将通过基于明确和统一的规则提升消费者对于网上服务的信任并为企业提高法律确定性，刺激欧盟数字单一市场（Digital Single Market）的发展。

出于警务和司法目的数据保护指令则确保了高水平的数据保护，同时扩大在打击全欧洲的恐怖主义和其他严重犯罪方面的合作。欧盟认为当前联合打击恐怖主义和其他严重犯罪比以往更加必要，例如，最近在巴黎和布鲁塞尔发生的恐怖袭击事件。

欧盟认为这些规则有益于欧盟每一位公民。个体必须被授权：他们必须知道自己的权力，并知道如何维护自己的权力。欧盟委员会认为此次改革也将让企业每年节省至少23亿欧元成本。欧盟28国的企业只遵守这一项法规就够了，企业不必一一按照某个国家的单个法律。

2. 主要内容

（1）一般数据保护条例

一般数据保护条例全称为“欧洲议会和理事会关于自然人个人数据处理及自由流动的保护，并废除95/46/EC指令的条例”，简称“一般数据保护条例”（*General Data Protection Regulation*，GDPR）。

GDPR中的一些关键条款如下。

①“被遗忘权”：所谓的“被遗忘权”首次写进法律，这意味着当个体不再希望他的数据被处理，并且“只要没有保留该数据的合法理由”，个体可以要求公司删除数据。这可应用于互联网企业存储个人数据，所以，个人可以从技术上要求Facebook删除其档案资料以及所有其在使用Facebook服务时Facebook收集的相关资料。

②数据保护违规的代价比以往更高。不符合新规定的公司将面临最高上年全球营业额4%的罚款或2000万欧元罚款（两者取其大）。对于谷歌、苹果、微软、Facebook等这样的科技巨头而言，一旦处罚将会是几十亿美元。

③数据泄露的责任扩大到数据控制方使用的任意数据处理方——因此也适用于涉及处理数据从而提供给某个服务的任意第三方，这一点在云业务模式中有着大量应用。

④处理私有数据须获得个体“明确及肯定的同意”。新规提出对企业和公共机构的责任，要求它们告知用户其个人信息是如何被收集、存储和共享的。

⑤“被通知”：企业必须更早通知个体，并以一种更全面的方式来通知他们。一旦发生严重数据泄露，要求公司及机构必须在 72 小时以内向监管机构报告数据违法行为。

⑥在父母同意下才能允许儿童使用社交媒体，各个成员国可对 13 ~ 16 岁的特定年龄段自行规定。

⑦设立数据保护投诉的一站式监管机构，旨在简化企业的遵守流程。

⑧消费者有权将个人数据在服务提供商之间迁移：在新规则下，任何人都拥有权利来进行“数据迁移”，使用户能够更加容易地在服务提供商间转移个人数据。例如，它应能允许当用户切换到另一个电子邮件服务提供商，联系人或之前的电子邮件可以转移。

（2）警务和司法数据保护指令

新规则包括一项出于警务和司法目的数据传输的指令，该指令全称为“欧洲议会和理事会关于自然人个人数据被主管部门出于预防、调查、侦查或起诉刑事犯罪或执行刑事处罚目的进行处理，以及此类数据自由流动，并撤销理事会框架决定 2008/977/JHA 的指令”，以下简称“警务和司法数据保护指令”。

警务和司法数据保护指令将适用于数据在欧盟范围内的跨境传输，并且首次在每个成员国内设立了警务处理数据的最低标准。

新规则旨在通过设立传输数据的明确权利和限制条件来保护个体，无论是受害人、罪犯或证人。此类数据传输是出于预防、调查、侦查或起诉刑事罪行或执行刑事处罚，包括预防公共威胁、保卫公共安全的目的。与此同时，新规则也促进执法当局间更顺畅、更有效地合作。

当前，欧盟在关于恐怖袭击和其他跨国犯罪执法方面存在的一个主要问题是各成员国不愿意交换有价值的信息，新规则通过在欧盟执法机构间设立统一的信息交换标准来解决此问题。警务和司法数据保护指令将成为一个强大而有用的工具，帮助执法机构轻松、高效地传输个人数据，同时确保了基本隐私权利。

3. 下一步计划

（1）时间节点

- 新规则于 2016 年 4 月 14 日通过，标志着立法程序的结束。

• 下一步将在欧盟官方公报（OJEU）上发表，公布20天后生效。

• OJEU发表时间两年过渡期后，于2018年5月在整个欧盟所有成员国施行。

（2）未来工作

一是成员国和企业拥有两年的过渡时间。欧盟成员国拥有两年时间来应用新的数据保护条例及更换并实施新的警务和司法数据保护指令。这给予成员国和企业足够的时间来适应新规则。

二是通过成立欧洲数据保护委员会确保新规则在成员国得到正确实施。欧盟委员会将与成员国密切合作，以确保新规则在成员国的国家层面得到正确实施。欧盟将与国家数据保护机构以及未来将成立的欧洲数据保护委员会（European Data Protection Board）合作，基于第29条数据保护工作组（Article 29 Working Party）的成果确保新规则的执法一致性。

三是欧盟将设立“一站式”投诉服务，以便于消费者在欧盟内跨境投诉。通过独立监督机构“欧盟数据保护委员会”，协调各成员国处理消费者跨境隐私保护投诉。

四是与企业开展公开对话。欧洲委员会还将与利益相关者，特别是企业开展公开对话，确保它们充分理解并及时遵守新规则。

4. 可能产生的影响

（1）数据保护违规的代价比以往更高，企业必须积极采取措施进行应对

不符合新规定的公司将面临最高上年收入4%的罚款，企业将不得不任命一名特别的数据保护官员。根据新的法律，企业必须以可审计的方式掌握个人数据记录，并在72小时内提供泄露通知。企业只拥有两年的时间来处理个人数据，使之符合新规则。

（2）美国互联网公司在欧洲的业务可能遭受重创

新数据保护框架是欧盟2012年提出的，历经无数劫难，与美国分歧较大使得该法案一直无法正常生效。尤其是美国窃听事件曝光后，数据保护之争日趋激烈。这一数据保护法案成了欧盟和美国跨大西洋贸易与投资伙伴协定（TTIP）谈判的一大障碍。尤其对美国的互联网巨头公司脸谱、谷歌和苹果来说非常不利，它们与美国政府一直在游说，但最终失败了。美国互联网公司将很多源自欧洲的数据传送至美国进行处理和存储，在欧盟看来，就是造成了个

人隐私泄露。欧洲议会之前就曾推翻美欧之间草拟的《安全港协议》。当时，欧洲议会给出的理由是：《安全港协议》不足以保证数据隐私能够达到欧方提出的标准。最近，关于美国提出的《欧美数据隐私护盾》（EU – SU Privacy Shield），欧盟依旧不满意。欧洲数据隐私保护专家对于美方监管数据的方式持有疑虑。国家信息与自由委员会主席伊莎贝勒·法尔科·皮埃尔丹指出，美方需要提供进一步的证据表明其对数据的监控措施符合欧洲的标准。如若不然，欧方不应通过《欧美数据隐私护盾》。一旦《欧美数据隐私护盾》获得通过，将更有利于欧盟公民利用 GDPR 维权。首先，欧盟公民可以直接向美国企业提出请求和投诉，后者必须于 45 日内做出回应；其次，参加隐私护盾的美国企业必须提供免费的替代性纠纷解决机制（ADR）并告知用户以便其可以进行投诉；再次，可以直接向其本国数据保护机构进行投诉，后者负责将投诉转交美国商务部，美国商务部必须于 90 日内做出回应，或者将投诉转交 FTC 处理；最后，如果穷尽前述方式未能解决争议，可以诉诸一个名为 Privacy Shield Panel 的仲裁程序。

（3）波及范围广

一方面，受影响的主体多种多样。既包括任何拥有社交网络账号或电子邮件地址、使用网络的个体，又包括企业的经理、IT 负责人或其他任何负责数据保护的人员。更重要的是，该规则适用于在欧洲开展业务的所有公司，不论其注册地在哪里。这意味着，欧盟一体化规则将取代当前不同国家的不同法律，为企业和消费者提供更明晰的指导。对于非欧盟企业在欧盟展开贸易的情况，这项协议将要求它们重新思考它们在欧盟开展的业务。这使得它们更加艰难地运营某些“全球”业务，并要求它们真正在欧盟市场中开展的业务活动受到欧盟的“监控”。另一方面，受影响的行业涵盖各个领域。GDPR 将显著改变欧盟数据保护法律的相关领域，并全面影响能源、金融、医疗卫生、房地产、制造、零售、科技和交通运输等行业。

（二）欧盟出台《网络与信息系统安全指令》

2016 年 7 月 6 日，欧洲议会（European Parliament，EP）投票通过了《网络与信息系统安全指令》（*Directive on Security of Network and Information Systems*，以下简称 NIS 指令）。作为欧盟首部网络安全指导性法律，NIS 指令旨在加强

成员国数据安全、创建成员国间合作机制、确立所有核心服务安全需求，从而在欧盟范围内实现统一的、较高水平的网络与信息系统安全防护。

1. 指令出台相关背景

当前，欧洲经济社会对网络服务高度依赖，欧盟面临的网络攻击日益严重；欧盟网络安全保障能力不足，各成员国协作机制不完善。当前，①网络和信息系统服务在社会中发挥着越来越重要的作用，对于经济和社会活动而言，它们的可靠性和安全性显得至关重要，尤其是对内部市场运作而言，更是如此。②安全事件的严重程度、发生频率和影响后果呈递增趋势，这意味着会对网络和信息系统的运作构成愈发严重的威胁，该等安全事故可能会妨碍经济活动追求，造成重大财务损失，削弱用户信心，并使欧盟遭受巨大经济损失。③网络和信息系统在促进商品、服务和人员跨境流动方面，起到了至关重要的作用。考虑到其具有跨国性质，无论是蓄意还是无意，无论在何地发生，作为一个整体，这类系统所造成的巨大破坏可能会对个别成员国和欧盟产生影响。④欧盟现有能力不足以确保网络和信息系统在欧盟范围内维持高等级安全性，成员国所做的不同程度的准备可能会导致整个欧盟采用各自为政的方法，从而使消费者和企业受到不平等的保护，并且影响欧盟范围内的网络和信息系统的安全性的整体水平。因此，倘若要有效应对网络和信息系统的安全性挑战，则需要在欧盟层面制订一个全球方案，包括基本服务运营商和数字服务提供商的常见最低能力建设和规划要求、信息交流、合作和共同安全要求。

基于此，为全面加强欧盟网络安全建设、督促欧盟成员国制定网络安全战略、构建欧盟统一的信息共享和网络安全协作机制、全面提升欧盟网络安全保障能力、推动欧盟内部市场和数字经济长足发展，欧盟推动制定网络安全相关法律。2013 年，NIS 指令立法提议最初同欧盟网络安全战略一同提出，希望建设一个开放的、安全可靠的网络空间，并且指导欧盟预防和应对网络中断及攻击。2015 年 12 月 7 日，欧洲议会就欧盟委员会提案达成协议，NIS 指令提案草案于 11 天后公布。2016 年 1 月 14 日，欧盟内部市场委员会进行投票，支持 NIS 指令，旨在为欧盟成员国提供高水平的网络与信息安全，不仅用于应对黑客的网络攻击，还用于应对技术故障及自然灾害。经过三年的讨论，2016 年 7 月 6 日，欧洲议会最终全体通过并公布了 NIS 指令。NIS 指令于 8 月生效，成员国必须于 21 个月内将其转换为成员国国内法，并且欧盟将投入 18 亿欧元用于网络与信息系统安全建设。

2. 主要内容

NIS 指令首先确定了网络与信息系统、网络与信息系统安全、网络安全风险以及网络安全事件等概念定义，明确了衡量网络安全事件影响重大程度和某个网络安全事件是否具有实质影响的考量因素。之后主要从欧盟成员国、欧盟以及网络与信息系统安全三个层面回应了当前欧盟对网络安全保护的现实诉求，主要对网络与信息系统安全国家框架构建、欧盟成员国间合作以及基本服务运营商和数字服务提供商网络安全保护义务进行了相关规定和指示。

（1） 概念定义

NIS 指令主要对以下名词和概念进行了明确。

①网络与信息系统。主要指 2002/21/EC 指令第 2 条第（a）点定义的一种电子通信网络；相互关联并根据某项程序进行数字数据自动处理的一个或多个装置；以及基于上述网络和装置，为了实现运作、使用、保护和维护等目的而存储、处理、检索或传输的数字数据。

②网络与信息系统安全。指在给定的置信水平条件下，网络和信息系统对抗任何可能影响其存储、传输或处理的数据或相关服务的可用性、真实性、完整性或机密性的能力。其中，相关服务是指通过网络和信息系统提供或访问的服务。

③关于网络和信息系统安全性的国家战略。指在国家层面的提供网络和信息系统安全性相关的战略目标和优先顺序的框架。

④事件处理。指用来检测、分析、遏制事件发生及响应事件的所有举措。

⑤风险。指任何可能会对网络和信息系统安全产生潜在不利影响的可识别的情况或事件。

⑥基本服务运营商。指依赖于网络和信息系统的、所提供的服务对维系关键社会活动或经济活动至关重要的实体，并且网络安全事件会对其所提供的服务产生显著的破坏性影响。

⑦数字服务提供商。指提供数字服务的任何法人。

⑧破坏性影响严重性。主要考虑以下六个因素：一是各相关实体所提供服务的用户数量；二是其他部门对该实体所提供的服务的依赖性；三是事件（取决于不同严重程度和持续时间）可能对经济、社会活动或公共安全造成的

影响；四是该实体的市场份额；五是受事件影响区域范围；六是该实体对其所提供服务的不可替代性。

（2）网络与信息系统安全的国家框架

在成员国层面，NIS 指令规定了以下四大措施以提高成员国网络安全能力。

①制定网络与信息系统安全的国家战略。NIS 指令要求欧盟每个成员国都应制定网络与信息系统安全的国家战略，确定战略目标和相应政策以实现和维持高水平的网络与信息系统安全。该安全战略应包含以下七点内容：一是国家战略的目标及各目标优先顺序；二是实现各目标的治理框架，包括各政府机构及其他相关参与者的角色和职责；三是预防、响应和恢复措施的确认，包括公共和私营部门之间合作的确认；四是与战略有关的教育培养、意识提升和培训计划方面的指示；五是与战略有关的研发计划的指示；六是识别风险的评估方案；七是与网络和信息系统安全的国家战略实施有关的各参与者清单。成员国可要求欧洲网络与信息安全局协助其制定战略，并须在战略采用的三个月内与欧盟委员会就该战略进行交流。

②指定国家主管部门和联络机构。NIS 指令要求每个成员国指派一个或多个国家主管部门管理网络与信息系统安全（即主管部门），主管部门可基于现有的某个或多个管理部门来确定。主管部门应在国家层面上监控 NIS 指令的具体实施。NIS 指令还要求每个成员国指派一个管理网络与信息系统安全的联络机构来执行联络功能，联络机构也可基于现有的管理部门。联络机构用以保障成员国管理部门与其他成员国对应部门、合作群体以及计算机安全应急响应小组网络之间的跨国合作。成员国应确保其主管部门和联络机构拥有足够的资源和切实有效的方式来执行被分配到的任务，从而能够较好地实现本指令要求的目标。主管部门和联络机构应在适当情况下依照国家法律与相关国家执法机构、国家数据保护机构进行协商和合作。另外，主管机构须将收到的网络安全事件通报传达给联络机构。

③设立计算机安全事件响应小组。NIS 指令要求每个成员国指派一个或多个计算机安全应急响应小组（Computer security incident response teams，CSIRTs），负责依照程序对安全风险和事件进行处理。成员国应明确并向欧盟委员会通报其 CSIRTs 的职权范围和应急处理的相应程序，还应确保 CSIRTs 有权使用国家

级别的适当而安全的信息基础设施。从而确保 CSIRTs 有足够的资源来切实有效地完成对应的任务，以及在 CSIRTs 网络内进行高效可行的合作。CSIRTs 主要负责国家层面的网络安全事件监测，向网络安全风险和事件相关利益方进行早期预警、警报、通知和信息传递，并且还提供动态的网络安全风险和事件分析。

NIS 指令指出各成员国应在相关国家政策或法规的指导下，充分明确对 CSIRTs 的要求及其任务，要求主要包括以下几点。第一，CSIRTs 应保证其通信服务的可用性处于较高水平，并在任何时候可通过多种方法被联系或同他人联系，此外，应明确规定其通信渠道，并为客户及合作伙伴所知；第二，CSIRTs 的经营场所和配套的信息系统应设于安全地点；第三，保障其业务的连续性；第四，CSIRTs 应配备用于管理和路由请求的适当系统；第五，CSIRTs 应具备足够数量的员工，以确保其员工能随时、及时解决问题；第六，CSIRTs 应具有冗余系统和备份工作空间，以保持其工作的连续性；第七，应保证 CSIRTs 能够参与国际合作。CSIRTs 的任务主要包括如下几点。第一，在国家层面上检测安全事件；第二，就相关风险及安全事件向相关组织机构或人员进行预警、警报、公告和宣传；第三，响应安全事件；第四，进行动态的风险和事件分析并进行态势感知；第五，参与 CSIRTs 网络；第六，与私营部门建立合作关系；第七，促进各相关方在事件及风险处理程序以及事件、风险和信息分类等方面采用共同的标准或惯例。

④建立国家内部机构合作机制。NIS 指令规定对于同一成员国内主管部门、联络机构和 CSIRTs 相互分离的情况，各部门机构应以协作方式履行 NIS 指令规定的义务。成员国应确保不论是主管部门还是 CSIRTs 都能接收到本指令所要求的事件通知，并确保主管部门或 CSIRTs 告知联络机构相关事件通知。

（3）欧盟成员国间合作

在欧盟层面，为支持和促进各成员国间的战略合作和信息交流、建立信任和信心、实现欧盟内高水平的网络与信息系统安全，NIS 指令要求欧盟各成员国须成立协同工作组、构建 CSIRTs 网络和开展国际合作。

①成立协同工作组。NIS 指令规定在各成员国间设立协同工作组，以支持和促进成员国间的安全合作与情报共享，提升各方的信任水平。协同工作组应由各成员国、欧盟委员会和欧洲网络与信息安全局（European Network and

Information Security Agency，ENISA）的代表组成，适当情况可邀请利益相关方代表参与工作。协同工作组主要执行以下任务：一是对 CSIRTs 网络的各项活动提供战略指导；二是与 ENISA 合作，在成员国间交流网络安全最佳实践，帮助成员国提高网络与信息系统安全能力；三是在各成员国自愿基础上讨论其安全能力及防御情况，评估该国战略及 CSIRTs 的有效性，确认该国网络安全的最佳实践；四是交流网络与信息系统安全相关的意识提升、教育培训、研究开发和最佳实践等的经验或教训。

②构建 CSIRTs 网络。为促进开展迅速而有效的业务合作，NIS 指令要求构建 CSIRTs 网络，该网络应由各成员国 CSIRTs 和欧盟计算机紧急响应小组的代表组成，欧盟委员会作为观察员参与 CSIRTs 网络的工作，ENISA 设立秘书处并积极支持 CSIRTs 之间进行合作。CSIRTs 网络主要负责以下工作：一是交流各国 CSIRTs 的服务、运营与合作能力方面信息；二是在受到事件影响的成员国 CSIRTs 代表的请求下，交换和讨论与该事件相关的非商业敏感资料和相应的风险；三是交流和自愿提供与个别事件相关的非商业敏感资料；四是在自愿和互助原则基础上协助成员国解决跨国事件；五是讨论、探索和确认形成进一步业务合作的方式。CSIRTs 网络在操作层面上确保各成员国协同合作以迅速处理网络安全事件，提升网络安全事件的快速响应和处置能力。

③开展国际合作。NIS 指令表明欧盟可与第三方国家或国际组织签订国际协议，允许或组织这些国家或国际组织参与协同工作组开展的某些活动。此类协议应尽可能充分保护数据安全。

（4）基本服务运营商和数字服务提供商的网络安全保护义务

在网络与信息系统安全层面，NIS 指令规定了基本服务运营商和部分数字服务提供商应承担的网络风险管理与网络安全事件报告的义务。

①基本服务运营商和数字服务提供商的界定。NIS 指令规定了基础服务运营商的三个认定标准：一是所提供服务对重要社会及经济活动是必需的；二是该服务的提供依赖于网络与信息系统；三是一旦发生网络安全事件，将对该服务的提供产生重大破坏性影响。基于上述标准，NIS 指令界定的基本服务运营商主要涵盖能源（电力、石油和天然气）、交通（航空、铁路、水路和公路运输）、银行业、金融市场基础设施、卫生产业（医疗设施，包括医院以及私人

诊所）、饮用水供应及分配和数字基础设施（包括 IXP、DNS 和顶级域名注册服务提供者）等行业领域。对于基本服务运营商涵盖的每种实体的定义和界定，NIS 指令也分别给出了相关参考指令。NIS 指令适用的数字服务提供商则包括在线市场、搜索引擎和云计算三方面的提供商。NIS 指令对小微企业、三类提供商之外的其他提供商不做要求。

②基本服务运营商和数字服务提供商的义务。NIS 指令规定了基本服务运营商和数字服务提供商应履行的三项安全义务：一是采取适当的技术和组织措施管理网络安全风险，确保一定程度的网络安全；二是采取恰当的措施防止、削弱网络安全事件的影响；三是将具有重大影响或实质影响的网络安全事件通报主管机构。为了监督上述运营商和提供商履行义务，主管机构可对未达到要求的企业采取措施，要求其提供用于评估网络安全的信息并采取补救措施。

3. 指令特点

NIS 指令的出台，表明行业监管取代行业自律已成为欧盟内部进行网络安全建设的共识，NIS 指令主要呈现以下特点。

第一，完善了欧盟网络与信息系统安全的顶层设计，打造了多层次的网络安全保障机制。NIS 指令作为欧盟网络与信息系统安全方面的第一部全面指导性法规，明确了欧盟成员国国家安全战略的制定方针，规范了欧盟成员国内以及成员国间的合作机制，完善了欧盟网络与信息系统安全治理的顶层设计，是欧盟迈向网络与信息系统安全整体协作的关键一步。NIS 指令确定了基本服务运营商和部分数字服务提供商的网络安全保护义务，更好地提升了网络与信息系统安全的保障能力。通过打造成员国、欧盟以及网络与信息系统等多层面的网络安全保障机制，NIS 指令将整体提升欧盟网络安全保护能力，有利于更好地应对网络安全威胁。

第二，重点关注网络与信息系统层面的安全，且避免过度监管。NIS 指令关注网络与信息系统层面的安全，防止网络与信息系统被非法攻击、破坏、进入等，并不涉及个人信息保护、违法网络内容处理等内容层面的事项。NIS 指令只针对基本服务运营商和部分数字服务提供商提出网络与信息系统安全方面的义务，而豁免小微企业以及其他类型数字服务提供商，在切实保护并提高网络安全的同时，避免给互联网产业发展带来过多负担。

三　我国在网络安全立法方面取得划时代进展

2016年11月7日，第十二届全国人民代表大会常务委员会第二十四次会议通过了《中华人民共和国网络安全法》，并将于2017年6月1日起施行。国家网络安全法作为我国首部网络安全专门性法律，重点关注关键信息基础设施和个人信息保护等方面，对我国网络安全建设意义重大。

（一）法律发布背景

当今，全球网络安全形势依然十分严峻，网络攻击活动继续高发，网络空间博弈持续发酵，网络安全事件后果愈发严重。2016年，多个国家和地区通过加强网络安全顶层设计、加大网络安全合作力度等手段进一步增强国家网络安全。美国、欧盟、印度、澳大利亚等多个国家和地区一方面通过制定与更新网络安全战略计划，另一方面通过加强网络安全立法来进一步增强其网络安全顶层设计。如2016年4月14日，欧洲议会投票通过了新的欧盟数据保护规则；4月21日，澳大利亚总理内阁更新了《澳大利亚网络安全战略》；5月11日，时任奥巴马总统正式签署了《保护商业秘密法案》；7月6日，欧洲议会全体通过并公布了《网络与信息系统安全指令》（NIS）。

中国于2016年也发布了首部网络安全法。2015年6月26日，十二届全国人大常委会第十五次会议对网络安全法草案（即一审稿）进行了分组审议，并于2015年7月6日至8月5日期间公开征求意见；2016年6月28日，十二届全国人大常委会第二十一次会议对网络安全法草案二次审议稿进行了分组审议，并于2016年7月5日至8月4日期间公开征求意见；2016年10月31日，网络安全法草案三次审议稿提请全国人大常委会审议。2016年11月7日，第十二届全国人民代表大会常务委员会第二十四次会议通过了《中华人民共和国网络安全法》，并将于2017年6月1日起施行。

（二）主要内容及解读

国家网络安全法的制定是落实国家总体安全观的重要举措，是维护网络安全的客观需要，对于提升我国网络安全水平有着不可替代的重大作用。新法共有七章79条，内涵十分丰富。

作为我国网络安全领域的基础性法律，国家网络安全法确立了“安全”在整个信息系统建设中的核心地位，同时，明确了关键信息基础设施安全和个人信息安全两个突出重点。此外，从企业自发重视网络安全转变为法律强制推行网络安全后，网络安全相关产业的市场空间也必将迎来新一轮增长。

1. 重点保护关键信息基础设施

国家网络安全法的第二章第二节全面聚焦于关键信息基础设施的运行安全保护。

（1）明确关键信息基础设施的内涵和范围

从一审稿到三审稿，“关键信息基础设施”的定义经历了一波三折的纠结过程。正式稿最终采用非穷尽式列举的方式对其进行了定义：国家对公共通信和信息服务、能源、交通、水利、金融、公共服务、电子政务等重要行业和领域，以及其他一旦遭到破坏、丧失功能或者数据泄露就可能严重危害国家安全、国计民生、公共利益的关键信息基础设施，在网络安全等级保护制度的基础上，实行重点保护。国家网络安全法主要基于对国家安全、国计民生和公共利益的危害后果来界定关键信息基础设施的具体范围，并列举公共通信和信息服务、能源、交通等比较典型有代表性的领域加以说明。前述定义，一方面通过行业列举大体勾勒出“关键信息基础设施”的属性，另一方面也为国家后续进一步界定“关键信息基础设施”的具体范围和制定安全保护办法保留了空间和灵活性。

（2）对关键信息基础设施采取重点保护举措

关键信息基础设施是国家和社会正常运转的一个“神经”，而中国作为长期遭受网络攻击的“重灾区”，对关键信息基础设施的安全保障更加迫切，不容有失。国家网络安全法在关键信息基础设施的运行安全、建立网络安全监测预警与应急处置制度等方面都做出明确规定。比如，在第三十四条规定中，国家网络安全法规定了关键信息基础设施运营者应履行的安全保护义务，包括人员安全背景审查，进行网络安全教育、技术培训和技能考核、对重要系统和数据库进行容灾备份、制定网络安全事件应急预案并定期进行演练等；在第三十五条规定中，国家网络安全法要求“关键信息基础设施的运营者采购网络产品和服务，可能影响国家安全的，应当通过国家网信部门会同国务院有关部门组织的国家安全审查，同时在法律责任部分制定了对应罚则”；在第三十七条规定中，国家网络安全法规定了关键信息基础设施相关信息跨境传输原则，即“关键信息基础设施的运营者在中华人民共和国境内运营中收集和产生的个人信息和重要数据应当在境内存储。因业务需要，确需向境外提供的，应当按照国家网信部门会同国务院有关部门制定的办法进行安全评估；法律、行政法规另有规定的，依照其规定”。

2. 进一步完善个人信息保护

调查显示，截至2016年6月底，中国网民规模升至7.1亿人，互联网普及率达51.7%，其中手机网民达6.56亿人。中国网民群体基数庞大，个人信息保护迫在眉睫。国家网络安全法高度重视公民个人信息安全，在全国人大常委会《关于加强网络信息保护的决定》的基础上，用较大篇幅专章规定了个人信息保护的基本法律制度。主要包括以下四点内容。

（1）个人信息定义

国家网络安全法第七十六条规定，个人信息指以电子或者其他方式记录的能够单独或者与其他信息结合识别自然人个人身份的各种信息，包括但不限于自然人的姓名、出生日期、身份证件号码、个人生物识别信息、住址、电话号码等。该法对于个人信息范围的定义比较宽泛，但同2013年颁布的《电信和互联网用户个人信息保护规定》相比，国家网络安全法未包含可单独或结合其他信息识别用户使用服务的事件、地点等的信息。

（2）大数据开发应用

国家网络安全法第四十二条规定，网络运营者不得泄露、篡改、毁损其收集的个人信息；未经被收集者同意，不得向他人提供个人信息。但是，经过处理无法识别特定个人且不能复原的除外。据此规定，网络运营者要想对数据进行处理和应用，需要对合法收集的个人信息进行脱敏处理以达到无法识别个人且不能复原的程度，从而摆脱个人信息保护规则的制约。由此可见，立法者在制度设计层面为大数据的应用留下了可行性空间，以取得个人信息保护和公众利益之间的平衡。

（3）明确网络运营者的信息安全义务

网络信息保护在之前已经实施的《电信和互联网用户个人信息保护规

则》、《全国人民代表大会常务委员会关于加强网络信息保护的决定》、《网络交易管理办法》、《消费者权益保护法》和《规范互联网信息服务市场秩序若干规定》等法律法规中均有所规定，在参考上述法律法规的基础上，国家网络安全法具体要求“公开收集、使用用户信息规则；按约定收集、使用信息；采取适当措施，以确保上述信息安全并阻止用户个人信息泄露、毁损或丢失；当发生或可能已发生信息泄露，及时采取补救措施等。而对于个人发现网络运营者存在违法收集、使用个人信息，并要求予以更正时，网络运营者应当采取措施予以删除或者更正”。

（4）惩治网络诈骗等违法行为

国家网络安全法第四十六条规定，任何个人和组织应当对其使用网络的行为负责，不得设立用于实施诈骗，传授犯罪方法，制作或者销售违禁物品、管制物品等违法犯罪活动的网站、通信群组，不得利用网络发布涉及实施诈骗，制作或者销售违禁物品、管制物品以及其他违法犯罪活动的信息。监管机关可以依据第六十七条，对上述违法犯罪活动实施者进行处罚。该项规定是三审稿中新增的规定，体现了立法和监管机关对目前泛滥的电信诈骗等网络犯罪行为整治的决心。

3. 其他方面的内容

除以上所述外，国家网络安全法还明确了网络空间主权原则、实施网络安全等级保护制度、明确网络产品和服务提供者的安全义务、明确监管部门保密和合规使用义务、关注未成年人保护、提出实名制认证要求、规定网络安全监测预警和应急处理制度建设等。

（三）法律出台的重要意义

《中华人民共和国网络安全法》是我国第一部网络安全专门性法律，也是我国网络安全领域的基础性法律，确立了“安全”在整个信息系统建设中的核心地位。国家网络安全法以法律形式提纲挈领地整合了众多相关下位法中对网络安全、信息保护的规定，并契合大数据、信息化发展的大背景，具有重要的里程碑意义。国家网络安全法的出台，对于整治近年来多有发生的信息泄露等网络安全事件、加强个人信息保护、重点保护关键信息基础设施等意义重大，对加强我国网络安全有着举足轻重的作用。

参考文献

《国家网络安全行动计划》，https：//www. whitehouse. gov/blog。

《美国网络安全行动计划中的预算需求》，http：//www. dailydot. com/layer8/obama - cybersecurity - national - action - plan - budget - request/。

《31 亿美元的现代化基金法案》，http：//about. bgov. com/blog/modernization - fund - no - chance - 50 - 50 - done - deal/。

《联邦隐私委员会举行第一次全体会议》，https：//www. whitehouse. gov/blog/2016/03/12/federal - privacy - council - holds - inaugural - meeting - 0。

《奥巴马任命首个联邦首席信息安全官》，http：//www. tripwire. com/state - of - security/latest - security - news/obama - to - appoint - first - federal - chief - information - security - officer/。

政策制度篇

Reports on Policies

B.4
美国《网络安全国家行动计划》实施进展研究

张 妍　张慧敏*

摘　要： 2016年2月9日，美国政府公布《网络安全国家行动计划》，旨在改善联邦政府内部乃至整个国家的网络安全现状。该计划由一系列短期措施和长期战略构成，包括成立国家网络安全促进委员会和联邦政府隐私委员会、首次设立联邦首席信息安全官、加强关键信息基础设施安全和恢复力、提高网络空间威慑力等。该计划提出在2017财政年度预算中拿出190亿美元用于加强网络安全，比2016年上浮35%。自该计划发布以来，美国联邦政府积极推动计划的实施，以期全面强化美国在网络空间的安全，也为美国

* 张妍，硕士，国家工业信息安全发展研究中心助理工程师，主要负责国内外网络安全动态跟踪和数据库建设；张慧敏，博士后，国家工业信息安全发展研究中心高级工程师，主要研究方向为网络安全战略与政策。

未来在网络安全领域中各项行动的部署和落实奠定更坚实的基础。

关键词： 网络安全 网络威慑 行动计划

一 《网络安全国家行动计划》出台背景

美国高度重视网络空间安全，将其视为影响国家安全的关键因素之一，并将维护网络空间安全纳入国家战略。近年来，美国采取了一系列措施强化网络空间安全：一是制定与颁布《国家网络安全保护进步法案》《联邦网络安全战略与实施计划》《国防部网络战略》《网络安全信息共享法案》《提高关键基础设施网络安全战略》《美国网络安全威慑战略》《美国联邦网络安全人才战略》等一系列战略、政策与法规，加强国家网络空间顶层设计，提高网络空间防御能力；二是通过深入开展美中、美欧、美俄、美德、美印等高级别对话和签订国家间备忘录，推进网络安全领域的国际合作，共同打击网络空间犯罪行为和恐怖主义；三是通过采取五角大楼漏洞奖励计划、网络安全竞赛、政学研联合培养、政企合作等方式培养网络空间专业人才，提高网络空间安全意识和技能；四是加快部署网络空间作战计划，成为第一个提出网络战概念、组建网军并将其应用于实战的国家。在上述措施稳步实施的基础上，美国于2016年初推出《网络安全国家行动计划》（*Cybersecurity National Action Plan*，简称CNAP），明确提出“对内提高网络安全防护水平，对外加强网络空间威慑能力”的战略目标。

CNAP是一项指导美国未来网络空间安全能力建设的中长期发展计划，旨在提高国家网络安全防护能力、加强公民网络安全意识、保护国家和个人隐私、维护公共和国家安全、维持美国在全球数字经济中的竞争力。这一计划既是美国在网络安全领域的重大举措，也为未来美国在网络空间安全领域的发展和总体部署指明了方向。

二 《网络安全国家行动计划》主要内容

（一）建立国家网络安全促进委员会

CNAP 明确要求美国联邦政府建立“国家网络安全促进委员会”，委员会成员主要由国会两党指定的非政府部门的网络安全战略专家、科研机构的技术专家以及企业高级管理人员组成。该委员会主要负责规划美国未来十年在网络空间安全领域的发展方向和具体实施措施，以维护公共安全以及经济和国家安全，加强公共和私营部门的网络安全，保护国家及个人隐私，促进网络安全新技术的研发、推广及使用，提高网络安全最佳实践能力，不断强化联邦政府、州以及地方政府与私营企业之间的合作关系。

（二）加强联邦网络安全

鉴于美国政府在提高网络安全能力方面虽已取得重大进展，但整体网络空间安全仍面临长期的系统性挑战，美国联邦政府决定对网络与信息技术安全的保护措施进行重新审查，并基于《网络安全跨部门有限目标》和《2015 年网络安全战略与实施计划》实施成果来确定政府在网络空间应采取的下一步具体措施。

1. 设立联邦首席信息安全官

在 CNAP 中，美国政府首次明确提出设立联邦首席信息安全官（Federal Chief Information Security Office，简称 FCISO）职务，并将其设在联邦管理和预算办公室（OMB）下，直接向联邦政府首席信息官报告工作。联邦首席信息安全官的主要职责是开发、管理和协调整个联邦政府部门与网络和信息安全有关的政策、计划及其实施情况。CNAP 要求申请该职位的人员应为现任的高级管理者，且为美国公民。如不符合上述条件，申请人需有人事管理局资格审查委员会出示的行政资格证明，并在就职后任满一年的试用期。美国前任总统奥巴马已在 2017 年联邦预算提案中将 IT 安全支出增加 35%，用以支持 FCISO 履行职责、开展工作。

2. 设立信息技术现代化基金

2017 年总统预算建议，将 31 亿美元信息技术现代化基金作为未来几年全面改革联邦陈旧信息系统的首笔资金，并呼吁相关企业积极支持基金的后续发展。该笔基金视各部门的执行情况和效果而逐渐增加发放，主要用于联邦机构淘汰、替换或更新那些维护成本高昂、功能较差且难以保证安全的陈旧信息技术基础设施、网络和系统。同时，政府计划成立一个由专家、顾问和政府官员组成的委员会对资助计划进行评估和提供建议。

3. 其他重点计划

除上述重点计划和措施外，美国联邦政府还将通过如下措施加强联邦网络安全。

一是提高信息技术资产安全。联邦政府要求各个部门确定其价值最高和最具风险的信息技术资产并将其进行优先排序，然后通过采取有针对性的措施提高其安全性。二是提高信息共享能力。国土安全部、总务管理局和其他联邦机构要提高政府范围内信息技术和网络安全相关共享服务的可用性，以促使每个单独的机构无须构建、拥有和运营其自己的信息技术部门，并确保各机构无须单独采取措施应对复杂的网络威胁。三是广泛推行联邦网络安全计划。国土安全部通过广泛推行爱因斯坦计划和持续诊断与消减项目来加强联邦网络安全，2017 年总统预算支持采用这些项目的所有联邦民用机构。四是吸纳网络安全人才。国土安全部不断从联邦政府和私营部门招聘最佳网络安全人才，组成网络防御团队，这些团队通过执行渗透测试、主动搜索入侵者、提供事件响应和安全工程专业知识来保护整个联邦政府的网络、系统和数据。

（三）加强关键基础设施安全和恢复力

CNAP 特别强调，美国的国家安全和经济安全取决于国家关键基础设施的可靠运行。近年来，奥巴马已通过签署《提高关键基础设施网络安全总统令》《提高关键基础设施网络安全战略》《网络安全信息共享法案》等战略法规，加强国家关键基础设施的保护，深化关键基础设施所有者与运营商间的持续合作，从而提升网络空间安全，增强国家恢复力。

CNAP 要求政府部门在加强关键基础设施方面积极采取措施和行动。一是设立组织机构。美国国土安全部、商务部和能源部组织建立“国家网络安全恢复中心”（National Center for Cybersecurity Resilience，简称 NCCR），为公司和行业机构提供一个网络模拟环境，用以测试系统的安全性，例如，模拟电网遭受网络攻击的抗压能力。二是招募网络空间安全顾问。美国国土安全部将成倍增加网络空间安全顾问，通过有针对性的网络安全评估和最佳案例示范，协助企业和组织机构提高网络恢复力。三是加强政企合作。美国国土安全部与美国安全检测实验室公司（Underwriters Laboratories Inc.，简称 UL）及其他行业合作伙伴，共同制订网络空间安全保障计划（Cybersecurity Assurance Program，简称 CAP），旨在检验“物联网”中的联网设备，使其符合安全标准。此外，政府计划通过与 Linux 基金会等机构合作，为常用的互联网工具提供资金支持和技术保障。

（四）提高网络空间安全技术

CNAP 指出，网络安全技术的发展是提升国家网络空间安全防御能力的重要保障，推动网络空间科学技术的研究是联邦政府的一项重要工作。一是增加研发资金投入，特别是在技术研发和基础设施方面的投入如美国联邦调查局和司法部等机构增加逾 23% 的经费，用以提高甄别、瓦解和逮捕网络攻击者的技术能力。二是加强顶层设计。联邦政府发布《2016 年联邦网络空间安全研发战略规划》（*2016 Federal Cybersecurity Research and Development Strategic Plan*），明确国家在网络空间的战略性研发目标，通过高效率的科学研究来促进网络空间安全技术的进步。

（五）改进网络空间事件响应能力

CNAP 指出，美国在加强网络防御能力的同时，需要进一步提高网络恢复力，以降低网络威胁事件带来的危害。CNAP 敦促美国政府总结出改善未来网络安全事件管理和增强美国网络恢复力的方法，并呼吁尽快发布国家网络安全事件协调响应政策以及配套的网络事件严重性评估方法，使政府机构和私营部门可进行有效沟通，以对网络安全事件提供协调一致的响应级别。

（六）加强个人隐私保护

CNAP 指出，在当今的数字时代，个人信息面临巨大风险，需要不断提升对个人信息保护的持续关注，加强个人隐私保护。美国政府拟通过 CNAP 推动联邦机构采用有效的身份验证和强有力的多因素认证及系统审查等多种方式，确定哪些情况下可减少对公民保障号的使用，以保护在线交易中的个人数据安全。

CNAP 建议，采用多因素身份验证的方法确保个人账户信息安全，如加强密码与附加要素合理组合，例如，可通过短信形式发送的指纹或一次性代码等方式。这种多因素认证方法是国家网络安全联盟发起的国家网络安全宣传活动的核心，旨在通过为个人提供简单的可操作信息，实现在线自我保护。国家网络安全联盟还与诸如谷歌、脸谱、DropBox 和微软之类的领先技术公司合作，保证数百万用户能够保护在线账户，并与万事达卡、威士卡、贝宝和 Venmo 等金融服务公司合作以确保交易安全。

为配合 CNAP 的落实，奥巴马同时还颁布了一项关于创建联邦隐私委员会（Federal Privacy Council）的总统行政令，该委员会将会集来自政府各部门的隐私保护官员，确保更多的战略性联邦隐私准则能够顺利实施。

（七）加强网络安全教育培训

CNAP 指出，美国将开展全国范围的网络安全教育和培训活动，提高全民的网络安全意识水平，并通过大力推进与国家网络安全教育有关的一系列计划，增强美国联邦政府乃至整个国家的网络安全能力。

2017 年总统预算中明确提出投资 6200 万美元用于网络安全人才队伍建设。一是实施奖励政策。通过制订网络安全预备役计划来扩大服务奖学金计划范围，从而为那些希望获得网络安全教育并在联邦政府中为其国家服务的美国人提供奖学金。二是提高专业水平。通过开设网络安全专业学科，制定网络安全核心课程，以确保希望加入联邦政府的网络安全毕业生具备必要的知识和技能。三是加快推动计划实施。加快推动《国家网络空间安全学术卓越中心计划》，以更好地支持网络安全研究机构和网络安全专业的学生，并逐渐扩充需要支持的研究机构和人员。四是加大资金扶持力度。加强实施《学生贷款豁免计划》，为希望加入联邦队伍的网络安全专家提供资金支持，同时积极推动网络安全教育课程，为其稳健发展提供资金保障。

三 《网络安全国家行动计划》实施情况

（一）国家网络安全促进委员会

按照 CNAP 要求，为加强政府、企业和社会各阶层的网络安全意识和防护能力，保护隐私以确保公众、经济和国家安全，巩固与联邦、州和地方政府之间的合作关系，积极开发、推广和使用网络安全技术，奥巴马政府于 2016 年 2 月 14 日建立国家网络安全促进委员会（CENC）。

CENC 成员由两党分别举荐，总统亲自任命，任期一年，最终由 12 名非政府的战略、产业和技术专家组成，具体成员如下。

①汤姆·多尼伦（Tom Donilon），前美国白宫国家安全顾问（委员会主席）。

②彭明盛（Sam Palmisano），IBM 前任 CEO（委员会副主席）。

③基思·亚历山大将军（General Keith Alexander），IronNet 网络安全公司 CEO、前国家安全局主任和前美国网络司令部指挥官。

④安妮安东（Annie Antón），佐治亚理工学院互动计算机学院主任、教授。

⑤阿贾伊班加（Ajay Banga），万事达公司总裁兼首席执行官。

⑥史蒂文·查宾斯基（Steven Chabinsky），安全公司 CrowdStrike 首席风险官。

⑦帕特里克·加拉格尔（Patrick Gallagher），匹兹堡大学校长、美国国家标准与技术研究院前院长。

⑧彼得·李（Peter Lee），微软研究公司副总裁。

⑨赫伯特·林（Herbert Lin），斯坦福国际安全中心网络策略和安全高级研究学者、胡佛研究所合作研究员。

⑩希瑟米伦（Heather Murren），金融危机调查委员会前成员、内华达癌症研究所创始人之一。

⑪乔·沙利文（Joe Sullivan），优步首席安全官、脸书前首席安全官。

⑫玛吉·薇德诺特（Maggie Wilderotter），前线通讯公司执行主席。

CENC 成立后，多次组织召开全体会议，内容涵盖政府采取措施改进当前的网络安全形势，加强关键基础设施的保护和恢复力，防范黑客、外国政府和恐怖分子威胁以及应对数字经济时代面对的网络安全挑战等多个领域。4 月，CENC 在华盛顿特区召开第一次全体会议，重点讨论未来八个月的政府网络安全议程，以此改进当前网络安全态势。6 月，CENC 在美国加州大学伯克利分校举行会议，主要讨论在数字经济下加强网络安全所面临的机会与挑战。7 月，CENC 在休斯敦大学举行会议，主要讨论关键基础设施（包括电力公用事业、石油和天然气生产、饮用水供应、铁路系统、管道和运输等方面）的保护，以及抵御网络黑客、外国政府及恐怖分子威胁，保持关键资产的正常运行，加强关键资产的恢复力。8 月，CENC 在明尼苏达州的 TCF 银行体育场 - DQ 俱乐部举行会议，讨论消费者在线交易时面临的挑战，以及物联网、医疗保健等领域的技术、产品创新给用户带来的挑战。12 月，CENC 制定维护国家网络安全行动路线图，并向总统提交相关调查结果和建议，强调实施前瞻性评估，为美国未来网络安全空间发展指明方向。

（二）国家网络安全防护体系

美国联邦政府在网络安防方面的行动主要体现在设立联邦首席信息安全官和 31 亿美元的信息技术现代化基金，通过开展网络安全教育国家行动计划提升个人网络安防能力，制订网络空间保障计划增强关键基础设施的保护以及促进安全技术的发展，增强国家网络空间防御能力。

1. 联邦首席信息安全官

2016 年 9 月 8 日，美国白宫正式任命美国国土安全部网络安全与通信副助理秘书 Gregory Touhill，作为联邦政府的第一个首席信息安全官（FCISO）。同时，NSA 网络安全政策主管兼前任国防情报局首席信息官 Grant Schneidet 被任命为副 FCISO。

联邦首席信息安全官 Gregory Touhill 的主要职责是：为联邦信息政策战略提出建议并对联邦信息技术系统进行监督；就联邦网络技术环境的安全风险进行评估；作为国土安全部、国防部、国家情报总监办公室等部门的联络官；为总统每年的预算提供建议，以使预算反映政府对联邦网络安全的重视，并保证联邦有关信息技术预算的协调性和整体性；与联邦政府预算管理局的其他高级官员紧密合作，保证联邦隐私政策充分发挥其效力；保证各机构的信息安全部门之间的有效合作；监督、视察联邦政府的网络安全培训；与其他部门合作建立一个政府机制，以对网络安全专家进行招募和培训；设计、实施和维持有效的网络安全规则。

2. 联邦网络安全计划

（1）设立信息技术现代化基金

2017 年财政预算中，奥巴马提出建立 31 亿美元的信息技术现代化基金，以提高联邦政府的网络安全。3 月，国会否决了这项基金计划，使其没能顺利加入 2017 年财政预算法案中。4 月，国会民主党议员再次向国会上交该提案，要求就提案进行讨论。7 月，国会议员重新提出一份名为“老旧、易损设备和信息技术现代化法案”，用以替代之前奥巴马提出的 31 亿美元的信息技术现代化基金提案。该基金在国会上一直没能顺利通过，一是因为信息技术现代化基金在行政部门的管控之下，国会对资金没有控制权，引发国会对其表示不满；二是该项目下资金的使用效果无法得到有效量化。

（2）加速推进联邦机构“爱因斯坦”计划

美国国土安全部（DHS）的爱因斯坦计划和其他网络项目受到了国会的大力支持，美国国土安全部所有部门都被要求在 2016 年底前实施 E3A。DHS 表示，美国斥资 70 亿美元的 E3A 计划，旨在保护超过 50% 的政府部门信息系统的安全，目前已成功阻止超过 70 万次的网络威胁。DHS 正在通过广泛推行爱因斯坦计划和持续诊断与缓解项目来加强联邦网络安全。众议院拨款委员会已于 5 月通过拨款文件，给予 DHS 爱因斯坦计划 4.8 亿美元，用于支持国家网络安全保护系统维持爱因斯坦计划，并对计划中新的分析、信息共享和入侵防御等能力进行投资。

（3）组建国家网络空间安全恢复中心

美国政府投入大量资金提高网络空间协调响应及网络攻击后的系统重建和运行能力，以确保重要计算机系统和网络具有较高的恢复能力。其中，美国国土安全部、商务部和能源部投入大量资金组建并发展国家网络安全能力恢复中心。该中心拟运用多种测试工具检测网络空间系统的漏洞，以增强网络空间的防御能力及被攻击后的网络安全恢复能力。

除此之外，美国国土安全部还开发了针对关键基础设施的监测程序，向特定关键基础设施的所有者和运营者有针对性地通报网络安全威胁信息，监测和阻止恶意网络攻击行为。同时，国土安全部正扩大与关键基础设施的所有者和运营者之间的合作，通过开展“国防工业基础网络安全和信息保障计划”（Defense Industrial Base Cybersecurity and Information Assurance Program）、“增强网络安全服务计划”（Enhanced Cybersecurity Services Program）、“关键基础设施信息保护计划”（Protected Critical Infrastructure Information Program）以及与其他私营部门合作的项目，进一步了解网络攻击所带来的潜在关联性影响，以提高私营部门监测和阻止网络入侵能力及网络事件恢复力。

其中，美国安全检测实验室公司（Underwriters Laboratories Inc.，简称UL）和其他行业合作伙伴，制订网络安全保障计划（Cybersecurity Assurance Program，简称CAP），用来测试与物联网供应链和生态系统的关键基础设施如能源、公用事业和医疗保健等重要的互联网内认证的网络连接设备。

UL CAP，旨在通过评估软件漏洞和薄弱环节，最大限度地降低开发成本，解决已知的恶意软件，审查安全控制，提高安全性。商务部部长普利兹克（Priztzker）指定“国家网络空间安全卓越中心”（National Cybersecurity Center of Excellence，简称NCCE）作为政府与私营企业间科研和开发的合作对象，推动产业和政府共同开发和部署技术解决方案，以应对高优先级网络空间安全挑战并共享成果。

3. 网络安全教育培训计划

为提高网络安全意识水平，美国在全国范围内开展与网络安全教育培训有关的一系列计划。

2016年4月，国家网络安全教育计划（National Initiative For Cybersecurity Education，简称NICE）发布新的战略计划，明确了NICE的任务是加速网络安全教育学习和技能的发展，培育多元化的学习社区，对网络安全教育职业发展和人才计划进行指导，积极促进网络安全教育、训练和人才培养。

2016年5月，NICE面向社会征集各项提议，并将其列入2016年大会的讨论议程。6月，NICE在宾夕法尼亚的费城举办了信息系统安全教育座谈会，主要为网络安全的教育者、研究者和参与者提供支持，帮助其改善课程安排，促进对网络安全教育现状和趋势的讨论。7月，NICE在宾夕法尼亚州匹兹堡举办了社区大学网络峰会。会议的主要参与者为社区大学的教员、行政人员和与社区大学网络安全教育相关的人员。此前，NICE 认为有必要就社区大学的网络安全教育举办一次专门的全国性学术峰会，着重关注刚接触网络安全领域的社区大学工作人员，关注有经验的职员和已经建立网络安全教育计划的大学，并力求能在大学课程和国家重要部门中推广网络安全教育课程，提高全民网络安全意识。

2016 年 5 月，美国国土安全部国家保护和计划局（NPPD）发布一项隐私安全评估，用来描述一个新的入侵防御安全服务，称为网页内容过滤（WCF），对 E3A 计划进行补充。WCF 可以阻止访问可疑网站，防止恶意软件在系统和网络运行，并且能检测并阻止诈骗行为及恶意网页内容，以此对网络流量的应用层进行保护。

4. 网络安全技术研发

2016 年 4 月，经美国联邦政府批准，国土安全部（DHS）公开最新开发的 8 种网络安全技术，并拟投入 10 亿美元，寻求与私营企业的合作，将其转化为实用型的商业产品。这八种网络安全技术包括 REnigma（该软件的功能是在虚拟机中运行恶意软件，观察其行为，以供后期分析）、Socrates（该软件平台会在数据集里寻找模式，可以引诱出可能的安全威胁）、PcapDB（该软件数据库系统，能够通过将包数据组织成数据流，抓取并分析网络流量）、REDUCE（该软件分析工具能够发现恶意软件样本之间的联系，并创建可用于甄别威胁的特征签名）、DFI（动态流隔离，利用软件定义网络，基于企业所需的运行状态来按需部署安全策略）、TRACER（它可以改变 Adobe Reader、IE、Java、Flash 等闭源 Windows 应用的内部布局和数据）、FLOWER（双向收集数据流的信息，并利用信息甄别正常与异常数据流，进一步寻找潜在的数据泄露和内部人员威胁）、SilentAlarm（该平台分析网络行为，甄别可能存在的恶意行为，制止并不存在特征签名的零日攻击等威胁）。

美国国防部高级研究计划局（DARPA）将对上述技术项目中的一项算法研发项目进行支持，通过开发技术和工具，跟踪多项并行的、独立的、恶意的网络活动（每项网络活动背后可能有多个操作方），同时生成有关这些网络活动在操作和战术方面的相关信息，并与合作机构共享信息。该项目重点关注以下技术方向：能够跨越时间、终端设备和网络基础设施并提取行为信息和生理信息的技术，以识别恶意网络攻击背后的虚拟角色和个人；能对恶意网络攻击者的软件工具和行为进行分解，并获得语义丰富和精简的知识表达的技术；能对恶意网络攻击的相关信息进行融合、管理和规划的可扩展的技术，并对恶意网络攻击的历史情况和现状进行描述；能预测恶意网络攻击的算法；能结合公共信息、商业信息等其他来源的数据以验证和增强本恶意网络攻击情报与知识系统的技术。

除上述措施外，为应对美国所面临的越来越多的挑战，美国计划培养一支具有专业网络安全知识、技能的联邦网络安全人才队伍。2016 年 7 月，美国政府发布了《联邦网络安全人才战略》，目标是招募聘用高科技网络安全专业人才、壮大网络安全人才队伍，以服务国家网络安全需要。

（三）网络空间威慑能力

美国已将网络空间威慑作为国家一项重要战略，并明确提出要在网络空间或通过网络空间运用网络能力威慑敌人，并采用国家外交、信息、军事、经济、情报及执法等方面的手段以及公私合作的方式，确保威慑政策的实施，进而增强美国公民、业界与政府的网络安全。

2016 年 7 月，美国总统奥巴马签署行政令，宣布美国将采取措施制裁那些对美国实施恶意网络攻击的个人或实体。他表示，网络威胁是美国经济和国家安全面临的最严重挑战，美国政府将通过外交接触、贸易政策和执法手段等多项“工具”应对针对美国的“恶意网络行为”。根据白宫发布的声明，奥巴马授权美国财长在与国务卿、司法部长协商的基础上，对实施恶意网络活动和对美国国家安全、外交政策、经济安全和金融稳定构成“显著”威胁的个人和实体实施制裁，包括对美国关键基础设施的显著“威胁”；出于商业竞争优势、个人经济利益考虑窃取美国经济资源、商业秘密、个人身份信息或金融信息；接受或使用通过网络活动手段获得的商业秘密并从中获益；破坏美国计算机网络或为上述活动提供物质支持。涉事个人或实体的资产将被冻结，被禁止入境美国、禁止与美国公民或公司进行商业往来。奥巴马同时宣布了应对网络攻击事件协调响应机制的总统令，要求政府和私人部门共同参与，并要求国土安全局及时上传公众数据，以便能够在发生网络攻击事件时，有效监测并及时阻止恶意网络攻击威胁并协调多方参与、联合行动。

同月，美国政府宣布将首次公开对恐怖组织 ISIS 发动网络战，美国国防部部长阿什顿·卡特（Ashton Carter）称向网络司令部下达命令，要求其执行首个战时任务。卡特表示，网络战略会破坏IS的军队指挥能力，中断IS发动阴谋袭击的能力，限制IS组织的财政来源以及支付能力。美国旨在利用数字工具库削弱IS组织的在线通信网络，阻止其获得资金和进行贸易。Facebook和Telegram等公司也加入打击IS的网络大战中。

随后，美国网络司令部上将Michael S. Rogers组建了一支名为“战神联合特遣队”（Joint Task Force Ares）的网络部队，这支部队专门开发恶意软件组件以及数字化武器，用于开展与ISIS的数字化战争，具体执行的任务包括破坏恐怖组织的支付系统、破坏恐怖组织聊天工具等。美国网络司令部的目标是成立133个网络任务部队小组，由来自军事部门和后勤部门的6200位军人、文职人员和分包商的维护人员组成，以之作为全球性力量展开网络空间作战。目前已有46支部队具备完全作战能力，59支部队具备初步作战能力，另有28支仍在部署当中，预计到2018年，所有部队能够实现全面运作。这些部队将支持三大关键领域——保护美国国防部的网络、保护关键基础设施、为作战指挥提供支持。截至目前，这些部队已经在反ISIS战斗中完成首次实战测试，并为美国中东地区作战部的中央司令部提供支持。

（四）联邦隐私委员会

前国家安全局工作人员爱德华·斯诺登披露国家安全局的监视计划，造成了美国政府公众信任危机。为重塑公众信任，2016年2月9日，时任美国总统奥巴马签署《建立联邦隐私委员会》行政令，正式宣布成立联邦隐私委员会，美国管理和预算办公室（OMB）高级顾问马克·格罗曼出任首任联邦隐私委员会主席，委员会成员由美国联邦政府各部门主管隐私事务的官员组成。委员会的目标是完善联邦政府隐私保护的指导方针、制定与实施保护隐私的新方法、防范随科技创新而不断演变的网络威胁以及持续提高政府的隐私保护能力。

2016年3月，OMB主任肖恩·多诺万主持召开了联邦隐私委员会第一次全体会议，会议讨论的主要内容包括加紧制订隐私保护计划并确保计划的全面性和持续性；采取相应措施加强隐私机构的领导力建设，完善顶尖隐私人才招募程序并为隐私专业人员提供良好的发展机遇；在高科技发展日新月异的背景下，政府在隐私保护方面面临哪些挑战。

（五）网络安全资金投入

加大资金投入力度是美国加强网络安全保障的重点工作之一。美国联邦政府 2017 年度在网络安全方面的预算为 190 亿美元，比上年同期上涨 35%。五角大楼计划在未来 5 年内斥资 347 亿美元，重点用于加强网络安全。美国国防部部长阿什顿 · 卡特表示，美国计划为 2017 年的网络防御措施增加 9 亿美元预算。

B.5

美国网络安全应急管理机制研究

程薇宸　孙立立*

摘　要：为应对日益复杂的网络安全形势，最大限度地减少网络安全事件带来的危害和损失，保护国家和公众利益，2016年美国针对网络安全应急工作紧锣密鼓地出台了一系列战略指南、行动计划和协调规程，从国家顶层设计层面进一步提升对网络安全应急的重视程度，动员政府、企业乃至全社会力量来应对重大网络安全事件，持续细化、完善应急组织架构和部门协调机制，规范风险/事件的研判分级，进一步丰富、细化、明确了对应急响应过程的具体要求，推动美国网络安全应急管理迈上新的台阶。

关键词：网络安全　应急管理　协调机制　应急响应

一　加强网络安全应急管理势在必行

（一）重大网络事件频发，危害程度进一步升级

随着互联网的迅速发展和普及，各国政府、关键基础设施、企业和公民对网络的依赖程度日益加重。一旦发生重大网络安全事件，将严重影响政府和企业的正常运转，对公众的社会生活造成极大损害，甚至危及国家安全与社会稳

---

* 程薇宸，硕士，国家工业信息安全发展研究中心助理工程师，主要研究方向为网络安全战略规划、网络安全应急管理；孙立立，硕士，国家工业信息安全发展研究中心高级工程师，主要研究方向为网络安全战略与政策、网络安全应急管理等。

定。近年来，网络安全潜在威胁和漏洞层出不穷，诸如乌克兰电网受恶意攻击，美国遭受大规模 DDoS 攻击导致大面积“断网”等网络攻击事件不绝于耳，信息泄露、窃密行为日益猖獗，网络安全形势日益严峻，这一系列新挑战和新问题为美国政府进一步加强网络安全应急管理工作敲响了警钟。

（二）应对网络事件的能力和有效性存在不足

当前网络安全事件的扩散速度和影响规模均呈指数增长，产生后果的严重性倍增，难以预计的新情况、新问题正在增加，可以说，网络事件应急响应工作面临前所未有的复杂性。2015 年美国政府问责办公室发布的一份评估报告显示，美国现有网络安全应急管理体制主要存在两大不足：一是缺乏强有力的领导；二是涉及网络安全应急管理的国土安全部、国防部、司法部等联邦机构之间相互角力，缺乏清晰有效的职能定位和协调机制。美国政府正逐渐意识到单一政府部门并不具备必要的能力或权限单独处理网络安全威胁，亟须建设强有力的领导机构，并指挥协调多个部门和机构实现密切配合。

（三）网络安全应急相关政策的延续性需要保障

奥巴马政府自上台以来将网络安全威胁视为美国在经济和国家安全领域面临的严重挑战之一。2010 年 9 月，美国国土安全部代表联邦政府制定并发布了《国家网络应急响应计划》（NCIRP），作为协调网络安全的机制框架和行动纲领，从顶层设计高度明确了网络安全应急响应、监测预警、系统恢复等的重要地位和战略实施的优先级别。随着网络攻击技术的持续升级和网络安全形势发生新的变化，原有应急响应政策计划在战略全局性、组织架构完备性和防护措施的合理性及可操作性上存在较多不足，政府亟须根据新形势持续制定出台一系列政策文件，来对现有网络安全应急政策体系予以延伸、细化和落实。

二　从顶层设计进一步强化网络安全应急的重要地位

2016 年，为有效应对更为复杂多变的网络安全形势、保护国家安全和公众利益，美国政府进一步提升对网络安全应急的重视，强化顶层设计以实现整个政府和国家层面的网络安全应急管理，并从宏观规划、协调政策及组织架构等多个方面入手，稳步推进对网络安全应急管理工作的政策部署。

（一）网络安全应急管理的战略高度进一步提升

2015 年 12 月 28 日，美国白宫发布《网络威慑战略》，率先提出“网络威慑”的概念，试图通过形成系统的网络空间积极防御战略，在防范网络攻击上实现“不战而屈人之兵”的目的。完成了自我防护与抑制“攻击端”相呼应的立体安全策略，标志着美国针对网络事件的预防和保护开始由“被动防御”转向“全面威慑”。

《网络威慑战略》声明将动用全部国家力量手段来威慑对美国国家或经济安全及其切身利益构成重大威胁的网络攻击或其他恶意网络活动，并通过采取拒止型威慑、成本强加型威慑等多种具体威慑手段来阻止针对美国的网络攻击行为，增强“整个政府层面”和“整个国家层面”的应对网络安全事件的能力。

为实现上述战略要求，该文件还部署了一个初始路线图，明确了美国政府各部门的任务，强调“当局需要建立机制，确保联邦政府各部门和机构能够联合它们的能力和资源转化为有效的、协调一致的应对恶意网络行为的响应行动”，并从认定和保护核心关键基础设施、共享威胁信息、建立网络安全框架促进最佳实践、加强内部威胁防御及政府网络防御等方面入手，提出强化网络威慑的专项举措建议。

美国《网络威慑战略》的提出，表明网络事件应急管理工作的权限逐渐由单个部门主导上升到在国家最高层面上进行协调，标志着网络安全应急管理的战略高度进一步提升。

（二）网络安全应急管理的政策部署持续稳步推进

为响应国家网络安全顶层设计的号召，美国联邦政府建立、完善了一套针对网络安全事件应急的行动计划、协调政策及组织架构，持续稳步推进了网络安全应急管理工作部署，一步步实现从国家层面到部门层面政策的层层延伸和有效衔接。

2016 年 2 月 9 日，奥巴马政府推出了《网络安全国家行动计划》（CNAP），提出强化美国国家网络安全应急管理能力的实施方略。该行动计划结合奥巴马政府七年来网络安全治理的经验，其内容上延续了美国网络空间安全领域的“主动防御”理念，既明确了提升国家网络安全的长期战略目标，即“提高对网络安全的关注和保护，保护隐私，保证公众安全以及经济和国家安全，使美国民众能够更好地掌控数字安全”，又有针对性地制订了面向未来的短期行动计划，明确将“提升网络事件的应急响应能力”作为提高联邦政府内部乃至整个美国的网络安全的一项关键举措，并对制定美国网络事件协调政策和方案等后续工作做出了明确部署，主要包括出台联邦网络安全事件协调政策、制定网络事件危害性评估方法指南、完善网络安全事件政企协同应对机制等事项。

为响应 CNAP 中对网络安全应急管理工作的专项部署，2016 年 7 月 26 日，美国白宫进一步发布了应对重大网络攻击事件的第 41 号总统令《美国网络事件的协调》（简称“PPD－41”），对网络事件应急工作提供了明确指导，提出在国家安全委员会（NSC）支持下建立常态化运作的网络响应小组（CRG）负责国家应急战略制定和政策协调，同时明确划分了包括国土安全部、国防部、能源部、财政部在内的涉及安全领域的各政府部门和机构的职责，以保证在发生重大网络事件的情形下能够更好地协调各自职能，实现在国家层面有效应对重大网络事件；此外，要求国土安全部制定“国家网络事件响应计划”（NCIRP）来应对关键基础设施的网络安全风险，号召上述安全领域各政府机构升级已有的网络事件应急措施，建立强化协调规程，来应对可能超出独立响应能力范畴的重大网络事件，保证各部门机构实现有效的协同配合。

为适应 PPD－41 中的组织机构调整和事件分级变化，美国国土安全部于 2016 年 9 月维护和更新了《国家网络应急响应计划（草案）》，作为指导网络安全事件应急响应的整体操作规程。国家网络事件响应计划是更广泛的国家网络安全防御系统的一部分，主要通过明确美国网络事件响应的共同框架和原则、制定整体性的应急预案，来实现缓解、应对网络事件并从网络事件中恢复的战略框架和原则，并且指导建立全国性的公共和私人合作伙伴关系，以应对关键基础设施所面临的主要网络安全风险。

（三）网络安全应急管理的概念和原则得到明确

第 41 号总统令《美国网络事件的协调》主要针对联邦政府如何应对重大

网络事件的问题提出明确指导，统一网络事件概念认识、明确应急工作原则是做好网络安全应急管理工作的前提和基础。

1. 明确界定网络事件相关概念

PPD－41 强调了对重大网络事件应当建立更广泛的协调联邦政府各机构职责和响应的架构，PPD－41 开篇就对网络事件和重大网络事件的概念进行了清晰的界定。

（1）网络事件

在某一计算机网络上发生或通过某一计算机网络进行的，正在或即将危及计算机、信息或通信系统或网络、由计算机或信息系统控制的实体或虚拟基础设施或其上所储存信息的机密性、完整性或可用性的事件。

（2）重大网络事件

可能对美国的国家安全利益、外交关系或经济或美国人民的公众信心、公民自由或公共卫生造成明显损害的网络事件（或一组相关的网络事件）。

2. 提出网络安全应急工作适用的指导原则

PPD－41 明确概述了几种可用于应对任何网络事件的指导原则，为政府及私营部门实体开展网络安全应急响应提供了基本遵循。这些原则包括以下几点。

（1）共同的责任

个人、私营部门和政府机构在防止国家受到恶意网络活动的危害和处置网络事件及其后果方面具有共同的重要利益，并在作用与责任方面互为补充。

（2）基于风险的响应

联邦政府将根据针对一个实体、国家安全、外交关系、更广泛的经济、公众信心、公民自由隐私权以及美国人民的公共卫生和安全所面临的风险进行评估的结果，确定其响应行动及其所运用的资源。关键基础设施实体在网络事件期间还会对基于风险的响应进行估算，以确保高效地对资源和能力加以利用。

（3）尊重受影响的实体

在法律允许的范围内，联邦政府应急响应人员将对事件的详细信息以及隐私、公民自由和敏感的私营部门信息加以保护，并且通常会尊重受影响的实体关于通知其他受影响的私营部门实体和公众方面的意见。如果发生重大事件，而发布关于事件的公开声明符合联邦政府的利益，联邦响应人员将尽可能与受影响的实体就处置方法进行协调。

（4）对政府工作进行统一部署和协调

各政府部门和机构在网络事件响应过程中发挥不同作用，具备不同的职责、权限和能力。各政府部门和机构必须在应急响应工作中相互配合，以达到最佳效果。率先了解到网络事件情况的联邦机构应迅速通知其他相关机构，以便联邦政府可以做出统一响应，并确保派出合适的机构组合对特定事件做出响应，当对私营部门的网络事件做出响应时，统一部署工作，促使整个政府的响应实现同步化，从而防止重复工作和权责不明。州、地方、部落和区域（SLTT）政府也有责任、权利、能力和资源，可以用来响应网络事件；因此，联邦政府必须随时准备与SLTT政府开展合作。由于互联网和通信基础设施往往具有跨国、跨地域的特点，美国在处置网络事件时应酌情与国际合作伙伴进行配合。

（5）促进恢复和复原

联邦响应活动应促进经历网络事件的实体修复和复原，平衡调查和国家安全需求、公共健康和安全，以及尽快恢复正常运转的需求。

三 完善网络安全应急响应的协调机制

第41号总统令《美国网络事件的协调》的一项重要内容是针对重大网络事件的响应，从国家最高层面建设强有力的领导机构，对美国网络安全利益相关者进行领导、指导和激励，同时，明确了涉及安全领域的各政府部门、机构间的职责，更好地协调各自职能，以应对网络攻击。

（一）建立统一指挥、分级定位的网络安全应急管理组织架构

总统令明确规定，在政府最高层面组建常态化运作的网络响应小组（CRG），负责“常态”和应急状态下的国家政策协调，发展和执行美国政府政策和战略；为应对重大网络事件，专门组建临时的网络统一协调组（UCG）全面负责应急状态下的统一指挥，执行强化协调规程以增强重大网络事件情况下的协调支持能力。

1. **国家政策协调**

在发生影响到美国本土及其海外利益的重要网络事件的情况下，国家政策协调的职责主要包括制定美国政府网络安全应急战略、政策，并指导协调各部门、各机构落实。在国家安全委员会的议员和全体委员会支持下，联邦政府组建常态化运作的网络响应小组，负责向总统任职的 NSC 协助总统处理国土安全和反恐怖主义（APHSCT）事务，在有关影响美国及其海外利益的重大网络事件方面，发展和执行美国政府政策和战略。按照 PPD－41 附录，CRG 的具体职责如表 1 所示。

表 1　PPD－41 中规定的网络响应小组职责

职责	介绍
政策协调	• 协调联邦政府的政策、战略和程序的发展和执行，以响应重大网络事件
重大网络事件跟踪	• 从联邦网络安全中心和机构收到有关重大网络事件和采取的应对事件的措施的定期更新，包括个人识别信息（PII）
行动支持	• 解决可能建立的下属机构，如网络统一协调小组提交的问题
国际合作	• 在跨学科响应重大网络事件时，与反恐怖主义组和国内恢复组合作
指挥协调	• 确认和考虑重大网络事件的响应措施选择，包括那些涉及 PII 的，根据 PPD－41 2009 年 2 月 13 日的 NSC 系统的机构或后继者，向要求高水平指导的助理委员会（助理秘书层次）提出建议 • 考虑响应重大网络事件中的公共信息的政策暗示，协调沟通策略

CRG 应由总统的特殊助理和网络安全协调员（主席位）或同等的后继者任职，应按照需要，在 APHSCT 和副国家安全顾问的请求下定期召集。联邦部门和机构，包括相关网络中心，应被邀请参加 CRG，以其各自作用、职责和专业知识为基础。CRG 参与者一般应包括国家部门、财政部、国防部（DoD）、司法部（DoJ）、商务部、能源部、国土安全部及全国防护及计划司和美国特勤局、参谋长联席会议、国家情报主管办公室、联邦调查局、国家网络调查联合工作组、美国中情局和国家安全局的高级代表。

2. **针对重大网络事件的事务性协调**

第 41 条总统令附件中的“实施与评估”章节对“针对重大网络事件的强化协调规程”进行了详细的阐释，提出“事件过程中，网络统一协调小组将

充当协调联邦机构间应对重大网络事件以及联合私营部门（视情况而定）的主要方法”。针对重大网络事件发生的情形，成立专门的网络统一协调组，负责面向重大网络事件的事务性协调。为提升面向重大网络事件的协同响应水平，网络统一协调小组须切实履行以下职责。

第一，按照行政令规定的基本原则，组织协调网络事件的响应工作。

第二，确保各相关政府机构，包括各特定领域机构，皆被纳入事件响应体系。

第三，部署并执行各项响应和恢复工作，制定并明确行动步骤和整体规划，其中包括建立为实现事件及时响应与快速恢复所必需的跨国以及跨部门间联络通道。

第四，促进网络统一协调小组各参与方之间实现对信息与情报快速、精准的共享，从而更好地指导事件响应与恢复举措。

第五，组织协调面向事件影响群体及各相关方（可能包括公众在内）的宣传沟通工作，并确保其准确性与适当性。

第六，对于同时包含网络与物理影响因素的事件，构建一套将网络统一协调小组与主要政府机构或既定管理部门结合的国家级响应体系，同时遵循PPD－8 在国家准备层面的相关规定在重大网络事件已经影响或者可能影响到某对应部门时，特定领域的有关机构①应当以成员身份加入网络统一协调小组。

网络统一协调小组在运作过程中将充分落实对情报及执法资源、方法、操作、调查以及个人隐私与特定部门敏感信息的保护工作。在对网络事件的响应过程中，当不再需要对威胁响应、资产保护等工作的操作规程进行特殊强调时，或者不再需要对跨部门的职责、权限与资源进行统一分配与管理，以满足政府网络事件的应对需求时，网络统一协调小组应当立即解散。

---

① 据第 21 号总统行政令规定，各关键性基础设施部门特定领域机构划分为国土安全部（化工、商业设施、通信、关键性制造领域、堤坝、紧急服务、政府设施、信息技术、核反应堆、材料与废弃物以及交通系统），国防部（国防工业基础），能源部（能源），财政部（财经事务），农业部（粮食与农业），卫生与人类服务部（医疗保健与公共卫生、粮食与农业），总务管理局（政府设施），交通运输部（运输系统），环保局（水利与废水系统）。

（二）明确网络安全应急响应工作包含的类型

总统令 PPD－41 和国土安全部出台的《国家网络应急响应计划》（NCIRP）将应急响应工作明确划分为威胁响应、资产响应和情报支持三方面的活动。其中，威胁响应工作包括对网络事件进行调查，收集有关证据和情报等；资产响应指给遭受攻击者提供技术援助等，帮助减轻攻击带来的影响，并阻止攻击扩散；情报支持活动包括相关情报的整合与分析。

1. 威胁响应

威胁响应活动涉及来自整个执法和国防领域的众多资源和能力。网络事件期间的威胁响应活动包括调查、取证、分析和缓解活动；阻断威胁行为实施者的行动。威胁响应活动还包括在受影响实体的网站进行适当的执法和国家安全调查活动，将相关事件联系起来，并识别出其他受影响或可能受影响的实体。

2. 资产响应

资产响应活动包括向受影响实体提供技术援助，修补漏洞，识别其他承受风险的实体，评估其面临相同或类似漏洞时的风险。活动还可能包括与受影响实体进行沟通，以了解网络事件的性质；向受影响实体提供可用的联邦资源和能力指导；通过适当的渠道及时传播新的情报和信息；促进与其他联邦政府实体的信息共享和运作协调。评估一个部门或地区的潜在风险，包括潜在的层叠和相互依赖效应，制定缓解这些风险的行动方针，并就如何以及时有效的方式最好地利用联邦资源和能力提供指导也是关键的资产响应活动。

3. 情报支持

情报相关支持活动在国家应急响应过程中发挥重要作用，指的是为了更好地了解网络事件，运用有针对性的外交、经济或军事工具做出响应，并与其他潜在受影响实体或响应人员共享威胁和恢复信息。特别是在发生重大网络事件期间，负责资产响应和威胁响应的人员应在必要时充分利用情报支持活动，来建立态势感知意识以及时察觉和研判威胁，共享相关威胁指标和威胁分析数据，识别和确认可利用的资源支撑，并最终了解事件的全貌。

（三）针对不同应急响应类型，明确各部门、机构间的职责

在发生重大网络事件后，总统令针对威胁响应、资产响应和情报支持三方

面的活动分别指定了分管的联邦机构，建立起有效衔接的协调架构，同时进一步明确了网络安全应急“国家队”的重点职责。

1. 建立“各司其职、互为衔接”的各部门分管模式

根据 PPD－41，若发生重大网络攻击事件，司法部将牵头响应，负责总体协调。国土安全部的职责是提供技术支持，并查找其他可能存在的威胁。当受到网络攻击的机构和企业发出请求时，国土安全部应在第一时间帮助它们修补漏洞，阻止信息泄露。此外，国土安全部和司法部将提供“情况说明”，指导公民和企业应对黑客攻击。情报部门的职责是帮助分析所收集的信息，削弱对方的网络攻击能力。军方负责处理国防信息网络面临的威胁。美国国家情报总监负责涉及情报部门的网络攻击事件。在未来6个月内，国土安全部和司法部必须完成网络攻击快速响应小组的建立，即“网络统一协调小组”的组建和工作计划。在某种程度上，通过五个不同的机构来对应五类差别细微的事件，会进一步造成混淆。这五个机构及其应对事件如下。

①FBI——从网络诈骗犯罪到外国情报活动。

②国家网络调查联合特遣部队——主要对网络犯罪行动进行评估和调查。

③美国特勤局——入侵，包括密码贩卖或涉及支付信用卡被盗或其他财务信息。

④ICE/HSI——知识产权盗窃、非法电子商务、走私、儿童色情和促进网络武器和战略性技术的扩散。

⑤国家网络安全和通信一体化中心（NCCIC）——政府协助反抗入侵者以及恢复造成的影响。

2. 进一步明确应急处置重点机构的专项职责

联邦政府建立了大量与网络部门和机构相关的网络中心来执行运作任务、加强信息分享、维持网络事件的态势感知，并发挥公共和私营部门利益相关者实体之间的引导作用。在支持联邦政府网络事件管理上的协调机构时，网络统一协调小组可以选择利用这些网络中心执行协作程序、不变的能力或运作或支持人员。

（1）国家网络安全与通信一体化中心

2009年10月，国土安全部内部建立了国家网络安全和通信整合中心（National Cybersecurity and Communications Integration Center，NCCIC），作为隶

表2 承担网络事件应急响应职责的联邦机构

<table>
<tr><th>威胁响应</th><th>资产响应</th></tr>
<tr><td>联邦调查局(FBI):
FBI办公网络工作组:http://www. fbi. gov/contact - us/field
网络犯罪投诉中心(IC3):http://www. ic3. gov
报告网络犯罪,包括电脑入侵或攻击、欺诈、知识产权盗用、盗用身份、盗取贸易机密、黑客犯罪、恐怖活动、间谍活动、破坏活动或其他FBI办公网络工作组负责的国外情报活动
向IC3报告个人网络犯罪,IC3接受受害者和第三方的网络犯罪投诉</td><td rowspan="3">国家网络安全和通信整合中心(NCCIC)
(888)282 - 0870或
NCCIC@ hq. dhs. gov
美国计算机应急响应小组:
http://www. us - cert. gov
报告有嫌疑的或确认的网络事件,包括什么时候受影响实体可能对政府帮助移除竞争对手和推荐进一步改进安全性能感兴趣</td></tr>
<tr><td>国家网络调查联合工作组(NCIJTF):
CyWatch 24/7指令中心:cywatch@ ic. fbi. govor(855)292 - 3937
报告要求与联邦法律执行机构或联邦政府评估行动、调查和参与的入侵和主要网络犯罪</td></tr>
<tr><td>美国特勤局(USSS):
特勤服务办公室和电子犯罪工作组(ECTFs):http://www. secretservice. gov/contact/field - offices
报告网络犯罪,包括电脑入侵或攻击、恶意代码传播、密码非法交易或支付卡或其他支付信息盗取</td></tr>
</table>

属于国家保护和计划司（National Protection and Programs Directorate，NPPD）的网络安全和通信办公室（Office of Cybersecurity and Communications，CS&C）的五大分支机构之一。该中心是美国7×24全天候的网络态势感知、事件响应和应急协调中心，负责有关网络安全信息共享事项，包括收集联邦政府、州政府、地方政府、私营机构的所有态势感知、漏洞、入侵、事件以及恢复活动的相关信息，在网络响应活动中为联邦政府、情报机构和执法机关提供网络和通信整合的国家连接点，在公共部门和私营部门之间共享有关漏洞、入侵、事件、风险减轻措施和恢复活动的信息。在稳态运行情况下，该中心通过旗下的协同机构，将所有有用信息集中在一起，从而形成通用运行概览并支持协作性的事件响应。

NCCIC由NCCIC运行和整合中心（NO&I）、美国计算机应急响应小组（US - CERT）、工业控制系统网络应急响应小组（ICS - CERT）和国家通信协调中心（NCC）组成，最为重要的是，NCCIC将US - CERT纳入其组织机构体系，因此吸收了这一机构有关网络安全风险监测、预警、应急、响应等主要职能。

其中，美国计算机应急响应小组是国土安全部与其他公共部门和私营部门

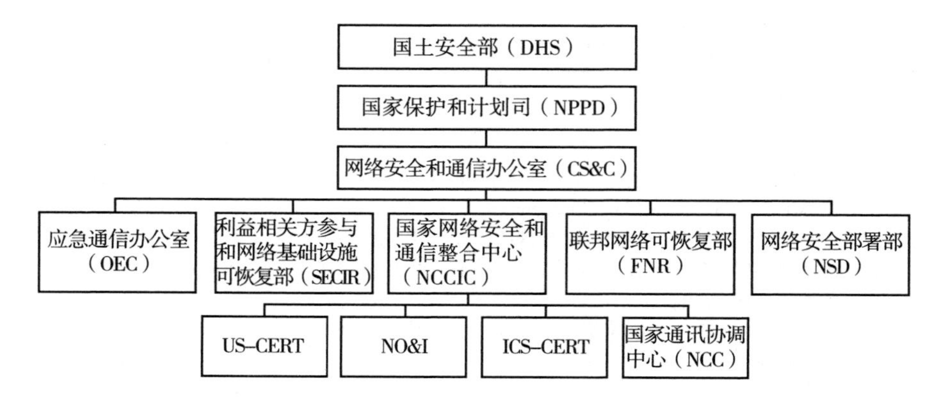

图1　DHS及其负责网络安全应急响应的分支机构的组织体系

间合作的重要机构，负责为联邦机构提供响应支持并防范网络攻击，并在各州、地方和区域政府间提供信息共享并开展协作。US-CERT与联邦机构，产业界，研究机构，州、地方和区域政府以及其他对公发布网络安全信息的机构之间都有互动交流。此外，US-CERT还为公众和其他机构直接与美国政府就网络安全问题开展交流和协调提供便利。

工业控制系统网络应急响应小组为抵御新兴网络威胁、保护工业控制系统环境提供核心运行能力；与联邦机构，州、地方和区域机构与组织，情报联合会，私营部门以及国际CERT机构，私营部门CERT机构就工业控制系统相关安全事件响应开展有效协调与信息共享；通过响应和分析工业控制系统相关事件，对脆弱性与恶意软件分析进行指导，为法庭调查提供现场支持，依据情报和报告进行态势感知等活动。

国家通信协调中心主要负责辅助国家安全与应急准备中涉及的通信行业服务与设施的创建、协调、恢复和重建。

（2）国家网络调查联合工作组

国家网络调查联合工作组（NCIJTF）是由联邦调查局主办的一个多机构中心，是协调联邦政府应对网络威胁响应的主要平台，按照国家安全总统指令-54、国土安全总统指令-23第31段特许成立。这是一个跨机构的国家部门，负责协调、整合和共享有关网络威胁调查的相关信息，应对目前的网络攻击，预测未来的攻击。其成员来自美国特勤处等18个执法、军事和情报单位。

NCIJTF 通过各个“威胁应对支部”（TFC）开展工作。TFC 是针对某项特定的威胁而组建的专职小组，其成员包括 FBI 人员、情报分析员和有关官员。另外，FBI 在全国 56 个派出机构都部署了网络安全专职小分队，由网络情报人员、情报分析员和司法鉴证专家组成，人员总数超过 1000 人。2012 年 7 月，FBI 成立网络监控部门——国内通讯协助中心（DCAC），负责研发更完备的技术手段，以便对互联网、无线智能网络和 IP 电话等网络通信进行拦截与监控；其成员包括来自美国法警署和缉毒局的人员。

（3）网络威胁情报整合中心

网络威胁情报整合中心（CTIIC）由国家情报主管办公室运作，是情报综合、分析和支持活动的主要平台。CTIIC 也提供国外网络威胁或影响美国国家利益的网络事件相关情报的综合分析。

2015 年 2 月，美国总统奥巴马要求国家情报总监（DNI）成立网络威胁和情报整合中心（Cyber Threat Intelligence Integration Center，CTIIC），该机构将协调整合国土安全部、联邦调查局、中央情报局、国家安全局等多部门的情报力量，提高美国防范和应对网络攻击的能力，该机构将成为美国政府防范和应对网络威胁的主要部门及全国性的网络威胁情报中枢。CTIIC 是根据 2004 年通过的《情报改革和恐怖主义预防法》授予 DNI 的权力建立的情报中心，其将对影响美国国家利益的国外网络威胁和网络事件提供整合的全源情报分析，并加大政府扶持的力度，以应对国外网络威胁。

四　细化网络安全应急事件/风险分级及响应流程

为了快速、有效地预防和处理网络安全事件和风险，美国政府通过第 41 号总统令定义了网络风险严重性的研判方法，将事件/风险分级从原有的 4 个等级调整为 6 个等级（0 ~ 5），国土安全部通过更新《国家网络事件响应计划》，提出了监测、分析和响应网络事件的标准化、全周期的通用框架，同时明确了应急响应需要建设的各项核心能力。

（一）规范网络风险严重性预警以及事件分级研判标准

根据总统政策法令 PPD - 41，美国联邦网络安全中心与承担网络安全或网络运营的部门和机构合作，采用一种普通图解来描述影响美国国土安全或利益的网络事件的严重性。该图解在综合考虑以下因素的基础上，建立了研判网络事件等级的共同框架。

①特定事件的严重性。

②对响应的时效性要求。

③需要在何种级别协调响应力量。

④响应所需资源和投入水平。

作为这项政策指令的一部分，白宫还首次公布了对网络攻击严重程度进行定性的标准，对评估事件的严重程度提供了一个共同框架，具体来说，从0级到5级共分6个层次，分别是基准、低、中、高、严重和紧急，其中3级及以上被视为“重大网络事件”，根据PPD－41，政府机构应该从3级以上开始参与。

	基本定义
级别5 紧急（黑色）	呈现对大规模关键基础设施服务供应、国家政府稳定或美国人民生命有紧迫的威胁。可能对公共健康或安全、国家安全、经济安全、国际关系或民众自由造成重大影响
级别4 严重（红色）	可能对公共健康或安全、国家安全、经济安全、国际关系或民众自由造成重大影响
级别3 高（橙色）	可能显示出对公共健康或安全、国家安全、经济安全、国际关系或民众自由或公众信任造成重大影响
级别2 中（黄色）	可能影响公共健康或安全、国家安全、经济安全、国际关系或民众自由或公众信任
级别1 低（绿色）	不可能影响公共健康或安全、国家安全、经济安全、国际关系或民众自由或公众信任
级别0 基准（白色）	未经证实或不重要事件

观察行动	预期结果1
影响	引起物理后果
	损害电脑和网络硬件
呈现	破坏或摧毁数据
	关键系统或服务不可用
介入	盗取敏感信息
	金融犯罪
准备	DDoS攻击或“域名攻击”

图2　网络事件严重性等级及研判因素图解

（二）建立美国网络事件响应通用框架

美国国土安全部更新的《国家网络事件响应计划》提供了一个通用的、标准化、全周期的框架，确立检测、分析和响应网络事件的意图和要求，以减轻对重要数据、信息系统、信息网络造成的不良操作或技术影响，以达到维护和运作一个强大而有效的网络事件应急处理程序的目的。NCIRP 中网络事件应急响应的基本框架可以分为以下流程：①事件的监测；②事件的初步分析和鉴定；③初步响应行动；④事件分析；⑤响应和恢复；⑥事后分析。网络事件应急响应通用框架的各阶段的主要工作如表 3 所示。

表 3　网络事件应急响应通用框架各阶段主要工作

阶段＼工作	报告和通告	取证	协调
事件的监测	提交相关事件的报告	事件活动的初步取证	全球信息共享和收集
事件的初步分析和鉴定	提交初期事件报告	如果没有进行初步取证,在此阶段进行取证	进行公私合作已确定另外的信息源
初步响应行动	升级采取的行动	取证已经进行的行动	协调技术的、组织的措施,实施初步行动
事件分析	对已经执行的分析进行详细的升级	分析结果的取证	协调计算机网络防御和技术的管理机构以及内外部主题事务专家的分析活动
响应和恢复	升级采取的行动,提交最后的总结报告	对采取的响应计划、分析和行动方案进行取证	协调联合行动与作战行动、网络防御服务提供商、情报界、执法部门的响应行动
事后分析	提交事件后分析报告	经验教训和相应的改进计划的取证	联合行动与作战行动之间协调,落实事件后分析报告中得到的改进建议,实施相关机制改进活动

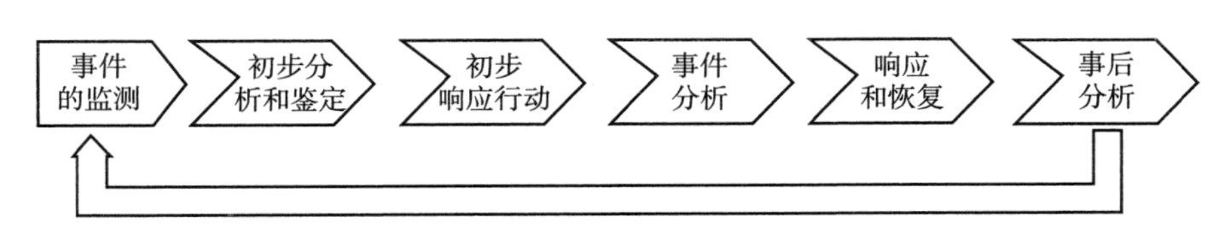

图 3　网络事件应急响应的全生命周期

图3说明了每个阶段与生命周期中其他阶段的关系。生命周期是循环的。在整个过程中了解到的信息可以用来改进做法，以抵御未来的攻击。然而，许多活动可以并行或顺序发生，展示了这些活动是如何彼此重叠的。

（三）基于网络事件影响范围，有针对性地细化应急响应流程

PPD－41附件根据重大网络事件的可能影响范围，进一步划分出影响单一政府机构网络、涉及多个政府机构网络、影响国防部信息网络以及威胁情报社区网络等几种情形，并提供了有针对性的应对方法和程序。

1. 影响单一政府机构网络的情形

若重大网络事件仅仅影响到单一政府机构的运营，则该受影响机构应当承担对受影响资产的基本处置权责，同时负责对受影响的服务及相关网络、系统、应用程序进行恢复，并做出决策以重启受破坏系统。国土安全部及其他政府机构应对应急工作提供妥善协助。

2. 影响多个政府机构网络的情形

若重大网络事件的影响波及多个政府机构，或者威胁到公共服务的完整性、机密性或者可用性，相关部门应做出决策以重启受影响系统。与此同时，管理与预算办公室与政府领导机构将及时提供一套完整统一并具有时效性的书面行动建议，内容应涵盖操作注意事项与实施条件，以指导受影响机构做出正确决策。

3. 影响到国防部信息网络的情形

针对影响到国防部信息网络的网络事件，国防部部长负责进行威胁与资产管理，包括恢复性举措，同时接受来自其他政府机构的必要支持。

4. 威胁到情报社区网络的情形

国家情报部门主管应当负责通过情报社区安全协调中心管理情报社区（简称IC）信息环境面临的威胁，并部署协调资产响应等工作，同时接受来自其他政府机构的必要支持。

（四）明确网络事件应急响应的各项核心能力

核心能力可以为美国应急准备时的资源分配提供指导，为当前和将来的年度预算计划和决策以及资源分配方案提供支撑，并有助于掌握全国应急准备的

进展。核心能力的运用可以通过经适当计划、组织和训练有素的人员的任意组合来实现，并且通过各种部署方法进行，例如，国家标准和技术研究所网络安全框架或由私营部门安排的网络安全活动。

国土安全部出台的最新《国家网络事件响应计划》明确了应急响应工作需要的多项核心能力，包括通用核心能力、威胁响应核心能力、资产响应核心能力以及情报支持核心能力等。其中，通用核心能力是无论涉及哪个级别的政府，都通常必须在网络事件响应中完成的活动，它是针对为确保做好防范而必须在整个社群中制定和执行的重要职能所必须建设的通用手段，包括取证与归因、情报与信息共享、运作沟通与协调、规划、公共信息和预警、搜索与检测等。

专项核心能力是完成网络事件威胁响应、资产响应和情报支持三类工作所需要的独特而关键的要素。威胁响应领域的核心能力包括阻断和终端、威胁和危险识别等具体手段；资产响应领域的核心能力可具体表现为访问控制和身份验证、网络安全保护、关键信息基础设施保护、物流和供应链保护以及情景评估等手段。

此外，美国政府还通过总统行政令以及 NCIRP 明确了建设核心能力的逻辑框架。第一，要确认和评估风险，美国政府强调，要把确定并保持对社会和国家所面临的各种风险，以及如何将相关信息用于应急准备的建设和支持，是国家应急准备系统的基本内容；第二，要开展能力需求评估，美国政府认为，利用风险评估可对需要达到的能力类型和水平进行评估；第三，建设和保持能力，评估过程完成后，对既有的和所需要的能力进行分析并确定差距，这些差距可结合预期成果、风险评估以及不考虑这些差距的潜在影响，而进行优化排序，政府部门可一起工作制定高效的资源分配战略，提供支持，以缩小差距、降低风险；第四，将能力规划至应用阶段，联邦政府借助综合性的计划方法还有助于确保计划的同步，还可保证整个社会参与并理解其作用和所有任务的预期成果；第五，要验证能力，可通过演练、补救工作管理方案和评估来实现，比如，通过演练测试并验证所制订的计划和具备的能力，通过演练有利于推进对国家应急能力和目标的评估工作；第六，要进行审查和更新，由于威胁和灾害的不断变化，通常会审查国家应急能力、资源和计划，确定是否仍须保持或更新。

表 4　按工作类别对核心能力进行划分

<table>
<tr><th>威胁响应</th><th>资产响应</th><th>情报支持</th></tr>
<tr><td colspan="3">取证和归因</td></tr>
<tr><td colspan="3">情报和信息共享</td></tr>
<tr><td colspan="3">运作沟通</td></tr>
<tr><td colspan="3">运作协调</td></tr>
<tr><td colspan="3">规划</td></tr>
<tr><td colspan="3">公共信息和警告</td></tr>
<tr><td colspan="3">筛选、搜索和检测</td></tr>
<tr><td>阻断和中断
威胁和危险识别</td><td>访问控制和身份验证
网络安全基础设施系统
物流与供应链管理
态势评估</td><td></td></tr>
</table>

1. 通用核心能力

七项通用的响应核心能力包括取证和归因，情报和信息共享，运作沟通，运作协调，规划，公共信息和警告，以及筛选、搜索和检测，在 PPD－41 中概述的所有三个类别中均有涉及。这些共同的核心能力对其他核心能力的成功来说至关重要。它们有助于使参与应对网络事件的所有各方的工作实现步调统一。

（1）取证和归因

取证调查和对事件进行归因两项职能相互之间具有互补性，在重大网络事件中通常会同时进行。取证是指通过基于科学和情报的敏锐性，发现和识别与调查相关的信息。在网络事件的背景下，取证工作将通过复制、利用数据，提取分析相关证据，发现和识别与恶意网络活动相关的人为现象。在应对重大网络事件时，政府机构和私营部门合作伙伴经常会同时进行分析，并彼此分享分析结果，以便就对手如何进行特定攻击，以及如何防御这些攻击或类似的攻击达成共识。在事件发生后的几天中，众多不同的威胁、资产和业务响应组织也可能参与同时进行的取证分析。

归因贯穿调查生命周期的全程，并且通常不会在威胁资产或情报响应开始时予以确定。通过归因可以识别与网络事件相关联的对手。这是对事件中所收集的证据和情报进行审查的最后环节，可以对特定个人、组织或民族国家可能在网络事件中所发挥的作用进行评估。关于事件归因的评估不仅对进行刑事或国家安全调查的政府机构来说意义重大，对于受影响实体而言，当它们考虑是否对攻击者采取额外的法律或民事诉讼时，可能也具有重要意义。取证和归因能力建设的关键任务如表 5 所示。

表 5　取证和归因能力建设关键任务

序号	关键任务
1	检索数字媒体和数据网络安全和活动日志
2	进行数字证据分析，适用于遵守监管链规则
3	进行实际证据收集和分析，必要时遵守证据收集规则
4	评估可能造成威胁的行为实施者的能力
5	利用事件响应人员和技术归因资产的工作来识别恶意网络行为实施者，如有可能，与证人、潜在的同伙和/或犯罪者面谈
6	适当时针对归因分配运用置信水平方法，纳入适当的包含和限制信息，用于在归因要素准则中进行产品共享
7	遵守适当的机制，保护敏感和分类信息，并保护个人隐私、公民权利和公民自由

（2）情报和信息共享

情报和信息共享能力是指必要时在政府或私营部门实体之间交换情报、信息、数据或知识的能力，通过规划、指导、收集、利用、处理、分析、生成、传播、评估和反馈恶意网络威胁活动各方面可用信息，从而提供及时、准确、具有可操作性的信息。在遭遇网络事件的情况下，这种能力涉及由联邦和 SLTT 实体、私营部门和国际合作伙伴有效实施情报周期以及其他信息的收集和共享程序，以便了解美国所面临的潜在网络威胁的情况。情报和信息共享能力建设的关键任务如表 6 所示。

表 6　情报和信息共享能力建设关键任务

序号	关键任务
1	监测、分析和评估与网络漏洞和威胁有关的运作环境变化的积极和消极影响
2	通过参与合作伙伴之间的安全信息（包括威胁评估、警示、威胁指示和警告以及咨询）日常交流来共享分析结果
3	确认网络安全利益相关者的情报和信息共享要求
4	评估可能造成威胁的行为实施者的能力

续表

序号	关键任务
5	制定或确定和提供私营部门和政府网络安全合作伙伴之间情报和信息共享机制和程序
6	利用情报程序，为其他人（如适用）生成和提供相关、及时、可访问并具有可操作性的情报和信息产品，将关键基础设施参与者和在实际响应工作中发挥作用的合作伙伴包括在内
7	与 SLTT、国际政府和私营部门共享具有可操作性的网络威胁信息，以促进对于态势感知信息的共享
8	通过所有参与者均可访问的在线网络发起协作活动，并遵守适当的机制，保护敏感和分类信息，并保护个人隐私、公民权利和公民自由

（3）运作沟通

运作沟通能力是指确保通过任何和所有可用的手段，在受恶意网络活动影响的实体和所有响应人员之间及时进行沟通，以便对安全、态势感知和运作提供支持。在遭遇网络事件的情况下，此项能力涉及对于拥有进行有效的网络事件响应运作所必需的可内部互用的语音、视频和数据系统的联邦支持组织、能力和团队加以识别。在网络事件中，这一能力侧重于对事件信息进行及时、动态和可靠的移动和处理，以满足各级政府和得到参与授权的私营部门合作伙伴组织的决策者们的需求。

（4）运作协调

运作协调能力包括建立和维持一个统一、协调的运作体系和流程，适当地整合所有关键利益相关者并对核心能力的执行提供支持。运作协调应当依据国家事件管理系统和事件指挥系统的原则，在网络威胁或恐怖主义行为发生时协调联邦政府各部门/机构进行威胁响应、资产响应和情报支持等活动。在遭遇网络事件的情况下，这种核心能力包含了对各级政府间以及与私营部门合作伙伴之间的活动进行协调的能力，涉及国家运作中心的活动以及管理和促进多个机构工作参与事件的现场响应活动。

（5）规划

规划能力是指通过推进应对重大网络事件情形下的社群体系化合作，使整个社群参与战略、可执行策略和运作层面的方法的制定，以实现有效应对网络威胁的目标。

在遭遇网络事件的情况下，规划能力既包括缜密规划也包括事件行动规划。缜密规划涉及战略、运营和战术计划的制定，以防止、防御、减轻网络事件的影响，并对其做出响应和得以从中恢复。事件行动计划发生在受到时间限制的环境中，以便针对即将发生或持续发生的网络事件制定或快速调整运作和战术计划。

（6）公共信息和警告

公共信息和警告能力是指通过明确、一致、可访问以及在文化和语言方面运用得当的方法，有效地传递关于重大威胁或恶意网络活动的信息，酌情向整个社会和公众及时提供预警信息，并根据情况采取行动和提供援助。在遭遇网络事件的情况下，此项能力利用有效且可访问的预警系统和手段，向所涉及或有可能涉及的操作人员、安全官员和公众传达重大的网络威胁信息（包括警示、检测能力和其他必要及适当的资产）。

（7）筛选、搜索和检测

筛选、搜索和检测能力是指通过主动和被动的监视和搜索程序，识别并发现恶意网络活动的威胁并予以定位。在遭遇网络事件的情况下，此项能力通过指出恶意网络活动的潜在目标或类型，判别锁定发动此类攻击的威胁行为实施者，并采取措施来定位即将发生的网络威胁。运用侦测能力实现对与潜在网络事件相关的网络、资产、传感器等的实时监测，全面感知安全态势，以便根据需要确定下一步行动。

2. 威胁响应核心能力

（1）阻断和中断

此项核心能力主要用于延迟、转移、拦截、中断、了解或掌握与恶意网络活动相关的威胁。

在遭遇网络事件的情况下，这些威胁包括对国家网络和基础设施构成威胁的人员、软件、硬件或活动。其中包括针对网络威胁进行具体、具有可操作性的情报响应时而可能采取的阻断和中断活动。阻断和中断可能包括针对人员、计划、设备或机器，中断或阻止威胁活动，并采取技术手段和其他手段来防止恶意网络活动。阻断和中断能力有助于阻止新兴或正在发展中的网络威胁并使其操作丧失效力。运用这些能力时应保留证据，并保证使政府有能力对违法者提起诉讼。

（2）威胁和危险识别

威胁和危险识别能力是指识别针对网络和系统的恶意网络活动的威胁，确定网络攻击的频率和规模，并有针对性地实时分析、研判和规划，以便清楚地了解运营实体的需求。在遭遇网络事件的情况下，此项能力将运用于持续收集关于网络威胁的准确数据，以满足分析师和决策者的需求。通过建立跨部门、标准化的信息共享平台对网络事件威胁和危险的有效识别提供支持，并向各级政府和私营部门做出统一的报告。此项能力应该保证切实履行如表7所示的关键任务。

表7　威胁和危险识别能力建设关键任务

序号	关键任务
1	识别利益相关者的数据需求
2	及时有效地开发和/或收集所需数据，以准确识别网络威胁
3	确保适当人群在适当的时间收到正确的数据
4	通过适当的分析和收集工具，将数据转化为有意义和可操作的信息，以帮助公众做好预防工作
5	制定或确定和提供私营部门和政府网络安全合作伙伴之间情报和信息共享机制和程序
6	遵守适当机制，以保护敏感和分类信息，并保护个人隐私、公民权利和公民自由
7	评估和解决构成部门有效识别威胁、安全隐患和危害的障碍的政策缺口，以促进伙伴关系的建立和相关流程的推进

3. 资产响应核心能力

(1) 访问控制和身份验证

访问控制和身份验证（也称为认证和授权）能力是指采取必要的物理、技术和网络手段，控制入侵者进入关键位置和系统。该项能力需要建设完善身份验证、授权、允许或拒绝计算机访问特定信息和网络等功能，主要履行的关键任务如表8所示。

表8　访问控制和身份验证能力建设关键任务

序号	关键任务
1	验证身份以授权、允许或拒绝访问可能被用于执行有害行为的计算机资产、网络、应用程序和系统
2	控制和限制开展合法活动的授权人员访问关键位置和系统
3	遵守适当机制，以保护敏感和分类信息，并保护个人隐私、公民权利和公民自由
4	执行审核活动以验证和确认安全机制的运转是否符合预期目标

（2）网络安全保护

此项能力是指保护（并在必要时恢复）计算机网络、电子通信系统、信息和服务，最大限度地防止对网络的损坏、未授权使用和利用，通常需要加强公私技术支撑队伍的协同努力，通过合作确保关键信息、记录以及通信系统和服务的安全性、可靠性、机密性、完整性和可用性。此项能力的关键任务如表9所示。

表9　网络安全保护能力建设的关键任务

序号	关键任务
1	实施应对措施、技术和政策，以保护可能被利用的计算机资产、网络、应用程序和系统
2	基于通过风险评估获得的易损性结果、风险缓解措施和事件响应能力，尽可能确保公共和私人网络以及关键基础设施（如通信、金融、电网、水和交通系统）的安全
3	创建弹性的网络系统，以允许不间断地运行基本功能
4	遵守适当机制，以保护敏感和分类信息，并保护个人隐私、公民权利和公民自由
5	合作的安全，合作伙伴互相遵循规定的网络安全政策相关限制条件和范围

（3）保护关键信息基础设施系统

保护关键信息基础设施系统能力是指稳定关键基础设施功能、尽量减少网络事件造成的危害，以及有效响应和恢复系统和服务，以保障在遭遇恶意网络活动后，社区仍能独立发展且维持弹性恢复能力。在应对网络事件时，该能力侧重于稳定基础设施资产和实体、修复受损资产、恢复对远程资产的控制以及全面评估关键基础设施部门的潜在风险，其包含的关键任务如表10所示。

表10　关键信息基础设施系统保护能力建设的关键任务

序号	关键任务
1	始终深入了解控制系统的安全运行需求
2	稳定及重新控制基础设施
3	增加网络隔离，以减少网络攻击在企业内部或互联实体之间广泛传播的风险
4	稳定可能受网络事件层叠效应影响的那些实体范围内的基础设施
5	促进恢复和支持基本服务（公共和私人）以维持社区功能
6	遵守适当机制，以保护敏感和分类信息，并保护个人隐私、公民权利和公民自由
7	维护适用于新兴和现有安全研究、开发和解决方案的减轻攻击的最新相关数据知识

（4）保障物流与供应链管理

此项能力是指针对灾备状态，协助提供必要的商品、设备和服务，包括提供服务器等，以支持对受恶意网络活动影响的系统和网络的应急响应，促使物流能力和受影响的供应链同步恢复。在遭遇网络事件的情况下，该能力侧重于提供后勤或运营支持，以保证领导层可通过确定、优先排序和协调即时响应资源需求来确定网络事件响应优先级，主要包含的关键任务如表 11 所示。

表 11　保障物流与供应链管理能力建设的关键任务

序号	关键任务
1	调动并提供政府、非政府和私营部门资源以稳定事件并完善响应和恢复工作，包括调动和提供资源和服务以满足受网络事件影响的各方的需求
2	促进和协助提供关键基础设施部件，以快速响应和恢复网络系统
3	针对受影响的关键基础设施实体加强公共和私人资源和服务支持
4	稳定可能受网络事件层叠效应影响的那些实体范围内的基础设施
5	遵守适当机制，以保护敏感和分类信息，并保护个人隐私、公民权利和公民自由
6	在上述所有关键任务中应用供应链保证原则和知识

（5）情境评估

此项能力将向决策者提供与恶意网络活动的性质和范围、任何层叠效应和响应状态有关的决策相关信息。在遭遇网络事件的情况下，该能力侧重于快速处理来自现场的大量信息，并传递到国家层面，以尽可能为所有决策者提供最新和最准确的信息。主要包含的关键任务如表 12 所示。

表 12　情境评估能力建设的关键任务

序号	关键任务
1	协调建模分析和效果分析的执行和传播工作，以便为即时网络事件响应行动提供信息
2	坚持使用标准报告模板和信息管理系统并始终保存信息的基本要素和关键信息要求
3	为多个组织共享的相关事件信息绘制一个通用态势图
4	协调结构化收集和获取来自多个来源的信息，以纳入评估过程
5	遵守适当机制，以保护敏感和分类信息，并保护个人隐私、公民权利和公民自由

4. 情报支持核心能力

情报支持类工作的核心能力的基本类型与通用核心能力部分（取证和归

因，情报和信息共享，运作沟通，运作协调，规划，公共信息和警告，筛选、搜索和检测）相类似，需要结合情报支持活动的特殊性有针对性地明确需要履行的关键任务。

参考文献

Presidential Policy Directive—United States Cyber Incident Coordination, July 26, 2016.

The White House, Annex for Presidential Policy Directive—United States Cyber Incident Coordination, July 26, 2016.

Department of Homeland Security, Draft National Cyber Incident Response Plan, September 2016.

Obama Finally Issues Cyber Deterrence Strategy, Greg Otto, December 18, 2015.

Kevin Townsend, New Presidential Policy Directive Details U. S. Cyber Incident Response, July 27, 2016.

Countering the Cyber Threat——New U. S. Cyber Security Policy Codifies Agency Roles, July 26, 2016.

DHS Press Office, Statement By Secretary Jeh C. Johnson Regarding PPD – 41, Cyber Incident Coordination, July 2016.

The White House Office of the Press Secretary, Cybersecurity National Action Plan (CNAP), February 9, 2016.

袁春阳、杜跃进、周威等:《美国政府〈国家网络应急响应计划〉及其借鉴意义》,《保密科学技术》2012 年第 5 期。

魏方方、锁延锋、惠景丽:《美国网络威慑战略解析及启示》,《信息安全研究》2016 年第 5 期。

丰诗朵、范为:《美国〈网络安全国家行动计划〉与对我国的启示》,《现代电信科技》2016 年第 5 期。

李欲晓、谢永江:《世界各国网络安全战略分析与启示》,《网络与信息安全学报》2016 年第 1 期。

马民虎、方婷、王玥:《美国网络安全信息共享机制及对我国的启示》,《情报杂志》2016 年第 3 期。

李恒阳:《美国网络安全面临的新挑战及应对策略》,《美国研究》2016 年第 4 期。

《美国发布政府应对重大网络攻击政策指令》,《中国信息安全》2016 年第 8 期。

《美国国土安全部为网络事件制定了新的处理模式》, MottoIN, 2016。

B.6
国内外网络安全意识教育综述

王晓磊　张　莹　程　宇*

摘　要：　2016年，各类信息泄露、电信诈骗、黑客攻击事件席卷全球，社会对网络安全的关注度空前高涨，为提高公众网络安全意识，普及网络安全知识，营造健康文明的网络环境，维护网络安全，美国、欧盟、日本、澳大利亚、以色列、中国等世界主要国家和地区持续推进网络安全意识教育与宣传活动，推动全社会网络安全理念的进一步深化和网络安全知识技能的普及应用。

关键词：　网络安全意识　宣传教育　技能

一　全球网络安全意识教育活动深入开展

（一）美国国家网络安全意识月

美国国家网络安全意识月（National Cyber Security Awareness Month）由美国国土安全部和国家网络安全联盟、跨州信息共享与分析中心在每年10月共同举办。该活动旨在引导公众和企业关注网络安全，提升安全意识，向公众和企业提供安全上网所需要的工具和资源，并借此增强国家在遭遇网络事件时的

---

* 王晓磊，国家工业信息安全发展研究中心工程师，主要从事网络与信息安全战略规划、情报研究和意识教育工作；张莹，硕士，国家工业信息安全发展研究中心助理工程师，主要从事网络与信息安全战略规划、情报研究和意识教育工作；程宇，国家工业信息安全发展研究中心工程师，主要从事网络与信息安全战略规划、情报研究和意识教育工作。

恢复能力。

2016 年第十三届美国国家网络安全意识月在继续举办“停止．思考．连接．”（Stop. Think. Connect）等传统活动的同时，创新开展“锁定你的登录”等活动，凸显其对账号安全、身份安全的关注。2016 年美国国家网络安全月分设五个不同的周议题。第一周——“停止．思考．连接．”每天距离安全上网更近一步。第二周——从休息室到会议室，网络无处不在。第三周——认识和打击网络犯罪。第四周——我们的互联生活，你对应用程序（APP）有何态度。第五周——建立关键基础设施的恢复力。

1. 总统宣言

2016 年 9 月 30 日，美国总统奥巴马发表主旨宣言并启动国家网络安全意识月活动。奥巴马在宣言中指出，网络威胁不仅关乎国家安全，更与个人财务及隐私安全息息相关，因此，他呼吁民众关注并参与国家网络安全意识月期间举办的“停止．思考．连接．”和“锁定你的登录”等活动，进一步提升安全意识，并通过采取正确的上网步骤、强化账户保护能力等措施保障自身上网安全。

在宣言中，奥巴马还重点说明了联邦政府为实现国家网络空间健康发展所做出的努力，如设立联邦首席信息安全官岗位，成立加强国家网络安全委员会，推行政府采购“安全购物倡议计划”，努力实现网购账户信用评分等。美国将进一步推动其在 2016 年提出的“网络安全国家行动计划”（CNAP），增加网络安全预算，建立信息技术现代化基金，加大网络安全教育投资，更新老旧系统与设备，改善联邦政府、私营部门及民众为实现网络安全所需要的条件。

2. “停止. 思考. 连接.”

“停止．思考．连接．”活动由美国国土安全部、国际反网络钓鱼工作组（APWG）和国家网络安全联盟共同主办。该活动旨在通过宣传安全上网的重要性及具体步骤，增进美国公众对网络威胁的理解，使线上活动变得更加安全。2016 年是“停止．思考．连接．”活动举办的第六年，本届活动在延续“网络安全人人有责”“智慧上网”等理念的同时，进一步关注移动办公及远程家庭办公等新型工作方式为企业带来的安全风险。

目前，“停止．思考．连接．”活动已逐步发展成为国家网络安全意识月

的全年性活动。活动官方博客结合网络安全月（Internet Safety Month）、加强网络安全日（Safer Internet Day）、数据安全日（Data Privacy Day）等相关活动和奥运会、学生返校高峰、家庭度假高峰、报税季等社会热点事件，推出“停止．思考．连接．”活动系列博文，文章以国土安全部“停止．思考．连接．”活动主办方的名义提醒民众警惕生活中的网络诈骗、钓鱼攻击、WiFi安全隐患，倡导其随时随地关注网络安全。同时，活动官网长期设置资料下载专区，为学生、家长、教师、公司职员等提供富有针对性的网络安全宣传教育资料，帮助并鼓励学校、社区及其他社会团体自发开展网络安全宣传教育活动。

3．“锁定你的登录”

为实现“网络安全国家行动计划”的各项目标，美国国家网络安全联盟与近40家技术公司、银行、非营利组织和民间团体开展合作，共同推出“锁定你的登录”活动。该活动旨在鼓励民众通过优化密码管理，设置强密码，使用硬件令牌、生物特征识别、一次性验证码等双要素身份验证手段，提高账户安全性，保护自身隐私安全。各联合主办单位结合自身特点，通过对活动受众、传播方式、口号标语的全方位研究，推出多项“锁定你的登录”活动，具体活动内容如下。

国家网络安全联盟、电子交易协会（ETA）以及线上快速身份验证联盟（FIDO）在国家网络安全意识月活动期间，共同主办了“身份验证策略未来展望日”活动，强调身份验证的重要性，探索身份验证市场的发展进程，讨论其对政策和监管格局的影响。

网络安全协会（SANS Institute）向各成员单位提供国家网络安全意识月互动性计划包，内容包括网络安全宣传资源、材料和模板等。

Facebook在其安全页面突出显示“锁定你的登录”活动信息，通过制作播放安全广播、视频为用户提供强化密码管理和身份验证方面的建议。同时，鼓励用户使用登录验证、登录提醒等功能，提高账户保护能力。

谷歌于2016年10月通过首页、社交媒体、博客等平台宣传推广“锁定你的登录”活动，鼓励用户在使用安全浏览保护功能的同时，采用双要素验证方式进行登录，使账户和计算机远离网络攻击侵害。

英特尔致力于与国家网络安全联盟及其伙伴开展合作，通过互动性内容引导用户采用简单易行的措施保护数字安全，以响应强化身份验证的号召。英特尔安全公司推出的 True Key™多要素密码管理产品，能够通过面部识别和指纹识别等唯一要素验证用户身份，并在网络登录过程中对密码加以保护，有效地提高了账户保护级别。

万事达致力于提升支付安全性，该公司取消静态密码，通过生物特征识别技术进行身份验证，以确保支付安全、便捷。万事达同其合作伙伴 BMO-Harris 银行共同推出万事达卡身份验证移动解决方案，通过指纹或面部识别对数字付款交易进行实时验证。

Square 公司为用户提供了简单、友好的多要素身份验证（MFA）工具，并对该工具如何使用进行了详细说明。该公司鼓励用户通过 MFA 工具进行验证码登录，并在进行更改关联银行账户或密码等敏感型账户操作时启用 MFA 工具更高级别的验证功能。

美国汽车协会联合服务银行（USAA）在其用户中进一步推广多要素身份验证，允许用户选择通过验证码、指纹识别、语音识别、面部识别等方式进行验证，并在新成员注册时，自动启用多要素身份验证功能。

（二）欧洲网络安全月

欧洲网络安全月（ECSM）于每年 10 月举办，旨在通过开展形式多样的网络安全宣传教育活动，引发社会各界对信息安全的普遍关注，增强欧盟公民的网络安全意识和个人防护能力，改变人们在面对网络威胁时的消极态度。历经五年发展，欧洲网络安全月已成为欧盟网络安全整体战略的重要组成部分。2016 年第五届欧洲网络安全月由欧洲网络与信息安全局（ENISA）、欧盟委员会（EC）、欧洲警政署（Europol）、欧洲网络犯罪中心（EC3）、欧洲银行联合会（EBF）和来自欧洲各国的政府机构、高等院校、非政府组织、专业协会等 300 多家单位共同举办。

依照惯例，本届欧洲网络安全月分设四个不同的周议题。第一周——银行安全。第二周——网络安全。第三周——网络安全培训。第四周——移动恶意软件。活动期间，欧洲网络与信息安全局、比雷埃夫斯大学（University of Piraeus）、希腊通信安全隐私保护署（ADAE）、爱尔林大学（Ionian University）等多家单位结合每周议题，联合开展了包括 2016 年网络威胁趋势主题讲座、无密码验证校园讲座、移动恶意软件讲习班在内的多场活动。同时，主办方还邀请政策决策者、行业主管和相关专家作为演讲人或专题讨论小组成员出席每周的主题会议。

1. 开幕式

第五届欧洲网络安全月开幕式于2016年9月30日在比利时布鲁塞尔举行，活动由欧洲网络与信息安全局、欧洲银行联合会、欧洲警政署联合举办，活动议程包括银行业及欧洲公共部门管理者开幕式致辞，国家协调小组活动介绍，安全行业领军人物根据本月主题进行辩论等。

2. 公民网络安全宣传教育活动

在2015年活动经验的基础上，2016年欧洲网络安全月主办方通过创新活动形式，完善活动内容，进一步加大了对公民网络安全知识和意识的培养力度。NIS测验是由欧洲网络与信息安全局主导，以欧洲网络安全月官网为平台，供欧盟公民评估其网络安全知识水平，自主提高网络安全相关技能的科普性活动。相较于往年，2016年NIS测验不仅根据新的网络安全态势进行了题库更新，还首次将试题翻译为欧盟主要国家使用的23种语言，推动了测验活动的进一步普及。

本届欧洲网络安全月通过活动官网向民众提供了多种语言版本的网络安全小贴士、宣传海报和安全建议资料。其中，“关于网络安全的七条建议”是由欧洲网络与信息安全局组织有关专家专门编制的，该建议涵盖软件风险提示，社交媒体的安全性，在线数据保护权利，教育工作者、公司员工用网安全等多个方面，建议还结合泛欧网络演习中的最新案例，向民众传播网络安全经验教训。同时，英国、保加利亚、捷克、丹麦、德国、西班牙、爱沙尼亚、芬兰、法国、希腊、克罗地亚、匈牙利、意大利、立陶宛、拉脱维亚、马耳他、荷兰、波兰、葡萄牙、罗马尼亚、斯洛伐克、斯洛维尼亚、瑞典23个国家还结合本国国情独立编写了网络安全宣传资料。同时，活动主办方积极推进活动可视化进程，安全月官网设计制作交互式地图板块，直观展示全欧网络安全教育培训机构的分布情况和安全月活动开展情况，进一步为民众参与活动提供便利。

3. 网络安全竞赛

欧洲网络与信息安全局自2015年起，借助欧洲网络安全月这一平台，组织开展了泛欧层面的欧洲网络安全竞赛（ECSC）。各国参赛队伍由其本国组织的网络安全竞赛中涌现出的优秀人才组成，选手们通过解决 Web 安全、移动设备安全、密码安全以及逆向工程等的相关领域问题来获取分数，赢得比赛。来自奥地利、德国、罗马尼亚、西班牙、瑞士、英国的六支队伍参加了 2015 年欧洲网络安全竞赛的角逐，而随着爱沙尼亚、希腊、爱尔兰、列支敦士登四国的加入，2016 年欧洲网络安全竞赛不仅参赛队伍增加至十支，参赛人数也上升至百人。在 2016 年 11 月 9 日德国杜塞尔多夫举办的竞赛总决赛上，西班牙队赢得了比赛的冠军，罗马尼亚队和德国队则分获比赛的第二、三名。

2016 年欧洲网络安全竞赛已发展成为一个系列活动，与会嘉宾在网络安全主题会议暨竞赛颁奖典礼上就“不断变化的国际安全形势和技术作用”“网络世界的物理攻击”“物联网和工业 4.0 的典型安全问题”“有关中小企业的网络安全问题”等话题发表见解，会议为业内主管、领域专家提供了一个专业、高端的交流平台。赛后举行的网络安全技术人才专场招聘会则吸引了空中客车集团、奥迪、西门子、沃达丰、德国联邦信息安全局等 15 家重量级企业、机构的参加。可以说，欧洲网络安全竞赛已逐渐显现出向网络安全技术交流、网络安全人才发掘的综合性平台发展的趋向。

（三）澳大利亚网络安全周

2016 年第九届澳大利亚网络安全周于 10 月 10 ~ 14 日举行，主办部门鼓励合作伙伴举办各种线上和线下网络安全宣传教育活动。第九届澳大利亚网络安全周以“网络安全从休息室到会议室”为主题，重点关注员工个人生活中的网络在线行为对工作的环境影响，以及单位对员工网络安全意识培养的责任。2016 年澳大利亚网络安全周期间，在澳大利亚电信公司、澳大利亚邮政公司、澳新银行集团公司、澳大利亚国家银行、西太平洋银行等单位协助下，澳大利亚政府对《小微企业网络安全指南》进行了更新，并首次发布了《网络安全实施指南》和《个人网络安全指南》。

1.《小微企业网络安全指南》

2015 年第八届澳大利亚网络安全周首次发布了《小微企业网络安全指南》，获得了企业的广泛关注。该指南显示，澳大利亚 2015 年网络安全事件较 2014 年增加 109%，30% 的小微企业经历过网络犯罪，10% 的小微企业存在数据泄露和密码被盗现象。2016 年，为适应企业网络安全发展需要，澳大利亚政府对《小微企业网络安全指南》进行了更新，指南以“5 分钟保护你的生意”为宗旨，为企业提供隐私、密码、意识、网络设备、数据备份五个方面的安全指导。较之 2015 年版，2016 年版指南更加重视密码安全，建议员工创建复杂密码口令、双重认证或其他额外保护。

2.《安全意识实施指南》

《安全意识实施指南》旨在为不同规模、不同网络安全意识水平的企业提供网络安全技术实践。指南分为三级：一级是入门指导，包括规范企业落实网络安全责任人、获取免费资源、交流共享安全信息等；二级是基础建设规范，包括指导企业建立网络安全计划，开展网络安全预防、案例警示教育活动，促进意识教育与企业业务结合，推动网络安全纳入企业高层例会议题等；三级是文化建设，包括建立员工网络安全意识奖励机制及服务商网络安全服务标准、评估考核制度等。

3.《个人网络安全指南》

《个人网络安全指南》旨在为网民提供在日常触网行为中保持网络安全的技巧和技术。该指南涉及隐私安全、密码安全、可疑短信、安全上网、在线理财和支付、移动终端安全、数据备份和保护、举报八个关键领域，并给出了行之有效的操作方法。

（1）隐私安全

关键词：警惕你所分享的东西。行动：在互联网分享任何关于自己、朋友或家人的照片、财务以及个人信息之前先停下来想一想。

（2）密码安全

关键词：创建复杂密码。行动：为账户设置复杂、难猜的密码或采用双重密码认证。

（3）可疑信息处理

关键词：谨慎对待任何可疑信息。行动：当你收到一封可疑邮件，考虑一下是谁发给你以及让你做什么。如果你不能够确定，请通过机构官网或来源可靠的电话进行核实。

（4）安全上网

关键词：避免恶意软件，浏览可信网站。行动：避免访问不明网站，避免被带有巨大承诺的网页诱惑。浏览网站需要确定地址栏有挂锁符号和“https”。

（5）在线理财和支付安全

关键词：保证财务信息避免泄露。行动：直接在浏览器输入地址访问您的银行网站。及时更新您的电脑反病毒、反间谍软件和防火墙软件。使用银行推荐的安全防护措施（如双重认证）。完成操作后，及时在浏览器上关闭你的网上银行菜单。认证研究确认未知零售商及其产品和服务是否可靠。仅与可信的网上零售商进行交易。

（6）移动终端安全

关键词：保障移动终端的网络安全。行动：打开设备网络安全防护特性。设置设备密码解锁。安装网络安全防护软件。及时更新操作系统。

（7）数据备份和保护

关键词：安全备份和更新。行动：定期更新应用程序（包括杀毒软件和插件）和操作系统来修复漏洞。定期备份数据并对备份数据进行保护或隔离。

（8）举报

关键词：通过举报诈骗让每个人都安全。

（四）日本网络安全月

日本网络安全月于每年2月1日至3月18日举办，旨在帮助网民了解如何构建安全的网络环境，遵守网络安全法规并防止自身遭受网络威胁，识别不断变化的新型网络安全危险并做出相应对策。2015年，日本年金机构全国养老金系统受到黑客攻击，导致125万条个人信息泄露并引发社会广泛关注。由此，日本政府将如何防范个人信息泄露作为2016年第七届日本网络安全月的宣传重点。日本网络安全战略部部长、内阁官房长官菅义伟于第七届日本网络安全月启动仪式上发表讲话，指出针对日本养老金机构个人信息流出事件，日本政府为减小该事件对国民生活和经济产生的危害，已召开“网络安全战略总部”会议，制定“网络安全战略”修改方案，并将网络攻击受害的监管防范对象范围扩大到“独立行政法人”及部分“特殊法人”。第七届网络安全月期间，日本政府将在全国范围内开展网络安全知识普及活动，举办网络安全研讨会，强化全社会的网络安全意识。

1. 专家观点

“专家观点”是第七届日本网络安全月的一项专家访谈活动，活动邀请了包括政府领导、业内专家、行业领袖、企业高管、高校学者、知名博主在内的60余位嘉宾，就网络安全政策、重大战略问题以及前沿技术发展方向等问题展开讨论，并发表文章，部分专家文章梳理如表1所示。

表1 日本第七届网络安全月期间发布的专家文章

姓名	单位/职务	文章主题
谷脇康彦	内阁官房内阁网络安全中心副主任/内阁审议官	基于社会基础上的网络安全思考
安田晃	特定非营利活动法人、IT 专业技术人员机构会长	安全改变未来
美浓圭	工业大学系统情报工学研究院计算机科学专业	信息时代的密码安全
广石雅義	趋势科技株式会社公共产业经营总部	浅谈网络安全
林佳子	NPO 日本网络安全协会(JNSA)	东盟地区网络安全竞赛概况
西村宗晃	安全营讲师	BUG 猎人
中西克彦	公益财团法人东京奥林匹克运动会大会组织委员会警备局网络攻击科科长	东京 2020 年奥运会和残奥会面临的网络安全风险
长泽骏	富士通股份有限公司信息中心	日本网络安全青年领军人才
谷口隼祐	股票公司情报咨询组	信息安全人才培养
竹田昌男	公司网络事业部部长	社会工程学与网络安全
高山真绪	国际电子商务学校	培养网络安全兴趣
满永拓邦	东京大学教授	计算机安全事件响应小组(CSIRT)目前面临的问题
羽佐田穗	株式会社网络运营部	人工智能改变未来
丹康雄	北陆先端科学技术大学情报科学研究院教授	智能 IoT(Internet of Things)时代的安全
佐藤大	情报支援救援队(IT DART)代表理事	“灾难”——安全事件
小池英树	东京工业大学大学院情报理工学院教授	浅谈网络安全根本对策
川口洋	内阁网络安全中心信息参事助理	中小企业网络安全问题不容小觑
金子正人	株式会社 Eyes, JAPAN 网络研究开发集团安全工程师	医疗安全现状
小熊庆一郎	$(ISC)^2$ 日本业务发展总监	信息安全工作人员需要获取何种资质认证
内山巧	株式会社电算技术开发部导演	全民安全意识需提高

续表

姓名	单位/职务	文章主题
猪俣敦夫	国立大学法人奈良先端科学技术院教授	培养安全意识要趁早
市村裕一郎	内阁网络安全中心(NISC)	安全工程师的恋爱和结婚
五十岚章三	东日本旅客铁道株式会社综合企划总部安全中心副科长	信息安全意识比技术更重要
有松龙彦	株式会社信息网络智能中心主任	如何防御网络攻击
赤松孝彬	株式会社媒体安全服务事业部	如何预防安全事件的发生

资料来源：国家工业信息安全发展研究中心分析整理。

2. 网络安全意识调查

为全面了解社会公众网络安全意识现状，指导网民安全上网，在第七届日本网络安全月期间，雅虎日本公司面向公众开展了多项“公众网络安全意识调查”活动。调查结果如下。

（1）个人信息泄露成为公众最担心的网络安全问题

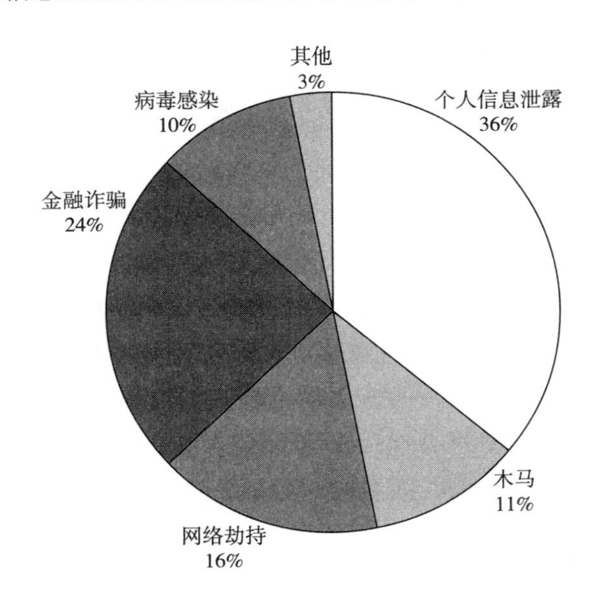

图 1　日本网民面临的网络安全威胁情况

资料来源：国家工业信息安全发展研究中心分析整理。

（2）科普网站成为最重要的信息安全知识普及渠道

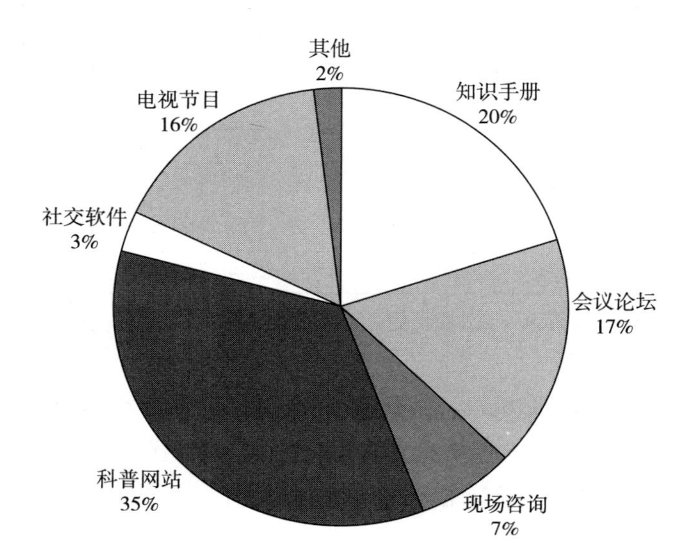

图 2　日本网民意识教育来源情况

资料来源：国家工业信息安全发展研究中心分析整理。

（3）超 13.7% 的网民账号密码设置过于简单

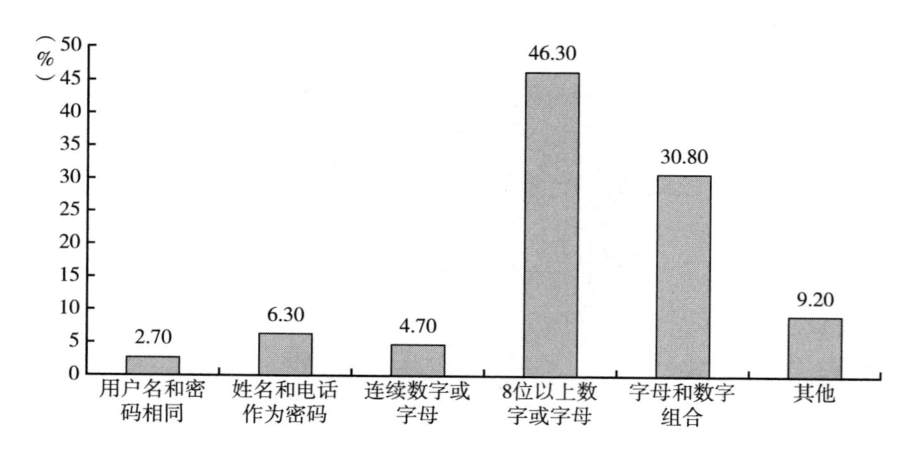

图 3　日本网民账号密码设置情况

资料来源：国家工业信息安全发展研究中心分析整理。

3. 网络安全论坛及研讨会

2016年日本网络安全月期间，相关府省厅、企业、团体等积极开展包括金融网络安全、移动终端安全、企业网络安全、密码安全、个人信息安全、网络安全人才培养、大数据安全、信息安全意识培育在内的多项网络安全研讨会、论坛、沙龙、培训等知识普及活动，部分活动如表2所示。

表2　日本第七届网络安全月开展的部分论坛及研讨会

活动名称	主办单位
“如何营造健康舒适的网络安全工作环境”论坛	株式会社安全系统风格代表取缔役社
“奋斗吧！网络安全研究人员！”沙龙	日本电报电话公司（NTT）安全平台研究所
“从看得见的到网络攻击！”主题沙龙	日本网络安全协会
大数据和网络安全	国立情报学研究所
金融安全	金融ISAC
深入了解网络安全应用	庆应义塾大学
网络安全人才培养	内阁网络安全中心
信息保护和信息安全	北海道中标津警察署
让青少年安全上网	总务省近畿综合通信局
提升信息安全意识	加须警察署
揭露网络犯罪现场	大阪丰中市政府
网络安全设置	独立行政法人信息处理推进机构
有效预防电信诈骗	高知东警察署

资料来源：国家工业信息安全发展研究中心分析整理。

4. 网络安全宣传教育普及作品

为提升全民网络安全防护技能，第七届网络安全月期间，日本政府面向公众发布了信息安全9条对策，并通过海报、手册等形式发放至全国。日本警察厅牵头发布了防范网络犯罪宣传手册及信息安全对策视频节目，信息处理推进机构发布了信息安全对策读本及信息安全启蒙教育视频节目，日本网络安全协会发布了《大家一起学习网络安全》系列教材。各地制作了形式多样的网络安全意识教育网站，通过卡通漫画等方式向公众普及网络安全知识，其中，日本内阁官房信息安全中心（NISC）设计的信息安全意识启蒙视频门户网站广受关注。

（五）以色列网络周

以色列网络周（Cyber Week）由 Balvatnik 跨学科网络研究中心（ICRC）、Yuval Ne'eman 科技和安全工作坊、以色列国家网络局（the Israeli National Cyber Bureau）、以色列总理办公室、特拉维夫大学、以色列外交部联合举办。自 2011 年首次举办至今，以色列一直致力于将网络周打造为一场国际互联网年度盛典，活动期间，来自世界各地的网络专家、企业高管、政府官员、各国使节齐聚一堂，就网络领域的知识、方法、理念展开深入探讨。以色列总理内塔尼亚胡连续六年出席活动，并在历次活动中多次宣布重大国家网络空间政策及行动计划，以此足见网络周在以色列国家网络空间总体战略中的重要地位。

2016 年以色列网络周于 6 月 19 ~ 24 日举行，设立包括全体大会、主题会议、学术研讨会、国家圆桌会议和各项网络挑战赛在内的 25 项活动，共有约 5000 名嘉宾出席有关活动。具体活动统计如表 3 所示。

表 3　2016 年以色列网络周部分活动

序号	活动名称（中文）	活动名称（英文）
1	第六届国际网络安全会议	The 6th Annual International Cybersecurity Conference
2	网络保险业圆桌会议：网络技术与网络保险业	Cyber-Insurance Roundtable: Cyber Technology Meets Cyber Insurance
3	青年会议	Youth Conference
4	反思网络：从创新走向实现	Rethink Cyber: Where Innovation Meets Implementation
5	与 Potomac 政策研究所合作的全球网络准备度指数 2.0 座谈会	The Global Cyber Readiness Index 2.0 Panel in Collaboration with the Potomac Institute for Policy Studies
6	CISO 座谈会	CISO Panel
7	IEEE 技术和政策专家（ETAP）论坛	IEEE Experts in Technology and Policy（ETAP）Forum
8	SWSTE 2016 年 IEEE 国际软件科学、技术和工程会议	SWSTE 2016 IEEE International Conference on Software Science, Technology and Engineering
9	前沿技术跟踪交流会	Technology Track
10	学术会议	Academic Seminar
11	从学术视角看网络安全挑战	The Academic Perspective on Cybersecurity Challenges
12	国际网络事件应急模拟圆桌会议	International Cyber Simulation Roundtable
13	特拉维夫 BSides 社团活动	BSides TLV
14	国际对外合作圆桌会议	Ministry of Foreign Affairs' International Cooperation Roundtable

续表

序号	活动名称(中文)	活动名称(英文)
15	IATA-ICRC 圆桌会议:航空工业的信息共享	IATA-ICRC Roundtable: Information Sharing for Aviation Industry
16	法律圆桌会议:未来十年的"大挑战"	Legal Roundtable: The "Grand Challenges" of the Next Decade
17	英国-以色列圆桌会议	UK-Israel Roundtable
18	意大利-以色列圆桌会议	Italy-Israel Roundtable
19	印度-以色列圆桌会议	India-Israel Roundtable
20	中国-以色列圆桌会议	China-Israel Roundtable
21	西班牙-以色列圆桌会议	Spain-Israel Roundtable
22	新加坡-以色列圆桌会议	Singapore-Israel Roundtable
23	以色列网络挑战赛	The Cyber Challenge
24	CyberStorm 网络安全创业大赛	CyberStorm Startup Competition
25	埃森哲实验室发布活动	Accenture Labs Launch Event

资料来源：国家工业信息安全发展研究中心分析整理。

1. 第六届国际网络安全会议

国际网络安全会议（The Annual International Cybersecurity Conference）是以色列网络周最传统、出席嘉宾规格最高的活动。第六届国际网络安全全体大会由以色列总理内塔尼亚胡和来自以色列、美国、英国、比利时、白俄罗斯、中国、日本、新加坡等多个国家的政府决策人员、网络安全领域专家和各产业代表共同出席。在为期两天的主题会议上，嘉宾们就“快速发展的网络”“关注网络创新”“构建网络空间，保障基础设施安全”“运转中的网络”“国际网络域名的稳定性”“为下一个威胁做好准备——我们能够构建网络生态的修复能力吗?”“企业高管共话网络发展”“网络中的恐怖活动、间谍活动和网络犯罪”“可被操控的人类”九个分议题展开讨论，在激烈的思想碰撞中，各国嘉宾共同探索国际网络安全发展动向。

2. 国际圆桌会议

2016 年以色列网络周期间，主办方组织召开包括国际对外合作圆桌会议（Ministry of Foreign Affairs' International Cooperation Roundtable）、中国-以色列圆桌会议（China-Israel Roundtable）、新加坡-以色列圆桌会议（Singapore-Israel Roundtable）、西班牙-以色列圆桌会议（Spain-Israel Roundtable）、英国-

以色列圆桌会议（UK-Israel Roundtable）和意大利－以色列研讨会（Italy-Israel Workshop）在内的多场国际性会议。网络安全作为世界互联网发展的重要议题，也成为这些会议关注的重点，如国际对外合作会议就以“全球网络安全的关键”为主题，邀请多国政府官员和政策决策者参会并交流实践经验，发掘全球网络安全合作空间。西班牙－以色列圆桌会议以网络安全为主题，由两国专家围绕西班牙、以色列网络安全合作，地中海两岸数字安全保障，世界网络安全市场的关键举措等问题进行讨论。该会议有效地增强了西班牙、以色列两国的网络空间互信，促进了双方网络安全战略的协同发展。

3. 产业交流活动

CISO 座谈会为各企业高管和网络领军人物提供了一个独特的交流平台。会议期间，嘉宾们就网络安全技术创新、网络安全技术在各行业的应用以及网络安全在跨领域合作中发挥的作用交换了意见。

2016 年以色列网络周组织的网络保险业圆桌会议：网络技术与网络保险业关注企业如何采取更具战略性的防范措施，以减少因遭受网络攻击而蒙受的经济损失。会议以“我们如何在网络保险的协助下，加速网络科技的发展?”“何种网络技术将成为保险公司的‘必备’技术?”为主题，针对由网络安全问题所催生的网络保险业这一新型业态进行了探讨。

4. 学术研讨活动

从学术视角看网络安全挑战活动围绕“隐私与法律”“加密与解密”“网络安全的行为特性”“网络安全技术”等议题展开讨论，并在会议结束时进行成果展示。

2016 年以色列网络周学术会议邀请东北信息维护研究院主任、东北大学计算机科学与工程学学院教授 Engin Kirda 教授做“UNVEIL：大规模、自动检测勒索软件的方法”主题报告。Krida 教授讲解了由他设计的 UNVEIL 动态分析系统，该系统通过自动生成人工用户环境，实现对隐秘的勒索软件的检测，并通过跟踪计算机系统桌面的变化，指出疑似勒索软件的活动。

5. 网络安全技术社团活动

特拉维夫 BSides 社团活动（Bsides TLV）是一场由黑客、网络安全研究人员、网络安全爱好者共同参与的现场交流活动。活动分黑客伦理、黑客技术、网络安全具体案例交流等多个主题，支持并鼓励参与者进行现场讨论、演示和分享。

6. 网络安全技术竞赛与创业大赛

以色列网络挑战赛由网络周活动主办方与以色列空军软件部队、以色列加密与信息安全中心联合举办，旨在选拔网络安全技术人才，为相关单位输送新鲜血液。该活动由报名注册、初赛、决赛三个阶段组成，初赛主要考察选手在网络攻击战策略、间谍工具使用和网络武器掌握等方面的知识水平。决赛时，入围选手将被分为三人小组展开“夺旗决战”。评委将根据各队夺取旗帜的数量和夺取所需时间计算分数，获胜小组将成为网络挑战赛终极冠军，并赢得丰厚奖励。

以色列网络周 CyberStorm 创业大赛面向所有具有创新能力的网络安全创业公司开展，旨在发掘富有潜力的网络安全公司和人才，并为其发展提供更有力的支持。比赛由方案提交、专业指导、决赛展示三个阶段组成，通过行业专家和业内资深首席信息安全官对参赛企业所展示出的技术独特性、团队质量和市场潜力进行多轮审查，并由此评选出比赛的最终获胜者。获胜企业将免费获得一次精心策划的赴美路演，拜会潜在客户、投资者和战略合作伙伴。

二　我国网络安全宣传教育活动走向建制化

2016 年 3 月，经中央网络安全和信息化领导小组批准，中央网络安全和信息化领导小组办公室会同教育部、工业和信息化部、公安部、国家新闻出版广电总局、共青团中央等部门联合发布《国家网络安全宣传周活动方案》（简称《方案》）。《方案》作为纲领性文件，指导各地方、行业网络安全宣传周活动开展，建立了国家网络安全宣传教育规范化、制度化、长效化工作机制。《方案》明确国家网络安全宣传周统一于每年 9 月第三周由中央网络安全和信息化领导小组办公室、教育部、工业和信息化部、公安部、国家新闻出版广电总局、共青团中央等相关部门联合举办，宣传周开幕式等重要活动可根据地方实际情况安排在省会城市举行。《方案》要求，宣传周期间，各省、市、自治区党委网络安全和信息化领导小组办公室会同有关部门组织开展本地网络安全宣传周活动，国家有关行业主管监管部门根据实际举办本行业网络安全宣传教育活动。

根据活动方案部署，2016年9月19～25日，2016年国家网络安全宣传周首次在全国31个省（区、市）统一举行。宣传周以“网络安全为人民，网络安全靠人民”为主题，深入学习贯彻习近平总书记重要讲话、重要批示精神和总体国家安全观，通过网站、电视、电台、报纸杂志、会议、展览等多种渠道和形式，通过全体网民的广泛参与，大力宣传倡导依法上网、文明上网，增强全社会网络安全意识，普及网络安全知识，营造健康文明的网络环境，维护网络安全。据统计，宣传周期间线上线下直接参与人数近2亿人，发放宣传材料超2000万册，举办网络安全讲座论坛近12000场，张贴口号标语道旗70余万幅，发送公益短信近16亿条。来自全球五大洲的专家、学者、企业代表出席了国家网络安全宣传周的各项重要活动。

（一）示范引领，重点活动效果突出

1. 首次在京外举行开幕式等重点活动

2016年国家网络安全宣传周开幕式、网络安全先进典型表彰大会、网络安全博览会、网络安全技术高峰论坛等重点活动在武汉市举行。这是国家网络安全宣传周重点活动首次在京外举办，充分体现了中央对地方网络安全宣传工作的重视，也极大地调动了承办城市以及各地方举办网络安全宣传周活动的积极性。

2. 首次举行网络安全先进典型表彰活动

中央网络安全和信息化领导小组办公室、教育部联合指导，中国互联网发展基金会网络安全专项基金在全国范围内评选网络安全杰出人才、优秀人才、优秀教师，宣传周开幕式上由教育部陈宝生部长宣读获奖名单，并分别给予每人100万元、50万元、20万元奖励。社会对此高度评价，认为网络安全先进典型表彰在政府部门指导下，利用社会资金奖励网络安全人才，对于加快网络安全人才培养、吸引更多人才投身网络安全事业具有重要意义。

3. 首次举办网络安全技术高峰论坛

网络安全技术高峰论坛由中央网络安全和信息化领导小组办公室指导，武汉市人民政府主办。高峰论坛包括一个主论坛和八个分论坛，围绕网络安全人才培养和创新创业、大数据安全技术与实践、提高网络素养·争做中国好网民、网络安全标准与技术、智慧城市建设及安全保障、关键基础设施安全、核心技术·自主创新、协同联动·共守互联网安全等主题交流讨论（见表4），

中央网信办和武汉市等的相关负责同志，中国科学院郑建华院士，中国工程院吴建平院士、丁烈云院士、张勇传院士、李建成院士、柴洪峰院士、倪光南院士、沈昌祥院士，大型互联网和网络安全企业高管，以及来自俄罗斯、英国、美国、南非、以色列、新西兰和中国香港的专家和企业领袖参加论坛并发表主旨演讲，现场参与人数超过5000人。此次宣传周高峰论坛搭建了一个全方位的网络安全国际合作交流平台，增进了我国与国际同仁在网络安全领域的经验分享。

表4　2016年网络安全技术高峰论坛承办单位

论坛	承办单位
2016年“网络安全技术高峰论坛”主论坛	中国互联网络信息中心、中国网络空间安全协会、国家工业信息安全发展研究中心
“网络安全人才培养和创新创业”分论坛	武汉大学、教育部高等学校信息安全专业教学指导委员会
“大数据安全技术与实践”分论坛	清华大学、四川大学
“提高网络素养·争做中国好网民”分论坛	湖北省网络文化协会、武汉市网信办、中国好网民互动平台
“网络安全标准与技术”分论坛	全国信息安全标准化技术委员会
“智慧城市建设及安全保障”分论坛	华中科技大学、武汉市网信办
“关键基础设施安全”分论坛	卡巴斯基实验室
“核心技术·自主创新”分论坛	中关村可信计算产业联盟、奇虎360科技有限公司、武汉大学
“协同联动·共守互联网安全”分论坛	中关村可信计算产业联盟、奇虎360科技有限公司、武汉大学

资料来源：国家工业信息安全发展研究中心分析整理。

4. 首次举办网络安全电视知识竞赛

中央网络安全和信息化领导小组办公室、共青团中央联合组织开展网络安全知识竞赛活动，这是首次通过电视节目形式展现抽象的网络安全知识，全国31个省（区、市）近20000名青少年直接参加了网络安全知识竞赛初赛选拔，28个省（区、市）代表队参加在武汉举行的网络安全夏令营暨网络安全知识竞赛复赛。通过笔试、面试的选拔，浙江、湖北、山东、辽宁、天津、内蒙古、江苏、重庆8支代表队进入电视总决赛。最终，湖北、江苏、天津分获冠、亚、季军，共青团中央第一书记秦宜智、中央网络安全和信息化领导小组办公室副主任王秀军、湖北省委常委梁伟年现场观摩决赛并为获奖选手颁奖。网络安全知识竞赛电视总决赛在湖北卫视播出，中青在线、花椒、北京时间等网络媒体同步直播，超30万人在线观看，话题讨论超百万次。

5. 网络安全博览会影响力继续增加

2016年国家网络安全宣传周网络安全博览会更加突出知识性、趣味性、体验性、互动性。网络安全博览会分为身边的网络安全、商务中的网络安全、智慧城市网络安全、新技术新安全、网络安全技能大赛五个主题展区，布展面积超过8000平方米，较上届增加60%。95家国内外知名互联网企业、网络安全企业、金融机构和电信运营商围绕信息保护、网络安全新技术、网络安全在智慧城市、智慧医疗、智慧金融等方面应用展示技术成果，参展企业数量较上届增加90%。7天时间吸引了超过5.3万名武汉市党政机关工作人员、大中小学师生、广大市民参观。

表5　2016年国家网络安全宣传周网络安全博览会参展企业

序号	公司全称	序号	公司全称
1	阿里巴巴集团	2	百度在线网络技术(北京)有限公司
3	蚂蚁金融服务集团	4	安天实验室
5	深圳市腾讯计算机系统有限公司	6	厦门市美亚柏科信息股份有限公司
7	北京知道创宇信息技术有限公司	8	杭州华途软件有限公司
9	奇虎360科技有限公司	10	任子行网络技术股份有限公司
11	启明星辰信息技术集团股份有限公司	12	公安部第三研究所
13	深信服电子科技有限公司	14	武汉绿色网络信息服务有限责任公司
15	蓝盾信息安全技术股份有限公司	16	瑞达信息安全产业股份有限公司
17	北京威努特技术有限公司	18	武汉虹旭信息技术有限责任公司
19	浙江远望信息股份有限公司	20	武汉科锐逆向科技有限公司
21	亚信安全	22	武汉深之度科技有限公司
23	曙光信息产业股份有限公司	24	武汉华工安鼎信息技术有限责任公司
25	杭州迪普科技有限公司	26	中电长城网际系统应用有限公司
27	强韵数据科技有限公司	28	武汉光谷信息技术股份有限公司
29	浪潮集团有限公司	30	武大吉奥信息技术有限公司
31	北京神州绿盟信息安全科技股份有限公司	32	百纳(武汉)信息技术有限公司
33	北京立思辰信息安全科技集团	34	华中科技大学
35	上海众人网络安全技术有限公司	36	武汉大学网络安全学院

续表

序号	公司全称	序号	公司全称
37	中国电子科技网络信息安全有限公司－卫士通信息安全产业股份有限公司	38	东软集团股份有限公司
39	北京匡恩网络科技有限责任公司	40	卡巴斯基技术开发(北京)有限公司
41	北京北信源软件股份有限公司	42	中兴通讯股份有限公司
43	中国电信集团公司	44	中国农业银行股份有限公司
45	中国联合网络通信集团有限公司	46	中国建设银行股份有限公司
47	中国移动通信集团公司	48	中国工商银行股份有限公司
49	中国银联股份有限公司	50	交通银行股份有限公司湖北省分行
51	杭州安恒信息技术有限公司	52	武汉智慧城市展区
53	中国银行股份有限公司	54	新诺普思科技(北京)有限公司
55	中国互联网络信息中心	56	灯塔实验室
57	北京网康科技有限公司	58	国民认证科技(北京)有限公司
59	北京山石网科信息技术有限公司	60	贵阳爱立示信息科技有限公司
61	东方博盾(北京)科技有限公司	62	北京卫达科技有限公司(会员单位)
63	杭州萤石网络有限公司	64	北京亿盾互联科技有限公司(会员单位)
65	深圳奥联信息安全技术有限公司	66	上海嘉韦思信息技术有限公司(会员单位)
67	北京蓝海讯通科技股份有限公司	68	北京中安星云软件技术有限公司
69	网宿科技股份有限公司	70	北京微步在线科技有限公司(会员单位)
71	北京江民新科技术有限公司	72	北京炼石网络技术有限公司(会员单位)
73	湖北省农村信用社联合社	74	北京中天安赛科技有限公司
75	北京洋浦伟业科技发展有限公司	76	北京元支点信息安全技术有限公司
77	Check Point 以色列捷邦安全软件科技有限公司	78	北京芯盾时代科技有限公司
79	思科系统(中国)网络技术有限公司	80	北京金睛云海科技有限公司
81	北京海泰方圆科技股份有限公司	82	北京三思网安科技有限公司
83	北京国舜科技股份有限公司	84	思客云(北京)软件技术有限公司
85	远江盛邦(北京)网络安全科技股份有限公司	86	杭州奕锐电子有限公司
87	恒安嘉新(北京)科技有限公司	88	大唐高鸿信安(浙江)信息技术有限公司
89	北京嘉华龙马科技有限公司	90	福建中信网安信息科技有限公司
91	北京瑞星信息技术股份有限公司	92	国际信息系统安全认证联盟
93	中国互联网违法和不良信息举报中心	94	杭州在信科技有限公司
95	北京升鑫网络科技有限公司		

资料来源：国家工业信息安全发展研究中心分析整理。

6. 公益广告征集覆盖广泛

网络安全公益广告设立脚本特别奖，微视频（音频）优秀奖、优胜奖，卡通漫画优秀奖、优胜奖，口号标语优秀奖。中央网络安全和信息化领导小组办公室通过互联网面向社会公开征集，教育部、工业和信息化部、公安部、共青团中央分别在本系统组织征集。仅仅两个月时间吸引网络安全企业、互联网公司、广告设计公司、各地大中小学生、普通百姓、网警等提交公益广告脚本、微视频（音频）、卡通漫画、口号标语等近20000件。

（二）精心指导，充分发挥部门和行业作用

2016年，国家网络安全宣传周设立教育、电信、法治、金融、青少年、公益宣传等主题日，教育部、工业和信息化部、公安部、中国人民银行、共青团中央、国家新闻出版广电总局分别在相应主题日主办网络安全宣传活动，充分调动本系统、本行业力量集中开展网络安全宣传。9月20日——教育日，教育部组织各大中小学校面向青少年学生开展网络安全知识竞赛、网络安全公益广告展播、网络安全知识讲座、网络安全知识技能培训、高峰论坛等宣传教育活动5000多场，1.7万所学校、600多万学生参加了网络安全线上线下答题竞赛活动。9月21日——电信日，工业和信息化部组织移动、电信、联通三大基础电信运营商参加网络安全博览会，发送网络安全公益短信超15亿条。9月22日——法治日，公安部举办“同筑法治长城、共建和谐社会”网络安全主题论坛，征集公布一批典型网络安全案件，各地公安部门累计发放各类网络安全宣传材料150万份，北京、天津、上海、山东、广东等的70多家网警执法账号发布推广网络安全法律法规信息。9月23日——金融日，中国人民银行举办2016年中国金融网络安全论坛，组织中国工商银行、中国农业银行、中国银行、中国建设银行、交通银行、中国银联等多家单位参加网络安全博览会，组织各地银行网点发送网络安全知识手册1000余万册。9月24日——青少年日，共青团中央举办“青年之声·青少年与网络安全”主题活动，吸引了1万余名青少年前来参与体验，各地各级团组织围绕网络安全主题，组织开展集中性宣传教育活动1100余场，网上活动41场。9月25日——公益宣传日，国家新闻出版广电总局协调中央电视台制作播放《网络诈骗》公益广告，累计播出657次，总时长超691分钟。

（三）高度重视，地方活动亮点纷呈

2016 年国家网络安全宣传周是首次在全国范围内统一举办，活动覆盖了 31 个省（区、市），形式多种多样。与前两届相比，本次宣传周获得了地方的高度重视，活动影响力明显提高，辐射区域显著扩大，形成全国联动的局面，在全社会掀起了一阵关注网络安全的热潮。

1. 广泛参与

北京市组织开展京津冀大学生网络安全知识技能挑战赛，共有来自北京、天津、河北高校的 78 支队伍参加线上比赛；海南省组织开展首届网络安全大赛，55 支代表队伍参加比赛；黑龙江省组织开展网络安全技能竞赛，省内 13 所高校 24 支队伍参赛；陕西省举办 2016 中国・西安“华山杯”网络安全技能大赛，吸引了国内 1000 多支队伍、超过 3000 人参赛，广东省举办信息通信行业网络安全技能大赛，超 50000 名选手参赛。

2. 深入基层

内蒙古全区 14 个盟市、102 个旗县统一举办网络安全宣传教育专题活动，覆盖人数超过 750 万人，占全区人口总数的 1/3，乌兰察布市四子王旗组织中小学学生及家长、全旗 21 家网吧负责人开展网络安全千人宣教大会；四川省 21 个市（州）、183 个县（市、区）纷纷选择在当地人流量较大的广场、公园、社区展开网络安全科普和体验活动，阿坝藏族羌族自治州宣传周活动覆盖全州 13 个县（市）政府部门、企业单位、学校师生、普通市民和寺院僧尼；青海省将网络安全宣传活动入乡进村入户，深入藏区帐房碉楼，并以藏汉双语的形式扩大宣传范围，覆盖全省六州两市，就连距西宁 690 公里的果洛藏族自治州久治县白玉乡，也为当地藏族牧民解读如何安全上网以及如何识别网络诈骗。重庆市巴南区开展进农家、进社区、进学校、进企业、进商圈的“五进”活动，给 10 万学生家长送去一封网络安全公开信。云南省楚雄、西双版纳、迪庆、普洱、怒江等州（市）县（区），通过发放宣传单、展板展示、现场讲解等形式，走上街头，向市民普及网络安全知识。

3. 特色突出

北京市举办以揭露电信网络诈骗为主题的《圈儿 A》话剧专场演出。上海市举行全国首例“青少年网络安全教育试点基地”的挂牌仪式，组织青少

年学生自编、自导、自演网络安全主题情景剧——《三打白骨精》。江苏省组织播放有线电视开机网络安全公益广告，覆盖全省 1300 万用户。广东省组织举办网络安全技术和成果展示会，168 家单位参展，展示面积超过 11000 平方米，参观人次超过 12 万。四川省在繁华的春熙路商业步行街广场布置有“蓉城特工局——舞台暨拍照区”“科技涨姿势——网络安全达人汇集区”“大战黑衣人——网络安全互动体验区”“知识者迷宫”等公众互动项目，吸引了大量市民排队体验。西藏自治区组织开展“争做网络安全小卫士”签名活动，数千名小学生参加。

参考文献

The White House-Office of the Press Secretary, FACT SHEET: Launch of the “Lock Down Your Login” Public Awareness Campaign, https://www.whitehouse.gov/the-press-office/2016/09/28/fact-sheet-launch-lock-down-your-login-public-awareness-campaign, 2016.

The White House-Office of the Press Secretary, Presidential Proclamation—National Cybersecurity Awareness Month, https://www.whitehouse.gov/the-press-office/2016/09/30/presidential-proclamation-national-cybersecurity-awareness-month-2016, 2016.

ENISA, ECSM 2016, https://www.enisa.europa.eu/topics/cybersecurity-education/european-cyber-security-month/ecsm-2016, 2016.

ENISA, A Week to go for the European Cyber Security Month Launch!, https://www.enisa.europa.eu/news/enisa-news/a-week-to-go-for-the-european-cyber-security-month-launch-1, 2016.

ENISA, European Cybersecurity Month, https://cybersecuritymonth.eu/, 2016.

Israeli National Cyber Bureau, Cyber Week 2016, https://securityintelligence.com/events/israel-cyberweek-2016/, 2016.

内閣サイバーセキュリティセンター，サイバーセキュリティ月間，http://www.nisc.go.jp/security-site/month/index.html，2016.

《2016 年国家网络安全宣传周将于 9 月 19 日至 25 日举行》，中国网信网，http://www.cac.gov.cn/2016-09/07/c_1119527266.htm，2016。

工控信息安全篇

Reports on ICS Information Security

B.7
工业控制系统信息安全态势分析

董良遇*

摘　要：2016年，全球工业控制信息安全总体风险不断升温，工业控制系统相关漏洞数量居高不下，工业控制信息安全事件影响范围持续扩大。在工业控制系统的开放化、互联化为工业生产活动带来很多机会的同时，工业控制系统信息安全问题也日益凸显。2015年底至2016年底，乌克兰电网被攻击、全球第一款PLC蠕虫病毒的发现、北美遭受DDoS攻击造成大面积断网等一系列事件表明，工控安全形势依然严峻，工控安全已成为全球关注焦点。在这种背景下，美国等发达国家极为重视工控安全问题，在已有的标准、法规、政策的基础上，建立工控安全信息通报与共享机制，开展工控安全应急演练。我国也发布了《工业控制系统信息安全防护指南》和一系列

* 董良遇，硕士，国家工业信息安全发展研究中心网络与信息安全研究部，主要负责工业控制系统、智慧城市的网络安全研究工作。

的工控安全标准。

关键词: 工业控制系统 安全危机 漏洞数量 安全事件

一 全球工控信息安全总体风险持续攀升

随着工业化与信息化、制造业与互联网的深度融合，工业领域的“神经中枢”——工业控制系统（ICS）正在从单机走向互联、从封闭走向开放、从自动化走向智能化，网络空间与工业物理空间逐渐融为一体。工业控制系统信息安全被各界持续高度关注，在过去一年里，全球范围内的工业控制系统信息安全事件发生频率仍居高不下。能源、关键制造、公共健康、通信、政府设施、交通运输等关键基础设施工业控制系统依然是安全事件高发的领域。系统一体化、设备智能化、业务协同化、信息共享化、决策全景化、过程网络化已成为工业控制系统的发展趋势，大量工业控制系统与互联网相连，工业控制系统信息安全风险不断加剧。与此同时，各国对工业控制系统信息安全的重视程度显著提高，对控制工控信息安全风险起到了一定的作用。然而，国家关键基础设施的工控信息安全仍是全球各国当前面临的一大难题，而且形势日益复杂、严峻和紧迫。

（一）世界“工控元年”引发安全危机

2015 年被命名为“第四次工业革命元年”，工业 4.0 将以工业控制系统为代表的生产制造过程技术与网络技术结合，实现智能制造，“工控元年”应运而生。然而，随着工业控制系统与互联网的连接越来越密切，在过去的一年中，工控信息安全暴露的问题越来越明显，工控信息安全事件频频发生。2015 年 12 月 23 日，乌克兰电力系统遭受黑客攻击导致伊万诺 - 弗兰科夫斯克地区大面积停电数小时；2015 年 12 月 27 日，世界上首个无须借助 PC 等传统计算机终端便可实现在 PLC 之间的传播的 PLC 蠕虫病毒（PLC-Blaster）问世；2016 年 2 月 26 日，针对日本关键基础设施的网络攻击活动“沙尘暴”遭曝光；2016 年 10 月 21 日，DDoS 攻击事件使半个美国网络瘫痪。这些事件的发生都表明当前的工控安全形势已十分严峻，一旦重要工控系统遭受网络攻击，各国经济乃至国家安全将会受到严重影响，“工控元年”危机已经来临。

1. 工业控制系统安全漏洞居高不下

卡巴斯基实验室在2016年7月发布了一份关于ICS威胁环境的报告。报告指出，全球共发现170个国家的188019台工业控制系统主机暴露在互联网中，这些主机大部分可能属于大型工业企业。这些工业企业包括能源、交通运输、航空、石油天然气、化工、汽车制造、食品、金融和医疗等行业。在这些主机中，92%的包含可被远程利用的漏洞，且有3.3%的包含严重的可远程执行的漏洞。

2016年8月，美国FireEye（火眼）网络安全公司发布了一份关于过去15年的全球ICS漏洞调查总结报告。该报告显示，从2000年到2016年4月，美国FireEye公司对123家工业设备制造商出产的工业设备进行了跟踪调查，全球范围内共发现了1552个能够影响工控设备正常使用的ICS安全漏洞，国家工业信息安全发展研究中心基于美国FireEye（火眼）的数据，对未来两年的漏洞数量进行了分析，如图1所示。

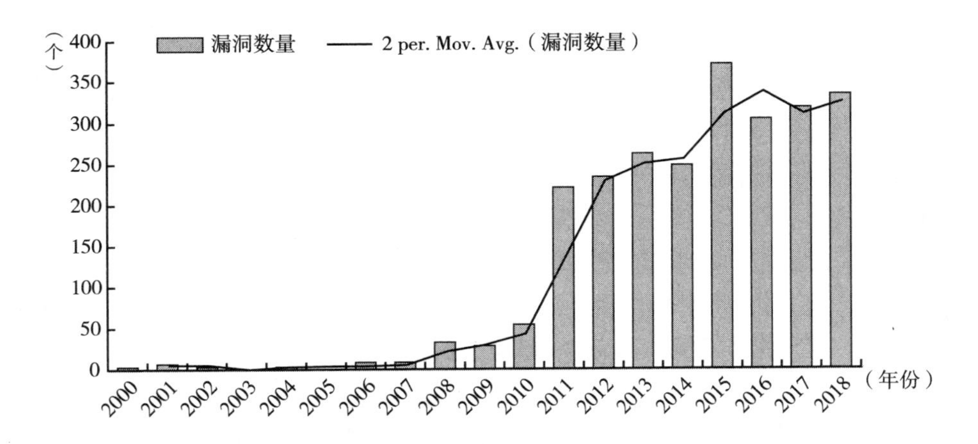

图1　2000～2018年的全球工业控制系统漏洞

注：2017年、2018年为预测数据。

资料来源：Fire Eye（火眼）公司，国家工业信息安全发展研究中心分析整理。

在2010年Stuxnet震网病毒成为首个公认的利用工业控制系统产品漏洞的网络攻击武器后，各界媒体开始关注工业控制系统和产品的安全。2011年，美国ICS漏洞数量为219个，呈现了爆发式的增长，增幅达到300%。2012～2014年，

增幅有所放缓，平均每年为4.7%。而2015年则被相关安全专家称作“ICS史上灾难性的一年”，漏洞数量从249个增加到371个，相比2014年增加了49%。在这一年中，仅两家工业设备制造商OSIsoft和Yokogawa就曝出了92个ICS漏洞。

随着全球对工业控制系统安全意识的加强，2016年漏洞数量增长趋势有所下降，但据安全专家保守估计，未来几年里，ICS相关漏洞数量将以平均每年5%的幅度继续增长，这期间也会出现偶然的爆发或衰落。

据FireEye统计，2010年至今，漏洞修复比例逐年增长，但由于漏洞数量的激增，大量漏洞仍未被修复。国家工业信息安全发展研究中心基于FireEye的数据对未来两年的漏洞修复情况进行了数据分析，如图2所示。

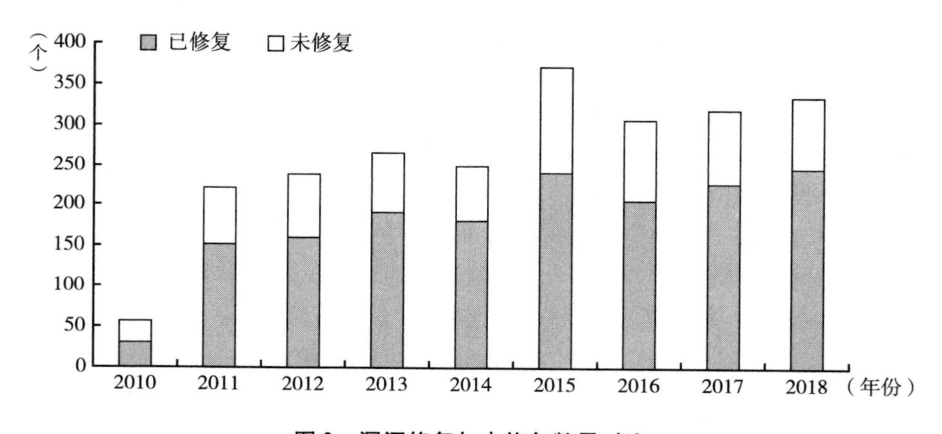

图2 漏洞修复与未修复数量对比

注：2017年、2018年为预测数据。

资料来源：FireEye公司，国家工业信息安全发展研究中心分析整理。

根据ICS-CERT发布的研究报告，公开漏洞所涉及的工控系统厂商依然以国际厂商为主，西门子、施耐德、研华科技、通用电气及罗克韦尔占据了漏洞数量排行榜的前五位。这些国际厂商供应的工业控制系统产品在应用场合的市场占有率较高，自然而然地成为工业控制系统信息安全研究人员关注的主要对象，公开的漏洞数量也自然占比较高。但这并不意味着这些大品牌产品的信息安全问题比小众品牌的产品严重，相反，据研究人员的测试和推算，国内外小众品牌的工业控制系统产品的信息安全问题更为严重，甚至存在一些非常低级的信息安全漏洞，如图3所示。

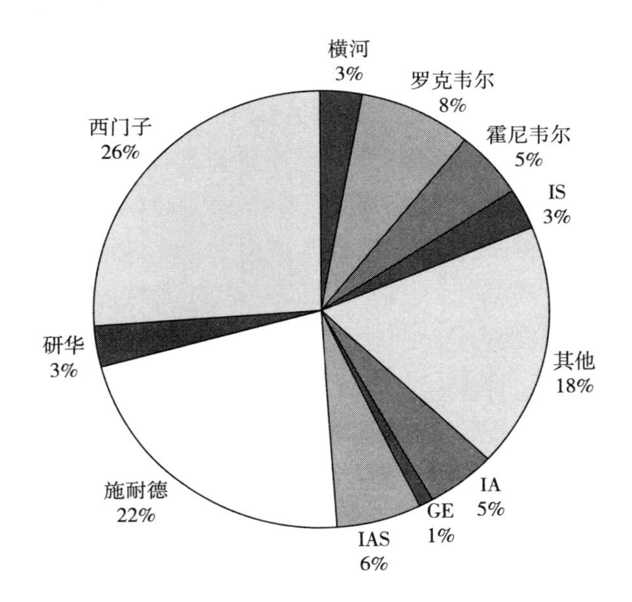

图 3　ICS-CERT 统计的各工控系统厂商出现的漏洞数据

资料来源：ICS-CERT，国家工业信息安全发展研究中心分析整理。

2. 工控信息安全攻击事件频频发生

根据美国 ICS-CERT 发布的 2015 财年年报，工业控制系统信息安全事件发生数量随着前几年的快速增长后，依旧处于高发水平，如图 4 所示，相比 2014 财年增加了 20%。由于 2016 年全球对工业控制系统的重视程度普遍有所提升，安全事件数量增长有下降趋势。但由于工业控制系统和互联网的连接越来越密切，工业控制系统安全问题依旧处于高发水平。

能源、交通等相关工控系统受到的攻击最为严重，关键制造业发生了 97 起安全事件，几乎增加 1 倍，成为当年 ICS 安全事件多发行业，如图 5 所示。而能源和给排水行业分别为 46 起和 25 起，位居第二和第三。

在 2016 年发生的工控安全事件中，对入侵工业控制系统所使用的关键技术进行统计发现，网络钓鱼仍然是经常使用的攻击方法，因为它是相对易于执行和有效的。通过弱身份验证技术所发生的入侵占比较高，网络扫描和 SQL 注入的尝试也保持较高的比例。作为资产所有者应确保他们的网络防御措施能够解决这些流行的入侵技术。

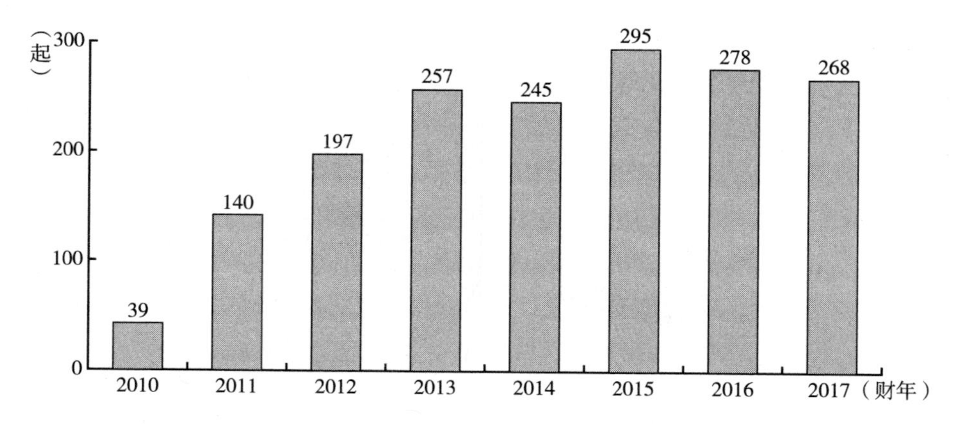

图 4　美国 ICS-CERT 统计的工控信息安全事件数量

注：2017 年为预测数据。

资料来源：美国 ICS-CERT，国家工业信息安全发展研究中心分析整理。

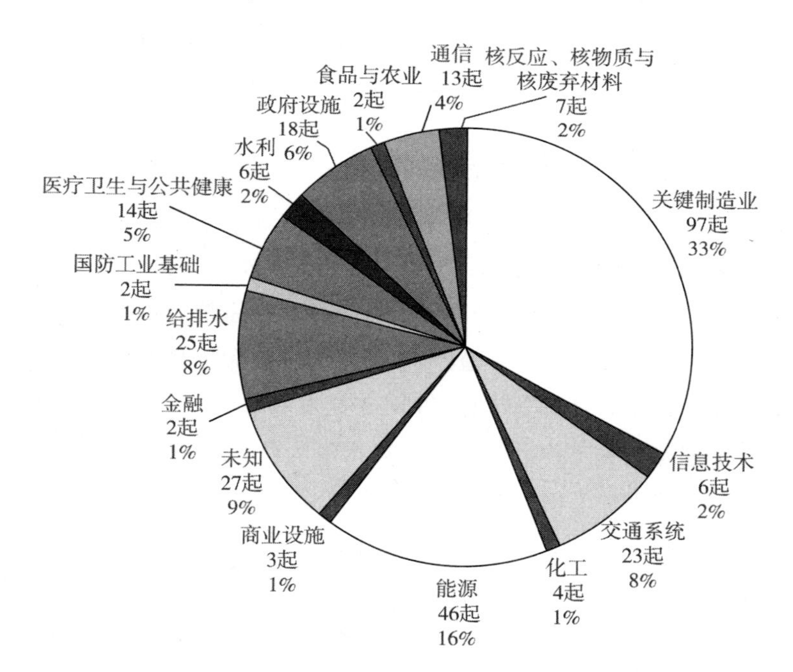

图 5　美国 ICS-CERT 2016 年统计的信息安全事件所属行业

资料来源：美国 ICS-CERT，国家工业信息安全发展研究中心分析整理。

（二）各国多措并举强化工控信息安全

面对日益严重的工业控制系统信息安全问题，各国对工业控制系统信息安全的重视程度显著提高，在纷纷出台相应政策的同时，紧锣密鼓地开展相关工作。近年来，美国等发达国家极为重视工控安全问题，以战略法规为指导，以标准规范为依据，以机构建设为抓手，以安全技术为保障，以信息共享和应急演练为突破口，逐步完善工控安全体系。美国等发达国家在工控安全领域采取的举措如下。

1. 推进和完善工控安全相关政策与标准体系

欧美等发达国家和地区将工控安全作为国家信息安全的重要组成部分，先后制定了一系列相关的战略、法律和政策。2016 年美国 NIST 发布《制造业与工业控制系统安全保障能力评估》草案，旨在帮助制造商通过使用商用网络安全工具，以安全方式建立它们的系统。美国白宫发布网络空间安全国家行动计划（CNAP），以提升美国的网络安全整体水平，并针对国家关键基础设施网络安全提出改善措施。

2. 强化工控安全测试、验证、评估等共性技术能力

美、日、欧等组建了多个国家级研究机构，通过实施工控测试靶场、测试床等多项重大工程，提升风险发现、分析、防范等工控安全保障能力。

3. 建立工控安全信息通报与共享机制

美、日等国通过制定法律政策、健全组织机构、完善运行机制，推动工控安全风险漏洞、安全事件、解决方案的通报和共享。

4. 开展工控安全应急演练

围绕提升关键基础设施网络攻击应急响应能力，美欧等发达国家和地区举办了多次工控安全应急演练。美国举行了一场大规模的网络攻击演习，模拟国家电网等美国关键基础设施遭受他国网络攻击，从而寻求解决方案。此次演习代号为“网络守卫 16”，是美国近年来规模最大的年度演习。

（三）我国工控信息安全形势严峻

工业控制系统典型如分布式控制系统（DCS）、可编程逻辑控制器（PLC）及数据采集与监视控制系统（SCADA）等，被广泛用于电子、水利、石化、冶金、航天航空、铁路、城市交通、水电燃气管网等大量涉及国计民生的关键领域。中国国家工业信息安全发展研究中心开展的工业控制系统在线搜索监测平台显示，目前依然有较大数量的工控设备连接在互联网上。随着工业4.0、两化深度融合、“互联网+”、《中国制造2025》、“智能制造”等战略的提出及深入实施，该数量必将进一步增加。

2016年，工业控制系统信息安全总体形势并不乐观。工业控制系统面临的安全威胁持续加剧，工控安全漏洞仍处于高发状态，针对工控网络的APT攻击明显增加，已对工业生产运行造成“实质性”影响。工业领域虽已关注工业控制系统的信息安全问题，但受工业环境特殊性、安全防护技术成熟度低、基层人员安全意识薄弱等多种因素的限制，目前我国工业控制系统的信息安全防护水平较为薄弱，相对前几年状况并未好转。随着“互联网+”、物联网、智能制造、智慧城市、车联网等各种创新应用不断发展和深入，工业控制系统未来面临的网络攻击风险将进一步加大。自2010年震网病毒以后，工控信息安全事件数量居高不下，针对工业控制系统的APT攻击逐渐增多。工控核心硬件漏洞数量增长明显。漏洞已覆盖工业控制系统主要组件，主流工控厂商无一幸免。继2014年全年发生多起重大工控APT攻击事件，2015年在工业控制系统核心设备中发现了木马和预置后门，2016年工控APT攻击已成为现实威胁。

目前，我国工业控制系统核心软硬件产品自主可控水平低下、安全防护能力严重不足、网络接入控制不严格以及网络维护依赖国外厂商等问题依旧存在，而且较为突出。

1. 基础信息不明，底数不清

我国是全球制造业大国，建立了独立完整的工业体系，各类型工业企业遍布全国。由于不同行业特性不同，其工业控制系统也存在较大差异。主管部门对工业企业使用的大量工业控制系统基础信息掌握不足，缺乏对国家工业控制系统现有基础能力及信息的整体判断和态势分析。中国工业控制系统基础信息具体包括关键工业控制系统的设备清单与特性、管理状况、分布范围以及工业企业安全风险的识别与分析等。另外，在大量采用国外关键核心技术及应用的情况下，中国对进口工业控制系统软硬件产品的安全检测能力薄弱，对于是否存在漏洞与后门底数不清，工控系统存在的安全隐患和风险日益增大。

2. 产业受制于人，自主可控能力不足

我国工控信息安全测试、评估、验证等共性技术能力不强且分散，经过实践检验的工业级信息安全技术产品缺乏，企业工业信息安全防护水平普遍不高，难以支撑我国工业生产和应对安全威胁挑战。由于缺乏相应的测试手段、评估标准以及信息共享通道，大量存在安全漏洞的工业控制系统软硬件产品应用于事关国计民生的多个重点领域。根据2016年全国重点领域网络安全检查相关工作统计，我国工业控制系统关键设备和基础软硬件采用国外产品的比例仍然很高，安全基础不牢，自主可控能力不足，部分重要工业控制系统日常运维和设备维修甚至严重依赖国外，存在被国外机构操控的风险。

3. 安全保障能力缺失

由于起步较晚，我国与欧美等国家和地区在工业控制系统安全保障能力方面存在较大差距。工业控制系统的保障能力，从技术层面分析是指中国工业控制系统全面的感知能力、防控能力、应急恢复能力以及风险预测和分析的能力；从管理层面分析是指对工业控制系统行业运营单位的监管能力、对工业控制系统设备安全的评估能力、对工业控制系统相关人员安全意识教育普及能力、对工业控制系统网络安全的管理能力等。

当前我国工业控制系统基本的安全防护严重不足，网络接入控制混乱，外包维护管理缺乏，很多工业控制系统需要国外厂商才能维护，在培训教育和应急响应方面的力度也相当有限。面对复杂的工业控制系统信息安全形势，相关主管部门在开展信息安全保障工作时，缺乏相应的工业控制系统信息安全风险发现能力，难以推动工业生产系统的安全测试与评估。同时工业控制系统已遍布中国各个行业、各个领域，但所用工业控制系统产品多数是由国外技术研发并生产制造的，一旦对我国核心工业在用的工业控制系统进行产业垄断，将对国民经济造成极大影响。

4. 政策与体制不健全

面对互联网、大数据、云计算等新一代信息技术对工业生产活动的深入渗透，黑客的攻击手段与途径越来越多，工业控制系统面对的安全威胁更加复杂。但由于工业控制系统安全性十分脆弱，我国在工业控制系统需要建立健全相关政策法规和制度。由于我国工业企业数量众多，体制及管理机制关系复杂，并且许多核心工业领域的工业控制系统涵盖了大量国外的工业控制系统产品，在对行业和产品的管理上缺乏一个系统的、完善的法律体制和管理机制。另外，对于一些混合所有制或私有制的企业自身的复杂管理机制，主管部门的安全管理政策无法进行完全统筹管理，无法对企业和社会负责。

二　国内外工业控制系统网络安全事件

（一）乌克兰电力系统遭受黑客攻击导致电网故障

1. 乌克兰电网攻击事件基本情况分析

2015 年 12 月 23 日，乌克兰电力系统遭受黑客攻击，导致伊万诺 - 弗兰科夫斯克地区大约一半的家庭停电 6 小时。根据多家安全公司的监测和分析，此次攻击事件是由黑客利用 BlackEnergy 恶意软件向乌克兰电力系统的主机释放了 Killdisk（硬盘数据擦除）组件，导致电网 SCADA 主机系统崩溃，造成电网故障。具体过程如下。

（1）黑客通过社会工程学，将恶意软件植入目标主机

黑客利用 Office 宏（VBA 代码）在 XLS 文件加载 BlackEnergy 恶意软件的可执行文件，通过邮件钓鱼攻击等社会工程学方式，将 XLS 文件推送给电力部门有关人员，并通过设置业务相关的邮件标题诱惑被攻击者打开 XLS 文件。当 XLS 文件被打开后，恶意软件执行并植入目标主机。

（2）恶意软件自动安装后门及破坏组件

恶意软件植入目标主机后，释放 vba_ marco. exe 和 killdisk 破坏组件，并对关键进程进行代码注入和进程调用，从网络下载并安装一系列 SSH 后门、驱动文件，开启 RPC（远程过程调用协议）通道监听，保证攻击者可以长时间控制目标主机。

（3）破坏组件对电力系统主机进行恶意攻击

释放的 Killdisk 组件以 svchost. exe 服务形式开机自启动。启动过程设置了不同的参数来实现不同的功能，包括关闭 Windows 安全机制、获取系统权限、清除系统日志、对磁盘驱动器扇区进行数据清零、删除包括所有 exe 在内的多种类型文件、覆盖某些特定工业控制软件的可执行文件等功能。Killdisk 可以

设置为定时执行，黑客通过 Killdisk 实现了对乌克兰电力系统主机硬盘大部分文件的遍历与删除，并导致主机无法重启，造成电网故障。

2. 从该事件窥探乌克兰电网的网络安全管理脆弱性

国家工业信息安全发展研究中心（以下简称“电子一所”）对此次乌克兰电网被攻击事件进行了全面分析，该事件暴露出乌克兰电力部门在网络安全管理方面存在严重的缺陷，具体体现在两个方面。

（1）网络安全管理不到位

BlackEnergy 恶意软件从互联网邮件端最终成功地植入乌克兰电网的主机，其入侵途径可能包括以下两点。①乌克兰电力部门的生产控制区与上层管理信息区之间的网络安全隔离不到位，导致恶意软件成功从管理网渗透到生产网。②内部人员或外部维护人员通过移动介质或外部 IT 设备将恶意软件无意地带入了电力内网环境。恶意软件成功在电网环境中执行，说明乌克兰电力部门可能在电力系统的边界防护、移动介质管理等方面的网络安全管理不到位。

（2）员工工控网络安全意识不足

员工是工业控制系统防御的最后一个环节，其良好的网络安全意识对防范钓鱼式攻击具有显著效果。在此事件中员工通过打开电子邮件中的 XLS 文件触发了恶意软件，凸显了乌克兰电力部门员工的工控网络安全意识严重不足。如对钓鱼电子邮件的识别经验不足、对打开的可疑邮件上报意识不积极、对工控管理网与生产网的安全要求不清晰等。

此次事件的攻击目标为乌克兰电力系统的 Windows 主机，间接造成了电网 SCADA 系统的崩溃。该事件的攻击方式和攻击工具具有先进的 APT 特征，完全具备了直接攻击工业控制系统主机、网络和软硬件的能力，引起世界各国的高度重视。

（二）第一款可在 PLC 之间传播的蠕虫病毒（PLC-Blaster）现世

2015 年 12 月 27 日，来自德国 OpenSource Security 的安全研究人员在第 32 届混沌通讯大会（32C3）上展示了世界上首个 PLC 蠕虫病毒（PLC-Blaster），该病毒无须借助 PC 等传统计算机终端便可实现在 PLC 之间的传播，迅速攻击整个工业控制系统。2016 年 3 月 31 日，该团队在新加坡举办的 2016 年亚洲黑帽大会（BlackHat Aisa 2016）上发布了 PLC-Blaster 的白皮书。

1. 技术原理与传播步骤

早在2015年8月在美国举办的黑帽大会上，德国柏林自由大学的Scadasc团队介绍了一种通过在西门子S7－300 PLC中植入代码，从而在PLC内部实现扫描探测、Socks代理等网络服务的方法。本次展示的PLC-Blaster蠕虫病毒借鉴了Scadasc团队的有关思路，破解了西门子PLC所使用的S7私有通信协议，在西门子S7－1200 PLC运行的用户程序中加载了蠕虫恶意代码，实现了在S7－1200 PLC之间的传播和复制。其实现步骤如下。

（1）向1台PLC植入PLC-Blaster蠕虫病毒

一般工程师编制的用户程序需要西门子PLC编程客户端TIA_ Portal才能上/下载到PLC或主机中，攻击者通过编写S7协议代码模拟了TIA_ Portal的功能，从正在运行的PLC上获得了用户程序，并通过手动编码的方式将PLC-Blaster蠕虫恶意代码植入用户程序的组织块（OB，进入用户程序的主入口）中，再通过模拟TIA_ Portal的功能将植入了蠕虫病毒的用户程序下载到PLC中运行。

（2）被植入病毒的PLC向网络中的其他PLC传播病毒

PLC-Blaster蠕虫病毒被攻击者植入PLC后，将迅速感染网络中的其他PLC。其传播过程如下。

第1步：目标探测。西门子PLC的运行需要开放TCP/102端口，感染了PLC-Blaster病毒的PLC通过向子网内IP的102端口发送建立TCP连接的请求（利用西门子自带的TCP连接函数TCON）。一旦TCP连接成功建立，将进入病毒感染阶段，若连接失败则PLC-Blaster将关闭TCP连接请求（利用西门子自带的TCP连接函数TDISCON），并尝试向下一个IP发起目标探测。

第2步：病毒感染。病毒模拟TIA_ Portal向目标PLC发送程序传播的请求（利用西门子自带的发送函数TSEND、TRCV），建立连接后停止目标PLC的运行，并将病毒代码加载到目标PLC的用户程序中。

第3步：病毒执行。蠕虫代码被加载到目标PLC的用户程序上后，启动目标PLC。目标PLC启动后将自动探测到新用户程序并被执行，且开始感染网络中其他PLC。

实际上，西门子为S7－1200 PLC提供了程序块加密、防拷贝和访问控制3种安全防护方式。前两种方法只能在TIA_ Portal中执行，无法阻止PLC-

Blaster 蠕虫病毒的攻击；第 3 种方式设置了 3 种不同的访问控制保护等级，可有效阻止蠕虫病毒修改 PLC 上的代码。但是，在西门子 PLC 中，访问控制这种安全防护方式是默认关闭的。

2. 蠕虫病毒可实现的功能

（1）与 C&C（远程命令）服务器建立连接

病毒可以与攻击者建立的 C&C 服务器建立连接，长期接收控制指令。

（2）充当 Socks4 代理

病毒可以在感染的 PLC 上实现 Socks4 代理功能，使攻击者可通过 PLC 为跳板，直接访问连接在 PLC 网络上的其他资源。

（3）发动拒绝服务（DoS）攻击

病毒通过高频率的循环操作可导致 PLC 拒绝服务。

（4）控制输出

病毒可直接修改 PLC 内存参数，实现工程师在客户端上的所有操作和控制。

3. 发现病毒和清除病毒的手段

可发现 PLC-Blaster 蠕虫病毒的方法包括以下几个。

（1）与原程序对比验证

工程师可通过 TIA_ Portal 上载西门子 PLC 正在运行的程序，与之前编译的程序进行对比验证，若存在被增加的系统模块，则表明 PLC 已感染病毒。

（2）PLC 日志检查

PLC-Blaster 感染目标 PLC 时，需要停止目标 PLC 大约 10 秒钟，该过程会被记录在 PLC 的日志记录中。

（3）网络流量监测

PLC-Blaster 对目标 PLC 的探测、感染都会产生不正常的网络流量，大量可疑的数据包会被发送。

发现病毒后，通过下列手段可清除运行在 PLC 上的 PLC-Blaster 病毒。

（1）重启

PLC 重启后，作为 PLC 用户程序的一部分，PLC-Blaster 病毒也会被清除。

（2）恢复出厂设置

通过 TIA_ Portal 可执行 PLC 恢复出厂设置操作，所有设置和包括蠕虫病毒在内的用户程序都会被设备清除。

(3) 重置病毒所在的组织块

PLC-Blaster 存储在 PLC 的 OB9999 组织块上，一旦该组织块被重写，则蠕虫病毒将会被 PLC 删除。

4. 危害分析

2016 年 8 月，在美国召开的黑帽大会上，该团队继续披露了 PLC-Blaster 病毒的有关研究成果。根据该团队介绍，PLC-Blaster 已经实现了从工业以太网向连接在现场总线（基于串口）上的目标 PLC 的感染，传播的范围更广，后果影响更为严重。

与传统的计算机网络病毒相比，PLC-Blaster 无须通过 PC 等主机终端传输，只能通过手动检查、验证、监测等发现其踪迹，其具备较高的隐藏能力。当前基于防病毒软件、应用程序白名单技术等工控主机安全防护方式无法防御该病毒的传播，尚无有效的自动拦截和清除手段，且该病毒一旦传播到大型工业企业的生产网络中，将造成被感染的 PLC 数量呈指数级增长，造成连锁反应。

PLC-Blaster 是世界上第一个可在 PLC 之间直接传播的蠕虫病毒，缩短了黑客攻击工业控制系统的路径，降低了攻击难度，引发各国高度关注。

（三）蠕虫病毒“铁门”（Irongate）遭曝光

2016 年 6 月 2 日，安全公司“火眼”（FireEye）的研究人员称，发现了一款被命名为“铁门”的恶意软件，将目标锁定在西门子工业控制系统。该恶意软件利用中间人技术截获正常人机接口流量，并通过回传篡改数据来掩盖攻击行为。“铁门”与“震网”在攻击方法上有相似之处，利用寻找和替代专用的 DLL 文件实现中间人攻击。目前，研究人员推测该恶意软件仅用于测试，尚未造成实质性破坏。

安全研究专家表示，这款恶意软件是他们近期发现的唯一属于第四类的恶意软件。在这类恶意软件中，最为出名的就是 Stuxnet 震网蠕虫病毒了。震网病毒于 2010 年 6 月首次被检测出来，当时这一蠕虫病毒破坏了伊朗核设施中 1000 多台离心机。震网病毒又名 Stuxnet 病毒，是一个席卷全球工业界的病毒。该病毒是第一个专门定向攻击真实世界中基础（能源）设施的“蠕虫”病毒，比如核电站、水坝以及国家电网等。作为世界上首个网络“超级破坏性武器”，Stuxnet 计算机病毒已经成功感染了全球超过 45000 个网络，其中伊朗遭到的攻击最为严重，伊朗境内有60%的个人电脑感染了这种病毒。计算机安防专家认为，该病毒是有史以来最高端的“蠕虫”病毒。

1. 基本情况分析

该款恶意软件只针对西门子公司生产的ICS/SCADA设备。火眼研究表示，该款恶意软件尚未发现有不良记录。通过检测发现，Irongate散播病毒程式在VMware和Cuckoo Sandbox环境下不会运行。如果Irongate没有发现虚拟化的环境，散播病毒程式可执行e. NET可执行文件“scada. exe”。一旦系统被感染，Irongate搜索所有后缀名为“Step7ProSim. dll”的DLL库，并用可以操作关联过程的恶意代码替换。

Irongate的主要特点是：中间人（MitM）在工业过程内模拟攻击过程输入输出（IO）和过程操作员软件。这款恶意软件用恶意DLL替换正常的DLL，然后恶意DLL充当一个可编程序逻辑控制器（PLC）与合法监控系统之间的经纪人。该恶意DLL从PLC到用户界面记录5秒的“正常”流量并进行替换，同时将不同的数据发回PLC。该恶意软件记录下工业控制系统5秒时间内的常规控制活动，然后不断重放这些操作控制，以此来欺骗控制室中的操作人员，让他们认为工业控制系统的运转一切正常。与此同时，操作人员只会在他的屏幕中看到控制系统的正常活动，该恶意软件能够替换目标系统中的文件，并改变西门子控制系统中的温度数据和压力数据。

2. Irongate与Stuxnet的异同

研究人员发现，Irongate的运作模式包含某些类似Stuxnet的行为。例如，Stuxnet、Irongate使用中间人技术在可编程序逻辑控制器（PLC）与软件监控过程之间将自己注入。与Stuxnet共享的另一个特征是如何用恶意拷贝替换有效DLL文件，从而实现中间人技术。Stuxnet针对的是纳坦兹的铀浓缩离心机控制系统，而Irongate针对的则是西门子工业控制系统。这两款恶意软件都会替换目标系统中的重要数据文件，并修改目标设备的操作活动。震网病毒可以加速离心机的旋转速度。Irongate可以改变工业控制系统的温度和压力。

两者的异同点如下。

①两款恶意软件寻找单一、具有较高特异性的过程。

②均替换DLL实现过程操作。

③IRONGATE检测恶意软件“引爆”/观察环境，但Stuxnet查找杀毒软件。

④IRONGATE 积极记录并回放过程数据隐藏操作，但 Stuxnet 并未试图隐藏过程操作，但会暂停 S7－315 的正常操作，因此即使 HMI 上显示了转子速度，数据仍为静态。

3. 危害分析

FireEye 的安全研究团队并不清楚到底是谁创造出了“Irongate”，而且这一恶意软件的实际目的也不得而知。但是安全研究专家认为，这款恶意软件仅仅只会对模拟真实设备的软件产生作用。虽然如此，安全研究人员仍然认为这一恶意软件的很多特点都值得大家注意。该恶意软件很可能是攻击者所进行的研究活动，又或者是攻击者正在为将来所要发动的攻击而进行的某种攻击测试。因此，研究人员检测到的这种安全威胁，无论攻击者的目的如何，都表明我们在工业控制系统这一领域中面临着巨大的安全挑战。

（四）PLC 蠕虫病毒在中国首次验证复现

1. 背景介绍

电子一所相关研究团队针对 PLC 蠕虫病毒开展了相关研究工作，实现了国内针对 PLC 攻击的首次验证复现。该项研究于 2016 年 7 月 20 日在杭州召开的第五届工业控制系统信息安全峰会（第二站）上进行了公开发布，并演示了两个实际攻击实验。

随着两化深度融合，工业控制系统正朝着数字化、网络化和智能化的方向发展，越来越多的工业协议都在以太化。因此，通用、开放、标准的工业以太网协议，进一步降低了黑客的攻击难度，放大了工业控制系统的网络安全风险。因此，当前广泛应用于工业现场的 PLC 从通信协议或设备本身来说，存在相当程度的网络安全缺陷。例如，①通信协议脆弱性，大量工业网络协议没有加密而采用明文通信方式，并且没有认证机制；②设备本身无安全策略，PLC 既没有访问控制，也没有用户保护等功能。

因此，黑客很容易接入 PLC，执行一系列攻击行为。主要的攻击手段包括三种。①修改 PLC 内存数据。例如，Modbus 协议，它的寄存器值可以直接读取和修改。②修改 PLC 运行状态。如西门子系列的 PLC，可以很容易地对它发送停机、重启等操作指令。③修改 PLC 的运行程序。西门子、欧姆龙、GE 等 PLC，可以通过一定的手段，删除和修改 PLC 上正在运行的逻辑程序。

当前存在的对 PLC 下达攻击指令有两种方式。①通过渗透等方式获得上位机、工业主机等 PC 终端权限，再通过 PC 端向 PLC 发起攻击。这是一种传统方式，例如，2010 年的震网以及 FireEye 披露的铁门病毒，均采用了这种攻击方式。②利用 PLC 的开放式自定义通信功能，向工业生产网络的其他 PLC 或工业资产发送攻击指令。这种攻击方式无须通过工业现场的 PC 等主机终端开展攻击，防范难度更大。

2. 复现实验与攻击演示

电子一所以西门子 S7 系列 PLC 为研究对象，依托电子一所“国家工业控制系统与产品安全质量监督检验中心”的实验研究环境，包括一套天然气管道输送 SCADA 系统测试床、污水处理过程控制系统测试床、工业控制系统与产品综合检测平台等，利用上述的第二种对 PLC 下达攻击指令的方式，实现了四个方面的功能。

①开发 S7 协议功能测试工具。

②通过西门子 S7 - 1200 PLC 实现内网扫描。

③通过西门子 S7 - 1200 PLC 实现 Socks 代理。

④实现对不同型号、不同品牌 PLC 的攻击。

电子一所通过两组攻击实验，演示了 S7 - 1200 PLC 对不同型号、不同品牌 PLC 的攻击。

第一个攻击演示是跨型号攻击，是利用西门子的 S7 - 1200 PLC 攻击污水处理过程控制系统中的 S7 - 300 PLC。在正常运行情况下，S7 - 300 PLC 循环地控制流水灯，将植入攻击程序的 S7 - 1200 PLC 与 S7 - 300 PLC 连接，S7 - 1200 PLC 就扫描网络中的其他 S7 设备，一旦发现了 S7 - 300 设备，则发送 S7 的 STOP 指令，停止 S7 300 的 CPU 运行，造成流水灯关闭，并利用西门子 S7 300的一个 0day 漏洞，造成 CPU 永久性故障，通过 Reset 操作也无法恢复。

第二个攻击演示是跨厂商的攻击。利用一套天然气管道输送 SCADA 系统测试床作为演示平台，该测试床通过运行 Modbus 协议的 RTU 控制天然气调压区的比例阀参数，测试床通过气球的大小模拟气压的大小。利用西门子 S7 - 1200 PLC 的 Modbus 通讯函数，远程修改 RTU 中控制比例阀的寄存器地址值，导致比例阀完全打开，气压急剧增长，使天然气管道输送 SCADA 系统失控。

另外，电子一所通过所内自研的国家工业控制系统在线安全监测平台对接入中国大陆地区互联网的西门子 S7 设备进行了核查，发现了数百套受病毒影响的西门子控制设备。

3. 防护措施

当一台 PLC 接入互联网，通过这台 PLC 即可在内网中连接其他 PLC、工业主机和视频监测设备，一旦这台 PLC 被恶意攻击者发现，后果不堪设想。因此，我们需要高度重视这类新型攻击方式，深入研究有针对性的防护措施。

目前针对上述的 PLC 新型攻击方式，电子一所提供了三种初测有效的防护方法。

①断开公网连接，使 PLC 不暴露在黑客的眼皮下。

②开启 PLC 设备的访问控制保护配置，拒绝未授权的 PLC 发送数据。

③PLC 扫描、传递数据等行为会造成流量的异常，部署网络安全监测设备也可以及时发现异常行业。

（五）史上最严重 DDoS 攻击使美国网络瘫痪

1. 事件基本情况介绍

2016 年 10 月 21 日，美国网络服务商 Dynamic Network Service 公司（简称 Dyn）的服务器遭受了大规模分布式拒绝服务攻击（DDoS），导致使用 Dyn 服务的网站全数中招，大规模网络服务中断，美国各大热门网站都受到不同程度的影响，包括 Twitter、Spotify、Netflix、Github、Airbnb、VisaCNN、华尔街日报等上百家网站都无法访问或登录。此次攻击使半个美国网络瘫痪，不仅规模惊人，而且对人们生活产生了严重影响，可谓“史上最严重 DDoS 攻击”。

2. 攻击方式

外媒报道称，此次攻击显示，黑客早已有能力判定关键攻击对象，发挥入侵的最高效用，属于更高层次的黑客行动。Dyn 表示，这是一次有组织、有预谋的网络攻击行为，攻击 IP 来源超过一千万。攻击者利用了网络摄像机等大量物联网设备对 Dyn 的服务器发起 DDoS 攻击。Dyn 是美国主要的 DNS 服务商，主要职责是将域名解析为 IP 地址，从而准确跳转到用户想要访问的网站。所以，其遭受攻击，就意味着来自用户的网页访问请求无法被正确接收解析，导致访问失败。

安全专家们确信，黑客此番利用“Mirai”僵尸网络发起 DDoS 攻击。有外媒报道称，针对物联网设备的僵尸网络或许是发起本次 DDoS 攻击的重要来源。互联网骨干服务 Level 3 Communications 公司首席安全官表示，被 Mirai 感染的设备中，约有 10% 参与了本次 DDoS 攻击。

“Mirai” 是物联网僵尸网络病毒源代码，不久之前刚刚被公开发布到黑客论坛上，其主要利用网络摄像设备的弱口令等安全漏洞实施入侵，在硬件 Linux 系统下生成随机用户，并植入恶意代码构建僵尸网络。它可以高效扫描物联网系统设备，感染采用出厂密码设置或弱密码加密的脆弱物联网设备，被病毒感染后，设备成为僵尸网络机器人，在黑客命令下发动高强度僵尸网络攻击。

据国外网站 KerbsonSecurity 调查，攻击事件背后暴露出物联网设备的重大安全隐患。据报道，一共有超过百万台物联网设备参与了此次 DDoS 攻击。这些设备中有大量的 DVR（数字录像机，一般用来记录监控录像，用户可联网查看）和网络摄像头（通过 WiFi 来联网，用户可以使用 APP 进行实时查看的摄像头）。而安全公司的数据显示，参与本次 DDoS 攻击的设备，主要来自我国雄迈科技生产的设备。这家公司生产的摄像模组被许多网络摄像头、DVR 解决方案厂家采用，在美国大量销售。

3. 事件影响

Security Affairs 报道称，此次攻击对亚洲和欧洲用户并未造成影响。不过有部分 Reddit 和 Hacker News 用户报告称，英国和爱尔兰部分网站也受到影响。还有亚特兰大西部似乎亦有波及。

此次攻击对美国的国家安全、经济运行等造成了不良的影响。在美国国内，此前已经有多家政治机构和选举机构遭到了黑客的攻击。此次攻击正值美国前所未有地担心网络威胁之际，而且导致全美半个网络瘫痪，无疑是对美国的网络空间安全雪上加霜。此外，网络业服务过于集中的现象也是美国国家安全的隐忧。

（六）Operation GHOUL 网络攻击行动

2016 年 8 月，卡巴斯基安全实验室揭露了针对工业控制系统行业的 “Operation GHOUL” 网络攻击活动。该活动通过伪装阿联酋国家银行电邮，使用鱼叉式钓鱼邮件，对中东和其他国家的工控组织发起了定向网络入侵，并使用键盘记录程序 HawkEye 收集受害系统相关信息。卡巴斯基目前发现了全球 130 多个受攻击目标，涉及西班牙、巴基斯坦、阿联酋、印度、中国、埃及等国，大多为石化、海洋、军事、航空航天和重型机械等行业。这项攻击活动利用社会工程学，对目标机构特定人员进行了成功的定向入侵。攻击使用的鱼叉式钓鱼邮件主要发送对象为目标机构的高级管理人员，如销售和市场经理、财务和行政经理、采购主管、工程师等。这个事件从侧面反映出工业控制系统的运营组织机构有必要对员工进行持续的网络安全和宣传教育培训，使大家意识到工业控制系统信息安全的重要性。

（七）Kemuri 水厂网站遭入侵，造成水净化系统被控

威瑞森安全解决方案 2016 年 3 月发布的 IT 安全事件报告中提到了一起水厂受网络安全攻击的事件。这次网络安全事件是由与叙利亚有关联的激进黑客组织所为，利用 Kemuri 水厂互联网支付漏洞获取了公司计算机的控制权限，从而入侵了 Kemuri 水厂基于 AS/400 商用服务器的作业控制系统。然而，该作业控制系统并未与互联网隔离，通过其可对管理控制净水系统中水和化学物流动阀门和管道的 PLC 进行远程控制。黑客操纵系统改变了进入自来水的化学物含量，阻碍了净水过程，影响了供水能力，造成恢复正常自来水供应的时间延长。由于具备警报功能，Kemuri 水厂得以很快发现异常，修正化学物和水流变化，在很大程度上减小了对客户的影响。由此可见，工业控制系统受到网络攻击会直接威胁到人的生命安全。

（八）伊朗黑客攻击美国大坝事件

2016 年 3 月 24 日，美国司法部公开指责 7 名伊朗黑客入侵了纽约鲍曼水坝（Bowman Avenue Dam）的一个小型防洪控制系统。后经执法部门调查确认，黑客尚未完全获得整个大坝计算机系统的控制权，只进行了部分信息获取和攻击尝试。这些伊朗黑客可能为伊朗伊斯兰革命卫队服务，他们还涉嫌攻击了包括摩根大通、美国银行、纽约证券交易所在内的 46 家金融机构。应对这种攻击活动必须采取循序渐进的多重防护策略，同时要具备网络运行快速恢复能力。

（九）伊朗石化公司感染工业恶意软件

2016 年 8 月，伊朗在石化行业安全检查时发现两大重要石油化工公司内部感染了一款工业控制系统恶意软件。值得注意的是，伊朗 Bu Ali Sina 炼油厂在 7 月初刚刚发生了火灾，伊朗方面声称其石化公司起火是网络攻击所致。虽然无证据证明火灾与感染恶意软件的直接关系，但受到“震网”病毒攻击过的伊朗还是对类似事件心有余悸。

参考文献

卡巴斯基：《大型组织的工业控制系统中有 91.1% 面临网络威胁》，卡巴斯基实验室官网，http：//news. kaspersky. com. cn/news2016/07n/160711. htm，2016 年 7 月 11 日。

FireEye Report – 33 Percent of ICS Flaws had no Vendor Fixes when Reported, Securityaffairs. co，http：//securityaffairs. co/wordpress/50026/security/ics – flaws – report. html，2016 年 8 月 6 日。

NCCIC/ICS – CERT Industrial Control Systems Assessment Summary Report，http：//ics – cert. us – cert. gov//Assessments.

B.8
工业控制系统信息安全政策进展研究

唐旖浓*

摘 要: 目前，世界各国更加重视工业控制系统信息安全问题，加大速度、力度制定工控信息安全相关政策和标准。美国在工控安全防护上起步较早，目前已在国家层面出台了一系列宏观管理措施，指导行业深入贯彻实施工控安全布防。我国工业控制系统信息安全标准化工作正积极稳步推进，推出了一系列政策措施，进一步推动了我国工业控制系统信息安全保障工作，有效地应对了日益严峻的工业控制系统安全形势，提升了我国工业控制系统整体安全防护能力。

关键词: 工业控制系统 信息安全

2016年，世界各国加大速度、力度制定工业控制系统信息安全相关政策和标准，美国、欧盟等发达国家和地区取得了一定进展。习近平总书记在2016年4月19日召开的网络安全和信息化工作座谈会上发表重要讲话，强调了“正确处理安全和发展的关系”，指出，“安全是发展的前提，发展是安全的保障，安全和发展要同步推进”。我国在工控信息安全领域也推出了一系列政策措施，包括发布了《国务院关于深化制造业与互联网融合发展的指导意见》《工业控制系统信息安全防护指南》等，进一步推动了我国工业控制系统信息安全保障工作，有效地应对了日益严峻的工业控制系统安全形势、提升了我国工业控制系统整体安全防护能力。

---

* 唐旖浓，硕士，国家工业信息安全发展研究中心网络与信息安全研究部，主要负责工业控制系统信息安全研究工作。

一　国外工业控制系统信息安全政策及标准

（一）美国工业控制系统信息安全政策及标准

美国在工控安全防护上起步较早，目前已在国家层面出台了一系列宏观管控手段，并指导行业深入贯彻实施工控安全布防。

美国国土安全部作为关键基础设施安全的主管单位，为美国提供关键基础设施安全的战略指导，并与公共和私人合作伙伴合作，协调美国联邦各个单位促进关键基础设施的安全性和可恢复性。美国国家标准与技术研究院作为美国工控安全国家标准的制定单位，制定保护国家关键基础设施主要标准。一直以来，美国国家标准与技术研究院和美国国土安全部作为美国工控安全政策的主要制定部门，承担着美国国家层面的工控安全防护指导和管理工作。工业控制系统网络应急响应小组（ICS-CERT）是美国设立的国家级工业控制系统信息安全保障机构，主要负责完备国家的工控安全保障工作机制，有力地提升了美国工控安全保障水平。

1. 美国工业控制系统信息安全政策发展

2015 年底，ICS-CERT 发布了有效防御工业控制系统的七项措施，其强调，简单地增强外围防护（如防火墙）的网路已经不再适用了，为了协助减轻遭受网路攻击的可能性，必须为工业网路建置七项重要策略，以提高其防护能力。七项措施包括建立应用程序白名单、确保正确配置与管理增补程序、降低易受攻击的表面范围、建立可防御的环境、认证管理、安全的远程访问、监测与因应计划。

2016 年 2 月，白宫发布“网络空间安全国家行动计划”（CNAP），以提升美国的网络安全整体水平。针对关键基础设施的网络安全，该计划提出，在之前发布的总统令——改善关键基础设施网络安全（2013 年）及推进网络安全信息共享（2015 年）的基础上，继续加强各方的紧密合作，保障关键基础设施的正常运行，进而保证国家及经济运行安全。

2016 年 4 月，ICS-CERT 发布了工业控制系统应用程序白名单技术应用指南。官方声明明确了该指南将作为之前 ICS-CERT 发布的有效防御工业控制系统的七项措施的附件，为工业控制系统使用应用程序白名单技术提供概念层次上的指导。指南详述了应用程序白名单技术的优缺点、工作机理、应用指南等内容。在指南最后的总结中，ICS-CERT 提到应用程序白名单技术并不能解决所有工业控制系统网络安全问题，而是要和其他防护方法和手段结合使用，共同构成一个体系化的深度解决方案。

2. 美国工业控制系统信息安全标准发展

美国在工业控制系统信息安全标准方面开展了大量工作，针对国家法规标准到行业化标准制定了一系列标准或指南。在这些标准中，电力、石油石化行业（特别是 SCADA 系统）所占的比例较高，绝大部分标准着眼于工业控制系统信息安全，包括对工业控制系统运营单位的指导，以及对产品供应商从信息安全方面提出要求。

随着相关国家法规战略的发布，包括国土安全总统令 HSPD－7、《联邦信息安全管理法》（FISMA）、国家基础设施保护计划（NIPP）等提及工控安全的重要性，美国开始着手进行工控安全相关工作，并成为最早开始研究和执行工控安全标准的国家。

NIST 作为美国工控安全国家标准的制定单位，为支持 FISMA 的执行，制定保护国家关键基础设施主要标准，主要为 NIST SP800－82 和 NIST SP800－53 两个标准，2016 年 NIST 发布了《制造业与工业控制系统安全保障能力评估（草案）》。表 1 为美国工业控制系统相关标准和指南。

表 1　美国工业控制系统相关标准和指南

组织名称	文件名称
美国国家标准与技术研究院（NIST）	工业控制系统安全指南（NIST SP800－82）
	联邦信息系统和组织的安全控制建议（NIST SP800－53）
	系统保护轮廓－工业控制系统（NIST IR7176）
	中等鲁棒性环境下的 SCADA 系统现场设备保护概况
	制造业与工业控制系统安全保障能力评估（草案）
	改善关键基础设施网络安全框架
	智能电网安全指南（NIST IR7628）
国土安全部（DHS）	中小规模能源设施风险管理核查事项
	控制系统安全一览表：标准推荐
	SCADA 和工业控制系统安全
	工业控制系统安全评估指南（与 CPNI 联合发布）
	工业控制系统远程访问配置管理指南（与 CPNI 联合发布）

续表

组织名称	文件名称
北美电力可靠性委员会（NERC）	北美大电力系统可靠性规范（NERC CIP 002－009）
美国天然气协会（AGA）	SCADA 通信的加密保护（AGA Report No. 12）
美国石油协会（API）	管道 SCADA 安全（API1164）
	石油工业安全指南
美国能源部（DOE）	提高 SCADA 系统网络安全 21 步
美国核管理委员会	核设施网络安全措施（Regulatory Guide 5.71）

（二）欧盟、日本等国家和地区工控系统信息安全政策发展

1. 欧盟、日本等国家和地区工业控制系统信息安全政策发展

近几年，欧盟、日本等国家和地区也意识到工控系统信息安全对于国家安全的重要性，开始从国家层面开展工控系统的防护工作，制定了多部工控系统信息安全相关政策，提升了工业控制系统整体安全防护能力。

2016 年 4 月，澳大利亚政府公开其网络安全战略计划，列出网络安全方面的投资清单，计划拿出 2.3 亿澳元用于国家重要基础设施的攻击防护，包括成立网络威胁中心、网络安全增长中心、重要城市基础建设情报分享中心。同时计划投入 4100 万澳元用于提高国家计算机应急响应中心的能力，并为战略型政府部门（包括澳大利亚联邦警署、犯罪委员会、澳大利亚通信局等）聘请新的网络安全专家。

2016 年 7 月，欧盟正式通过首部网络安全法——《网络和信息系统安全指令》，以应对可能的网络攻击对电力供应、空中交通管制等关键基础设施服务产生的严重损害。该法要求成员国制定相应的网络安全国家战略，要求加强欧盟国家间的合作，要求欧盟国家在网络安全技术研发方面加大力度，该法还列出了一些关键领域，如能源、交通和银行，所涉及的公司必须确保其能够抵抗网络攻击。并且这些公司被要求向政府当局和网络服务提供商报告严重的网

络安全事件。

为确保关键基础设施的网络安全，日本将于2017年成立新的政府机构——工业网络安全促进机构（ICPA），包括两个处室——研究处和主动响应处。研究处将会跟本地大学和海外机构开展联合研究和真实的网络演练；主动响应处会执行相应措施，阻止网络攻击的实施，对已有的网络威胁采取行动。ICPA的保护目标包括电力、天然气、石油、化学和核设施等关键基础设施，以及所有政府机构的网络安全。

2. 欧盟、日本等国家和地区工业控制系统信息安全标准发展

目前，欧盟、日本等国家和地区在工业控制系统信息安全标准方面开展了大量工作，针对国家法规标准到行业化标准制定了一系列标准或指南。

以德国为代表的欧洲国家，已经开始基于ISO 27000系列的ISO 27009工控安全的建设；日本基于IEC62443要求结合阿基里斯认证要求，从2013年起规定所有工控产品必须通过国家标准认证才能在其国内使用，并且已经在一些重点行业如能源和化工行业开始工控安全检查和建设；以色列已成立国家级工控产品安全检测中心，用于工控安全产品入网前的安全检测。

二　我国工业控制系统信息安全政策及相关标准

在2016年4月19日召开的全国网络安全和信息化工作座谈会上，习近平总书记发表重要讲话，强调了“正确处理安全和发展的关系”，并指出“网络安全和信息化是相辅相成的。安全是发展的前提，发展是安全的保障，安全和发展要同步推进”。由此可见，安全问题已得到国家高度关注。

习近平总书记在“4·19”讲话中详细阐述了国家关键基础设施与网络安全的重要关系：“从世界范围看，网络安全威胁和风险日益突出，并日益向政治、经济、文化、社会、生态、国防等领域传导渗透。特别是国家关键信息基础设施面临较大风险隐患，网络安全防控能力薄弱，难以有效应对国家级、有组织的高强度网络攻击。”因此，鉴于网络安全形势如此复杂和严峻，要加快构建关键信息基础设施安全保障体系。

目前，我国工业控制系统核心软硬件产品自主可控水平低下、安全防护能力严重不足、网络接入控制不严格以及网络维护依赖国外厂商等问题依旧存在而且较为突出。这些问题最终得以改善，将是一个需要长期开展的工作。与此同时，作为全球制造业大国、全球第二大经济体、全球经济增长第一引擎，我国对工业控制系统信息安全的重视也早已提升至国家层面。

近两年，我国工控系统信息安全政策及标准获得较大发展。国家网络安全法和国家网络空间安全战略相继发布，对加强国家关键信息基础设施安全保护提出了要求，指明了方向。工控安全作为国家关键信息基础设施保护的重要内容，各项相关工作的开展均有了法律和政策依据。与此同时，《国务院关于深化制造业与互联网融合发展的指导意见》《国务院关于积极推进“互联网 +”行动的指导意见》《信息化和工业化融合发展规划（2016 ~2020）》《工控系统信息安全防护指南》等一系列政策文件的出台，开启了我国工控系统信息安全保障工作的新局面。

（一）我国工业控制系统信息安全政策

近两年，我国先后推出了 10 余项意见、计划等政策类文件，充分体现出我国对当前国际日趋严峻的工业控制系统安全形势的充分重视，为我国工业控制系统整体安全防护能力提供了充足的指导。

1. 国务院正式印发《中国制造2025》，全面部署推进制造强国战略

当前，我国已建成由完整的原材料能源工业、装备工业、消费品工业、国防科技工业、电子信息产业组成的门类齐全的工业体系，具备了产业配套能力，这些都成为推动《中国制造 2025》实施的坚实基础。2015 年 5 月 8 日，国务院正式印发《中国制造 2025》，旨在通过动员全社会力量参与发展先进制造业，推动中国的制造强国进程。对现阶段的中国，其战略意义突出表现在三个方面。一是顺应国际经济发展大势。随着世界经济的发展和高新技术的突飞猛进，世界产业结构的演进出现了一系列新的趋势，以技术和服务为主要拉动力的新一轮国际产业结构加快调整，信息产业成为支柱产业，高新技术产业化发展加速，绿色经济成为主流，我国需要加快跟进。二是提升我国制造业的国际分工和全球价值链地位。国际分工已由产品分工向要素分工发展，欧美国家和地区将加快自身“再工业化”进程，进一步发挥在新技术、新产品领域的创新优势。我国需要逐步向国际分工中的高端发展，谋求参与国际分工产业链和价值链的提升。三是抢占国际竞争的制高点。国际竞争已全方位展开，围绕

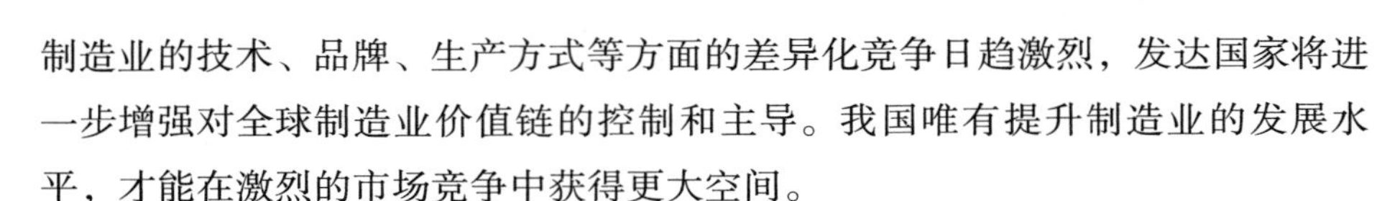

制造业的技术、品牌、生产方式等方面的差异化竞争日趋激烈，发达国家将进一步增强对全球制造业价值链的控制和主导。我国唯有提升制造业的发展水平，才能在激烈的市场竞争中获得更大空间。

2. 为推动两化深度融合，工信部开展专项行动

2016 年 4 月，工业和信息化部发布《关于开展两化深度融合创新推进 2016 专项行动的通知》。该通知是围绕落实国务院和工信部出台的一系列文件，结合当前制造业转型升级面临的新形势，为深入推进两化融合、培育经济转型升级新动能、全面支撑制造强国建设而制定的。

通知重点提出要提升工业信息安全技术支撑和保障能力，以增强工业控制系统产品安全可控水平为重点，推进工业控制系统安全审查，建立工控安全审查组织体系，组织开展第三方机构认定，研究制定工控安全审查制度及相关标准；围绕落实企业工控安全主体责任，开展重点行业工控安全检查评估，建立工业信息安全风险报送发布平台；围绕提高工业控制系统漏洞可发现、风险可防范能力，建设工业控制系统仿真测试、在线监测、评估验证平台，提升工业信息安全技术支撑能力。

3. 国务院印发“28 号文”，进一步深化制造业与互联网融合发展

为进一步深化制造业与互联网融合发展，推进《中国制造 2025》和“互联网 +”行动实施，加快制造强国建设，2016 年 5 月 13 日，国务院发布了《国务院关于深化制造业与互联网融合发展的指导意见》（国发〔2016〕28 号，简称“28 号文”），分析了我国制造业发展形势和环境，明确了到 2025 年的战略总目标，树立并贯彻落实了创新、协调、绿色、开放、共享的发展理念，提出了围绕制造业与互联网融合关键环节，积极培育新模式、新业态，强化信息技术产业支撑，完善信息安全保障，夯实融合发展基础，营造融合发展新生态的主要任务和保障措施。

“28 号文”强调，要提高我国工业信息系统的安全水平。实施工业控制系统安全保障能力提升工程，制定完善工业信息安全管理等政策法规，健全工业信息安全标准体系，建立工业控制系统安全风险信息采集汇总和分析通报机制，组织开展重点行业工业控制系统信息安全检查和风险评估。组织开展工业企业信息安全保障试点示范，支持系统仿真测试、评估验证等关键共性技术平台建设，推动访问控制、追踪溯源、商业信息及隐私保护等核心技术产品产业化。以提升工业信息安全监测、评估、验证和应急处置等能力为重点，依托现有科研机构，建设国家工业信息安全保障中心，为制造业与互联网融合发展提供安全支撑。

同时，“要强化融合发展基础支撑，推动实施国家重点研发计划，强化制造业自动化、数字化、智能化基础技术和产业支撑能力，加快构筑自动控制与感知、工业云与智能服务平台、工业互联网等制造新基础。组织实施‘芯火’计划和传感器产业提升工程，加快传感器、过程控制芯片、可编程逻辑控制器等产业化。加快计算机辅助设计仿真、制造执行系统、产品全生命周期管理等工业软件产业化，强化软件支撑和定义制造业的基础性作用。构建信息物理系统参考模型和综合技术标准体系，建设测试验证平台和综合验证试验床，支持开展兼容适配、互联互通和互操作测试验证”。

在“建设国家工业信息安全保障中心”方面，围绕提升工业信息安全全面感知、有效防护、应急处置、灾备恢复、风险预测和分析能力。工信部通过大量调研与论证，决定依托国家工业信息安全发展研究中心（以下简称“电子一所”）建立工业信息保障机构，批复建设后，机构将充分利用部直属单位、高校现有工控安全技术能力，积极引导大学、科研机构、社会组织、企业等社会各界力量广泛参与，形成合力，全方位提升工控安全保障能力。

4. 工信部全面部署“十三五”时期两化融合工作

2016年10月，为推动《“十三五”规划纲要》《中国制造2025》《国务院关于积极推进“互联网+”行动的指导意见》的贯彻落实，加快建设制造强国，推动信息化和工业化深度融合，工信部发布《信息化和工业化融合发展规划（2016~2020）》。规划有助于我国大力推进信息化和工业化深度融合，加快新旧发展动能和生产体系转换，提高供给体系的质量效率层次，对于推动我国制造业转型升级、重塑国际竞争新优势具有重大战略意义。

规划指出，“未来中国将围绕工控安全监管和企业工控安全防护水平提升，健全政策标准体系，研制工控安全审查、分级评估、智能产品关键信息安全标准及其验证平台；支持国家工业信息安全信息采集报送、在线监测以及测试、评估、验证等平台建设，加快形成工业信息安全信息采集、分析、评估和通报工作体系，建立工业信息安全监管体系；支持研发工业信息系统、产品检测技术和工具，开展社会化工业信息安全测评服务，提高智能工业产品的漏洞可发现、风险可防范能力，建立工业信息安全技术保障体系；推动工业企业建立工业信息安全保障工作机制，进一步推动工业防火墙、访问控制等工业信息安全产品在机械、石化化工、钢铁、有色、建材等行业的应用推广，提升工业行业信息安全防护能力；鼓励行业组织、科研机构、骨干企业在重点行业联合开展工业信息安全应急和攻防演练试点，提升工业领域信息系统安全漏洞可发现和风险可防范能力。针对工业领域信息系统的高级可持续威胁，建设工业云、工业大数据信息安全检测和预警平台”。

5. 工信部着力加强工控安全防护和保障工作

2016 年 10 月，工业和信息化部印发了《工业控制系统信息安全防护指南》，指导我国工业企业开展工控安全的相关防护工作。近年来，随着工业化和信息化的持续深入融合，工控系统逐步互联化、开放化、智能化。随着工控系统生产能力的提高，其也面临着越来越严重的信息安全威胁。指南涵盖了工业控制系统设计、建设、运行、检修等全流程的防护，坚持企业的主体责任及政府的监管、服务职责，聚焦系统防护、安全管理等安全保障重点，提出了 11 项防护要求。

指南坚持“安全是发展的前提，发展是安全的保障”，以我国当前工控系统本身安全问题出发，从管理、技术两方面明确工业企业工控安全防护要求；其中所列 11 项要求是对国家网络安全法在工控系统信息安全领域的严格落实，是国家网络安全法在工业领域的具体实践和应用；指南以我国工控安全管理工作实践经验为基本依托，面向工业企业提出了工控安全防护的相关要求；并确立了以企业为工控安全责任的主体，要求企业明确工控安全管理责任人，落实工控安全责任制；指南参考了美国、欧盟、日本等发达国家和地区的工控安全相关政策、标准和最佳实践做法，并对安全软件选择与管理、配置与补丁管理、边界安全防护等措施进行了充分论证；涵盖工业控制系统设计、测试、检修、废弃等各阶段防护工作要求，并提出了具体实施细则。

（二）我国工业控制系统安全相关工作机制

1. 工业行业信息安全检查持续推进

2015 年 11 月，为落实工业信息安全监测和风险评估工作，加强对企业工业控制系统信息安全工作的指导和督促检查，提升企业工业控制系统安全管理和技术防护水平，工业和信息化部组织开展了2015年工业行业信息安全检查试点工作。此次检查试点工作重点面向石化化工、装备制造、有色金属、钢铁等行业，根据国内产业现状，选取了12个省（区、市）及15家中央企业（其中7家进行自查，对其余8家组织技术队伍开展抽查）作为检查对象。此次检查对于了解行业现状、形成工业行业信息安全检查工作制度起到了极大的助推作用。

2016年，为进一步贯彻落实《国务院关于深化制造业与互联网融合发展的指导意见》（国发〔2016〕28号）、《国务院关于大力推进信息化发展和切实保障信息安全若干意见》（国发〔2012〕23号）等文件要求，加强对工业企业工业控制系统信息安全工作的指导和监督，工业和信息化部在上一年度检查试点工作基础上，组织开展了2016年工业控制系统信息安全检查工作。此次检查工作通过自查、抽查及攻防渗透测试三种方式全面开展，其中，自查工作覆盖全国31个省（区、市），抽查工作主要面向石化化工、装备制造、航空航天及烟草4个典型工业行业的11家中央企业，攻防渗透测试则选取了6家典型行业工业企业。此次检查较为深入、全面地掌握了我国重要工业控制系统信息安全整体情况和存在的典型风险隐患，为明确我国工控安全管理与保障工作方向并推动后续工作的开展奠定了坚实基础。

2. 首次针对工控信息系统开展执法检查

随着工业企业与互联网的关联越来越密切，越来越多的网络安全事件出现在工业企业的工业控制系统和国家关键基础设施中，给我国造成不可估量的损失。为落实网络强国战略，公安部在全国范围内部署开展了网络安全执法检查工作。通过全面查找发现重点网站、在线信息系统、工业控制系统存在的突出问题和安全漏洞，来提高责任部门安全防护意识，切实增强我国重点网站、在线信息系统、工业控制系统的安全防护能力，为维护国家安全、社会稳定和公共利益保驾护航。

由公安部进行组织和整体部署、多家科研院所和安全网络公司共同参与并组成此次安全执法检查工作的技术支持队伍，对全国部门重点网站、在线信息系统、工业控制系统，采用远程技术检测和渗透性攻击测试相结合的方式，实施重点网站、在线信息系统、工业控制系统技术检测工作。

在此次执法检查工作中，工业控制系统的检测重点是我国国有企业的工业控制类信息系统以及电力、交通运输、铁路、制造业等重点领域工业控制类信息系统。

（三）我国工业控制系统安全相关标准

当前，世界各国的工控系统信息安全标准的制定进度缓慢。工控系统信息安全的标准化是工控安全的重要组成部分，对构建安全的网络空间、推动网络治理具有基础性、规范性、引领性等重要作用。目前，我国正在稳步推进工控系统信息安全的标准化相关工作，将针对工业控制全流程制定全面的工控信息安全标准体系。

中央网信办、国家质检总局、国家标准委于2016年8月12日联合印发《关于加强国家网络安全标准化工作的若干意见》（中网办发文〔2016〕5号），对构建我国网络安全标准体系做出部署，在加强标准体系建设工作方面指出，要科学构建标准体系，优化完善各级标准，推进急需重点标准制定。

其中，亟须推进的重点标准制定领域指出：“坚持急用先行，围绕‘互联网+’行动计划、《中国制造2025》和‘大数据发展行动纲要’等国家战略需求，加快开展关键信息基础设施保护、关键信息技术产品、工业控制系统安全、大数据安全、个人信息保护、网络安全信息共享等领域的标准研究和制定工作。”

在需要加强国际标准化工作领域，意见指出，“要实质性参与国际标准化活动，推动国际标准化工作常态化、持续化。积极参与网络空间国际规则和国际标准规则制定，提升话语权和影响力”。

全国信息安全标准化技术委员会制定的GB/T 32919－2016《信息安全技术工业控制系统安全控制应用指南》于2016年8月公开发布，将于2017年3月1日正式实施。该标准是针对各行业使用的工业控制系统给出的安全控制应用基本方法，是指导组织选择、裁剪、补偿和补充工业控制系统安全控制，获取适合组织需要的应允的安全控制基线，以满足组织对工业控制系统安全需求，帮助组织实现对工业控制系统进行有效的风险控制管理。该标准适用于工控系统信息安全管理部门和企业，为工控系统信息的建设工作提供指导，工控系统信息安全的运维以及安全检查工作均可参考使用。

2016 年 11 月，全国工业过程测量控制和自动化标准化技术委员会发布了《工业自动化和控制系统网络安全》系列标准，从工业自动化和控制系统的全流程规范了网络安全的检测、评估、防护和管理等要求，为工控系统全产业链的各个环节参与方提供了可操作的工控安全标准，填补了国内外在工业控制系统网络安全领域的空白，进一步完善了我国网络安全标准体系，促进了我国自主工业控制系统网络安全产业和管理体系的形成；有力地保障了国家基础设施安全和国家安全。

当前，我国各标准化组织针对行业特点制定了一系列工控系统信息安全应用标准及指南。目前各标准化组织已公开发布并在实施的标准如表 2 所示。

表 2　我国工控系统信息安全标准体系工作开展情况

标准体系分类	标准状态	标准名称
安全等级	在研	《信息安全技术　工控系统信息安全分级规范》
安全要求	在研	《信息安全技术　工业控制系统安全管理基本要求》
		《信息安全技术　工业控制系统终端安全要求》
		《信息安全技术　工业控制系统漏洞检测技术要求》
		《信息安全技术　工业控制系统网络监测安全技术要求和测试评价方法》
		《信息安全技术　工业控制系统隔离与信息交换系统安全技术要求》
		《信息安全技术　工业控制系统网络审计产品安全技术要求》
		《信息安全技术　工业控制系统产品信息安全技术要求》
	待制定	《信息安全技术　工业控制系统安全技术基本要求》
		《信息安全技术　工业控制系统安全运行基本要求》
安全实施	已发布	《信息安全技术　工业控制系统安全控制应用指南》
	在研	《信息安全技术　工业控制系统风险评估实施指南》
安全测评	已发布	《工控系统信息安全　第 1 部分　评估规范》
		《工控系统信息安全　第 2 部分　验收规范》
	在研	《信息安全技术　工业控制系统安全检查指南》
		《信息安全技术　工控系统信息安全防护要求与测评方法》
	待制定	《工业控制系统安全控制成熟度模型》

目前，我国工控系统信息安全标准体系按照安全等级、安全要求、安全实施和安全测评四方面展开。具体开展情况如表 3 所示。

表3 我国工业控制系统行业标准体系

标准化组织	标准名称
全国信息安全标准化技术委员会	GB/T 32919－2016《信息安全技术工业控制系统安全控制应用指南》
全国工业过程测量和控制标准化技术委员会	GB/T 30976.1－2014《工控系统信息安全第1部分:评估规范》
	GB/T 30976.1－2014《工控系统信息安全第2部分:验收规范》
全国电力系统管理及其信息交换标准化技术委员会	GB/Z 25320.1－2010《电力系统管理及其信息交换数据和通信安全第1部分:通信网络和系统安全问题介绍》
	GB/Z 25320.2－2013《电力系统管理及其信息交换数据和通信安全第2部分:术语》
	GB/Z 25320.3－2010《电力系统管理及其信息交换数据和通信安全第3部分:通信网络和系统安全包括TCP/IP的协议集》
	GB/Z 25320.4－2010《电力系统管理及其信息交换数据和通信安全第4部分:包含MMS的协议集》
	GB/Z 25320.5－2013《电力系统管理及其信息交换数据和通信安全第5部分:GB/T 18657及其衍生标准的安全》
	GB/Z 25320.6－2011《电力系统管理及其信息交换数据和通信安全第6部分:IEC61850的安全》
全国核电行业管理及其信息交换标准化技术委员会	GB/T 13284.1－2008《核电厂安全系统第1部分设计准则》
	GB/T 13629－2008《核电厂安全系统中数字计算机的适用准则》
全国工业过程测量控制和自动化标准化技术委员会	GB/T33007－2016《工业通信网络　网络和系统安全　建立工业自动化和控制系统安全程序》
	GB/T32919－2016《工业控制系统安全控制应用指南》
	GB/T32924－2016《网络安全预警指南》
	GB/T33008.1－2016《工业自动化和控制系统网络安全　可编程序控制器(PLC)》
	GB/T33009.1－2016《工业自动化和控制系统网络安全　集散控制系统(DCS)第1部分:防护要求》
	GB/T33009.2－2016《工业自动化和控制系统网络安全　集散控制系统(DCS)第2部分:管理要求》
	GB/T33009.3－2016《工业自动化和控制系统网络安全　集散控制系统(DCS)第3部分:评估指南》
	GB/T33009.4－2016《工业自动化和控制系统网络安全　集散控制系统(DCS)第4部分:风险与脆弱性检测要求》
	GB/T33132－2016《信息安全风险处理实施指南》

续表

标准化组织	标准名称
行业标准和导则	JB/T 11960 - 2014《工业过程测量和控制安全网络和系统安全》(IEC/TR 62443 - 3:2008)
	JB/T 11961 - 2014《工业通信网络和系统安全术语、概念和模型》(IEC/TS 62443 - 1 - 1:2009)
	JB/T 11962 - 2014《工业通信网络和信息系统工业自动化和控制系统信息安全技术》(IEC/TR 62443 - 3 - 1:2009)
	HAD102 - 16《核电厂基于计算机的安全重要系统软件》

参考文献

https: //ics - cert. us - cert. gov/sites/default/files/documents/Seven% 20Steps% 20to% 20Effectively% 20Defend% 20Industrial% 20Control% 20Systems_ S508C. pdf.

https: //www. whitehouse. gov/the - press - office/2016/02/09/fact - sheet - cybersecurity - national - action - plan.

https: //www. dhs. gov/homeland - security - presidential - directive - 7#.

https: //www. dhs. gov/fisma.

https: //www. dhs. gov/national - infrastructure - protection - plan.

Important Industry Information Index, 2016.

《习近平在网信工作座谈会上的讲话全文发表》, 新华网, 2016 年 4 月 25 日。

http: //www. gov. cn/zhengce/content/2015 - 07/04/content_ 10002. htm.

http: //www. gov. cn/zhengce/content/2016 - 05/20/content_ 5075099. htm.

B.9 工业控制系统信息安全产业发展研究

刘小飞*

摘　要： 随着越来越多的工业控制系统接入互联网，其面临的信息安全风险日益增加，各界对工业控制系统信息安全的关注达到前所未有的高度。当前，《中国制造 2025》正成为中国制造业信息化、智能化发展的重要推动因素。在我国政策/标准、厂商、资本、用户等多重因素的推动下，工控信息安全市场逐步扩大，安全产品日益多样化，安全培训与服务的对象与范围不断拓展，用户安全意识逐步提高。2016 年，工业控制系统信息安全产业增长态势良好，但从整体上来说，市场仍处于导入期。

关键词： 工业控制系统　信息安全　标准规范　用户需求　市场研究

一　工业控制系统信息安全市场概述

工业信息安全对工业健康发展至关重要，在政策/标准、厂商、资本、渠道、用户等多重因素的推动下，我国工业控制系统（ICS）信息安全市场发展平稳，但总体来看，目前仍然以不足 3 亿元的市场规模处于市场导入期。

（一）市场处于导入期，尚未呈现爆发之势

2015 年，工业控制系统信息安全市场规模为 2.45 亿元，同比增长 11.0%；2016 年增长率高于 2015 年，但市场规模不足 3 亿元。从市场规模及

---

* 刘小飞，硕士，国家工业信息安全发展研究中心网络与信息安全研究部，主要负责工业控制系统、智慧城市的网络安全研究工作。

增速来看，经过几年的市场培育以及国家政策的逐步推进实施，ICS 信息安全市场正在逐步成长，市场仍处于平稳导入期，但有望在未来 3 ~5 年进入快速成长期。无论是《中华人民共和国网络安全法》《中国制造 2025》，还是 ICS 信息安全的国家标准 GB/T30976. 1 ~. 2（推荐标准）以及 2016 年 10 月工信部颁发的《工业控制系统信息安全防护指南》，对我国 ICS 信息安全的推动和影响都将持续显现，涉足 ICS 信息安全产品的厂商也在持续增加，逐步成熟的供应商正在深化 ICS 信息安全产品解决方案，从工控防火墙、工控隔离网闸等硬件产品逐渐扩充到信息安全管理平台、安全检测等整体解决方案，ICS 信息安全市场的“生态系统”逐渐形成。

（二）从完善产品线转向完善产品功能

2015 ~2016 年，大部分 ICS 信息安全主流厂商放慢了新产品开发的速度，加快了完善现有产品功能的步伐。2016 年，在工业隔离网关、工业防火墙、安全管理平台、安全审计、安全检测、指纹识别以及安全诊断、培训服务等产品线已经相对完善的基础上，随着对工业隔离开关、工业防火墙、安全管理平台等产品功能、性能完善的加速，越来越多的 ICS 信息安全厂商开始修炼内功。从市场规模占比来看，硬件占比仍然较大，但硬件、软件和服务类产品组成的一体化解决方案正逐渐给用户带来更多价值。

（三）由布局市场转为深耕市场

由于 ICS 信息安全市场规模相对较小，ABB、霍尼韦尔、罗克韦尔、西门子、施耐德、和利时、中控、横河电机等 ICS 供应商很少研发独立的 ICS 信息安全产品，一般通过控制系统集成安全功能或安全模块实现通信区域隔离、再配套第三方的信息安全软件来实现 ICS 信息安全。随着智能制造相关政策的实施，控制系统内部的信息安全防护日益受到关注，可以预见，未来 ICS 供应商将不再仅仅是 ICS 信息安全市场的渠道或合作伙伴，部分 ICS 信息安全主流供应商已经开始由“布局市场”逐步转为“深耕市场”，这将推动 ICS 信息安全市场进入新的市场竞争格局。网御星云、网御神州、启明星辰、绿盟科技、金电网安等传统 IT 信息安全供应商在 ICS 信息安全市场的战略布局分化明显。部分厂商在犹豫中继续等待，期望进入，但口号大于行动，在 ICS 信息安全产品研发方面投入有限。启明星辰、绿盟科技等通过资本方式或成立独立的工控信息安全事业部的方式，启动新一轮 ICS 信息安全市场布局。

电力行业 ICS 信息安全供应商格局较稳定。目前，南瑞、珠海鸿瑞、许继等占据主导地位，进入壁垒较高。ICS 信息安全主流厂商，包括 Tofino、青岛海天炜业、中科网威、匡恩科技等通过各种方式开发电力行业的市场，但市场份额提升难度较大。在油气、石化和化工，冶金，烟草，矿业等行业，随着各主流厂商的进入，竞争逐渐加剧，厂商的产品性能、渠道开发、市场推广等综合能力成为业务深度推进的决定因素。

（四）资本战略布局方向更加明晰

过去三年，在 ICS 信息安全主流厂商中，半数完成了资本并购和资本洽谈，其中部分厂商已经顺利进入第三轮融资。资本的介入加速了 ICS 信息安全厂商的发展，也促进了 ICS 信息安全市场和产业的快速发展。综观 2016 年市场的投资并购，资本的战略布局方向较 2015 年更加明晰，也更加有针对性。

（五）业务模式更加多样化

ICS 信息安全厂商过去几年对 ICS 厂商/集成商的依赖程度较高，大部分都积极与传统工控系统厂商/集成商合作，这种业务模式在各 ICS 信息安全厂商的业务策略中都占相当大的比例。2016 年，ICS 信息安全厂商的业务模式逐步多样化，除 ICS 厂商/集成商外，MES 厂商、设计院以及最终用户逐渐成为直接合作对象。

（六）行业应用高度集中，应用领域不断扩大

目前，ICS 信息安全主要集中在电力，油气、石化和化工，冶金，烟草，矿业等行业，其中，电力，油气、石化和化工，冶金行业的市场份额占整体市场的 80% 以上，轨道交通、市政、军工等行业的市场需求已经逐步开始显现，这些新领域正在成为市场关注的重点，有些已经纳入新的示范项目范围内，如轨道交通、城市燃气、供水等。

（七）用户信息安全意识明显提升

2014 年之前，ICS 信息安全厂商的主要目标是希望通过“安全理念”引导用户

的“安全意识”，让用户认识到ICS信息安全的重要性，帮助用户解决实际业务中遇到的ICS信息安全问题，使ICS信息安全项目落地实施。2015年，ICS信息安全领域出现了更多有针对性的业务交流活动，比如，ICS用户、ICS信息安全厂商、ICS供应商/集成商、设计院等多方对话，进一步引导用户深化合作。经过连续几年的市场培育，2016年，ICS信息安全市场最大的变化是用户的信息安全意识明显提升，特别是石油石化、电力等行业的用户认知已明显提升到一个较高的层次。

（八）市场未来有望迎来快速增长

2016年10月，工业和信息化部印发《工业控制系统信息安全防护指南》，以应对新时期工控安全形势。同月，国家质量监督检验检疫总局、国家标准化管理委员会正式批准发布了6项《工业自动化和控制系统网络安全》系列标准。此外，各项信息安全等级保护标准即将制定发布，ICS信息安全市场快速增长的概率大大提高。目前，ICS信息安全产品市场相对来说并不是特别成熟，依靠出台强制标准来推动市场快速发展并不现实。最有效的做法仍然是政府通过示范性项目，总结经验和完善产品解决方案，引导ICS信息安全市场成熟发展。国家已推出110个智能制造示范项目，正在规划的ICS信息安全示范项目也有望落地实施，对于ICS信息安全厂商而言，通过提升自身产品性能、增强研发能力、拓展渠道范围、扩大用户端影响力等，未来ICS信息安全市场有望迎来爆发增长。

二　工控系统信息安全市场规模

（一）我国信息安全市场规模

近年来，我国信息安全市场规模增长率一直在15%以上，2016年市场规模达到825亿元。云计算、工业互联和物联网等业务的快速发展，带动越来越多的企业依托互联网运营。在此背景下，错综复杂、影响重大的针对性攻击推动信息安全市场保持快速增长。与此同时，互联网技术向各个领域深度渗透，推动了对信息安全产品的需求快速增长。网络安全事件频发又把对网络信息安全的关注程度推向新高，政府加快相关信息安全标准的制定步伐。在政策支持和市场需求的双重驱动下，我国信息安全市场发展保持快速增长态势。

过去五年，我国信息安全市场规模年均增长率超过20%，未来仍有较大的增长潜能。据中国互联网络信息中心统计，2016年中国互联网普及率已超过51.7%，一旦出现网络信息安全问题很容易造成巨大影响。随着“互联网+”行动的升级，企业的安全边界正在消失。2016年，无论是保险、银行、证券、电信还是新兴的互联网金融，互联网安全漏洞的数量相比上年同期都有爆发性增长。据360扫描统计，从高危漏洞网络来看，电信运营商高危级别漏洞数量占比高达56%。

云计算、移动互联网、大数据等新技术开始在企业广泛应用，但支撑互联网金融的云计算、大数据等技术发展还不完全成熟，安全机制尚不完善，而同时第三方支付、P2P等互联网金融业务飞速发展，企业安全技术、安全意识以及运维管理面临很大挑战。

我国工业领域信息安全市场规模占整体市场的份额仅为13%（见图1）。这里的工业领域的范畴包括石化、化工、油气、电力、冶金、纺织、电子、造纸、建材、矿业、食品饮料、烟草以及市政（主要是供水和水处理、供暖、供气）等行业。

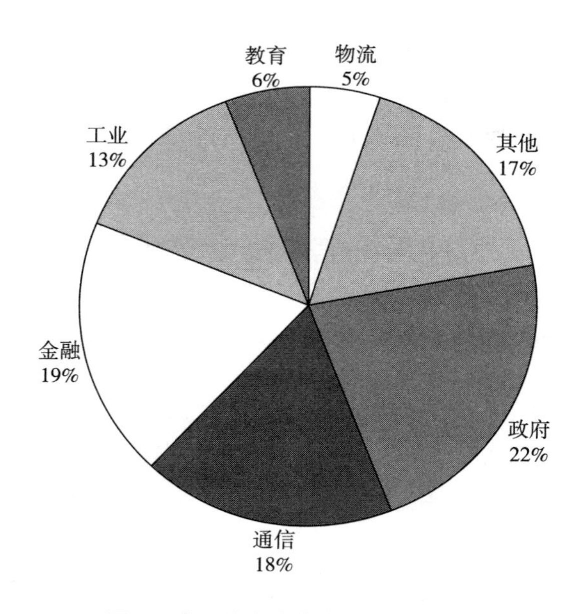

图1　我国信息安全市场行业应用结构

资料来源：国家工业信息安全发展研究中心分析整理。

（二）我国 ICS 信息安全市场规模

当前，ICS 信息安全在全球范围内都处于初步发展阶段，ICS 信息安全防护、认证、标准等体系仍有待于进一步完善。我国 ICS 信息安全市场产品参差不齐，用户对于 ICS 信息安全缺乏足够的认知，重视程度有限，直接导致 ICS 信息安全市场的发展和应用水平有限。

2013～2015 年，我国 ICS 信息安全市场的增速平稳，业界期望的市场爆发期仍然没有到来。这主要是因为整体工业市场环境不景气，用户将精力和重点都转向了如何提升销售收入和压缩成本的经营层面，进一步抑制了用户对 ICS 信息安全的投入，这一状况在 2015 年表现得更加突出。从某种意义上讲，2014～2015 年，中国 ICS 信息安全市场的增长，最主要的推动力来自 ICS 信息安全供应商积极采取各种方式进行大量的业务推动和生态建设，带动了部分预算外的项目实施。

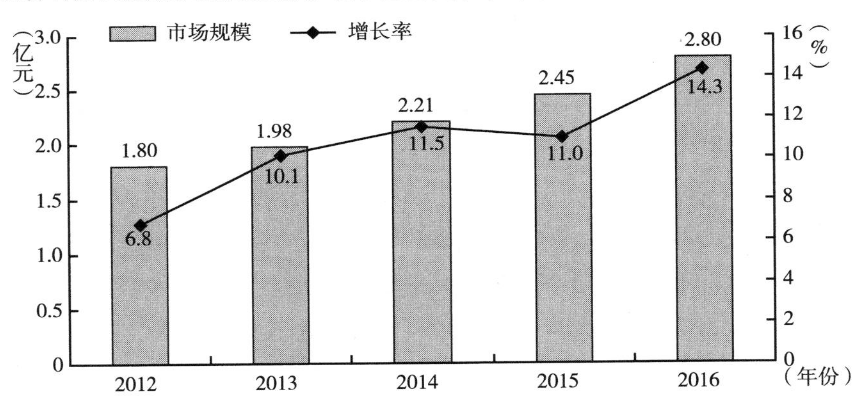

图 2　2012～2016 年我国 ICS 信息安全规模及增长率

资料来源：国家工业信息安全发展研究中心分析整理。

三　工控系统信息安全市场结构

（一）产品结构

1. 产品市场规模

2015 年，我国 ICS 信息安全市场仍然以隔离网关（装置）和防火墙等隔离类硬件产品为主，两者业绩规模达到1.77亿元，占整体ICS信息安全市场72.3%的份额，占据市场主导地位；然后是专用杀毒软件/白名单，占整体市场13.3%的份额；而安全管理平台、安全检测、安全审计等产品仍然处于市场培育阶段，份额仍然较小；随着用户安全意识的提升，安全培训及服务正在被越来越多的用户所接受。我国ICS信息安全细分产品规模如表1所示。

表1　2015年我国ICS信息安全细分产品规模

单位：百万元，%

产品类别	市场规模	市场份额
工业隔离网关/电力专用隔离装置	96.0	39.2
工业防火墙/电力防火墙	81.0	33.1
专用杀毒软件/白名单	32.5	13.3
安全管理平台、安全检测、安全审计及相关产品	20.0	8.2
安全培训及服务	9.5	3.9
嵌入式硬件产品	6.0	2.4
合　计	245.0	100.1

注：电力行业中应用的拨号（认证）加密装置及加密卡等产品，未纳入此次产品统计范畴。
资料来源：国家工业信息安全发展研究中心分析整理。

电力行业信息安全市场发展相对成熟，电力专用隔离装置的市场规模接近于工业隔离网关产品的两倍，而电力防火墙的应用规模也明显多于工业防火墙。电力行业（特别是电网）要求供应商的信息安全产品必须经过测试才能入围，并且需要电力设备运行评估报告，造成近几年成长起来的ICS信息安全供应商进入电力行业难度较大，因此，目前电力专用隔离装置和电力防火墙的供应商与工业隔离网关和工业防火墙的供应商基本上是两类企业。2015年以后，部分厂商也开始进入电力行业并取得了不错的业绩。

2. 产品市场格局

我国ICS信息安全市场的产品主要分为工业隔离网关/电力专用隔离装置，工业防火墙/电力防火墙，专用杀毒软件/白名单，安全管理平台、安全检测、安全审计及相关产品，安全培训及服务，嵌入式硬件产品六类（见图3）。

从市场增速来看，在工业自动化市场不景气的市场背景下，这六类产品2016年都保持了一定增长，但是增速仍有明显差异，硬件类产品的市场增速

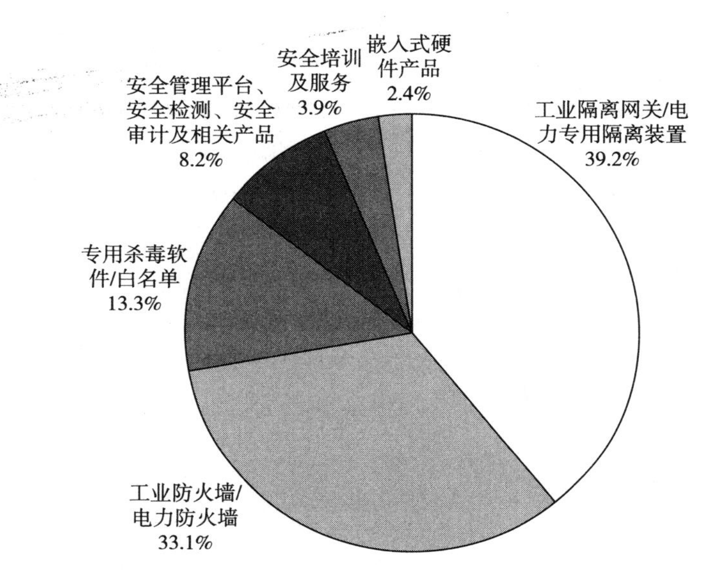

图 3　2016 年我国信息安全市场产品格局

资料来源：国家工业信息安全发展研究中心分析整理。

仍然高于软件产品的市场增速。

从市场份额来看，工业隔离网关/电力专用隔离装置和工业防火墙/电力防火墙的市场份额仍占据绝对优势地位，目前 ICS 信息安全市场的安全防护仍然以隔离为主，杀毒软件/白名单的占比为 13.3%，说明市场主流配置仍然是杀毒软件。

（1）工业隔离网关/电力专用隔离装置

工业隔离网关是专为工业网络应用设计的防护设施，用于解决 ICS 网络安全接入互联网问题。它与防火墙等网络安全设备的本质区别是可以阻断网络的直接连接，只完成特定工业应用数据的交换。没有网络连接，攻击就没有载体，从而实现网络“物理隔离”，这是目前最安全的 ICS 信息安全防护方式，也是目前应用最多的信息安全防护方式。

为了实现 ICS 网络和互联网的制定信息交换或者隔离，工业隔离网关大多采用双独立主机系统，每个主机系统分别具有独立的运算单元和存储单元，各自运行独立的操作系统和应用系统，其中一端主机系统为控制端，负责接入

ICS控制网络，另一端为信息端，负责接入互联网。双主机之间通过专用硬件装置连接，从物理层上断开了ICS网络和互联网的直接网络连接。双机之间通信协议采用专用加密算法实现数据加密、解密处理，保证传输数据的安全性。硬件看门狗时刻监视系统状态，保证装置的稳定、可靠运行。

从行业应用来看，工业隔离网关/电力专用隔离装置是目前市场上应用最广泛的ICS信息安全产品。2014年底实施的《电力监控系统安全防护规定》明确提出坚持“安全分区、网络专用、横向隔离、纵向认证”的原则，保障电力监控系统的安全。因此，电力专用隔离装置在电力行业得以逐步普及，主要代表性厂商包括南瑞、珠海鸿瑞、许继等，其他ICS信息安全厂商的相关产品近年也开始向电力行业特别是发电端逐步渗透。此外，油气、石化和化工，冶金，烟草等行业虽然控制系统各不相同，但工业隔离网关的应用都逐渐开始形成规模。

从市场规模来看，我国ICS信息安全市场占比最大的产品仍然是工业隔离网关/电力专用隔离装置，占整体市场39.2%的份额，未来几年这种市场格局仍将延续，主要是因为未来3～5年ICS信息安全防护以边界隔离防护为主的趋势仍然难以扭转。

（2）工业防火墙/电力防火墙

在工业控制系统安全技术发展史上，针对ICS本身需求的工业防火墙是最早出现的ICS信息安全产品，其中，多芬诺工业防火墙是国内较早采用的工业防火墙，随后国内厂商也相继推出自己品牌的工业防火墙，有别于传统的防火墙采用黑名单机制，工业防火墙大多采用白名单机制，通过对已知的操作过程进行定义来过滤掉非法操作和指令等。目前，工业防火墙产品不但支持商用防火墙的基础访问控制功能，还提供针对Modbus、OPC、Profibus等主流工业协议的深度检查、过滤，防范各种非法操作和数据进入现场控制网络。此外，工业网闸技术除了具备隔离装置的技术特性外，还可以实现对工业控制现场的每个检测点赋予“只读”或“读/写”两种不同的权限。当设为“只读”权限时，所有数据只能单向传输，达到保护现场设备安全的目的。

从行业应用来看，电力行业ICS系统同一生产环境中的不同区域之间采用单向隔离装置来实现不同区域之间的隔离，其他数据联系的通道仍然采用传统的IT防火墙进行隔离。石油和石化行业部分用户已经使用了工业防火墙实现生产系统与信息管理系统之间的隔离，部分用户用工业防火墙做同一生产区域的不同安全区域之间的安全隔离；冶金和其他关键制造业中也有用户采用了工业防火墙做相关区域的安全隔离，但还没形成规模效应。烟草行业存在多种应用形式，有 IT 防火墙、工业防火墙和网闸，但都没有大规模的应用。

从市场规模来看，我国 ICS 信息安全市场工业防火墙/电力防火墙的市场规模仅次于工业隔离网关/电力专用隔离装置，占整体市场 33.1% 的份额。未来几年，工业防火墙/电力防火墙的市场占比仍将保持相对稳定态势。

（3）专用杀毒软件/白名单

在 IT 信息安全中，杀毒软件与防火墙、IDS 并列为“三大件”，是计算机系统的标配安全产品，但其在工业领域的应用远未普及。出现这种情况的主要原因包括以下几个。用户认为现有杀毒软件大多不能与控制系统完全兼容，甚至存在误杀或者其他冲突；已经安装的杀毒软件由于病毒库不能及时更新等导致杀毒软件并没有发挥真正的作用，大多形同虚设。杀毒软件需要频繁升级病毒库才能维持对主流病毒的防护能力，而 ICS 通常不允许连接互联网，无法在线升级病毒库。杀毒软件主要基于持续积累的病毒库对恶意代码进行识别，即基于“黑名单”思想，这导致杀毒软件一方面对新病毒的防御被动滞后，另一方面对高级别的攻击无能为力。

ICS 的上位机是信息安全的重灾区，要想通过杀毒软件防范系统攻击，只能采用白名单式专用杀毒软件，预先登记系统使用的程序清单，只有清单中注册的程序，才允许运行。白名单与一般定义文件中记录恶意程序清单的安全防范软件（黑名单安全防范软件）不同，定义文件无须时刻保持更新，无须不断地扫描恶意程序，从而不会对硬件运行速度造成较高负荷。专用杀毒软件/白名单一般安装到管理 PLC、DCS 等控制器的计算机控制终端使用。我国主流 ICS 应用的专用杀毒软件/白名单一般都是外资品牌，以 McAfee、Symantec、Trend、kaspersky 等为代表的综合杀毒软件厂商在该市场占据绝对优势地位。

从市场规模来看，2016 年，我国 ICS 信息安全市场专用杀毒软件/白名单的市场规模仍然较小，专用杀毒软件/白名单的应用领域仍然相对较窄，市场应用远未普及。从用户端反馈来看，对安装专用杀毒软件/白名单等安全防范软件的意识和意愿并不十分强烈，因此，未来几年专用杀毒软件/白名单市场占比难有较大提升。

（4）安全管理平台、安全检测、安全审计及相关产品

安全管理平台、安全检测、安全审计类产品的共同特点是以软件为基础，或者集软、硬件于一体，对工控网络行为进行统一的配置、管理、监测、分析。该类产品能及时检测工业网络攻击、蠕虫病毒、非法入侵、设备异常等危及工业网络安全的各种因素，并对工控网络内的安全威胁做出预警分析，提供审计、追踪、威胁分析等功能，为ICS信息安全故障的分析、排查提供可靠的依据。

从行业应用来看，工控安全管理平台可以广泛用于电力，油气、石化和化工，关键制造等行业的工业控制网络，提高工业控制网络通信可控性与可信性，确保生产系统的稳定可靠。但在实际应用中，安全管理平台、安全检测、安全审计类产品的市场应用领域相对较窄，市场规模非常有限，这主要是因为以软件为基础的综合类的ICS信息安全产品无论是产品自身的完善程度还是市场应用基础都尚未具备。

从市场规模来看，2016年，我国ICS信息安全市场安全管理平台、安全检测、安全审计及相关产品的市场规模仍然较小，仅占整体市场的8.2%，未来几年我国市场安全管理平台、安全检测、安全审计及相关产品仍将保持稳定增长态势。

（5）嵌入式硬件产品

嵌入式硬件产品基本上以嵌入式工业以太网交换机模块为主，该类嵌入式工业以太网交换机模块大部分支持SW-ring环网协议、VLAN等网络管理协议、CLI命令行以及API接口，同时可以整合RS－485、CAN、WiFi、光纤、以太网、VDSL2＋、视频光端等模块，满足本安特性、工业四级、低功耗、宽温、散热、防尘、防腐、抗震等工业特性。在具备以上功能的基础上，大部分产品还具备硬件安全以及网络安全功能。

从行业应用来看，嵌入式的硬件产品广泛应用于轨道交通，电力，冶金，油气、石化和化工，矿业，军工等工业行业，用以保障信息的安全传输。但在实际应用中，大部分不具有网络信息安全功能的工业交换机或者嵌入式模块会被更多的使用，用户对自身信息安全传输和交换所面临的风险并没有足够的认识。未来随着越来越多的工业控制系统接入互联网，具有安全功能的嵌入式硬件产品会得到更广泛的应用。

从市场规模来看，2016 年，中国 ICS 信息安全市场嵌入式硬件产品的市场规模仅为百万元级别，相较其他 ICS 信息安全产品市场规模仍然较小。

从近两年发生的工业控制系统信息安全大事件来看，单纯的边界安全防护产品已经不能解决工业控制系统所面临的安全问题，相关的防护技术已经向纵深防护的方向发展。市场发展到今天，需要从工业控制系统的安全生命周期的角度来考虑 ICS 信息安全，以形成完整的信息安全防护体系，并且综合应用相关技术消除 ICS 面临的安全威胁。市场的参与者也将从现有的 ICS 信息安全厂商、研究机构、大学扩展到 ICS 供应商。但从整体市场、技术的发展来看，ICS 信息安全产品与工业控制系统在融合方面还有一段距离。

（二）行业结构

1. 行业应用状况

从行业的应用格局来看，电力行业仍然是应用 ICS 信息安全产品最多的行业，占 53.8%；其次是油气、石化和化工行业，占 19.8%；冶金、烟草和矿业行业的市场份额基本保持稳定。2016 年，轨道交通、城市燃气领域的应用已经开始逐渐显现，未来 ICS 信息安全系统的行业应用范围将进一步扩展。

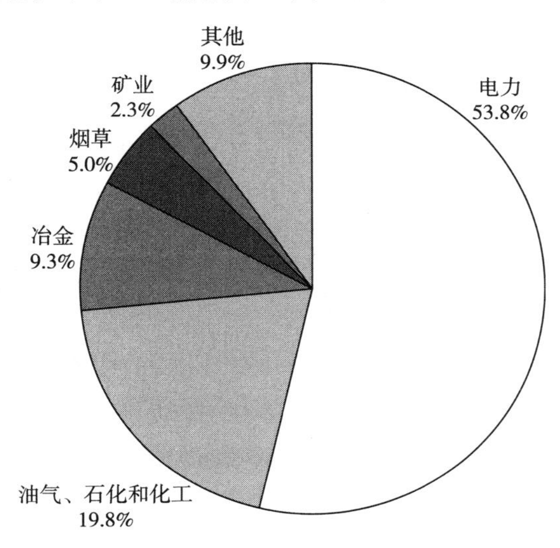

图 4　2015 年我国信息安全市场行业格局

资料来源：国家工业信息安全发展研究中心分析整理。

（1）电力行业 ICS 信息安全市场分析

目前，电力行业 ICS 信息安全产品的应用主要集中在电网端，发电厂的应用相对较少，主要是因为智能电网的推进带动电网的互联网化，具体体现在智能电网交互终端技术、智能变电站技术、分布式能源智能微网、智能大电网数据采集分析诊断技术、智能电力巡检机器人等细分领域。

然而，电网领域 ICS 信息安全市场的发展仍面临诸多问题，比如，智能电网安全标准规范缺乏导致很难在系统内部划分安全域，大量电力智能终端引入额外的信息安全风险，高度信息集成的智能电网环境更加复杂使攻击手段更加多样化和智能化，用户和电网的信息互动带来更多的安全威胁。以上问题都是电力行业 ICS 信息安全市场进一步发展的主要阻碍因素。

目前电力行业大多按照“安全分区、网络专用、横向隔离、纵向认证”的总体原则和“双网双机、分区分域、等级防护、多层防御”的防护策略，实现生产控制大区与管理信息大区的有效隔离，信息内网与外部互联网实现物理隔离，有效抵御外部攻击和破坏，电力行业 ICS 信息安全市场仍有进一步发展和完善的空间。

（2）油气、石化和化工行业 ICS 信息安全市场分析

油气、石化和化工行业的用户都是典型的资金和技术密集型企业，生产的连续性很强，装置和重要设备的意外停产都会导致巨大的经济损失，因此生产过程控制大多采用大中型 PLC、DCS 等控制系统，主要的控制系统供应商包括霍尼韦尔、艾默生、横河电机、中控等。经过十几年的建设积累和升级改造，大部分油气、石化和化工行业用户的信息化建设已经有了较好的基础，在信息管理层面大量引入 IT 技术的同时，也引入各种 IT 网络安全技术，包括防火墙、IDS、VPN、防病毒等在内的常规 IT 信息安全技术的应用已经相对成熟。目前，越来越多的石化和化工企业实施第四代 DCS 系统以后，开始构架基于 ERP/SCM、MES 和 DCS 三层架构的管控一体化信息系统。随着两化融合政策的推进，越来越多的石化和化工企业逐步实施了 MES 系统，实现了管控一体化。

油气、石化和化工行业是 ICS 普及度较高的行业之一，同时也是对 ICS 的稳定性和控制策略复杂性要求较高的行业。石化行业的 ICS 系统一旦出现故障，不仅会造成巨大的经济损失，还会对人身安全产生威胁。因此，石化

行业对控制层的网络信息安全重视程度最高。随着石化和化工行业信息化建设的进一步推进以及管控一体化项目的进一步推进，越来越多的用户开始对ICS采取信息安全防护措施。近年来，中石油、中石化、中海油等多次组织研讨会，论证和探讨ICS网络信息安全在油气、石化和化工行业的实际应用推广优化方案，未来ICS信息安全在油气、石化和化工行业的应用也更加广泛。

（3）冶金行业ICS信息安全市场分析

冶金行业主要应用的控制和管理系统包括生产过程控制系统、MES系统、能源管理系统、信息系统等，这些系统在冶金行业细分领域的应用差异很大，冶炼过程控制系统基本上以PLC系统和DCS系统为主；轧制过程控制，特别是带钢冷热轧过程控制大部分成套引进国外系统，冶金行业的工业自动化程度很高。MES系统是冶金行业信息化体系建设的重要组成部分，生产宽厚板、热轧板、冷轧板等高附加值板材的厂商更加重视MES系统的建设，MES系统在冶金行业的普及度相对较高。此外，能源管理系统和信息系统在冶金行业也已经大面积普及，冶金行业用户每年对信息化建设的投入资金额明显提升。但相对于信息建设的投入，冶金企业对网络安全的投入相对较少，尤其针对ICS信息安全的投入就更加有限。

冶金行业的信息化水平相对较高，大部分用户都有生产信息化部、能源管理部、网络管理部等对网络和信息安全进行管理，MES、EMS等系统在冶金行业有广泛的应用。与此同时，控制系统以大型PLC系统应用居多，因此冶金行业信息安全防护的应用场合更加分散，对ICS信息安全系统以单独采购为主。ICS信息安全供应商对冶金行业市场的开发力度较低，在冶金行业加强ICS信息安全培训和推广十分必要。

（4）烟草行业ICS信息安全市场分析

烟草行业是我国经济的支柱产业之一，烟草行业的信息化建设一直以来都被烟草生产企业列为发展重点，从应用企业管理信息系统到实施MES系统改善生产线的运行效率，烟草行业ICS信息安全进展迅速。目前，烟草行业已经广泛应用MES系统，同时对网络信息安全防护也提出了更高要求。实施MES系统以前，烟草企业普遍采取防火墙、网闸、防病毒、防入侵的安全封堵的防护措施，随着MES系统在烟草行业的逐步实施，越来越多的烟草企业开始考虑综合防护，但目前采取的防护体系仍主要从信息层延伸到生产管理层，生产控制层的防护仍然覆盖率较低。MES 系统与信息层之间的边界防护成为烟草行业 ICS 信息安全的主要诉求。

从烟草生产流程来看，烟草行业以农产品为原材料，制丝车间为流程性生产，卷接包属于离散性生产，生产模式属于混合生产模式。实施 MES 系统之后对于信息安全的防护意识有了进一步提高，但相对石化、化工等流程行业而言，目前烟草企业对信息安全防护的关注重点仍集中在信息层，烟草行业 ICS 信息安全意识的提升还需要政府监管部门加强监督以及 ICS 信息安全产品供应商提供满足需求的安全防护解决方案。

此外，轨道交通和城市燃气领域对 ICS 信息安全系统的需求也开始显现。2016 年，轨道交通行业的订单开始逐步增加，这主要是因为轨道交通行业综合监控和信息系统一体化需要实现管控一体化的无缝对接，互联互通信号系统的推广应用进展迅速，带动 ICS 信息安全系统在轨道交通行业的应用快速增加。未来随着城市燃气管网调控智能化以及智能仪表、物联网技术的广泛应用，城市燃气 SCADA 系统被攻击的风险越来越大，对 ICS 信息安全的需求也将越来越多。

2. 行业市场规模

近两年，我国 ICS 信息安全的行业市场格局较为稳定，电力，油气、石化和化工行业目前仍然是用户最多、对 ICS 信息安全接受程度最高的两个行业。此外，行业景气度也是直接影响 ICS 信息安全行业应用规模的主要因素之一。

从 2015 年我国 ICS 信息安全行业市场数据来看，电力行业的市场规模最大，为 1.34 亿元，其次是油气、石化和化工行业，为 4800 万元（见表 2），这主要是因为电力，油气、石化和化工行业作为民生支柱行业，政府和企业对 ICS 信息安全更加重视，在面临 ICS 信息安全威胁时会及时寻求解决方案。因此，ICS 信息安全在电力，油气、石化和化工行业市场表现较好，增速高于市场平均水平。而冶金、矿业等行业受经济不景气影响，ICS 信息安全市场表现平平。值得一提的是，轨道交通、城市燃气、军工等行业的应用项目自 2016 年起开始逐渐增多，并且也开始广受政府主管机构的重视，潜在的业务机会将会逐渐显现。

表 2　2015 年中国 ICS 信息安全细分行业规模

单位：百万元，%

行业	市场规模	市场份额
电力	134	54.7
油气、石化和化工	48	19.6
冶金	21.5	8.8
烟草	12.5	5.1
矿业	5	2.0
其他	24	9.8
合计	245	100.0

注：其他主要包括轨道交通、城市燃气、军工等行业。

资料来源：国家工业信息安全发展研究中心分析整理。

影响细分行业信息安全市场发展的主要因素包括信息安全事件导致的破坏力、信息安全事件发生的风险概率。

信息安全事件破坏力大、影响面广、经济损失大行业的信息安全建设广泛。不同行业信息安全事件产生的损失对于社会和企业产生的影响差异较大，损失越大的行业，信息安全的重视度越高，信息安全建设投入力度越大。根据事件影响的对象不同分为两类。一是国家基础产业，关系到国家命脉的基础产业，比如，电力，油气、石化和化工，冶金，矿业等行业，一旦发生事件，将对人身安全、社会生产和生活产生巨大灾难性的影响。二是关键制造业行业，比如，烟草、制药、食品饮料等行业，发生事件直接导致的是企业的经济和专利技术等损失，比如，烟草生产中宕机，造成烟丝报废；制药厂专利技术（配方）泄密等。

事件发生风险概率高的行业，信息安全系统建设更容易推进。目前市场上，工业控制系统遭受病毒入侵的方式主要有四种：现场工作人员携带感染病毒的 U 盘进行系统维护；内部工作人员故意破坏；黑客利用系统漏洞，通过后门对已联网系统破坏；黑客通过已联网系统本身功能缺陷进行系统破坏。在以上四种方式中，第一种方式是工控系统病毒入侵的主要方式；发生的概率要远大于其他三种。但企业认知与实际有较大出入，普遍认为工控系统不联网就不会产生大的事故。只有当工控系统对外联网时，才需要进行信息安全防护。这样的认识造成联网与否成为企业判断信息安全事件发生概率高低的唯一评判标准。

因此，电力，油气、石化和化工，冶金，矿业，烟草等行业，MES 系统和 EMS 系统应用最多和最快的行业成为信息安全发展相对较好的行业。MES 系统和 EMS 等系统的导入，促使企业与上层信息系统对接的同时，将直接导致工控系统与外界网络互联，从而对 ICS 信息安全系统的需求较多。未来电力，油气、石化和化工，轨道交通等行业，仍是工业信息安全市场的主要发展行业，随着国家对于工业信息安全领域的重视以及《中国制造 2025》落地实施，越来越多的用户需求逐步显现。

（三）渠道模式

我国 ICS 信息安全市场处于导入期，ICS 信息安全市场需求端的项目相对分散，ICS 信息安全厂商过去几年对 ICS 厂商/集成商的依赖性较高，大部分都积极与传统工控系统厂商/集成商合作，这种业务模式在各 ICS 信息安全厂商的业务策略中都占相当大的比例。近年来，ICS 信息安全厂商的业务模式逐步多样化，除 ICS 厂商/集成商外，MES 厂商、设计院以及最终用户逐渐成为直接合作对象。ICS 信息安全产品供应商主要通过如下方式将自身的产品供应给用户。

1. 通过展会和论坛培育市场需求

我国对 ICS 信息安全市场的关注始于 2010 年的震网事件（电力行业除外），2015 年乌克兰电网遭到黑客攻击推动 ICS 信息安全受到各行业的广泛关注；用户从对 ICS 信息安全的重要性逐渐认同，开始重点关注，与 ICS 信息安全市场主动培育和推广是分不开的。近几年，除工业和信息化部等政府机构外，一大批 ICS 信息安全领域的厂商都在努力进行 ICS 信息安全市场的宣讲，通过向用户传达 ICS 信息安全的最新产品、技术、解决方案以及实际案例等提高用户对于 ICS 信息安全的认知，并拉动了部分用户的需求。

2. 通过与 ICS 厂商/系统集成商/设计院合作，推动甲方配套 ICS 信息安全产品

在工业控制系统项目招标时，甲方在招标中要求配套 ICS 信息安全防护的比例仍然很低；一般情况下，ICS 厂商不会主动向甲方推荐 ICS 信息安全防护方案。因为 ICS 信息安全市场发展初期，ICS 信息安全产品在 ICS 厂商系统中的应用比例很低，ICS 信息产品的市场效应不能引起 ICS 厂商的关注，如果甲方要求提供 ICS 信息安全产品方案，ICS 厂商一般会寻找第三方 ICS 信息安全产品进行投标整合；目前 ICS 项目招标过程中价格竞争十分激烈，很多项目都是低价中标，当甲方没有要求在 ICS 中配套信息安全防护方案时，ICS 厂商为节约成本不会主动在标书中添加 ICS 信息安全防护方案。ICS 信息安全厂商要通过新项目推广 ICS 信息安全产品，既要促使甲方考虑采用 ICS 信息安全防护措施，也要取得 ICS 厂商/系统集成商/设计院的认可和支持。

3. 通过协助用户建设实验室，提供更多的信息安全产品和服务

2015～2016 年，电力、冶金、矿业等重点行业的用户开始重视 ICS 信息安全防护，通过搭建攻防实验室，了解网络信息安全的威胁，掌握入侵检测技术、安全防护技术以及应急响应机制等基本安全技术，提高应用性、实践性水平。目前，每年有数十个单位在进行相关攻防实验室的建设，在建设过程中，ICS 信息安全厂商将更多的产品、技术、服务带给客户。

4. 通过与 MES 厂商合作向用户提供边界防护/整体防护解决方案

MES 和 EMS 在中国油气、石化和化工，冶金，烟草等行业已经有了广泛的应用，随着两化融合的政策推动，越来越多的行业企业开始应用 MES 或者 EMS 等生产管理层级系统，部分 ICS 信息安全厂商开始与 MES 或 EMS 厂商合作，提供边界防护/整体防护解决方案，用于满足 MES 或 EMS 用户 ICS 信息安全防护的需求。随着未来更多的 MES 或 EMS 系统落地实施，该业务模式的比重会逐步提升。

5. 用户发生 ICS 信息安全事件，主动联系 ICS 信息安全厂商

经过几年的市场培育，某些领域的潜在用户对 ICS 信息安全防护系统的认知有了明显提升，但大部分潜在用户对于 ICS 信息安全的认知仍有待提升，抱有侥幸心理的用户比例很高，普遍认为 ICS 信息安全事件发生属于小概率事件，与自身关联度很低，事后采取弥补措施的用户不在少数。

6. 寻找潜力用户，提供 ICS 信息安全产品试用

目前，为更快地推动 ICS 信息安全市场的发展，提升用户对 ICS 信息安全产品的认知，拉动 ICS 信息安全产品市场的需求，ICS 信息安全厂商会主动免费提供 ICS 信息安全产品给一些用户试用，以此拉近与客户之间的距离，并布局未来市场。

四　工控系统信息安全用户需求分析

（一）工控用户发生信息安全事故的比例

据统计，2015 年，工控行业用户在生产中发生信息安全事件的比例有所提升，但上升的幅度有限。因信息安全事故造成的系统瘫痪或者人员伤亡的恶性事件所占比例明显提升，但仍有相当比例的工控行业用户仍认为 ICS 信息安全本身带来的危害有限。因此，工控用户普遍存在侥幸心理（自身不会遭受病毒攻击）或者不重视防护的想法还将持续。

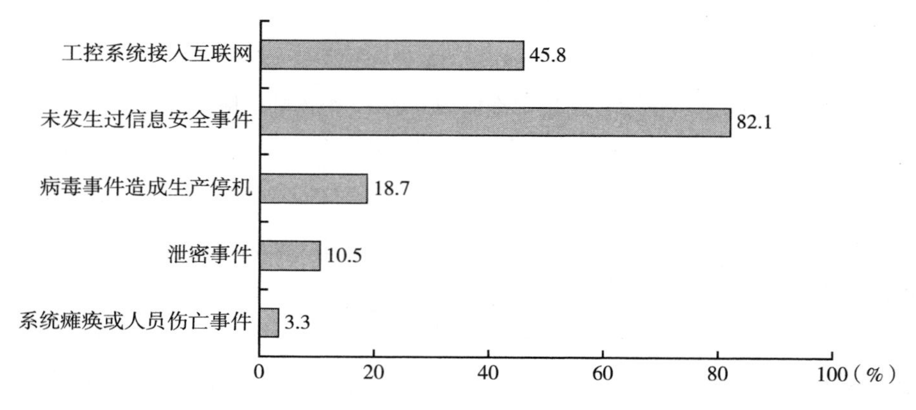

图 5　我国工控用户发生信息安全事故的比例

资料来源：国家工业信息安全发展研究中心分析整理。

（二）工控用户采取 ICS 信息安全防护的方式

随着两化融合的深化，工业控制系统会越来越多地外接网络，工控系统信息安全防护成为信息化发展的必然产物。用户采取安全防护措施的比例明显提升，但目前的主要防护方式排名前三的是软件防护占 30.6%，硬件防护占 22.4%，分层分区纵深防护占 20.1%。真正从控制系统角度去评估并做综合防护的用户仍然较少。

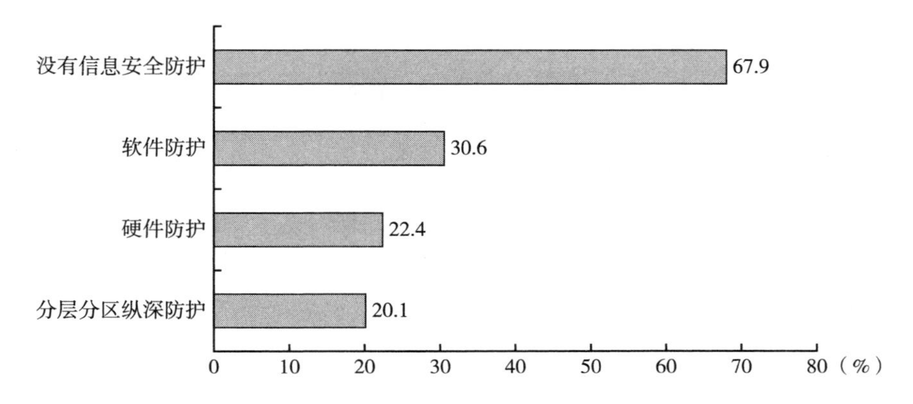

图 6　我国工控用户信息安全防护采取的措施占比

资料来源：国家工业信息安全发展研究中心分析整理。

（三）工控用户对于信息安全发展制约因素的认知

制约 ICS 信息安全发展的主要因素有用户对 ICS 信息安全的技术专业性理解有待提高、用户 ICS 信息安全意识有待提高、用户 ICS 信息安全投入资金不足、ICS 信息安全领域缺乏统一标准等。这些问题都是制约 ICS 信息安全发展的主要因素。

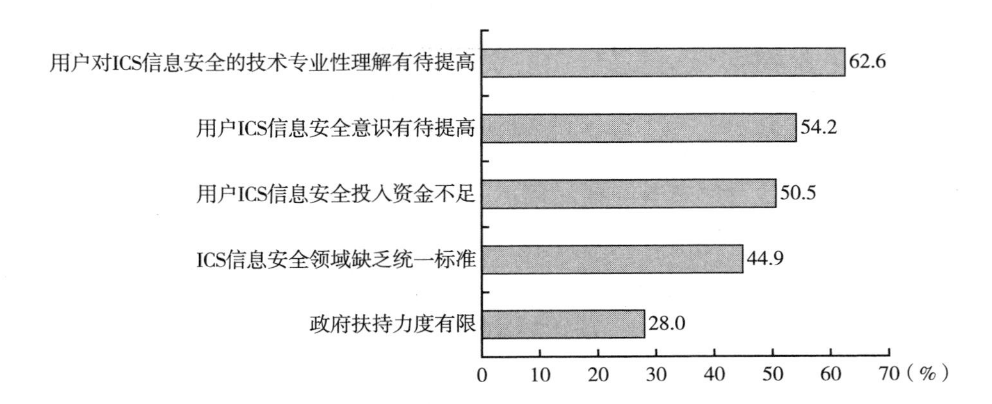

图 7　我国工控用户对 ICS 信息安全发展制约因素的认知占比

资料来源：国家工业信息安全发展研究中心分析整理。

五　工控系统信息安全市场趋势与未来前景

（一）市场规模预测

短期来看，2016 年 10 月，政府出台《工业控制系统信息安全防护指南》，2017 年 ICS 信息安全市场快速增长的概率加大。首先是油气、石化和化工，电力等行业内自发组织的规范项目实施，此外，2016 年政府多个部门开展工业控制系统信息安全大检查工作，针对国内关键基础设施检查涉及多个行业领域。未来随着该检查结果的公布，ICS 信息安全防护措施的实施力度也将进一步加大。

长期来看，“十三五”期间，随着《中国制造 2025》的落地实施，以及更多智能制造示范项目推出带来的示范效应，ICS 信息安全市场有望在 2017 ~ 2019 年实现爆发式增长。对于 ICS 信息安全厂商而言，仍须提升自身产品性能、增强研发能力、扩大渠道范围、扩大用户端影响力。

（二）电力行业

电力行业信息安全等级保护制度要求电力企业应划分不同安全分区，不同安全分区应具有不同安全防护要素。信息安全等级保护总体要求由整体技术要求和通用管理要求组成。整体技术要求规定，电力生产企业、电网企业、供电企业内部基于计算机和网络技术的业务系统，原则上划分为生产控制大区和管理信息大区，生产控制大区可分为控制区和非控制区，同时要求电力二次系统按照“安全分区，网络专用，横向隔离，纵向认证”的总体原则和“双网双机，分区分域，等级防护，多层防御”的防护策略，实现生产控制大区与管理信息大区的有效隔离，信息内网与 Internet 实现物理隔离，以有效抵御外部攻击和破坏。2016 年，电力行业 ICS 信息安全市场规模达到 1. 53 亿元（见图 8），预计 2017 年将达到 1. 759 亿元。电力行业 ICS 信息安全市场的增长仍主要来自电网项目，发电项目 ICS 安全保护仍处于启动阶段。

截至目前，电力行业信息安全产品应用保有量已有几十亿元的规模，目前国网和南网集团的各下属省电力公司每年都会大规模采集信息安全防护产品，

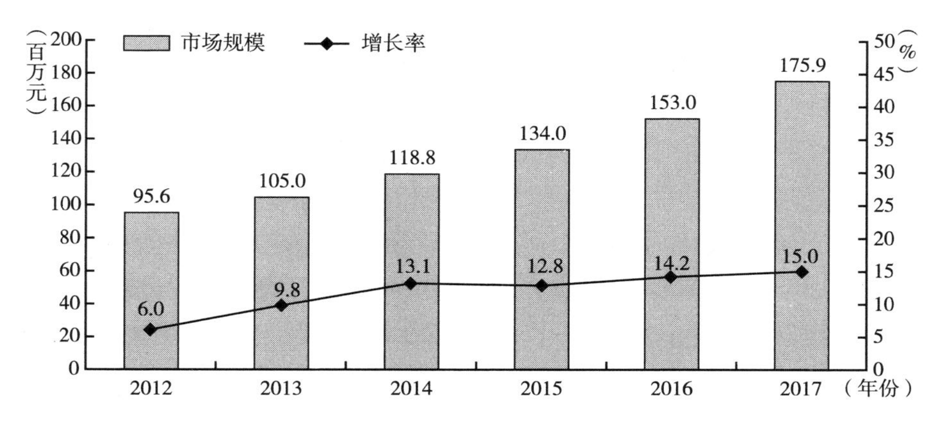

图8　2012～2017年中国电力行业ICS信息安全规模及增长率

注：2017年数据为预测数据。

资料来源：国家工业信息安全发展研究中心分析整理。

部分省电力公司已经进入存量更换的阶段。电网端信息安全市场已经相对成熟，部分省市网调系统已经进入保有存量市场阶段，另外，电网系统对于信息安全供应商产品资质、测试要求及积累案例等都有较高要求，进入的壁垒较高，促使电网系统信息安全产品市场集中于少数企业。因此，未来几年，电网端的信息安全市场无论市场容量还是供应商格局都会保持比较平稳的态势。无论是传统火电和水电厂，还是风电、光伏和核电，目前ICS信息安全的应用比例都很低，但随着国家对网络安全法律法规的实施，以及对于火电厂示范项目的规划部署，未来ICS信息安全市场有较大发展空间。

（三）油气、石化和化工行业

油气、石化和化工行业信息安全产品应用以工业防火墙为主，部分应用工业隔离网关。在石化和化工领域，工业防火墙应用较多，其中Tofino工业防火墙仍占据绝对优势；工业隔离网关在石化和化工领域应用较少，配套数量十分有限。ICS边界防护案例多于DCS控制系统内部防护。在石化和化工领域中，用于MES层与信息层之间隔离、数据采集与DCS控制层之间隔离的ICS边界防护案例要明显多于DCS控制系统内部设备防护。中石化、中石油等用户自发组织研讨会，召集ICS信息安全厂商、ICS供应商、设计院等部门一起探讨控制系统信息安全防护对策，可以预见，控制系统信息安全保护工作将加速推进。

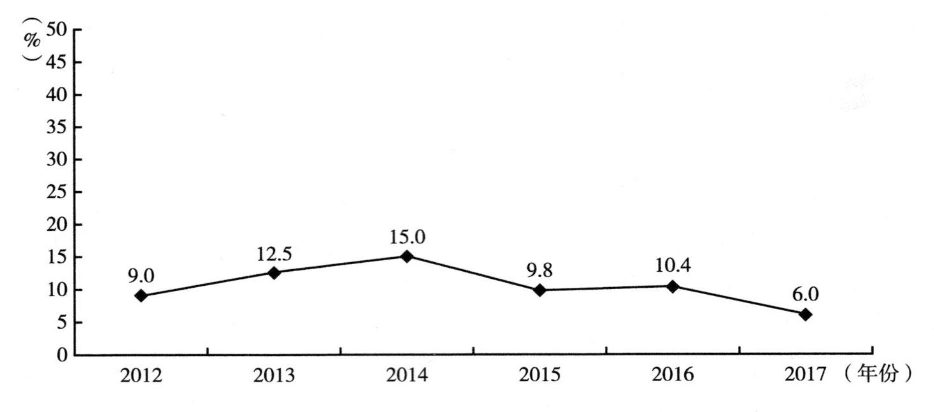

图9　2012～2017年我国石化和化工行业ICS信息安全增长率

注：2017年为预测数据。
资料来源：国家工业信息安全发展研究中心分析整理。

相对于其他行业，石化和化工行业ICS信息安全建设相对较快，用户端对于ICS信息安全的防护理念认同度较高、安全防护意识提升较快。目前，中石油、中石化、中海油等集团的各地下属企业对于ICS信息安全的关注度逐年增高，行业内针对信息安全的投入逐年增大，部分单位已经针对ICS信息安全设立专项资金。随着示范性项目的逐年增多，ICS信息安全经验积累，石化和化工行业ICS信息安全将会呈现稳定发展态势。

（四）冶金行业

冶金行业信息安全产品应用以工业隔离网关为主，部分应用工业防火墙，主要用于MES层与信息层之间的隔离、能源管理系统隔离等。单个项目配套ICS信息安全产品的数量很少。2016年，中国冶金行业ICS信息安全市场规模为2250万元（见图10），同比增长4.7%。冶金行业工业控制系统的应用相对分散，ICS信息安全需求也较为分散，加之冶金行业产能过剩现象加剧，项目需求进一步缩减，ICS信息安全市场也受到影响。

冶金行业的信息化水平较高，大部分钢铁企业都有信息化部、能源管理部、网络管理部和生产信息系统的应用，网络与信息安全管理较为完善。MES、EMS等系统在冶金行业有着广泛应用，ICS信息安全市场空间巨大。冶金行业的控制策略复杂程度属于中等，大型控制系统如DCS的应用普及程度

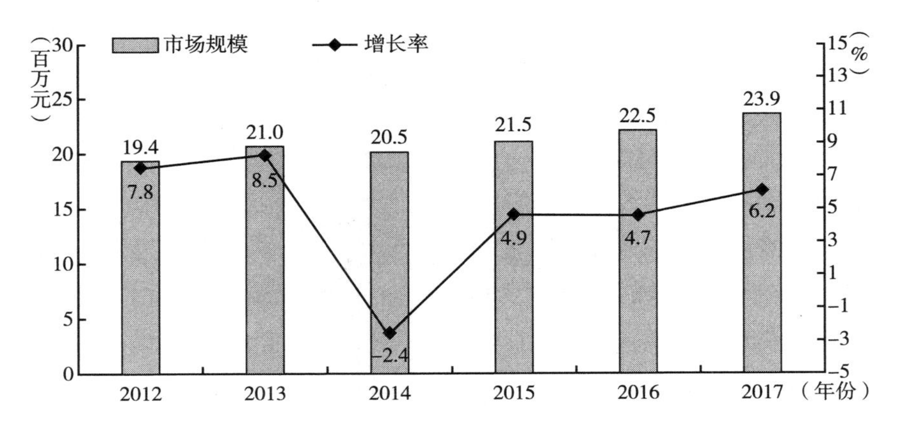

图 10　2012～2017 年中国冶金行业 ICS 信息安全规模及增长率

注：2017 年为预测数据。

资料来源：国家工业信息安全发展研究中心分析整理。

和深入程度并不太高，大型 PLC 应用较多。冶金行业信息安全防护时，应用场合分散对于 ICS 信息安全单独采购的情况较多。对于冶金行业而言，加大对用户的 ICS 信息安全培训和推广尤为重要。未来几年，冶金行业仍将面临淘汰落后产能和去产能的压力，在没有强有力的政策扶持的情况下，ICS 信息安全应用规模将较难有大的突破。

（五）烟草行业

烟草行业在信息管理层实施的信息安全措施相对成熟，普遍采取防火墙、网闸、防病毒、防入侵的安全封堵的防护措施，信息安全的供应商主要由传统 IT 信息安全厂商组成。MES 系统的 ICS 安全防护措施从信息层延伸到生产管理层，而生产控制层的防护比率仍然较低。ICS 信息安全边界防护的供应商以传统 IT 信息安全厂商为主，2016 年，烟草行业 ICS 信息安全市场规模为 1400 万元（见图 11），同比增长 12%。由于烟草行业 ICS 信息安全主要配套应用在边界层，在实际中配套的 ICS 信息安全产品数量及规模都比较有限。

在实施 MES 系统之后，企业信息安全防护意识有了进一步提高，但相对石化、冶金等流程行业而言，影响更偏向于经济损失，比如，由宕机造成烟丝报废等。因此，目前，烟草企业管理层对于信息安全防护的关注重点仍主要集中在信息层，未来 ICS 信息安全建设仍有较大发展空间。

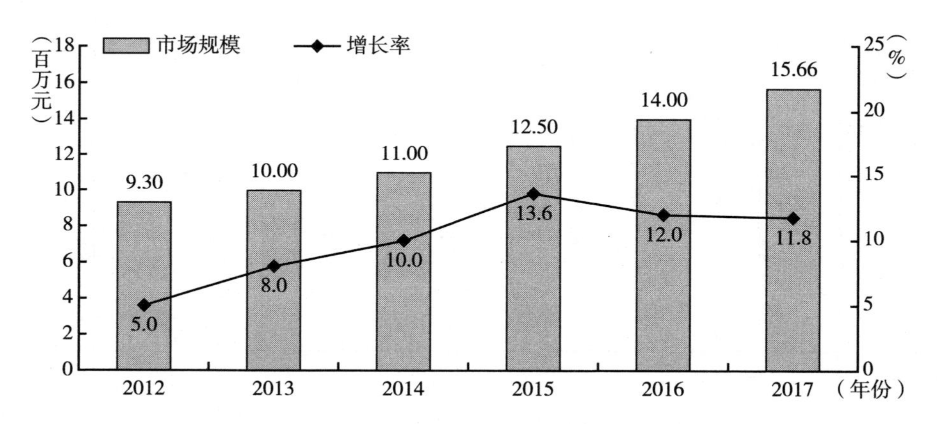

图 11　2012～2017 年中国烟草行业 ICS 信息安全规模及增长率

注：2017 年为预测数据。

资料来源：国家工业信息安全发展研究中心分析整理。

参考文献

夏春明、刘涛、王华忠、吴清：《工业控制系统信息安全现状及发展趋势》，《信息安全与技术》2013 年第 2 期。

饶志宏、兰昆、浦石：《工业 SCADA 系统信息安全技术》，《国防工业》2013 年第 2 期。

《工业控制系统信息安全防护指南》，http：//www. miit. gov. cn/n1146295/n1652858/n1652930/n3757016/c5346662/content. html，2016－10－19/2016－12－14。

葛军、刘朋熙、阮兆文：《电力信息系统信息安全关键技术的研究》，《低碳世界》2016 年第 19 期。

王德吉：《烟草行业工控网络安全风险分析和防范》，《工业控制系统信息安全》专刊第三辑，2016。

政府网络安全篇

Reports on Government Cybersecurity

B.10

国内外政府网络安全政策解读

王 墨 于 盟 杨佳宁 江 浩*

摘 要： 2016年，全球网络空间和信息安全形势依然严峻，美国、日本、英国、新加坡、韩国等网络强国纷纷采取行动，调整信息安全战略和政策，提升政府网络安全能力，力争在全球网络治理中占据优势地位。把握国外政府网络安全态势、分析全球网络治理趋势对强化我国网络安全有着重要意义。2016年，我国网络安全事业取得了长足进展。网络安全法的公布为推动网络安全保障体系建设提供了牢固的法律依据，而习近平总书记4·19讲话等政府网络安全政策则从国家角度对网络安全的发展进行了长远规划。

* 王墨，工程硕士，国家工业信息安全发展研究中心高级工程师，研究方向为网络安全；于盟，硕士，国家工业信息安全发展研究中心工程师，研究方向为网络安全；杨佳宁，工程硕士，国家工业信息安全发展研究中心助理工程师，研究方向为网络安全；江浩，硕士，国家工业信息安全发展研究中心工程师，研究方向为网络安全。

关键词： 安全战略 主动防御 人才培养 政府网络安全

一 国外政策

近年来，随着网络安全环境的进一步复杂化，越来越多的安全问题和安全威胁不断涌现，网络空间成为与陆、海、空、天并列的第五空间，网络攻防对抗日趋激烈。各国高度重视政府网络安全问题，将其上升为国家安全战略的重要内容。近年来，美、英、日、韩等多个国家相继制定了网络空间安全战略，部署应对之策。美国在网络空间安全战略发展上继续充当全球领跑者。

（一）美国

1. 颁布《网络安全国家行动计划》

2016年2月，美国政府颁布《网络安全国家行动计划》（Cybersecurity National Action Plan，CNAP）。CNAP全方位地阐述了美国应对网络安全挑战的具体行动方案，包括设立"国家网络安全促进委员会"，提升国家整体网络安全水平，阻止、劝阻并破坏网络空间的恶意行为，提高网络事件响应能力，保护个人隐私，加大网络安全资金投入六个方面，其中，提升国家整体网络安全水平是该份计划的重点，篇幅占全文的比重接近50%。CNAP"在国会2017财政年度预算中拿出190亿美元用于加强网络安全"、"设立联邦首席信息安全官"（Chief Information Security Officer，CISO）、"成立国家网络安全促进委员会、联邦政府隐私委员会"等举措都是政府网络安全关注的重点。

2. 持续推动《联邦信息安全现代化法》实施

2016年3月18日，美国管理和预算办公室（Office of Management and Budget，OMB）向国会提交了美国联邦政府2015财年《联邦信息安全现代化法》（*Federal Information Security Modernization Act*，FISMA）实施报告，该报告对2014年10月1日至2015年9月30日美国联邦政府的信息安全状况和管理工作进行了总结，内容包括持续性信息安全举措的最新信息、信息安全事件审查、监察长对于机构信息安全措施实施进展情况的评估以及联邦政府在根据机构提交的数据落实主要信息安全绩效指标方面取得的进展。

（1）调整组建网络安全机构

根据 FISMA 第 3553 条的规定，OMB 负责监督联邦政府机构的信息安全政策和实践。OMB 在联邦首席信息官办公室（OFCIO）内设立了 OMB 网络与国家安全处（以下简称“OMB 网安处”），以扩大对机构网络安全实践的监督范围。OMB 网安处通过如下方式加强联邦政府机构网络安全。

- 对机构和政府范围内的网络安全计划进行数据驱动、基于风险的监督。
- 发布和实施联邦政策，以解决新出现的信息安全风险。
- 监督政府范围内对于重大事件和漏洞的响应，以减少对于联邦政府的不利影响。

OMB 网安处与美国国家安全委员会（National Security Council，NSC）和美国国土安全部（Department of Homeland Security，DHS）国家保护和计划局密切协调，通过直接接触领导及参与政府举措来解决网络安全漏洞，加快实施政府网络安全优先要务的进程。

（2）开展网络状况审查

本年度 OMB 与 DHS 通力合作，共同开展了网络状况审查活动，通过分析与关键网络安全绩效领域相关的事件数据和风险因素，选取审查对象，对其网络安全态势进行全面审查，制订实施整改计划并进行全年跟踪。该项活动的开展有助于加快各机构在实现政府绩效目标方面的进度，并进一步明确各机构在网络安全态势方面担负的责任，分享各机构在应对政府网络安全挑战方面采取的措施。

本年度 OMB 网安处共计完成 14 项审查，相比上一年度完成的审查数目增加了 10 项。审查成果包括以下几个方面。

- 加速各机构实施强认证，推进个人身份验证（PIV）卡的使用，加快推动特权用户政策措施的严格执行。
- 确保各机构制订事件响应计划，以提高其应对网络事件的响应能力。
- 发现重要机构及关键系统的安全漏洞并制定解决方案。
- 完善协调管理制度，确保联邦政府各级组织及部门在改进网络安全方面顺利开展合作。

（3）发起网络安全冲刺活动

2015 年 6 月，联邦首席信息官发起了为期 30 天的网络安全冲刺活动，以

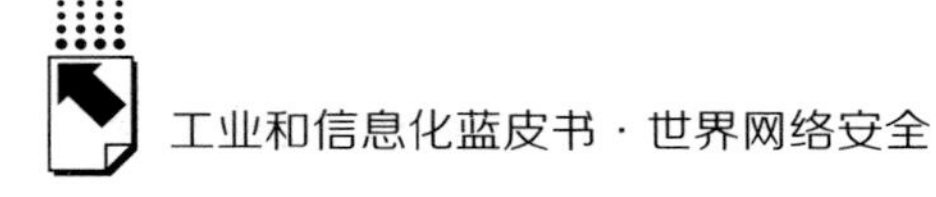

大幅改善联邦政府网络安全并防止系统受到网络事件威胁，提高联邦政府网络恢复能力。网络安全冲刺活动结束后，联邦首席信息官办公室立即发布四项举措以改善其网络安全态势。

一是立即部署 DHS 提供的威胁处置程序，对系统和检查日志进行扫描。

二是立即修补关键漏洞。

三是严格执行特权用户政策和措施。

四是大幅加快强认证的实施进度，特别是对于特权用户的实施进度。

（4）制定网络安全策略和实施计划

本年度 OMB 为联邦政府部门制定了网络安全策略和实施计划（Cybersecurity Strategy and Implementation Plan，CSIP），确定了关键网络安全漏洞及新兴优先事项并逐一阐明具体应对措施，进一步提升联邦政府关键网络安全保障能力。CSIP 主要对以下五方面提出了明确要求。

一是优先保护“高价值信息与资产”。

二是提升网络入侵监测与应急响应能力。

三是提高被入侵网络恢复力并从中汲取经验教训。

四是招募及培养高素质网络安全人才。

五是快速有效地获取并运用已有和新兴的网络安全技术。

CSIP 对当前的联邦网络安全格局予以肯定，强调利用人员、过程、技术和运行的“深度防御”方法，以建立更安全的联邦信息系统。CNAP 将所有 CSIP 举措纳入其中。OMB 未来将与各机构通力合作，开始全面实施 CNAP 计划，跟踪该计划的进展和成果。

（5）建立可持续联邦网络安全人员队伍

美国联邦政府一直面临网络安全专业人员缺乏问题。一是缺乏网络和 IT 人才，这是影响其信息资产保护能力的主要限制性因素。二是当前联邦政府制定的举措尚未持续实施。

OMB 与联邦政府专家合作实施 CSIP 员工队伍建设措施，所取得的阶段性成果包括以下方面。

- 人事管理办公室（OPM）与 OMB 发布了现有特殊雇佣权限汇编，供联邦政府雇佣网络安全和 IT 专业人员时使用。
- DHS 在联邦政府内启用了自动化网络安全职位描述试行工具。

• OPM、DHS 与 OMB 利用国家网络安全教育举措和国家网络安全人员队伍结构，制订了网络安全人员队伍建设规划，明确了网络安全人才现有差距并就如何弥补差距提出指导建议。

• OPM、DHS 和 OMB 针对如何为网络安全工作提供支持，提出了联邦人员队伍培训和专业发展的建议。

CNAP 计划以 CSIP 计划为基础，详细阐述了在全国加强网络安全教育和培训的新举措，并强调进一步扩大联邦政府网络安全专家规模。CNAP 计划在这方面的考虑如下。

• 建立网络安全骨干专家队伍，以快速应对网络安全威胁。

• 开发网络安全基础课程，供学术机构参考和采用。

• 向学术机构拨发网络教育计划专款，或将其扩展为网络安全计划涵盖的国家卓越学术中心之一。

OMB 未来将继续与 OPM、DHS、国家科学基金会、国家安全局和国家标准与技术研究院（NIST）等机构合作，实施 CNAP 计划并对现有计划予以强化，以确保建立可持续的网络安全人员队伍，保护联邦系统、网络和数据的安全。

（6）制订联邦政府计划，应对日益增长的威胁

联邦政府采用各项举措以持续保护联邦信息和信息系统。首先，FISMA 要求各机构保持与其风险状况相称的信息安全计划。例如，各机构有责任评估和授权内网信息系统并确定哪些用户有权访问各机构的信息。其次，DHS 是联邦民用网络安全的业务领导部门，有权代表联邦政府执行多项保护计划。再次，NIST 负责发布和更新联邦机构信息系统的安全标准。最后，OMB 与 NSC、DHS 合作监督特定机构和政府网络安全计划的实施情况，具体包括如下方面。

一是 DHS 与 OMB 合作实施持续诊断与消减计划。

按照该计划，DHS 与美国总务管理局（U. S. General Services Administration，GSA）合作，建立和资助政府级批量采购协议，为联邦机构提供信息系统监控工具，提升网络威胁事件的应对能力。DHS 正在分阶段实施持续诊断与消减计划，每个阶段都旨在为联邦机构实施统一的网络安全工具及服务，利用策略性采购实现成本节约。计划一旦完全实施，联邦政府各机构将近乎实时地识别和应对网络安全挑战。

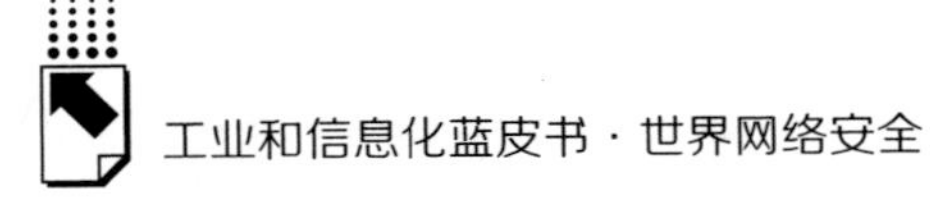

持续诊断与消减计划第一阶段侧重于软硬件资产管理、配置管理和漏洞管理。2014 财年，联邦政府花费 5950 万美元向各机构提供 170 多万份监控软件许可证，节约近 2600 万美元，是实施持续诊断与消减计划的重要步骤。持续诊断与消减计划另外签署共五份合同，为 23 个民事首席财务官法案机构提供了软件、传感器、仪表板和集成服务。合同签约总价为 2.05 亿美元，据估算，与 GSA 明细表中所列价格相比，DHS 节约了 1.42 亿美元的费用，成本节省约 41%。该计划现在可为联邦文职员工提供 97% 的终端管理工具。

持续诊断与消减计划第二阶段侧重于授权用户的操作监控。该计划正在积极规划向各机构提供第二阶段的工具和传感器。该计划的第三阶段将侧重于边界保护和对网络事件和漏洞的响应能力提升。2017 财年，总统预算案将为加速持续诊断与消减计划的实施追加资金投入。

二是入侵检测和防御系统（EINSTEIN）。

入侵检测和防御系统的目标是向联邦政府提供预警系统，提升网络入侵监测与应急响应能力。目前，被动入侵检测系统 EINSTEIN 2 已广泛运用，DHS 于 2012 年开始加速部署 EINSTEIN 3（简称“E^3A”），与主要互联网服务提供商签订合同，增强入侵防御手段，确保各机构可及时阻断或禁止企图入侵的威胁行为。

截至目前，E^3A 已为联邦民事用户群中近 110 万用户（约 49%）提供服务。DHS 起初预计能够在 2018 年之前向所有民事首席财务官法案机构提供 E^3A 保护能力，由于部署工作速度加快，DHS 此项工作在 2016 年底前已经基本完成。DHS 还开始向未使用 E^3A 保护服务的机构进行 E^3A 服务扩展。DHS 将继续推进此项工作，为联邦信息系统提供先进的入侵检测和预防能力。

三是促进移动安全。

NIST 发布了特刊“审查移动应用程序的安全性”、开源测试代码和开发测试移动应用程序的准则。该准则描述了 Android 和 IOS 设备的漏洞和不良编程习惯。该特刊有助于政府机构评估移动应用程序的安全性和隐私性，具体内容包括如下方面。

- 了解审查移动应用程序安全问题。
- 规范移动应用程序审查过程。
- 制定移动应用程序安全性审查要求。

- 了解移动应用程序漏洞类型和检测方法。
- 判定应用程序是否可部署于组织内部移动设备。

四是 FedRAMP 和安全可靠的云应用。

为加快联邦政府云计算解决方案应用速度，联邦首席信息官办公室于2011 年 12 月 8 日发布了“云计算环境中信息系统的安全授权”。该备忘录宣布制订联邦风险和授权管理计划（FedRAMP），通过为政府机构提供标准方法，取代政府不同类型和重复性的云服务评估程序。FedRAMP 依照 FISMA 的要求，通过以下手段为各机构提供云服务授权使用及持续监控的标准化安全评估方法。

- 标准化管理政府采购云解决方案的安全要求。
- 减少重复性工作、不一致性和低效成本。
- 加快联邦政府云计算应用实施进度。

本年度联邦各机构遵照 FedRAMP 标准对云服务提供商实行了 86 个操作权限认证，其中机构发布 50 个。OMB 与 GSA 制定了 FedRAMP 持续发展的实施策略，明确计划要求，提高可用数据质量，加强各机构权限复用能力，简化临时授权流程，并扩大各机构的操作权限流程覆盖范围。OMB 与 GSA 未来将继续开展此项工作，加大 FedRAMP 实施力度，为云解决方案的高效可靠应用提供支持。

3. NSTC 发布《联邦网络安全研发战略计划》

2016 年 2 月，美国国家科技委员会（NSTC）发布《联邦网络安全研发战略计划》（Federal Cybersecurity Research and Development Strategic Plan，以下简称《计划》）。这项计划依据《2014 年网络安全增强法案》而提出，要求明确美国的国家战略研究和开发目标，促进科学有效性，提高效率，驱动网络安全技术发展。

《计划》在分析网络空间存在风险和网络安全技术面临挑战的基础上，提出了美国网络安全研发的近期、中期和长期目标：近期目标（1 ~ 3 年），通过有效和高效的风险管理，抵抗对手的非对称优势；中期目标（3 ~ 7 年），通过可持续安全系统的开发和运行，逆转对手的非对称威胁；长期目标（7 ~ 15 年），通过结果和可能因素的制衡，有效和高效地威慑恶意网络活动。为了实现这些目标，《计划》关注针对以下四项防御能力的科技研发。

一是威慑，即衡量并增加对手实施相关活动的成本、减少活动造成的破坏、增加潜在对手的风险和不确定性，以有效阻止恶意网络活动。重点方向包括以下几点。①评估敌方所需资源，对敌方行动、效果、风险等因素进行度量；②高效实时地进行恶意网络行为追踪溯源；③高度重视调查取证；④建立信息共享机制。

二是保护，即使组件、系统、用户和关键基础设施有效地抵御恶意网络活动，确保机密性、完整性、可用性和可追究性。重点方向包括以下几个。①强化研发系统架构层级的安全策略及安全保障机制；②减少软硬件开发过程中的漏洞；③在系统应用上线前进行充分的安全性测评验证；④建立实施全生命周期的升级维护机制；⑤全供应链评估产品的安全性。

三是检测，即有效地侦察甚至预测对手的行为。重点方向包括以下几个。①实时掌握动态网络信息，加强移动设备管理；②在系统部署、配置及实施过程中识别系统的安全弱点；③提升恶意网络行为的检测能力，研究海量网络日志的大数据挖掘技术。

四是适应，即通过有效地响应破坏、从损毁中恢复运行、调整以挫败未来等类似活动，防御者可动态地适应恶意网络活动。重点方向包括以下几个。①研发实时数字取证技术，准确评估敌方的战术及技术；②自动调节资源调度及配置能力，建立应急防御响应机制；③多层级协作，重视情报共享及应急恢复与演练。

《计划》提出了以下建议。一是在联邦网络安全研发中优先开展基础和长期研究；二是降低公共和私营部门联合研发的障碍，加强相关激励；三是评估成果转化的障碍，确定相关激励措施，尤其要重视新兴技术和威胁。

4. DHS 发布《网络威胁指标共享和防御措施指南》

2016 年 2 月，美国 DHS 和司法部联合发布了关于私营企业和联邦机构如何与联邦政府共享网络安全威胁信息的指南——《网络威胁指标共享和防御措施指南》。该指南指导联邦机构如何接收和使用网络威胁指标，如何接收、存储、使用隐私信息，如何分享政府掌握的信息等，该指南有利于联邦机构以简单和标准化的方式执行《网络安全信息共享法》，确保信息接收者明确如何使用和传播相关信息。

《网络安全信息共享法》允许企业将遭遇网络攻击的信息共享给政府机

构，而不必担心用户起诉其侵犯隐私权。信息共享将通过 DHS 的自动化共享指标系统实施。DHS 下属网络安全和通信整合中心负责接收各种机构的网络威胁指标，将接收信息匿名化处理后传递给相关联邦、非联邦机构和私营企业。不愿加入自动化共享指标系统的组织或个人仍可通过电子邮件或网页共享网络威胁指标及防御措施。

（二）英国

由于数字经济的快速发展，英国成为世界上最容易受到网络攻击的国家之一。最常见的网络攻击类型包括恶意网站通过伪装合法域名，运用恶意程序自动感染访问者的电脑。2016 年，英国政府通过设立机构、加大网络安全防御投入、打造网络安全公共设施、扶持网络安全企业等举措增强国家网络安全能力。

1. 成立新的网络安全中心

2016 年 3 月，英国政府宣布新的国家网络安全中心成立，总部设于伦敦。中心负责保护政府和关键基础设施、制定网络安全标准、协助政府与企业加强合作、应对网络安全攻击。英国国家网络安全中心负责人表示已经制订详细的计划，把英国转型为“主动网络防御”，以更好地保护政府网络，进一步保障国家整体安全。

国家网络安全中心首席执行官 Ciaran Martin 强调“网络攻击能力合法化管理，不断采取创新和协调机制，打击和威慑最具侵略性的威胁”，采取地方政府联合行业共同解决大规模、非复杂性攻击措施，安全厂商表示赞同。但此举措实施的关键要素在于突破网络安全信息共享问题，目前大多数企业不愿分享被攻击信息。

2. 加大网络安全防御投入

英国财政部部长菲利普·哈蒙德表示，鉴于网络安全形势日益严峻，英国计划未来五年投入 19 亿英镑（约合人民币 157 亿元）用于网络安全防御。在新的国家网络安全战略指导下，英国将利用这笔资金开发自动化网络安全防御系统以保护英国企业及民众安全，强化英国的网络安全能力，抵御外来网络攻击。

相比 2011 ~2016 年网络安全防御投入，新计划资金投入明显加大。据悉，投资将覆盖能源、运输等易受攻击的领域。

3. 通信总部拟打造网络安全防火墙

英国政府通信总部拟打造网络安全防火墙以封堵全国的恶意网站。国家网络安全中心已将此项目定位为中心重点工程。网络安全防火墙项目要求私营网络服务提供商主动遵守安全服务条款，对含有恶意内容的网址进行筛选。

4. 斥巨资帮扶网络安全初创企业

2016 年初，英国政府宣布实施“网络安全早期加速项目”，旨在为本国安全初创型企业提供指导建议和资金支持。该项目将由“伦敦网络”和贝尔法斯特女王大学安全信息科技中心联合管理。截至 2 月底，已获得 25 万英镑资金，资金从 3 月开始对外发放。

（三）日本

1. 通过《网络安全战略》修订法案

2016 年 3 月 31 日，日本政府在首相官邸召开“网络安全战略总部”（总部长：官房长官菅义伟）会议，阁僚及专家出席，确定通过《网络安全战略》修订法案。新战略提出，为减少黑客入侵途径，政府机构重要政务系统将与网络隔离；日本政府将积极参与网络空间相关国际准则的制定工作。新战略从网络空间相关认知、目标、基本原则、主要对策、推进实施及未来计划 6 个方面进行详细部署，共计 5 万余字，充分表明日本政府对网络安全战略规划的高度重视。

新战略从信息流通自由化、法制化、开放性、自律性及多主体协同 5 个方面阐述了基本原则。

①禁止信息在自由流通过程中被不当审查或非法篡改。

②国家法令法规同样适用于网络空间。

③明确国际法等国际准则规范也同样适用于网络空间。

④网络空间不允许被部分主体占有，须对所有人开放。

⑤保证网络空间内容可相互运用，进而创造新的价值。

基于上述五项基本原则，新战略确定未来执行政策及实施方针。

第一，增强社会经济的可持续发展。协调物联网相关产业，形成步调统一的工作机制，对能源、汽车、医疗领域中的物联网系统安全进行综合性指导。

第二，营造国民安全放心的社会环境。近来网络空间发展对个人信息和财产安全造成恶劣影响的事件频见报端，重要基础设施、政府机构是支撑经济活动和国民社会的基础，政府确定与各相关主体紧密合作，采取集中对策，保证国家安全和国民财产安全。

第三，维护国际社会和平稳定及国家安全。大力提高警察和自卫队等的事件处置能力；确保与国家安全保障相关的重要先进技术（宇宙技术、核能技术、安全技术、安全防护装备技术产品等）安全；进一步加强政府部门间的信息共享、分析与应对；积极参与配合网络空间相关国际准则的制定工作；联合各国能力，处理国际网络空间恐怖行为，保障网络安全及网络空间全球信息自由流通。

第四，采取横向措施推进制度实行。强化国家网络安全应对能力，以及政企、各省份之间的合作；完善网络攻击快速检查、分析、研判、应对的一体化机制，提升信息集中分析能力，完善共享机制；推行危机处理、安全保障等网络安全对策；确保政府网络安全预算可执行；贯彻落实政府网络安全人才招聘管理机制。

2. 制定网络安全人才培养计划以应对恶意攻击

2016 年 3 月 31 日，日本政府在首相官邸召开“网络安全战略总部”（总部长：官房长官菅义伟）会议，阁僚及专家出席，正式确定网络安全对策重要计划之一——人才培养计划。该计划的主要内容是在未来 4 年内培养近千名专家，加强网络攻击应对能力以保障 2020 年东京奥运会和残奥会顺利召开。

菅义伟表示，日本当前急缺网络攻击应对方面的专家人才，强调构建人才培养系统，形成人才供需的良性循环。根据计划，日本政府将从 2017 年起提高网络安全人才的福利待遇、制定人才培养项目、设立“网络安全与信息化审议官”一职以统管人才培养工作。计划提出尽量将优秀人才输送至“内阁网络安全中心”（NISC）或民营企业以提升网络攻击应对能力。

（四）新加坡

新加坡是最早推广互联网的国家之一，在网络安全立法和监管方面有着成功经验。新加坡政府认为，网络安全是至关重要的战略阵地，对国家安全、社会稳定和个人权益的保障具有不可替代的支撑作用。新加坡通过不断完善网络安全立法，协调监管部门之间的职责，加强网络监管等举措加强网络安全的保障能力。

2014 年新加坡信息通信技术安全局成立国家网络安全中心（NCSC），开展网络态势感知，制定国家级大规模跨部门的网络事件应对措施；2015 年新加坡成立网络安全局（CSA），由通讯信息部（MCI）进行行政管理。CSA 负责协调跨政府、工业、学术、商业和人事部门及国际性工作，保障国家网络安全，制定实施网络安全政策法规。2016 年 7 月，内政部（MHA）启动了国家网络犯罪行动计划，将网络空间安全措施的公共教育、开发网络犯罪打击软件、强化网络犯罪法律、建立地方和国际合作关系纳入打击网络犯罪的重点。

2016 年 10 月 10 日，新加坡总理李显龙在新加坡国际网络周开幕式上正式宣布《新加坡网络安全战略》。该战略提出了新加坡网络安全的愿景、目标和重点任务，主要包括以下四个方面。

（1）建立强健的基础设施网络

政府将促进关键信息基础设施保护，共建网络风险管理流程；扩展补充国家资源，如国家网络事件响应小组（NCIRT）和国家网络安全中心（NCSC）；加强网络安全立法，加大政府系统和网络的保护力度，与运营商和网络安全团体等相关部门加强合作，共同保护国家关键设施网络。另外，新的国家网络安全法案将于 2017 年推出。

（2）创造更加安全的网络空间

为有效应对网络犯罪威胁，政府将实施最新颁布的国家网络犯罪行动计划；建立可信数据生态系统巩固新加坡作为可信中心的地位；与全球机构、他国政府、行业伙伴及互联网服务提供商合作，以便快速识别恶意行为，并降低互联网基础设施上恶意行为的发生概率。

（3）发展具有活力的网络安全生态系统

政府将与社会企业和高校合作，通过奖学金项目和特殊课程培养网络安全人才，并在社会层面加强网络安全就业和相关的技能培训；另外，政府还将与企业和学术界合作，鼓励先进技术公司的创立发展，培养当地初创企业，推动开发、输出好的解决方案。

（4）加强国际合作

加强网络安全国际合作，共同保护全球安全。新加坡提出将积极与国际团体，尤其是东南亚国家联盟开展合作，解决跨国网络安全和网络犯罪问题；支持网络能力建设倡议，促进网络规范和立法交流。

（五）其他

2016年初，乌克兰总统波罗申科批准通过乌克兰新版《网络安全战略》。新战略遵照欧盟和北约标准，设计制定了新的国家网络安全标准，并加速网络安全研发活动。新战略扩大了国际网络安全合作范围，由乌克兰国家安全和国防委员会负责。新战略重点关注如何减少针对乌克兰能源设备的黑客攻击问题。目前，乌克兰的核电站、机场、铁路系统等关键基础设施都面临严峻的网络威胁，因此已成立由权威IT安全专家组成的网络安全团队，管理关键基础设施网络以防止网络攻击。乌克兰军队也成立专门的网络防御部门。乌克兰政府宣布将不再从俄罗斯公司购买软件和IT技术，尤其是卡巴斯基的产品。在乌克兰总统大选期间，卡巴斯基的反病毒系统多次都没有测出国家核心网络资源遭受攻击，给选举造成威胁。新战略同时包含乌克兰国家银行为国家金融体系起草的网络安全标准。

荷兰政府计划实施“数据泄露和网络安全事件有责上报”政策。相关法案已提交至议会二院，要求政府核心部门和企业在发生网络安全事件时向国家网络安全中心（National Cyber Security Center）汇报。目前尚不确定该项法律义务是否适用于电力、天然气、核能、水、电信、交通运输、金融和政府等国家关键基础设施领域。

随着韩国国家基础设施面临的网络攻击风险加大，防卫产业企业和军队网络黑客活动等敌对势力的网络威胁愈演愈烈。为加强网络安全防护力量，韩国空军于2016年7月建立“网络防护中心”，总管网络安保工作。中心将已有部队分散的网络防护部门有机整合，建立24小时网络监视体系，融入防止黑客袭击以及军事情报泄露的情报保护体系。中心负责人由大校担任，归属空军本部管辖。

二　我国政策

（一）正式颁布《网络安全法》，将政府网络安全管理职责纳入立法

2016年11月，《中华人民共和国网络安全法》正式颁布并明确将于2017

年6月1日起正式实施。《网络安全法》对如下方面做出了具体规定。

1.声明网络空间主权，将网络空间主权提升到国家安全高度

《网络安全法》开篇便提出，制定本法的目的在于保障网络安全，维护网络空间主权，将网络空间主权提升到国家安全高度，明确规定要维护我国的网络空间主权。这具体体现在以下方面，可以从具体国情出发来制定有关互联网的法律或制度，有权对我国的信息设施进行管理管辖，有权保护我国境内的信息设施免受网络攻击的破坏，有权采取一定的手段来阻止违法信息在我国网络中传播。

《网络安全法》明确定义了我国网络空间的范围为“中华人民共和国境内建设、运营、维护和使用的网络”，明确了在该范围内的网络安全的监督管理纳入法律适用范围，提出国家采取措施对境内外的风险和威胁以及关键信息基础设施遭受的攻击、侵入、干扰和破坏进行监测、防御、处置，明确表明了国家对网络安全方面的监管责任，表明了我国对网络空间主权管辖权，并提出推动构建和平、安全、开放、合作的网络空间，建立多边、民主、透明的网络治理体系。

2.明确各方职责权利，明确国家在网络安全管理中的主导地位

《网络安全法》为构建我国网络安全管理体系指明了方向。它明确规定，国家在开展信息化建设的同时，支持培养网络安全人才，建立健全网络安全保障体系，提高网络安全保护能力；并规定国家制定并不断完善网络安全战略，积极开展网络空间治理、网络技术研发和标准制定、打击网络违法犯罪等方面的交流与合作；明确国家对网络安全技术产业、社会化服务体系建设、数据安全和保护等加大支持力度；从战略、标准、技术等多个层面为构建我国网络安全管理体系指明了方向。

明确网络安全职能部门职责划分。在具体职能部门职责划分方面，《网络安全法》也进行了阐述，确定“国家网信部门负责统筹协调网络安全工作和相关监督管理工作。国务院电信主管部门、公安部门和其他有关机关依照本法和有关法律、行政法规的规定，在各自职责范围内负责网络安全保护和监督管理工作。县级以上地方人民政府有关部门的网络安全保护和监督管理职责，按照国家有关规定确定”。

确立政府监督管理责任。《网络安全法》明确了政府对网络运营者的管理责任，同时对危害网络安全的行为处理提出了明确要求，“应当及时依法做出处理；不属于本部门职责的，应当及时移送有权处理的部门”。

3. 确立关键信息基础设施概念，详细阐述关键信息基础设施网络安全保护要求

公共通信和信息服务、能源、交通、水利、金融、公共服务、电子政务等重要行业和领域的关键信息基础设施是我国经济社会运行的枢纽，关系着社会的和平稳定，是网络安全所需要保护的重中之重。2016 年 4 月 19 日，习近平总书记在网络安全和信息化工作座谈会上明确提出要求“树立正确的网络安全观，加快构建关键信息基础设施安全保障体系”，“全天候全方位感知网络安全生态，增强网络安全防御能力和威慑能力”。而《网络安全法》则用了第三章第二节对关键信息基础设施安全进行了详细的阐述，对关键信息基础设施的保护提出了明确要求，《网络安全法》明确了以下几点。

（1）关键信息基础设施的安全保护制度是我国网络空间安全的基本制度

《网络安全法》第 31 条提出，关键信息基础设施的具体范围和安全保护办法由国务院制定。第 32 条提出，关键信息基础设施行业及领域的职责分工由国务院进行规定。这就表明，关键信息基础设施的安全保护制度已经成为我国网络安全的基本制度，充分体现了我国对关键信息基础设施保护的重视和决心，表明此项政策已经上升到国家战略的高度。

（2）进一步明确了关键信息基础设施的范畴

2003 年，“重点保障基础信息网络和重要信息系统安全”的概念被提出，并且明确了基础信息网络由“广电网、电信网、互联网”组成，重要信息系统是银行、证券、保险、民航、铁路、电力、海关、税务等行业的系统。但是我国未从法律层面对关键信息基础设施进行划分，并且其范围还有待进一步明确。《网络安全法》首次从法律层面对关键信息基础设施进行了规定，明确关键信息基础设施指的是公共通信和信息服务、能源、交通、水利、金融、公共服务、电子政务等重要行业和领域的信息基础设施。这为关键信息基础设施的保护提供了法律依据，是开展后续工作的基础。

（3）规定了关键信息基础设施保护的责任划分及法律追责方式

《网络安全法》从国家、行业、运营者三个层面，在第 37 条、38 条、39 条、52 条、65 条、68 条、69 条分别规定了国家职能部门、行业主管部门及运营企业等各相关方在关键信息基础设施安全保护方面的责任与义务。如，第

39 条，规定了国家网信部门协调有关部门对关键信息基础设施所需要采取的措施；第 52 条，规定了有关行业主管部门需要健全预警和信息通报制度；第 37 条、38 条、65 条、68 条和 69 条，规定了运营者违反规定所需要履行的责任以及需要承担的法律责任。与此同时，《网络安全法》在第 75 条中规定，“境外的机构、组织、个人从事攻击、侵入、干扰、破坏等危害中华人民共和国的关键信息基础设施的活动，造成严重后果的，依法追究法律责任；国务院公安部门和有关部门可以决定对该机构、组织、个人采取冻结财产或者其他必要的制裁措施”，为境外对我国关键信息基础设施造成威胁的机构或个人的追责提供了法律依据。

（4）为关键信息基础设施保护搭建了制度框架

关键信息基础设施保护涉及各种不同的行业和领域，想要建立健全关键信息基础设施的保护，除了其自身的安全保护外，更需要规范关键信息基础设施的制度建设，构建协调机制，为其搭建可落地的安全保护制度框架。在第 35 条和第 36 条中，《网络安全法》规定，对可能影响到国家安全的关键信息基础设施产品或服务，需要通过国家网信部门或国务院有关部门的审查并且按照规定与产品服务的提供者签订相关的保密协议，并明确保密责任和义务。

（5）促进关键信息基础设施配套法规的制定

如今，关键信息基础设施的保护已经上升到国家战略的角度，仅仅依靠《网络安全法》不足以确保完善的保护政策，还需要配套法规办法的提出与完善。一方面，《网络安全法》明确提出了关键信息基础设施相关办法制定的立法需求；另一方面，由于各行业各领域自身具有一定的局限性，无法从单行业的角度制定相应的法规解决跨行业保护的问题。因此，《关键信息基础设施安全保护条例》的出台至关重要，条例对上可以对《网络安全法》中的条款要求进行落地，对下可以对各行业各领域的关键信息基础设施安保工作进行制度上的明确。

4. 将监测预警与应急处置措施制度化、常态化

《网络安全法》用了整个第五章对监测预警和应急处置的制度及工作机制进行了细化，规定国家需要建设完整的网络安全监测预警及信息通报制度，建立健全网络安全风险评估机制和应急工作手段。如《网络安全法》第 51 条规定，网信部门应该统筹协调有关部门按照规定统一发布网络安全监测预警信息；第52条规定，有关网络安全安保部门应按照规定报送网络安全监测预警信息；第55条规定，如发生网络安全事件，应启动网络安全事件应急预案，对事件进行调查评估并发布与公众有关的预警信息；第58条规定，如有必要，经国务院决定或批准，可以在特定区域对网络通信采取特定的临时措施。网络安全监测预警及应急处置工作机制的提出和细化，明确了网信部门和各行业监管部门的职责与义务，为建立统一高效的网络安全风险评估、情报共享、研判处置机制提供了法律依据，而网络安全防护体系的进一步深化，全天候全方位的网络安全态势感知也具备了法律保障。

5. 加强个人信息保护

随着我国信息化产业的发展，个人信息频繁泄露以及网络诈骗案件频繁发生，个人信息的保护已经引起了全社会的关注。《网络安全法》明确加强了我们对个人信息的保护，对网络运营者进行了规范约束，对其法律责任和义务都进行了全面的界定，公民和机构对个人信息的保护将从道德自觉走向法律规范，《网络安全法》将成为维护公民合法权益的有效法律武器。《网络安全法》首先对网络运营者的行为进行了规范和约束，如第40条、41条和42条规定，网络运营者需要对其收集到的信息进行严格保密，不得对个人信息进行泄露和篡改；如使用个人信息，需要经过被收集者同意；不能收集与其业务无关的信息。这样，对网络运营者的责任进行了规定，从源头上杜绝公民和机构个人信息的泄露。其次，《网络安全法》对个人的权利进行了阐述，如在第43条中说明，个人有权利要求违反相关规定的网络运营者删除其收集到的个人信息，个人有权利要求网络运营者对其收集到的错误个人信息进行删除或更正。最后，《网络安全法》还对网信部门及相关监管部门的职责进行了界定，依法负有网络安全监督管理职责的部门及其工作人员，必须对其知悉的个人信息、隐私和商业秘密进行严格的保密。

（二）网络安全提升至国家战略高度，成为政府关注的重点

2016年，网络安全话题成为政府重点关注主题之一，其关注程度之高、出现频次之高等均为历年罕见，表明网络安全问题已经成为我国政府不可忽视的问题。从年初中央网络安全和信息化领导小组会议，到2016年政府工作报告，从习近平同志在网络安全和信息化工作座谈上的重要讲话，到中央政治局

集体学习网络强国战略，无不强调网络安全的重要性。

1. “4·19”讲话提出了网络安全观和工作路线图

2016年4月19日，习近平总书记在网络安全和信息化工作座谈上发表重要讲话，讲话论述了发展和安全的辩证关系，指出发展与安全是相辅相成的，网络安全是信息化事业发展的前提，同时就网络安全工作，清晰地提出了较为完整的行动路线。

第一，树立正确的网络安全观。讲话提出了网络安全是整体的而不是割裂的；是动态的而不是静态的；是开放的而不是封闭的；是相对的而不是绝对的；是共同的而不是孤立的；指出网络安全不是政府的安全，是全社会、全体人民的安全，需要政府、企业、社会组织、广大网民的广泛参与。确立了网络安全工作指导思想。

第二，加快构建关键信息基础设施安全保障体系。讲话首次明确指出关键信息基础设施作为社会运行的枢纽，是可能遭受到攻击的目标，是网络安全领域的重点，关键信息基础设施安全一旦出现问题，就会造成巨大的破坏，并提出针对关键信息基础设施深入研究，加快构建关键信息基础设施安全保障体系的要求。

第三，全天候、全方位地感知网络安全态势。网络安全是一种对抗，只有知己知彼，才能百战不殆。如果仅仅是出现一个问题解决一个问题，出了漏洞弥补漏洞，那么网络安全防护将永远落后于网络攻击。网络安全态势感知是最基础、最基本的工作，要保证网络安全，首先需要知道风险可能在哪里发生、什么时候发生、会造成什么样的后果。建立高效统一的风险报告机制、情报共享机制、研判处置机制，力图准确把握网络安全风险的动向和趋势就非常重要。因此，这就需要网信部门、各监管部门甚至网络的使用者协调合作，做好网络安全态势的感知工作，努力排查风险，把问题扼杀在摇篮里。

第四，增强网络安全防御能力和威慑能力。防御能力和威慑能力的建设，需要深刻理解网络安全的本质，习总书记在讲话中指出，“网络安全的本质在对抗，对抗的本质在攻防两端能力较量”。归根结底，还是网络信息领域的技术的比拼，要加大对网络安全领域人才的培养力度，增强技术要求，以技术来对抗技术，以技术来管理技术，做到魔高一尺、道高一丈。

在对技术能力提出要求的同时，讲话还特别强调了大国之间的网络安全战略的理念与话语权博弈。总书记指出，目前，网络安全博弈，不仅仅是技术上的博弈，还是理念上的博弈、话语权的博弈。

2. 国家信息化发展战略纲要明确网络安全要求

2016 年 7 月 27 日，中共中央办公厅、国务院办公厅联合印发了《国家信息化发展战略纲要》(以下简称《纲要》)。《纲要》立足于我国信息化建设的进程与形势，明确了新的指导思想、战略目标、基本方针和重大任务，对网络安全提出了明确规划。《纲要》指出以下几点。

第一，以安全保发展，以发展促安全。平衡好安全与发展的关系，平衡好网络安全和信息化的辩证关系。二者是一体两翼，驱动双轮，对二者，要协调一致，齐头并进。

第二，有效应对，积极防御。《2006～2020 年国家信息化发展战略》对网络安全方面的要求是“积极防御、综合防范”，重点是针对“防”。而在此次《纲要》中则提出“有效应对，积极防御”，力图采取更为积极主动的方法来解决网络安全问题，改变制约我国信息化发展的被动的网络安全观。“有效应对，积极防御”就是要转变这种被动的网络安全观，变被动为主动，为此我国也通过健全各种相关的法律法规，如在 2016 年 11 月出台的《网络安全法》，促使各级单位更为积极、主动地解决网络安全问题。

第三，核心技术是网络安全基础。《纲要》要求，在 2025 年“根本改变核心技术受制于人的局面，形成安全可控的信息技术产业体系”。我国的网络安全技术起步较晚，与世界发达国家还有一定的差距。不解决核心技术的问题，我国的网络安全体系就无法在真正意义上站稳脚跟。

《纲要》从国家战略的层面对我国的网络安全基础性工作、关键信息基础设施安全等进行了部署，对未来网络安全的前进方向进行了长远的规划，为网络安全事业的长久稳定健康发展奠定了基础。

3. 中央网信办统筹协调，多部委联合行动，推动多层面网络安全工作开展

(1) 发布《国家网络空间安全战略》

2016 年 12 月，经中央网络安全和信息化领导小组批准，国家互联网信息办公室发布了《国家网络空间安全战略》(以下简称《战略》)。作为我国网络空间安全的纲领性文件，《战略》全面贯彻了习近平总书记提出的新型网络安全战略思想，重点分析了当前我国网络安全面临的机遇和挑战，提出了总体国家安全观指导下的实现网络空间“和平、安全、开放、合作、有序”的五大目标，建立了共同维护网络空间和平安全的“四项原则”，制定了推动网络空间和平利用与共同治理的“九大战略任务”。

《战略》站在全局的高度，对网络空间主权的范围进行了明确，强调九大战略任务整体性与协调性，“坚定捍卫网络空间主权”和“坚决维护国家安全”是我国作为主权国家必须坚守的底线；“保护关键信息基础设施”和“夯实网络安全基础”是维护国家安全的防火墙；“打击网络恐怖和违法犯罪，完善网络治理体系，加强网络文化建设”有利于发挥道德教化引导作用，营造良好的网络氛围和生态；“提升网络空间防护能力”是中国应对复杂网络空间挑战的基本需要；“强化网络空间国际合作”彰显中国共同维护网络空间和平安全的大国胸怀。

我国目前正处于实现中华民族的伟大复兴和中国梦的关键阶段。网络安全和信息化技术代表新的生产力、新的发展方向，将深刻改变人们的生产生活方式，带来生产力质的飞跃，引发生产关系的重大变革。《战略》是国家对网络空间安全领域进行的最系统、最全面的顶层设计，对推进国家网络空间安全对内对外工作具有重大指导意义，必将推动网信事业迈向全新的未来。

（2）推进国家网络安全审查

2016 年 8 月，中央网信办、质检总局、国家标准委联合制定并发布《关于加强国家网络安全标准化工作的若干意见》，明确需要加快网络安全审查等领域标准研究和制定工作。同年 11 月，第十二届全国人大常委会第二十四次会议表决通过《网络安全法》，法案明确提出“关键信息基础设施的运营者采购网络产品和服务，可能影响国家安全的，应当通过国家网信部门会同国务院有关部门组织的国家安全审查”，将网络安全审查提升到法律层面。

2016 年 9 月 20 日，中央网络安全和信息化领导小组办公室公布了首批通过党政部门云计算服务网络安全审查的云计算服务名单。浪潮软件集团有限公司的“济南政务云平台”、曙光云计算技术有限公司的“成都电子政务云平台（二期）”和阿里云计算有限公司的“阿里云电子政务云平台”3 项云服务通过网络安全审查。首批通过审查云服务名单的公布，标志着我国继出台《关于加强党政部门云计算服务网络安全管理的意见》《国务院关于促进云计算创新发展培育信息产业新业态的意见》等一系列纲领性文件之后，配套的党政部门云计算服务网络安全管理体系逐步建立，堪称我国云计算服务安全管理的重要里程碑。

（3）开展关键信息基础设施网络安全检查

2016 年 6 月 10 日，为贯彻落实习近平总书记关于“加快构建关键信息基础设施安全保障体系”，“全面加强网络安全检查，摸清家底，认清风险，找出漏洞，通报结果，督促整改”的重要指示精神，经中央网络安全和信息化领导小组同意，中央网信办印发《关于开展关键信息基础设施网络安全检查的通知》（以下简称《通知》），在全国范围内开展关键信息基础设施网络安全检查工作。

《通知》指出，关键信息基础设施是指面向公众提供网络信息服务或支撑能源、通信、金融、交通、公用事业等重要行业运行的信息系统或工业控制系统，且这些系统一旦发生网络安全事故，会影响重要行业正常运行，对国家政治、经济、科技、社会、文化、国防、环境以及人民生命财产造成严重损失。关键信息基础设施包括网站类，如党政机关网站、企事业单位网站、新闻网站等；平台类，如即时通信、网上购物、网上支付、搜索引擎、电子邮件、论坛、地图、音视频等网络服务平台；生产业务类，如办公和业务系统、工业控制系统、大型数据中心、云计算平台、电视转播系统等。

通过本次全国范围内开展的以属地化为原则的关键信息基础设施检查，各省（区、市）对关键信息基础设施检查工作的重要意义有了更深刻的认识，对制定以业务为导向的关键信息基础设施保护方法的合理性有了现实直观的体会，初步掌握了全国关键信息基础设施整体安全态势，为下一步落实网络安全法相关要求、加强关键信息基础设施安全保障奠定了坚实基础。

（4）加强网络安全学科建设和人才培养

2016 年 7 月 8 日，中央网信办、发改委、教育部、科技部、工业和信息化部、人社部等部门联合发文《关于加强网络安全学科建设和人才培养的意见》（以下简称《意见》）。《意见》称，随着我国网络技术的快速发展，信息化水平的提高，网络安全问题更加突出。而网络空间的竞争，归根结底还是网络安全人才的竞争。我国网络安全学科建设刚刚起步，还存在较大的缺口，加强网络安全学科建设，加大人才培养力度，完善建设和培养机制迫在眉睫。针对这些问题，《意见》提出了以下几点。

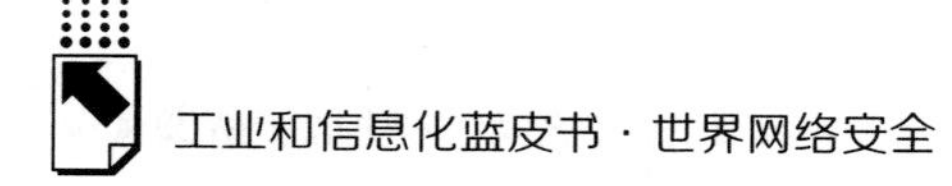

一是加快网络安全学科专业和院系建设，通过政策引导，加大资金投入，发挥各方面的积极性，努力建设世界一流的网络安全学院。二是创新网络安全人才培养机制，针对各高等院校、科研机构自身特色，丰富网络安全学科的方向和内容，探索新颖的网络安全人才培养模式。三是加强网络安全教材建设，网络安全教材要体现党和国家的意志，要体现网络强国的战略思想，加强国家引导，加大对网络安全教材的支持力度。四是强化网络安全师资队伍建设，努力创造条件，吸引技术强、经验丰富的网络安全领域专家和教师到国家机关、高等院校、科研机构和网络安全企业做研究和挂职。五是推动高等院校与行业企业合作育人、协同创新，定向培养网络安全人才，鼓励学生在校期间积极创业，形成网络安全人才培养良性生态链。六是加强网络安全从业人员在职培训，建立党政机关、国有企事业单位的在职培训制度，提高网络安全从业人员的技能水平。七是加强全民网络安全意识与技能培养，办好一年一度的国家网络安全宣传周，开展多种形式的网络安全知识竞赛和技能竞赛，提高全民的网络安全意识素养。八是完善网络安全人才培养配套措施，建立灵活的网络安全人才激励机制，鼓励科研人员参加国际学术交流，培养有国际视野、国际竞争力的人才。

《意见》同时提出，各地方、各部门要认识到网络安全人才培养的紧迫性，增强人才培养的责任和使命感，将网络安全人才培养提上重要议事议程。

（5）加强网络安全标准化工作

2016年8月22日，中央网信办、国家质检总局、国家标准委联合印发了《关于加强国家网络安全标准化工作的若干意见》（简称《若干意见》）。这份文件经中央网络安全领导小组批准，对网络安全领域的标准化工作进行了部署。文件内容丰富、针对性强。构建权威高效的网络安全标准体系和标准化工作机制是我国迈向网络强国之路的重要一环。《若干意见》着重强调了以下几点。

第一，要建立统一权威的国家标准工作机制。网络安全领域主管的部门比较多，除了网信办外，还有一些国务院主管部门，在信息化和互联网化不断深入的背景下，对统一网络安全标准的要求更加强烈。因此，《若干意见》除要求对网络安全国家标准进行统一归口外，还指出，凡是涉及网络安全方面的国家标准，就应征求中央网信办和其他相关主管部门的意见。

第二，产业应用要与标准化工作紧密互动。近年来，我国的一些重大科研项目开始将标准作为项目验收的考核要素之一，但这些标准还没有与产业应用建立紧密的合作关系。为了解决这个问题，《若干意见》要求重大工程和重大科研项目建立信息共享机制，要求项目主管部门和信息化标准的主管部门之间建立密切的合作关系，这有利于推动项目成果真正转变为国家标准。

第三，要把握强制性标准的定位。事实上，标准分为强制性、推荐性两种。当法律引用某项标准时，这项标准对全社会来说就是具有强制性的；当合同引用某项标准时，这项标准对合同的当事方就是具有强制性的。对此，《若干意见》提出，视情况在行业特殊需求的领域制定推荐性行业标准。这透露出两个方面的信息，其一，不再制定强制性的行业标准，其二，对于推荐性的行业标准，要谨慎制定。

第四，不再制定网络安全地方标准。地方可以采用已有的国家标准或提出针对某个问题的标准立项，但是不能通过制定地方性标准来解决某个地区缺乏网络安全标准的问题。

第五，要提高标准的先进性。先进性是标准的一项基本要求，尤其是对于发展异常迅猛的信息化领域，复杂的标准制定程序已经成为限制标准先进性的重要因素。对此，《若干意见》规定，必须缩短标准的制定周期，原则上周期不超过两年。

第六，加大标准实施力度。标准不会自然实施，标准必须被相关的法律法规、政策制度所引用。因此，标准实施的关键，就是相关政府部门要在制定政策和部署相关工作时积极采用国家标准。

第七，要推动国际标准化工作常态化、持续化。标准是国家网络信息领域话语权、影响力的体现，是国际博弈的焦点。《若干意见》要求，有关部门、社会团体要实质性地参与国际标准化活动，要推动国际标准化工作常态化、持续化。

（6）互联网金融风险专项整治工作实施方案

2016 年 10 月 13 日，《互联网金融风险专项整治工作实施方案》由国务院正式发布。方案强调，要重塑互联网金融监管理念，稳步推进网络空间各项整治工作。在方案发布的同时，中国人民银行等十几个部委也同时发布了包括跨界金融业务、第三方支付、P2P 网贷、股权众筹、互联网保险等在内的多个细分领域的风险整治文件。

参考文献

Office of Management And Budget, Annual Report to Congress: Federal Information Security Modernization Act, Mar. 18, 2016.

Cyber Security Agency of Singapore, Singapore's Cybersecurity Strategy, 2016.

张屹:《浅析中国网络安全政策及其与国际安全体系的融合》,《枣庄学院学报》2016 年第 3 期。

左晓栋:《由〈国家信息化发展战略纲要〉看我国网络安全顶层设计》,《汕头大学学报》(人文社会科学版)2016 年第 4 期。

王奕飞:《中国网络安全战略研究》,吉林大学硕士学位论文,2015。

B.11
关键基础设施安全保护措施研究

唐 旺　张哲宇*

摘　要：2016年，网络安全形势严峻，关键信息基础设施遭受攻击的情况愈演愈烈。美国、日本、英国等国家逐步完善关键信息基础设施保护相关政策和法规，我国也将关键信息基础设施提升至国家网络安全战略的重点。本文分析了国际通行关键信息基础设施主要做法，提出了我国关键信息基础设施网络安全保护构想，对未来我国在国际网络空间博弈中占据主动具有重要意义。

关键词：网络空间　关键信息基础设施　网络安全

一　关键信息基础设施网络安全保护上升到国家安全高度

随着网络信息技术的飞速发展，网络及与网络空间相连接的设施在为人们提供便捷服务、信息查询、娱乐交流的同时，在金融、交通、水利、能源、医疗卫生等重要行业和领域同样拥有至关重要的地位。由于网络空间的开放性和互联互通性，国家关键信息基础设施时刻面临来自不同层面的安全威胁，既有黑客的个人行为，也有犯罪团伙、商业间谍、邪教组织、恐怖分子等有组织行为，甚至还有国家间对抗行为，这些行为都会在很大程度上影响国家关键信息基础设施的安全。一旦出现网络安全事件，轻则可能造成经济损失，影响人民

* 唐旺，硕士，国家工业信息安全发展研究中心工程师，研究方向为网络安全；张哲宇，硕士，国家工业信息安全发展研究中心助理工程师，研究方向为网络安全。

群众的正常生活，重则可以造成人员伤亡、社会混乱，甚至削弱国防能力、影响党的执政能力，严重威胁国家安全。

每个国家的关键基础设施，从石油管道到电网，从民航到水运网，从交通到金融/银行系统，都逐步引入网络管理和监控系统，在提高了基础设施性能水平的同时，由于其对于信息和通信的依赖性且允许网络访问，引发了网络攻击的风险。现代社会依赖于重要行业的信息系统或工业控制系统的信息管理、通信和控制功能，同时科技的进步也使关键信息基础设施的运行和控制方面的自动化程度逐步提高，近年来网络空间中关键基础设施的关联性变得越来越复杂，对国家关键信息基础设施的潜在威胁也在急剧增加。关键信息基础设施的可用性、可靠性和安全性关乎人民的福祉、国家的发展，若其遭到攻击破坏，将对国家政治、经济、科技、社会、文化、国防、环境和人民的生命财产造成严重的损害。

由于信息技术发展迅猛、网络化程度高，美国、欧盟等西方发达国家和地区早已认识到保障重要行业国家关键信息基础设施网络安全的重要性，纷纷采取了一系列保障措施，筹建了专门机构，制定了战略规划和相关标准依据，开展了理论研究和模拟仿真的工作，实施了一系列安全演习，提升了国家关键信息基础设施的安全保障能力。

我国于近年逐步开展关键信息基础设施保护的相关工作，并于2016年11月7日，在十二届全国人大常委会第二十四次会议表决通过的《中华人民共和国网络安全法》中对关键信息基础设施有如下描述：国家对公共通信和信息服务、能源、交通、水利、金融、公共服务、电子政务等重要行业和领域，以及其他一旦遭到破坏、丧失功能或者数据泄露，可能严重危害国家安全、国计民生、公共利益的关键信息基础设施，在网络安全等级保护制度的基础上，实行重点保护。该法将于2017年6月1日起施行。

二 关键信息基础设施成为国际网络空间博弈的主要目标

（一）关键信息基础设施成为网络攻击目标

当前各国网络对抗加剧，许多国家成立了专门的网络战部队，专门研发网络战武器，而针对敌对国关键信息基础设施攻击，能够影响其金融、能源、交通、通信及政府机构等的正常运转，进而危害其国家安全、经济命脉，同时具备攻击成本小、不易追踪的优势，所以近年来针对国家关键信息基础设施的攻击屡见不鲜，已经从电影情节走进了真实世界。

“棱镜门”披露者斯诺登表示，他之所以披露信息，是为了说明“美国政府宣称自己与敌人不同，不会瞄准民用的基础设施，但这种说法其实是虚伪的”。越来越多、越来越复杂的攻击事件也表明，针对关键信息基础设施的攻击已经从个体行为向政治背景下的有组织攻击转变。在危机时刻，如果一个国家涉及国计民生的关键基础设施被人攻击后瘫痪，甚至军队的指挥控制系统被人接管，那将是“国将不国”的局面。

（二）关键基础设施网络攻击事件层出不穷

自 2010 年“震网”（Stuxet）病毒事件以来，关键信息基础设施遭受的攻击便层出不穷，进入 2016 年，更是愈演愈烈，美国、德国、俄罗斯等国家均遭受影响，攻击导致大面积网络异常、金融秩序紊乱。

2010 年，“震网”病毒事件，利用 WinCC 系统的漏洞开展攻击，后果是改变了伊朗核原料的浓度，使该国核发展几乎停滞。

2012 年，朝鲜对韩国进行了持续半个月信号干扰，造成了仁川、金浦机场 600 台飞机的 GPS 功能紊乱。

2013 年 6 月，美国国安局（NSA）前雇员斯诺登曝出的“棱镜门”事件，暴露美国军方采取网络行动的主要目的就是控制、中断、摧毁关键信息系统。

2013 年，韩国广播公司、文化广播电台、韩联社电视台等媒体以及新韩银行、农协银行等金融机构的计算机网络遭到 APT 攻击，致使其网络当天全面瘫痪。

2014 年 5 月，eBay 披露黑客已经成功地盗取该公司 22300w 用户的个人记录。

2015 年，乌克兰电力部门遭受了恶意代码攻击，攻击者入侵了监控管理系统，对乌克兰部分地区造成数小时的停电事故。

2015 年，法国最大的全球性电视网遭到重大网络攻击，造成电视转播信号中断数小时，电视台的网站和社交网络同时被黑客控制，并出现了大量

“圣战”标语、视频和图片。

2015 年，波兰航空公司的地面操作系统遭黑客攻击，致使出现长达 5 小时的系统瘫痪，至少 10 个班次的航班被迫取消，超过 1400 名旅客滞留在华沙弗雷德里克·肖邦机场。

2016 年 10 月，亚马逊、推特、Netflix、Soundcloud、Airbnb 等网站访问异常，由于 10 万多个物联网设备（例如，打印机、路由器、摄像机、智能电视）IP 开始攻击在美国运营的托管域名系统基础设施公司 Dyn。

2016 年 11 月，德国电信遭受攻击，导致大面积网络中断，导致 2000 万固定用户中约 90 万个路由器发生故障。

2016 年 12 月，俄罗斯央行遭受黑客攻击，导致 20 亿卢布损失。

（三）恐怖主义和激进分子已成为网络空间的新威胁

对网络犯罪分子、恐怖分子而言，攻击关键的基础设施，如医院、公共交通系统、警察部门、能源系统、电信以及其他公共配套设施等，所带来的社会后果会进一步加强他们的犯罪动机。2015 年 12 月，ISIS 就曾推出名为 Kybernetiq 的“网络安全”杂志，招募 ISIS 网络士兵，同时教授其如何以匿名手段攻击网络目标。可以预测，网络攻击技术在未来同样会成为恐怖分子、激进分子的攻击武器，一旦被利用或不顾及后果进行破坏，极有可能引发灾难性后果。

三　各国高度重视关键信息基础设施网络安全保护

（一）美国制定关键基础设施清单，持续推进关键基础设施保护计划

自 20 世纪 90 年代以来，美国采取了多项措施，加强对国家关键信息基础设施的保护。1998 年，克林顿签署《关于保护美国关键基础设施的第 63 号总统令》，明确了关键基础设施的概念和部门，设立了国家关键基础设施保护的国家目标，要求采取一切必要措施降低关键基础设施（特别是信息系统）面临攻击时的脆弱性。2003 年 2 月发布的《保护网络空间安全国家战略》指出，其网络空间安全的战略目标是预防国家关键基础设施遭受网络攻击、降低国家

面对网络攻击的脆弱性，将网络攻击造成的损害以及恢复时间降至最低程度。2013 年发布的 21 号总统令《提高关键基础设施安全性及恢复力》，厘清了联邦政府部门的角色与职责；13636 号行政令《改善关键基础设施网络安全》，授权美国政府相关部门制定关键基础设施网络安全框架，明确应遵循的安全标准和实施指南。

2003 年发布的美国第 7 号国家安全总统令《关键基础设施标示、优先级和保护》要求联邦各部局识别本行业本领域关键基础设施和关键资源，并对其进行优先级排序。2013 年发布的 13636 号行政令进一步要求国土安全部应基于风险的方法，采用一致客观的标准来确定关键基础设施，且每年对关键基础设施列表进行审查和更新并报送总统。为了形成国家关键基础设施清单，美国国土安全部实施国家关键基础设施优先次序项目，由国土基础设施威胁和风险分析中心管理，国家基础设施仿真和分析中心进行协助，对资产进行风险分析，识别对国家极度重要的资产和系统，制定优先级清单。基于清单，国土安全部 2006 年发布了《国家关键基础设施保护计划》，为各级政府机构和私营部门如何保护国家关键基础设施和资产提供了一个实施框架，该计划在 2009 年和 2013 年再次修订。计划定义了 3 种不同的保护政策：阻止恐怖威胁、降低脆弱性，减轻潜在后果；规定了关键方案；列出了参与关键基础设施保护的私营行动者，设置了将要达到的里程碑和目标，并为关键基础设施运营和所有者提供了一个风险管理框架。

（二）国际社会紧随其后，纷纷加强关键基础设施保护

欧洲共同体早在 2004 年 10 月就发布了《打击恐怖主义活动，加强关键基础设施保护》通告，提供了关键基础设施（CI）的定义，2005 年《欧洲关键基础设施保护计划》，确定了关键部门、保护目标、清单等，同时要求建立关键基础设施预警信息网（CIWIN）和信息共享机制。2008 年发布《欧盟关键基础设施认定和安全评估指令》，2009 年，欧盟外交部部长理事会通过《加强欧盟关键基础设施保护指令》，要求根据统一的分类程序与改进保护需要的通用评估方法，排列、标明关键信息基础设施并评估其保护需要。

英国陆续发布了《2010 年国家基础设施战略》《2010 年增强关键基础设施从自然灾害中重生和可恢复的战略框架和政策声明》《2011 年国家基础设施

战略》等一系列政策。德国制定发布《2005 年国家信息设施保护计划》（NPSI）、《2009 年关键基础设施保护国家战略》、《2011 德国网络安全战略》。加拿大制定发布了《2004 年政府关键信息基础设施保护国家战略立场文件》等。

俄罗斯在 2000 年《俄罗斯联邦信息安全学说》中阐明了关键信息基础设施保护的法律，2012 年出台《关键基础设施防护政策优先方向》，从国家层面确定了俄关键基础设施和重要信息系统安全政策和优先保障方向。2013 年 8 月 20 日，俄联邦安全局公布《俄联邦关键网络基础设施安全》草案及相关修正案，并于 2015 年 1 月 1 日开始实施，以强化关键部门信息系统的安全保护。

澳大利亚 2001 年发布了《保护国家信息基础设施政策》，即政府信息安全行动计划，提出依靠私营部门来保护国家关键基础设施的策略，并制定了关键基础设施信息安全防护的法规和标准，要求关键基础设施所有者和运营者执行。同时，澳政府还通过计算机网络脆弱性评估项目直接向关键基础设施的所有者和运营者提供资金支持，用于开展信息安全风险评估等具体工作。后制定发布了《2010 年关键基础设施再生重整战略》《2011 年保护关键基础设施免遭恐怖袭击国家指南》等。

2005 年日本发布的《信息安全第一国家战略》定义了政府、关键基础设施、公司企业和个人的角色及需要落实的措施，2005 年 12 月发布的《关键基础设施信息安全行动计划》要求每个关键部门建立保护、技术操作、分析和响应的工程能力，并计划举行跨部门演习，2010 年 5 月 11 日，通过《日本保护国民信息安全战略》，提出要强化关键基础设施建设，如加强信息共享机制建设、鼓励关键基础设施联络协议会开展活动、对关键基础设施运营部门和关键基础设施运营商安全标准的制定指导原则进行分析及验证、加强对关键基础设施的防护、推进关键基础设施领域的国际合作等。2013 年 3 月，日本经济产业省开展了首次关键基础设施应对网络攻击演习。2014 年 12 月，日本发布了第九次关键基础设施跨域网络演习结果。

四　关键信息基础设施网络安全保护的国际通行做法

（一）识别认定

美国 2003 年发布的《国土安全总统 7 号令》指出，联邦各部局将标识联邦政府内的关键基础设施和关键资源；各部门领导机构，加强与各方合作，负责标识本部门的关键基础设施和重要资源；国土安全部负责标识国家的关键基础设施和重要资源；各组织机构为识别的关键信息基础设施和重要资源排列优先级，协调对之的保护。此外，开展一项地球空间计划，确立实现机制，利用商业卫星或其他空间系统来检测、绘制、分析、区分关键基础设施和重要资源。至 2007 年 7 月，国土安全部确定了 2500 个对国家至关重要的资产。随着形势的发展，制定清单所依据的通用准则和风险分析方法不断更新、优化，列入清单的关键基础设施也在及时更新。清单准确性的提高为优化基础设施保护资源、规划和协调保护工作的开展奠定了基础。2013 年发布的 13636 号行政令要求 150 天内识别风险极大的关键基础设施，建立其他利益相关者的信息提交机制，确保被识别的风险极大的关键基础设施拥有者和经营者获得了认定依据。

2015 年 7 月，德国联邦参议院通过《联邦信息技术安全法》，明确关键基础设施认定标准和程序，授权联邦内政部制定关键基础机构、设施或部门的认定标准；“根据提供关键服务和供应程度的意义”而确定的部门，自行确定关键基础设施。

2009 年，欧盟委员会与成员国和所有利益相关方合作开发识别欧洲信息和通信技术领域关键基础设施的标准，还将与各成员国讨论 ICT 行业要考虑的识别和欧洲的关键基础设施的名称，评估、指导和审查需要改善的保护措施。

识别关键信息基础设施，明确关键信息基础设施的主要行业和领域，探索关键信息识别认定的标准和阈值，才能快速准确地识别并获得关键信息基础设施清单；同时，关键信息基础设施识别需要不断地根据信息化发展和行业领域扩展进行调整和优化，充分分析威胁和相互依赖性。

（二）信息共享

美国 1998 年第 63 号总统令《关于保护美国关键基础设施》强调政府机构与私营部门之间对信息安全事件预警信息的共享，鼓励关键信息基础设施的建设者和运营者创建私营信息共享和分析中心。2001 年《爱国者法案》要求建立和运行关键基础设施保护的信息共享系统，美国在第 21 号总统令《关键基础设施安全性及恢复力》中确定信息共享需求，第 13636 号行政令《加强基础设施网络安全》明确将网络安全信息共享覆盖所有关键基础设施运营者。2015年奥巴马签署信息共享行政令，建立专门“信息共享和分析机构”（ISAOs），促进公共及私营企业、政府等关键信息基础设施相关方之间的合作，共享关键基础设施的威胁信息，推动信息共享作为网络空间整体安全的有效策略，防范针对网络空间的破坏或攻击。2015年，美国通过《网络安全信息共享法案》，在法律上支持和规范了信息共享制度。

英国国家基础设施保护中心与国家信息保障技术管理局（CESG）、警察部门、国家反恐安全办公室和反恐安全顾问等可信实体之间建立信息共享机制，于适当时机共享脆弱信息和有效的响应措施，以便促进国家及私人组织的关键基础设施的保护工作。

法国建立公私合作伙伴关系，以提高关键基础设施信息系统的安全性。系统运营商将从国家收集的关于威胁分析的信息中受益，国家将能确保对国家正常运行至关重要的基础设施给予适当水平的保护。

关键信息基础设施的建设者和运营者，以及政府、安全公司等各方建立合作关系，加强信息共享，是关键信息基础设施保护的重要措施。政府与各组织机构及时共享威胁、脆弱性信息，分析信息共享过程中关键数据和信息的需求、可用性、可访问性和数据格式，可以使各组织机构保护自己免受网络威胁。同时，面对如何使用信息、如何防止信息泄露等问题，还需要建立健全跟踪报告制度和威胁信息使用标准，最大限度地利用与网络威胁和攻击相关的共享信息。

（三）风险管理

美国在第21号总统令《关键基础设施安全性及恢复力》中提出要构建提升安全性和恢复力的风险管理框架，关键基础设施所有者和运营者尤其需要管理他们各自运营资产的风险，并制定有效的策略来让关键基础设施更安全和更具恢复力。第13636号行政令《加强基础设施网络安全》明确要制定减少关键基础设施网络风险的框架，包括一系列与标准、方法、程序和过程相匹配的解决网络风险的政策、业务和技术方法。

日本网络安全战略总部、信息安全政策委员会2015年5月25日通过的《关键信息基础设施保护基本政策》要求推动运营者和国家两级风险管理：运营者需要按照风险管理框架和国际标准独立实施风险管理，内阁秘书处负责跨部门的活动，分析环境发展趋势和新的风险源，包括环境变化的研究、相互依赖性分析。欧盟各国在关键信息基础设施保护中都进行了风险管理框架的实践。

针对关键信息基础设施的风险管理是指对已认定为国家关键信息基础设施进行风险识别、风险分析、风险控制和风险审计等，将可能发生的不良影响降至最低的管理过程。美国风险管理体系包含设定目标和目的、识别关键基础设施、评估和分析风险、实施风险管理活动、评价五个方面的循环。

（四）应急演练

美国2003年《保护网络空间国家战略》将国家应急响应放在首位，纳入国家的战略计划，并针对网络空间安全响应确定了主要行动和动作。美国自2006年起，开展以两年一次为周期的网络风暴演习行动，测试政府机构和能源、金融、交通、通信等行业的国家关键信息基础设施对抵抗网络攻击的协同应对能力，以及网络安全事件发生后的各行业部门的响应应急机制。

应急演练可以从根本上发现关键信息基础设施的脆弱点，完善网络安全事件预警和应急响应机制，促进信息共享。网络技术不断发展，网络攻击手段也不断变化，定期的应急演练可以发现当前网络状态下未知的漏洞和威胁，检测网络安全事件发生时各行业、各部门、各地区，甚至各个国家的协同合作能力，以便及时整改，保护关键信息基础设施的安全，防范恶意攻击带来的严重后果。

网络安全技术篇

Reports on Cyber Security Technologies

B.12
2016年重大网络安全事件解析

王墨　江浩　刘文胜*

摘　要：　2016年，全球网络空间安全形势依然严峻，黑客攻击影响国家政局走向引人注目；物联网安全事件爆发，美国国土安全部发布物联网安全指导原则及时应对；全球大规模数据泄露事件频频发生，数据隐私令人担忧；各行业工业控制系统频繁遭到网络入侵，基础设施安全引起各国重视；高危漏洞频发成为各网络安全事件的导火索；DDoS攻击更加频发，新型攻击手段导致流量爆发。

关键词：　网络安全　物联网安全　DDoS攻击　数据泄露

* 王墨，工程硕士，国家工业信息安全发展研究中心高级工程师，研究方向为网络安全；江浩，硕士，国家工业信息安全发展研究中心工程师，研究方向为网络安全；刘文胜，硕士，国家工业信息安全发展研究中心工程师，研究方向为网络安全。

一　具有政治背景的网络攻击事件明显增多

2016 年，网络攻击和黑客入侵给全球政治圈带来了不小的影响。特别是 2016 年美国总统选举爆发的一系列网络黑客攻击事件，从维基解密曝光“邮件门”事件，到俄罗斯等国被美国指责发动网络袭击，再到网络黑客公开叫嚣干扰总统选举，相关事件受到世界各国政客媒体的持续追踪，背后的深层变局引发关注。

（一）黑客 Guccifer 2. 0曝光更多美国民主党文件

2016 年 6 月，美国民主党全国委员会（Democratic National Committee，简称 DNC）的计算机系统遭到了黑客入侵，攻击导致大量敏感电子邮件泄露。黑客 Gufficer 2. 0 公布了服务器文件，曝光内容包含个人身份信息（PII）、民主党财务记录、与希拉里・克林顿（Hillary Clinton）相关的文件档案材料等。安全公司 CrowdStrike 称其在 DNC 服务器上发现了跟网络间谍组织 Cozy Bear 和 Fancy Bear 存有联系的恶意软件。Cozy Bear、Fancy Bear 被认定跟俄罗斯政府存有关联。事件发生之后，美国的情报部门等相应组织机构均公开指责俄罗斯试图通过黑客攻击手段来干扰或操纵美国大选。

此外，美国的总统选举系统也曾遭到黑客的入侵，美国情报机构和美国国土安全部均公开指责俄罗斯黑客干扰破坏美国的总统大选，此次攻击事件并未对 2016 年美国总统大选进程产生实质性影响。

（二）“匿名者”美国创建新政党

“匿名者”（Anonymous）是全球最大的黑客组织，也是全球最大的政治性黑客组织。2016 年 6 月，“匿名者”成员通过网络新闻发布会宣布已在美国创建并注册名为“The Humanity Party”（缩写 THumP，人性党）的新政党。THumP 代表表示，新政党宪法以基本人权为主，注重健康食物和水、住房条件、衣物保障、医疗保健及教育；利用匿名者身份发布威胁或恐吓信息的行为正式结束，新政党将从内部开始改变，推出和平及合法的战术以凝聚人心。

（三）菲律宾5500万名选民个人信息遭泄露

2016年3月，菲律宾委员会选举（简称COMELEC）网站遭到Anonymous Philippines黑客集团的入侵与篡改，另一个黑客组织LulzSec Pilipinas则于当天晚些时候公布了COMELEC的完整数据，5500万名选民的个人信息遭到泄露，成为有史以来最大规模的政府数据泄露事件。

趋势科技（Trend Micro）在调查中指出，菲律宾国内有5430万名注册选民，海外有130万名注册选民。泄露的全部敏感信息包括护照信息以及指纹数据，部分数据经过加密，部分关键数据为纯文本格式，可直接查看。

二 物联网安全风险凸显

2016年，由物联网设备端发起的DDoS攻击崭露头角。美国大范围网络瘫痪事件引发了全球范围互联网及安全行业的高度关注，使人们直观感受到来自物联网的安全威胁。目前，全球依然有大量物联网设备暴露在互联网中，且数量正在不断增加，物联网安全严重滞后于其发展，安全形势令人担忧。美国大范围网络瘫痪事件发生后仅一个多月时间，美国国土安全部就发布了《物联网安全指导原则》，为物联网设备和系统相关开发商、生产商、管理者及个人提供安全标准和指导。

（一）美互联网大规模瘫痪

2016年10月21日，一场始于美国东部的大规模互联网瘫痪席卷全美，包括Twitter、Spotify、Netflix、Airbnb、Github、Reddit以及纽约时报等重要网站陆续无法访问，情形持续6个小时之久，引发全球范围的高度关注。造成本次大规模网络瘫痪的原因是美国著名DNS服务提供商Dyn公司遭到大规模DDoS攻击，该攻击大部分流量来自受恶意代码感染的物联网设备。

本次攻击源头为Mirai的恶意程序，该程序集成了大量的常见默认账号密码及特定设备的默认密码，可自动通过密码字典尝试连接物联网设备的远程控制端口。攻击者可利用上述攻击控制大量受影响设备组成僵尸网络，从而对其他正常网络设备进行DDoS攻击。Mirai僵尸网络曾通过控制14.5万个摄像头对法国服务器托管公司发起每秒1TB攻击流量的DDoS攻击，该流量峰值打破了历史纪录。

当前，传统的PC、服务器等终端已具备成熟的防DDoS攻击能力，但物联网设备防DDoS攻击的能力基本为零，极易被控制。大部分物联网设备在设计之初主要应用在专网或者无网领域，并没有将互联网作为应用场景。例如，安防摄像头，最初是通过硬盘来存储数据，主要考虑编解码、清晰度等产品特性。但随着摄像头数量增多，越来越多的设备需要远程控制能力，因此开始连接互联网。此时，缺少安全防护的问题开始大规模暴露。PC、服务器等终端设备在设计之初就考虑到安全防护问题，即使被控制，也可以很快处理、清除。但物联网设备没有设计溯源、审计等防护能力，被感染的物联网设备，很难从僵尸网络中清除出去。

国际知名分析机构Gartner分析指出，2015年，全球联网的设备数量达到49亿台，预计2016年将增长30%，达到64亿台。其中，个人消费电子产品约40.2亿台，而行业物联网设备数量约23.7亿台。到2020年，两类设备数量将分别达到135亿台、63亿台，合计198亿台。物联网设备会收集大量个人健康、工厂生产等高价值数据，因此网络安全问题不容忽视。目前，物联网的安全问题爆发在DDoS领域，未来必然会产生数据泄露、泄密等重大安全事件，其带来的损失远非DDoS攻击可比。

国家信息安全漏洞库（CNNVD）公开了受用户名和密码影响的物联网设备列表，如表1所示。

表1　受用户名和密码影响的物联网设备

序号	设备名称	序号	设备名称
1	Acti IP Camera	15	Guangzhou Juan Optical
2	ANKO Product DVR	16	H. 264 - Chinese DVR
3	Axis IP Camera	17	HiSilicon IP Camera
4	Dahua Camera	18	IPX - DDK Network Camera
5	Dahua DVR	19	IQinVision Cameras
6	Netgear Routers	20	Mobotix Network Camera
7	Dahua IP Camera	21	Packet8 VOIP Phone
8	Dreambox TV Receiver	22	Panasonic Printer
9	EV ZLX Two-wat Speaker	23	RealTek Routers

续表

序号	设备名称	序号	设备名称
10	Samsung IP Camera	24	VideoIQ
11	ShenzhenAnran Security Camera	25	Vivotek IP Camera
12	SMC Routers	26	Xerox printers
13	Toshiba Network Camera	27	ZTE Router
14	Ubiqulti AirOS Router		

三　大规模数据泄露事件频发

2016 年，接二连三的信息泄露事件让每个人都感到岌岌可危，大规模用户信息泄露及买卖已形成黑色产业链，许多互联网系统及服务在安全防范上存在漏洞，沦为黑客和不法分子盗取用户信息的主要渠道，给网络安全带来重大危害，对此需要加以完善，逐步消除隐患。

（一）土耳其5000万公民信息泄露

2016 年 4 月，土耳其爆发重大数据泄露事件，近 5000 万土耳其公民个人信息牵涉其中，包括姓名、身份证号、父母名字、住址等敏感信息被黑客打包放在芬兰某 IP 地址下，用户可通过 P2P 任意下载数据。为证明盗取数据的真实性，黑客特意公布了土耳其现任总统埃尔多安的个人信息以作示范，并且对该泄密数据库的编程水平大肆嘲讽。

事发之后，安卡拉联邦检察官对此次数据泄露事件展开调查，交通和通讯部部长 Binali Yildirim 将此次事件的矛头指向了总理埃尔多安的宿敌、现居美国的伊斯兰教士葛兰（Fethullah Gulen）。葛兰被控另立政权旨在篡夺埃尔多安的统治。

直观整个事件，暴露出来的是数据库安全软肋，被攻击数据库未严格限制访问数据库账号的权限，造成入侵账号对数据的非法访问；另该数据库未对敏感数据进行加密，造成敏感数据明文泄露。

（二）Gmail、雅虎和 Hotmail 账号遭泄露

俄罗斯知名邮件服务商 Mail. ru、Gmail、雅虎及微软电邮 Hotmail 等 2. 723

亿个账号惨遭泄露，并在俄罗斯地下黑市进行交易传播。此次泄露数据列表删除重复账户后，包括至少5700万Mail.ru、3300万Hotmail、4000万雅虎以及2400万Gmail地址，此外，列表还包括成千上万的中国和德国电子邮箱地址服务器等信息。

（三）社交网站成大规模泄露重灾区

社交网站平台用户群体数量庞大，个人信息较为完善，相对于传统互联网行业，数据更容易获取。俄罗斯社交网站VK.com遭黑客Tessa88入侵，1.71亿用户账号信息泄露；超过3200万Twitter用户的登录信息遭泄露并在暗网（Dark Web）黑市出售；3.6亿MySpace用户的电子邮件地址以及密码遭大规模泄露。

（四）全球最大反恐数据库外泄

2016年6月，世界最大的反恐资料库资料外泄，220万个可疑恐怖分子和犯罪组织相关人员的个人资料暴露在互联网上，可供世界各国的情报机构、银行和企业使用。这些个人资料由金融数据公司汤森路透代为管理。

（五）印度320万借记卡信息被盗

2016年10月，黑客组织使用恶意软件入侵了日立支付服务（Hitachi Payment Services）系统，并盗取了印度320万用户的借记卡信息，成为印度有史以来发生的最大规模数据泄露事件之一。受影响的主要是来自印度国家银行、印度工业信贷投资银行ICICI、SBI银行、Yes银行、Axis银行及HDFC的客户。目前印度各大银行已收到不少用户投诉，它们表示正采取措施帮助用户减少损失，并建议客户更换信用卡或定期修改密码等。

四　高危漏洞屡屡爆出

安全漏洞是导致各类网络安全事件发生的直接根源。截至2016年9月，CNVD共收录网络安全漏洞7459个，比上年同期增长了25%；其中高危网络安全漏洞 2861 个，比上年同期增长 39%。这些漏洞涉及 Web 应用服务器、操作系统、第三方软件库、手机操作系统、网络设备等。

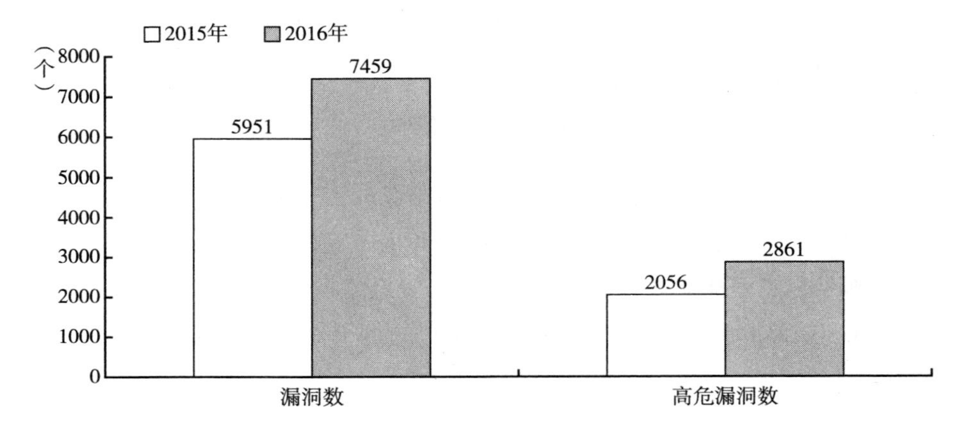

图 1　2015～2016 年漏洞数量变化

（一）Web 漏洞依然频发

数据泄露、网站篡改等恶性网络安全事件发生与 Web 漏洞的频发密切相关，2016 年 3 月、4 月、7 月，广泛用于 Web 开发的 Struts2 框架接连爆发三起高危远程命令执行漏洞，政府、高校、企业等众多单位的业务系统受到威胁。国家网络安全检查信息共享平台均在第一时间在全网展开漏洞排查，并及时通报相关单位整改，但不免有漏网之鱼存留安全隐患。

不仅 Web 框架，第三方应用软件库也接连爆出高危漏洞，ImageMagick 是一款广泛流行的图像处理软件。2016 年 5 月 5 日，ImageMagick 被爆存在严重的 0Day 漏洞，攻击者可通过构造图像文件，在目标服务器执行恶意代码。如果网站使用 ImageMagick 库去识别、裁剪、调整用户上传的图像，就有可能造成网站主机被控。鉴于众多的网站、博客、社交媒体平台和内容管理系统都使用了该图像处理软件，该漏洞影响范围广泛。

（二）网络与安全设备不再安全

路由器、交换机、防火墙等网络与安全设备是构成现代网络的基石，一旦发生故障或被劫持，一方面会造成大面积断网事件的发生，另一方面可以造成大规模的数据泄露。黑客对网络设备攻击的危害往往会放大。大到主干网中的网络设备，小到家用的智能路由，越来越多的设备面临网络攻击的威胁。

2016 年 8 月，名为“The ShadowBrokers”的黑客组织声称入侵了与美国国家安全局（NSA）有关联的“方程式”黑客组织，窃取了大量攻击工具。从泄露的文件中可以看出，工具利用了包括美国的思科、Juniper、Fortinet 及中国的天融信等公司在内的众多路由器和防火墙设备的安全漏洞，这些设备应用极广。利用这些代码和工具，可对目标路由器、防火墙执行攻击，修改防火墙安全策略，突破网络边界。

（三）智能硬件安全漏洞突出

随着万物互联时代的到来，智能硬件逐步深入人们生活的每个角落，网络安全问题也已经来到每个人的身边。然而，物联网相关技术还处于起步阶段，与传统行业相比，网络安全尚未得到明确定义和充分理解。智能硬件频频爆发的安全漏洞也从侧面反映出物联网设备厂商在设备使用周期的各个环节中的安全性设计存在不足。此外，用户在日常设备使用过程中网络安全意识的缺失也增加了设备被入侵的风险。

2016 年下半年发生了一系列由 Mirai 僵尸网络引发的大范围 DDoS 攻击事件。通过对其感染途径的分析，智能设备的安全问题浮出水面：Mirai 恶意程序通过暴力破解的方式获得设备的控制权限，进而感染互联网上的其他智能设备，快速形成僵尸网络，对目标发动攻击。首次攻击事件发生后，Mirai 的源码被上传到 GitHub 上，恶意代码的细节被非法黑客掌握后，必定会使僵尸网络攻击常态化，对网络空间的安全造成严重威胁；别有用心的黑客可通过对 Mirai 入侵智能设备的部分代码进行修改，入侵其他类型智能设备组织僵尸网络。从某种意义上来说，Mirai 已经成为一种僵尸网络构建框架，其他恶意黑客们会开始借此组建自己的僵尸网络，从而发动更多 DDoS 攻击。接下来事件的发生充分说明了智能硬件漏洞的危害。

2016 年 11 月 27 日，德国境内发生大面积断网事件，事件至少持续两天。德国联邦信息技术安全办公室调查后声称，此次德国电信大规模连接中断事件源自一起全球性网络攻击。90 多万台德国电信路由器受到黑客攻击的影响。

据悉，黑客极有可能利用了路由器设备中的一个高危安全漏洞，控制路由器后干扰网络连接。德国电信目前已经为受影响的路由器提供固件更新方案。2016年11月28日，德国电信在出现大范围断网故障后，国内网络安全团队对事件进行了详细分析，Mirai新变种极有可能利用了德国电信TR-064路由器7547端口远程命令执行漏洞，以感染路由设备，组织僵尸网络导致网络瘫痪。由此可见，智能硬件安全漏洞所引发的不仅是用户自身的信息安全，更有可能造成更广泛的影响。

五　DDos攻击大幅增长

近年来，DDoS攻击越来越多地出现在大众的视野中，统计数据显示，2016年以来，DDoS攻击的范围在扩大，频次在快速增长，同时，攻击方法越发多样化，攻击强度也在攀升，攻击成本也越发低廉。

（一）DDos攻击常态化

2016年7月19日，Arbor Networks公司公布的全球分布式拒绝服务（DDoS）攻击总结报告数据显示：2016年上半年，规模最大的DDoS攻击流量达到579Gb/s，较2015年提高73%；2016年上半年DDoS攻击的平均大小为986Mb/s，较2015年增长30%。

（二）反射型DDoS攻击比重增大

2016年初，爱尔兰的许多在线服务和公共网络都遭到DDoS攻击。据分析，针对爱尔兰的DDoS攻击大部分为NTP反射放大攻击。反射型DDoS攻击以一两拨千斤的效果成为攻击流量的主要来源，并有比重逐渐提升的趋势。Akamai公司2016年第三季度网络安全态势报告中的统计数据显示，51%的攻击流量都来自放大攻击，与第二季度的43%相比，比例明显上升。

由于网络协议存在漏洞，新的反射型放大DDoS攻击方式逐渐被黑客利用。2016年11月，Corero网络安全公司发现一种新型放大攻击。这种攻击技术利用了轻量目录访问协议（Lightweight Directory Access Protocol，LDAP）中的一个漏洞，其峰值可达到Tb级别。攻击者通过伪造受害人IP地址向支持

CLDAP（无连接轻量级目录访问协议）的服务器发送请求；LDAP 服务器响应请求后，向请求源地址发送应答数据包，应答数据包的大小为请求内容的数倍，从而达到放大攻击的目的。

（三）物联网成为重要攻击源头

万物互联时代的到来为人们的生活带来了极大的便利，成千上万的智能设备也因此暴露在互联网上，成为黑客的攻击目标。目前网络安全标准缺失、安全防范意识不足等因素致使网上设备的安全防护水平参差不齐，大量智能设备安全漏洞的披露引来了众多黑客的侧目。从 2016 年发生的 DDoS 攻击事件来看，越来越多的攻击来自由智能硬件组成的僵尸网络。

2016 年 6 月，一家普通的珠宝店网站遭受到 DDoS 攻击。据网络安全服务提供商 Sucuri 公司调查发现，攻击该网站的僵尸网络中超过半数的“肉机”由闭路电视摄像头组成。

2016 年 9 月 25 日，OVH 公司遭受了流量峰值达每秒 1Tb 的大型 DDoS 攻击。据悉，攻击者利用了物联网设备，通过批量入侵众多 CCTV 摄像头，组成僵尸网络向目标发动攻击。目前，类似摄像头一类的物联网智能设备通常缺乏适当的安全配置，导致很容易被黑客们控制。

无独有偶，OVH 公司受攻击后一个月时间，美国域名服务提供商 Dyn 遭受了峰值为 1. 2Gb/s 的 DDoS 攻击，并由此引发了大面积的网络瘫痪，众多大型互联网平台和服务无法直接访问。经调查研究，DDoS 攻击源自感染了 Mirai 恶意程序的物联网设备组成的僵尸网络。Mirai 恶意程序通过破解物联网设备的登录信息，组织大规模僵尸网络。

随着物联网的不断发展，越来越多的智能设备接入互联网络，如智能家电、智能终端等。攻击者会越来越多地尝试入侵大量物联网设备来组织僵尸网络进行攻击。国家应规范物联网设备的生产及使用，充分考虑各个方面的安全性。

参考文献

Strategic Principles for Securing the Internet of Things.

Akamai q1 – q3 2016 state of the internet security report.

《CNCERT 互联网安全威胁报告》。

《Shadow Broker 攻击引关注防火墙漏洞需防范》，《中国教育网络》2016 年第 9 期。

赵晟杰、罗海涛、覃琳：《云计算网络安全现状与思考》，《大众科技》2014 年第 12 期。

B.13

云计算网络安全发展综述

吴艳艳　胡　彬*

摘　要：　2016年，云计算安全问题成为国内外共同关注的热点，也成为各国政府、公共部门和企业力图解决的难题。国际标准组织、相关产业联盟和研究机构对云计算安全存在的风险进行了深入研究，并陆续发布了一系列重要报告和文件。本报告对近年来云计算网络安全方面的国内外战略政策进行了深入分析，同时也对云计算网络安全面临的挑战进行了分析。

关键词：　云计算　网络安全　大数据　云标准　云安全

一　政府云计算网络安全政策战略

（一）美国持续完善《云安全标准》

2015年3月，美国颁布了云安全标准1.0确保成功的10个步骤。随着技术的不断发展，2016年8月，美国对该标准进行了修订，并颁布了云安全标准2.0。新颁布的标准同样涉及10个部分，但对各部分的定义和要求做了调整和优化。《云安全标准2.0》十步骤要求如下。

1. 确保有效的管理、风险和过程

确保云计算的安全，需要将相关技术和管理的标准作为全面参考并使用。

* 吴艳艳，工程硕士，国家工业信息安全发展研究中心高级工程师，研究方向为信息安全；胡彬，国家工业信息安全发展研究中心工程师，研究方向为信息安全，长期从事网络安全运维管理及计算机与网络安全研究工作，具有丰富的理论基础与实践经验。

支持信息技术的标准已使用了很多年，虽然不专门针对云计算，但是相关技术具有通用性，应当合理地运用到云计算中。一般标准包括 ISO/IEC 38500 - 信息技术治理、COBIT（Control Objectives for Information Technology）信息及相关技术控制目标、ITIL（Information Technology Infrastructure Library）信息技术基础设施库、ISO/IEC 20000、SSAE（Statement on Standards for Attestation Engagement）审计鉴证准则、美国国家标准与技术研究院（NIST）网络安全框架（Cybersecurity Framework，CSF）、云安全联盟（Cloud Security Allience，CSA）、云安全矩阵等。

2. 审计操作和业务流程

云服务供应商的环境和系统为多个云服务用户共享，由云服务用户直接开展审计存在一定困难。通常情况下，云服务供应商应定期按照相关审计标准进行第三方审计，并获得所有云服务用户可使用的证书或审计报告。对于需要更具体审计内容的云服务用户，需要清楚地将自身的审计要求传达给云服务供应商。

云服务用户应审查潜在云服务供应商并确保其愿意接受第三方评估机构的定期审计，云服务协议中应有与此相关的条款。审计员必须能按照审计要求开展审计，可能涉及检查云服务系统的当前策略以及历史日志数据信息。

3. 管理人员、角色和身份

管理人员、角色和身份在于确保受控访问云计算环境中的客户数据和应用程序。有三类人值得关注：供应商（包括任何分包商）的员工、客户（包括服务用户和服务管理员）以及云计算服务涉及的每一个人。该标准要求云服务供应商采取适当的安全控制，确保供应商员工仅仅只能受控、适当地访问客户服务、相关软件和数据，同时建议云服务用户用类似方式处理敏感数据，便于将云服务商权限限制在有限范围内。

4. 确保对数据和信息的适当保护

评估云服务时，云服务用户应咨询相关数据问题，包括各种类型的风险——偷盗或未经授权披露数据的风险，篡改或未经授权修改数据的风险，丢失或数据不可用的风险。另外，在云计算中，“数据资产”很可能包括应用程序或图片等，这些内容与数据库内容或数据文档有着同样的风险。由于云服务中的数据处于云供应商的物理控制下，云用户须确保数据保护方法，包括全面加密静态数据并选择加密数据库字段。

5. 保护个人数据的策略

云服务用户必须重视个人可识别信息。通常来说，保护个人可识别信息意味着限制使用范围和可获取性，对于适当标记数据、安全存储及允许授权用户适当访问也有相关要求。采用的技术包括数据最小化、笔名化及匿名化等。个人可识别信息保护的相关问题应按照云服务协议处理，对如何划分供应商与用户间的责任以及涉及的管理权限进行明确。

6. 云应用程序安全规定的评估

从设计到实施再到生产，云服务组织应当积极保护应用程序在整个生命周期中不受外部和内部的威胁。同时，要明确定义安全策略和流程，确保应用程序能够安全避免其他风险的存在。

应用程序安全对云服务供应商及用户提出了新的要求，在确保应用程序安全时，还应当重视物理及基础设施安全。如果应用程序的用户为云服务的用户，一旦应用程序被控制，最终用户须向云服务供应商和云服务用户明确责任和影响。

7. 确保云计算网络连接安全

云服务供应商必须像其他网络组织一样使用合法的网络流量并终止恶意的网络流量。然而，和许多其他组织不同，云服务供应商并不清楚其用户将发送和接受哪种网络流量，在这种情况下，云服务用户应要求云服务供应商提供一定的外部网络边界和内部网络隔离措施。

8. 物理基础设施和设备的安全控制评估

完整的评估包括物理基础设施和设备的安全注意事项。对于云计算，评估范围同样适用，但通常基础设施和设备由云服务供应商掌握和控制，云服务用户有责任要求供应商保证物理基础设施和设备处于安全的位置。有效的物理安全需要一个集中管理系统，该系统应充分考虑各种来源的输入，包括资产、员工、用户、公众甚至当地天气。

9. 管理云服务协议中的安全条款

云计算涉及两个或多个结构：云服务用户和一个或多个云服务供应商，需要确定每个单位安全责任的内容，用户与各个供应商签订的云服务协议必须规定不同单位应承担的责任。

10. 了解退出流程的安全要求

用户退出或停止使用云服务需要从信息安全方面进行考虑，定义明确的退出流程整体需求，云标准用户协会文件“云服务协议使用手册”对退出流程提出了相关要求，可作为参考。

从安全角度考虑，一旦用户完成退出流程，立即获得“可撤销性”或“遗忘权力”，即用户数据不再为供应商所有，供应商应确保数据副本从供应商数据存储环境（包括备份位置以及在线数据库）完全删除。

（二）欧盟颁布《政府云安全框架》

在全球各国大力推进政府信息系统云服务化的今天，欧盟网络与信息安全局（ENISA）在分析了目前欧盟国家政府云部署现状的基础上，认为尽管欧盟ENISA、其他国际组织及技术服务机构在过去的几年中为提高政府云服务安全付出了较大的努力，但是，欧盟成员国政府云的使用水平仍然偏低。某些欧盟成员国已经制定了云战略，其他一些成员国仅仅在战术或投机方面考虑了应用云服务，但很少有国家（实际上只有英国和西班牙）制定并实施了全国性的云战略。为加快推动云计算在欧盟成员国的发展和应用，提高政府云服务安全性，2015 年 2 月，欧盟颁布《政府云安全框架》（Security Framework for Governmental Cloud），为系统性地应用云安全战略和政府云部署提供支持。基于该框架，2016 年，欧盟通过整合与合并现有电子基础设施、连接现有的云和研究基础设施、开发基于云的各项服务，建议并形成了一个为欧洲及全球研究人员开展合作科研的开放科学云。

“计划 - 执行 - 检查 - 纠正”（PDCA）是一种适用的连续性过程，ENISA将 PDCA 模式用于政府云的信息安全管理系统，根据 PDCA 周期对政府云安全框架做出了定义，清楚地标识了过程中的各个步骤，并包含评估（检查）和调整/更新的概念。

PDCA 模式包括以下阶段。

①计划：这一阶段侧重于制定政策和战略，以实现安全目标和控制措施。

②执行：这一阶段涉及对控制措施予以执行和操作，即在执行阶段进行控制。

③检查：这一阶段侧重于对系统效率和有效性进行审查和评价，并开展测

试以确保控制措施按预期计划进行。

④纠正：这一阶段涉及对“检查”阶段中识别出的缺陷或差距予以补救，通过方法改进使系统达到计划的性能。

依据 PDCA 模型，《政府云安全框架》建立了包括 4 个阶段、9 项安全活动和 14 个步骤在内的政府云安全参考框架模式，表 1 对基于 PDCA 生命周期的安全框架进行了概述。

表 1　PDCA 安全框架

<table>
<tr><th>生命周期阶段</th><th>安全活动</th><th>安全步骤</th></tr>
<tr><td rowspan="6">计划</td><td rowspan="4">风险分析</td><td>识别“云化”服务</td></tr>
<tr><td>选择相关的安全维度</td></tr>
<tr><td>评估个体对维度的影响</td></tr>
<tr><td>确定全球风险概况</td></tr>
<tr><td>架构模式</td><td>确定部署－服务模式</td></tr>
<tr><td>安全性和隐私性要求</td><td>制定安全要求</td></tr>
<tr><td rowspan="4">执行</td><td>安全控制</td><td>选择安全控制措施</td></tr>
<tr><td rowspan="3">实施、部署和鉴定</td><td>对于选定安全控制措施予以规范化实施</td></tr>
<tr><td>验证云服务能否提供足够能力保证服务质量</td></tr>
<tr><td>开始服务</td></tr>
<tr><td rowspan="2">检查</td><td>记录、监控</td><td>定期检查安全控制措施的制定和遵守情况</td></tr>
<tr><td>审计</td><td>验证服务是否达到已确定或签约的安全级别</td></tr>
<tr><td rowspan="2">纠正</td><td>变更管理</td><td>实施补救措施并改进安全框架或方法</td></tr>
<tr><td>退出管理</td><td>合同终止，向客户返还数据并删除</td></tr>
</table>

注：安全维度指的是可提供完全可靠的解决方案的各种信息安全因素，其基本维度为可用性、完整性和保密性；服务模式指公有云、私有云、社区云。

1. 计划阶段

当决定将服务移动到云时，第一个关键步骤就是做好计划。从安全角度来看，计划涉及对风险概况的定义和对安全要求的识别。因此，“计划”阶段的最终目标是设计一个基于风险分析的安全方案。在“计划”阶段要完成的任务或活动如图 1 所示。

2. 执行阶段

“执行”阶段是对“计划”阶段提出的安全要求所需要的特定安全控制措

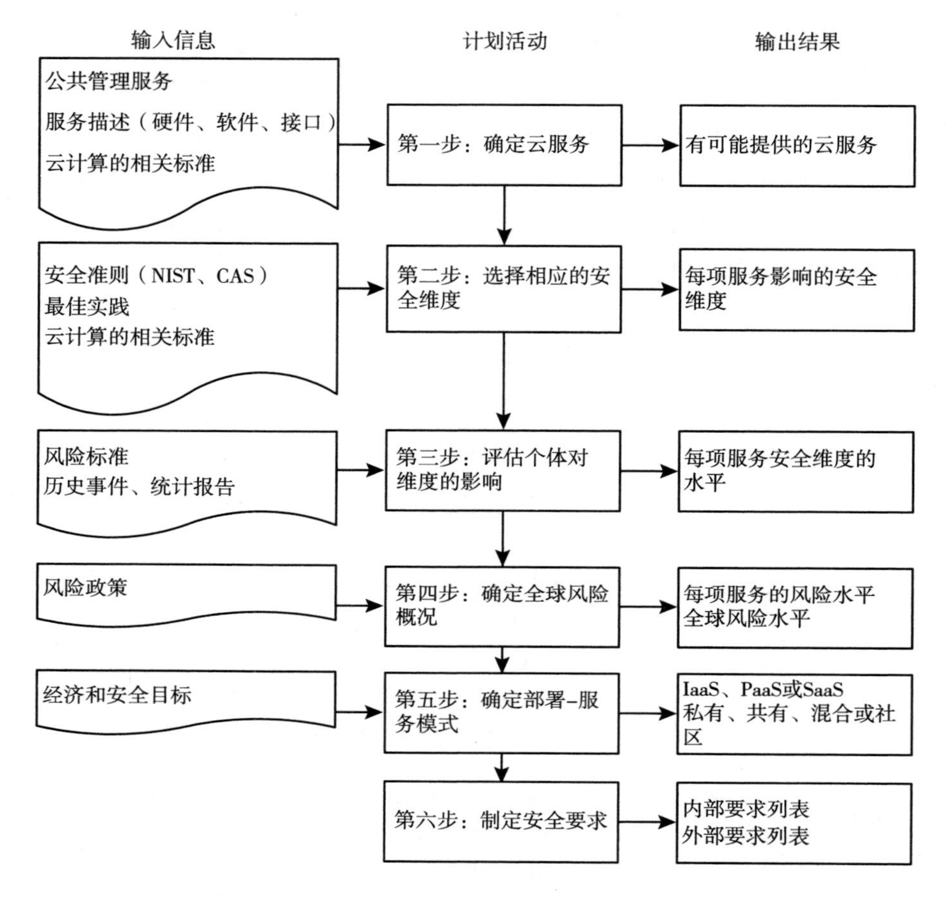

图1　计划阶段流程

施的具体实施。根据“计划”阶段的结果，确定每种资产类别的风险概况并选择最合适的部署－服务模式，公共管理部门着手实施适当的安全措施。“执行”阶段需要完成的任务或活动如图2所示。

3. 检查阶段

“检查”阶段将对所部署的安全控制措施进行监控，以验证其效率和有效性。“检查”阶段需要完成的任务或活动如图3所示。

4. 纠正阶段

“纠正”阶段对在“检查”阶段部署活动时检测到的异常事件进行纠正。每当发生需要纠正的对象时，政府云业主/云服务提供商将采取一系列不同特

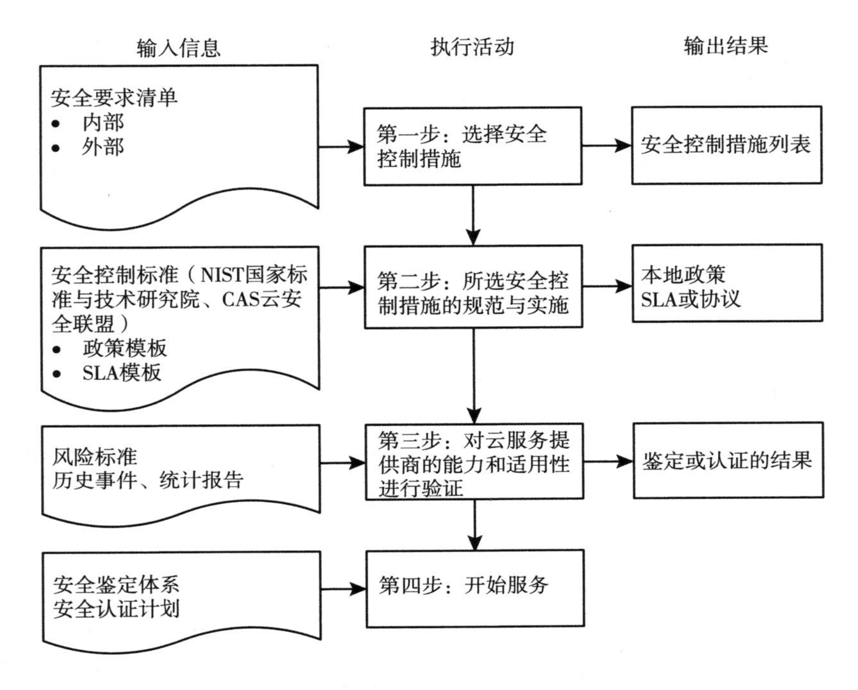

图 2　执行阶段流程

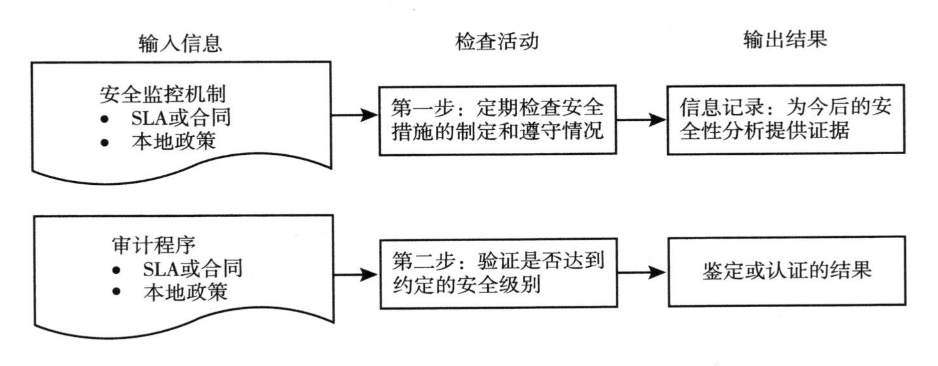

图 3　检查阶段流程

性的纠正措施，改变某一控制措施的实施方法，达到纠正的目的。“纠正”阶段需要完成的任务或活动如图 4 所示。

5. 结论

通过广泛应用的 PDCA 安全周期，构建并提出政府云的安全框架。

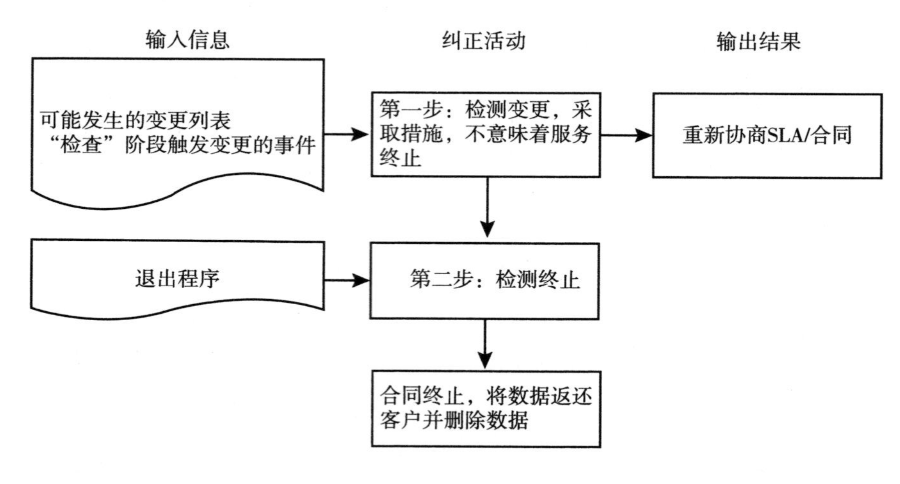

图4　纠正阶段流程

在成员国所部署的政府云中存在“通用的安全共性”，特别是与所定义的角色、使用标准和所采用的安全控制措施等有关的方面。通过框架设计，我们将发现的共性在短期内制定为相同类型的政府云安全最佳实践、SLA 和合同的基础，以促进政府云的广泛应用。

已经实施的政府云都制定了事件管理政策，但其所采用的方法未在“纠正”阶段直接出现，而是分散在框架的其他阶段。这意味着事件管理不仅是生命周期中的一个步骤，更是一个必须在所有不同阶段加以考虑的横向活动。

（三）我国从国家层面推动电子政务云计算发展

1. 国务院发布《关于促进云计算创新发展培育信息产业新业态的意见》

2015 年 1 月，国务院发布《关于促进云计算创新发展培育信息产业新业态的意见》（国发〔2015〕5 号），提出 2017 年云计算发展的目标为：深化在重点领域的应用，基本健全产业链条，初步形成安全保障有力，服务创新、技术创新和管理创新协同推进的云计算发展格局，同时带动相关产业快速发展。同时将目标锁定在五个方向——“服务能力大幅提升”“创新能力明显增强”“应用示范成效显著”“基础设施不断优化”“安全保障基本健全”。明确了“增强云计算服务能力”“提升云计算自主创新能力”“探索电子政务云计算发展新模式”“加强大数据开发与利用”“统筹布局云计算基础设施”“提升安全保障能力”作为达到云计算发展目标的六项工作任务。

文件着重提出了“探索电子政务云计算发展新模式”的要求，鼓励应用云计算技术对现有电子政务信息系统进行整合改造，不同领域电子政务信息系统实现整体部署和共建共用，鼓励政府部门加大采购云计算服务的力度，广泛开展试点应用，探索形成基于云计算的政务信息化建设运行机制。为政府部门利用云计算方式为政务系统服务提出了创新模式和实现步骤。与此同时，文件还明确对云计算服务网络安全防护管理、云计算服务安全评估力度、建立党政机关云计算服务安全管理制度等方面提出了要求。

文件的颁布实施，夯实了云计算向行业领域拓展的技术、产业、政策基础，为未来几年我国云计算的发展指明了方向与路径。云计算向传统行业信息化领域不断渗透的趋势已经形成，包括政务在内的各个传统行业将逐步成为云计算的新市场。

2. 中央网信办发布《关于加强党政部门云计算服务网络安全管理的意见》

2015 年，中央网信办发布《关于加强党政部门云计算服务网络安全管理的意见》（中网办发文〔2014〕14 号），对党政部门云计算服务网络安全管理涉及的安全管理责任、数据归属关系、安全管理标准和敏感信息管理四个方面提出明确要求。

意见指出，各级党政部门务必高度重视云计算服务网络安全管理工作，充分认识加强云计算服务网络安全管理的必要性，明确云计算服务网络安全管理的基本要求，依据相关标准合理确定云计算服务的数据和业务范围，建立云计算服务安全审查机制，加强云计算服务过程的持续制定和监督，强化保密审查和安全意识培养。

该意见的发布，为我国党政部门开展云计算应用的安全管理奠定了政策基础，进一步明确了云计算安全是政府工作的重点，通过建立形成党政部门云计算服务网络安全审查机制，确保政府部门使用的云计算服务符合相关网络安全标准要求。

3. 国务院发布《促进大数据发展行动纲要》

2015 年 8 月，国务院发布《促进大数据发展行动纲要》（国发 50 号），纲要明确指出，“大数据成为提升政府治理能力的新途径”。利用大数据技术能够突破传统技术在关联关系方面的展现难度，进一步推动政府数据开放共享，促进数据融合和资源整合，提升政府整体数据分析能力，有效处理复杂社会问题。建立“用数据说话、用数据决策、用数据管理、用数据创新”的管理机制，实现基于数据的科学决策方法，推动政府管理理念的创新和社会治理模式的优化，加快建设与社会主义市场经济体制和中国特色社会主义事业发展相适应的法治政府、创新政府、廉洁政府和服务型政府，逐步实现政府治理能力现代化。大数据发展的主要任务是推动政府各部门的数据共享，厘清各部门数据管理及共享的权利和义务，依托政府数据统一共享交换平台，全面推进国家基础数据资源的建设。为全面深入贯彻落实纲要，2016 年，沈阳、浙江、南京、广东、深圳等省市相继出台《促进大数据发展行动计划》，加快推动大数据的发展与应用。

4. 云计算两项国家标准落地实施

2015 年，国家标准委印发关于云计算安全的两部核心标准《信息安全技术云计算服务安全指南》（GB/T 31167 – 2014）和《信息安全技术云计算服务安全能力要求》（GB/T 31168 – 2014）。

《信息安全技术云计算服务安全指南》面向政府部门，提出了使用云计算服务生命周期应当满足的安全管理要求。指导政府部门在采购云计算服务的前期做好分析和规划准备，形成、选择合适的云服务商的标准，便于开展云计算服务的部署和实施，对云计算服务进行监管，评估退出云计算服务和更换云服务商的安全风险。

《信息安全技术云计算服务安全能力要求》面向云服务商，描述了云服务商在保障云计算环境中客户信息和业务信息安全时应具有的基本能力。这些安全要求分为 10 类，包括系统开发与供应链安全、系统与通信保护、访问控制、配置管理、维护、应急响应与灾备、审计、风险评估与持续监控、安全组织与人员、物理与环境保护。第三方评估机构主要依据该标准对云计算服务的安全能力进行评估。2016 年 9 月，“济南政务云平台”“成都电子政务云平台（二期）”“阿里云电子政务云平台”3 项云服务通过网络安全审查，成为首批通过党政部门云计算服务网络安全审查的云计算服务机构。

5. 全国信安标委全面推进云计算标准工作的深入开展

2014 年 12 月，“全国信息技术标准化技术委员会大数据标准工作组”在北京成立。工业和信息化部规划司、软件服务业司、通信保障局、科技司、通信发展司和电信管理局，全国信息技术标准化技术委员会，国家标准化管理委员会，中国电子技术标准化研究院，上海交通大学等来自政、产、学、研、用各单位的代表参加了成立大会。

2016 年 12 月底，第六届中国云计算标准和应用大会在北京召开。会上发布了《云计算基准库 U2.0》《中国桌面云标准化白皮书》《工业云应用发展白皮书》《容器技术及其应用白皮书》等国家标准化成果，为全面推动我国云计算产业技术创新和应用推广的快速发展构建了完善的云计算标准规范体系。

二　云计算网络安全形势

（一）云计算概述定义及特点

云计算被认为是继个人计算机出现与普及、互联网诞生与广泛应用之后的第三次 IT 大浪潮。随着硬件计算能力的不断提升，云计算迅速成为新一代业务信息应用和技术变革模式创新的核心，获得了全世界主要国家政府和商业界、企业界、使用者的热切关注及大力支持。云计算可以被视为一个虚拟存在的资源池，资源池由计算机构成，资源池里面的计算机分布广泛，没有一定规律且无所不在，具有弥散性。“云”是指一个计算机群，每一个群少则包括几台计算机，多则包括几十万台，甚至上百万台计算机，由这些计算机组成的一个群作为提供应用服务和进行数据存储的中心，用来完成电子数据存储和应用计算等工作。云计算（Cloud Computing）可以说是部分计算机科学概念发展的商业实现，是传统计算机和网络技术发展融合的新兴产物。不仅包括分布式处理（Distributed Computing）、并行计算（Parallel Computing）、效用计算（Utility Computing）、网格计算（Grid Computing）等传统计算机概念，也包含了网络存储（Network Storage Technologies）、负载均衡（Load Balance）、热备份冗余（High Available）、虚拟化（Virtualization）等网络技术的产物。云计算不是专指一门技术，云计算是最新技术趋势的代名词。由于云计算前景广泛，各大 IT 公司纷纷开始参与云计算，世界上各个国家也开始制定云计算战略，都想在巨大的市场前景中占尽先机。云计算将带来工作方式和商业模式的根本性改变。

云计算包含3个层次的概念。

IaaS（Infrastructure as a Service）：把基础设施作为服务提供。IaaS是把数据中心、基础设施硬件资源通过Web或其他客户端软件分配给用户使用的商业模式。IaaS为用户提供计算服务、数据存储、网络环境及其他最基本的计算资源，用户可以把其看作一台没有安装任何操作系统、未部署任何应用的计算机，用户根据自己应用环境的需要，自行安装部署操作系统，配置安装需要的应用程序，可以在上面运行想运行的任意软件，使用起来就像从商店买来一台没有安装操作系统的计算机一样，当然这台计算机是通过云虚拟出来的，用户不用关心、管理、控制底层基础设施（如CPU、内存等），但用户需要控制操作系统、存储、部署应用程序和具有对网络组件（如主机防火墙）具有有限的控制权限的能力。在IaaS领域亚马逊公司的Elastic Compute Cloud最引人注目。传统IT服务提供商IBM、VMware、HP也推出了相应的IaaS产品。

PaaS（Platform as a Service）：把平台作为服务提供。PaaS是把计算环境、开发环境等平台作为一种服务对外提供的商业模式。简单理解，PaaS云服务商在一台虚拟计算机上安装配置好操作系统及把用户所需要的环境安装好，然后把这台虚拟计算机交给用户。PaaS云服务商一般通过WEB这种方式对外提供相关服务，用户可以通过计算机的浏览器访问已经安装好的操作系统、应用开发环境等平台级产品的虚拟计算机。通过PaaS服务，软件开发人员可以在不购买服务器的情况下开发新的应用程序。PaaS实际上是将软件研发的平台作为一种服务提供给软件开发厂商，软件开发厂商开发好相关软件及应用后，再以SaaS的模式提交给用户。因此，PaaS要比SaaS更加灵活，也可以说，PaaS是高级的SaaS模式。在PaaS领域，Google的APP引擎、微软的Azure是PaaS服务的典型代表，著名虚拟化厂商VMware也推出了基于开放API、spring source框架的PaaS服务。

SaaS（Software as a Service）：把软件作为服务提供。SaaS服务提供商将用户所需要的应用软件统一部署在自己的服务器上，然后通过互联网对用户提供该应用软件的服务。用户根据自身应用的需要及实际需求，向SaaS服务商租用其基于Web应用的软件，来管理企业经营活动。所需费用可以按照购买相应模块的多少、租用该服务的时间长短或使用其服务的用户数量计算。用户无须对软件进行维护，服务提供商会全权管理和维护软件。

云计算的特点包括以下几个方面。

一是资源池化，是将分散的计算机服务器、存储设备、网络设备通过网络及相关云虚拟化整合在一起，以云的形式对外提供服务。云可大可小、可多可少，简单的云可以由几台设备组成，像 Amazon、IBM、Microsoft 等大型云服务商的云计算的规模往往可以达到几十万台服务器。一般的企业私有云规模往往根据企业计算存储应用的需要达到数十台乃至上百台服务器。通过将计算、存储、网络进行整合并资源池化，云计算的能力可以为用户提供可添加、可扩展的前所未有的计算能力和更富有弹性的应用服务。

二是虚拟化技术，虚拟化是实现云计算的基石，可以说，没有虚拟化就没有云计算，通过虚拟化，云里的资源会得到更高效的利用，应用服务会更可靠、更灵活地提供给用户使用。用户可以在任意位置访问云计算的服务，且并不局限于仅使用个人计算机，用户可以使用智能手机、平板电脑、智能手表等各种终端通过互联网获取云提供的应用服务。用户所访问的资源不再是固定的某个或某几个提供服务的物理服务器，而是来自“云”。应用在“云”中运行，资源可能来自世界的各个角落。

三是高可靠性，云的可靠性源于云使用了多重容错的机制，这种机制使同构计算节点可冗余、可互换，这样在某个节点出现问题时，可快速切换节点。这种措施可以大大提高云服务的可靠性。云计算具有这项特性，往往比本地计算机更加可靠。

四是高可扩展性，云计算的计算节点可以根据计算能力的需求随时自行添加或删除，且不需要同一规格型号的物理计算机。这样云计算的规模就可以根据需要动态调整，以满足大规模、大压力的数学计算、服务应用的需要。

五是按需服务，用户根据自身的应用需要及实际需求，向云服务商购买相关服务，“云”是一个庞大的服务资源池，用户可根据需要向云服务商购买计算资源和能力，可根据实际需求动态增加服务，也可动态减少服务，并非一成不变。

六是价格优势，“云”的特点决定了其必然带来的价格优势。“云”的组成不拘泥于特定或同一平台类型的计算机，因此可以采用极其廉价的计算节点来构成云。大型数据中心中的计算机由于采用了自动化集中式管理，用户节约了自行建设及运维数据中心管理成本。“云”的通用性使以前大量闲置的计算资源得以有效利用，“云”将这些闲置资源进行整合并再次加以利用。资源的

利用率较之传统系统大幅提升，带来了成本的进一步降低。“云”的低成本优势得以体现。采用“云”用户只需花费很低的费用短时间内就能完成以前需要大量投入资金和时间才能完成的任务。

（二）云计算应用面临的安全挑战

云计算自兴起以来，迅速成为新一代信息技术变革和业务应用模式创新的核心，获得了各国政府和企业界的热切关注和大力支持。云计算具有易部署、可扩展、可用性高、资源有限共享等优点，同时也带来了很大的安全风险。一般来说，云安全包括两层含义。一是云计算自身的安全，包括技术和社会两个层面。技术层面的安全涉及系统安全、数据安全、内容安全和使用安全等。社会层面的安全是云计算面临的最大挑战，涉及法律、标准等软环境建设。其本质上是考验社会信任和信誉机制是否成熟，包括政府的相关法律法规是否完善，涉及相关的纠纷仲裁以及数据取证实施等。二是将云计算技术应用于信息安全，利用云计算来做安全产品，云杀毒技术是其代表。

网络安全向来受到业界的广泛关注，自云计算服务诞生以来，除了云服务软硬件及环境的可靠性外，大量黑手已经伸向云服务。相继发生的大量云计算机安全事件，已经引起了业界的广泛关注，部分事件引发了云用户的恐慌，用户对公共云服务的安全性产生了质疑。导致安全事件的主要因素包括软件逻辑错误、系统漏洞、程序缺陷、配置错误、软硬件基础设施故障、黑客恶意攻击等，这些安全事件造成的后果主要包括用户数据的丢失或泄露、应用服务不可用。

据美国数据安全研究公司 Gemalto（金雅拓）发布的最新的2015 年数据外泄水平指数报告，收集到全球全年共发生 1673 起数据外泄事故，共造成 7.07 亿条数据记录外泄。2015 年这 7 亿条泄露的数据，就像浮出水面的冰山棱角，只占了整个数据泄露情况的 10%，甚至更少。2015 年美国和土耳其接连发生了多起超大规模数据泄密事故，导致政府领域的数据泄密事故占到所有数据泄密事故总量的 16%、所有受影响记录总量的 43%，比 2014 年增长高达 476%。

目前，云计算缺乏安全标准，云服务端易受攻击，数据安全难以保障，隐私信息难以保护，云计算的安全隐患越来越令人担忧。云计算面临的安全风险涉及云提供者和用户两个维度。从云服务商方面来看，面临用户和数据无法隔离的风险，云服务可用性、可靠性风险及云的被用户滥用的风险等，云提供者须建立完善的密钥管理、权限管理、认证服务等安全机制。从使用者方面来看，使用者无法亲自管理应用系统运行和数据存储的物理环境，因为这些都是由服务商提供的。

1. 云基础架构带来的安全隐患

安全基础架构可以使云计算获得更多安全，云基础架构没有深层次地考虑应用和服务的需求和特点，整个云计算基础架构的可靠性、可用性和安全性都存在一些问题。为此，需在基础服务设施及基础网络、基础软件上引入有针对性的技术和产品，从国家安全和利益来看，需要有自主知识产权的基础架构技术和产品。虚拟化是构建云基础架构平台的基础，虚拟环境下一些传统的安全防护产品将失去作用，一旦某个虚拟节点遭到入侵，将给整个云基础架构带来致命的威胁。

2. 云存储安全带来的安全隐患

数据泄露（包括偶然性泄露和恶意黑客攻击）已成为云存储安全风险一个首要的安全危害。云存储安全风险主要与数据有关，包括数据泄露、数据丢失等。数据的传送过程也存在风险，应保证数据和元数据在传输线路和云中的完全不透明性。云服务商则需要采取必要的数据隔离、加密、备份、分权分级管理等措施，以保证云存储的安全性。

3. 云应用及服务带来的安全隐患

云计算应用面临的安全威胁主要包括可用性威胁、云计算用户信息滥用风险、云计算用户泄露风险、网络攻击风险、法律风险等。

首先，云计算提供商提供的云服务，用户的业务应用和数据处于云计算提供商提供的云计算系统中，整个业务流程依赖于服务提供商，因此，对云服务提供商的云平台提供服务的连续性、设置的安全策略、故障响应时间、处理和分析问题能力、服务协议等级和 IT 运维流程等提出了更高的要求。

其次，云服务提供商必须要考虑到多用户共存下的云计算环境所带来的潜在风险，客户需要云服务提供商提供给他们所需的安全管理需求和访问控制权限，要求云服务提供商实施有效的操作安全审计，对数据操作进行安全监控，避免由越权操作及各种原因造成的数据安全隐患。

此外，由于云计算实际物理主机弥散性、分布式的特性，物理机可能部署于全世界各个角落，各地政府信息安全监管等方面很可能存在法律差异与纠纷，导致司法取证存在困难。

以上安全问题及云应用的隐患与云基础架构本身的安全问题叠加，会带来更为复杂的问题。

（三）云计算技术面临的安全挑战

1. IaaS 所面临的安全挑战

（1）用户的数据存储物理位置已经改变，不在用户监管范围之内

用户的数据存储在云中，可能存在被云泄露的风险。用户将应用迁移部署到商用云平台，第一，数据物理位置改变，数据不再存储于用户本地，数据可能被分散存储于网络的某个存储节点；第二，数据从独占环境迁移到共享环境，数据发生泄露的可能性相较在单独、单一环境中的概率大增。

（2）云计算机虚拟机已经不是一台物理主机，是由多台计算机虚拟出来的一台计算机

虽然云计算技术已经相对成熟，并投入实际应用，但仍存在计算服务性能不可靠的风险，主要包括两个方面：一是硬件问题，包括物理主机、存储设备、网络设备等问题，硬件的兼容性、稳定性、易用性及可维护性都可能造成物理主机的不可靠，物理机出现的问题很可能带来虚拟的计算机的问题；二是软件问题，虚拟化软件的可靠性能，包括兼容性、稳定性、可维护性等出现问题，将直接影响由其构建的虚拟主机的运行。

（3）IaaS 资源访问管理往往是通过互联网或其他方式进行远程管理的

这种管理方式存在用户账户的盗用、冒用、丢失等认证危险。用户只要通过一些远程管理机制远程访问 IaaS 资源，就必然会存在远程认证的相关危险。

（4）虚拟化技术本身并不可靠

虚拟化技术不可避免地有其自身的风险。先有虚拟化技术再有 IaaS，虚拟化是基础。到目前为止，云平台基本上是基于虚拟化技术搭建的，而虚拟化软件本身的安全并没有从根本上得到解决，虚拟化管理程序软件存在各种安全问题，黑客利用各种手段对虚拟化软件进行的堆栈溢出、权限欺骗、目标攻击等造成了 Iaas 的风险。

（5）云服务的数据中心出现如灾难、电力供应等毁灭性破坏

数据中心提供云服务的物理主机宕机，导致整个云服务停止，从而导致用

户使用的虚拟机停止对外服务。硬件设施是 IaaS 的基础，此类破坏往往是物理层面不可抗拒的，因此，建设云服务数据中心是要考虑多方面因素的，并给予更多的关注。亚马逊云计算中心出现过两次此类事件。这类事件一旦发生，便会造成数据中心毁灭性的破坏。

2. PaaS 所面临的安全挑战

（1）用户必须熟悉如何配置安全策略，以保证云平台的安全

PaaS 集成商提供给用户的往往是默认配置，配置本身就存在安全隐患，且用户实际运行环境的配置与开发环境的配置也不尽相同。应用也基本上不可能在基本的配置下安全运行，所以，正确配置安全策略，并且使策略生效，才能确保平台的安全。

（2）软件产品存在漏洞风险

在一些极端黑客恶意攻击下，如在大量网络请求下 Web 服务器、数据库服务器的承受能力不足，导致虚拟机在对外提供 API 接口的平台应用中，造成堆栈溢出或编程环境的漏洞暴露出来。黑客通过漏洞从而获取系统最高权限，造成数据泄露、系统破坏及其他不可预计的损失。任何软件产品、平台都会存在风险。这些风险和漏洞除了需要用户自身发现解决外，云服务提供商也需要从平台角度给予支持。

（3）网络通信协议及缺陷

众所周知，以往大家认为安全的数据传输协议 SSL（安全套接字层）漏洞频出。SSL 在 PaaS 层应用广泛，是大多数云安全应用的基础。目前，众多黑客组织、黑客论坛都在研究 SSL 漏洞，未来用户将面临大量的 SSL 攻击威胁，而 SSL 这种数据传输协议很可能被黑客利用作为一种散播计算机病毒的渠道。

（4）云数据中的非安全访问许可

事实上，每天我们都能发现互联网基于云计算平台上的许多应用都存在严重的信息漏洞，用户可在未经授权的情况下访问他人数据，造成这种情况的原因是用户在 PaaS 层中云数据的基本访问许可设置不当，造成计算数据非安全访问。

3. SaaS 所面临的安全挑战

（1）数据安全

SaaS 是用户使用云服务商提供的应用软件，应用数据存放于云服务商的

云平台上，对使用同一云服务商提供的同一应用软件的用户而言，本质上它们所用的是同一应用软件，区别在于它们各自拥有各自的数据，实际上我们可以理解这是一种数据托管服务。用户将自己的信息数据存放并托管于云服务商。这些数据信息通过网络进行传输，在传输过程中如果不加以保护，很可能遭到黑客的破坏，造成数据丢失，黑客还可以利用一些攻击手段非法入侵，篡改、窃取数据或植入计算机病毒，如果 SaaS 服务商因程序问题产生安全漏洞，用户的数据很可能被其他用户访问。

（2）云计算为病毒和垃圾邮件的传播提供了另一个温床

病毒、蠕虫邮件在网络中通过被感染的计算机大量传播，网络带宽资源被垃圾邮件与病毒所占据占用，随着云计算的产生，一个资源池中有成百上千台计算机，将来一定会有一种以虚拟机身份出现的计算机病毒，可瞬间感染一个资源池中的所有虚拟计算机，然后通过网络瞬间传染到另一个资源池，在整个互联网不停地扩散蔓延。被感染的虚拟计算机中的各种信息被泄露，导致敏感、机密信息数据泄露，造成不可估量的损失。用户的个人计算机通过互联网访问这些被感染的云计算平台，被植入木马病毒会导致个人计算机重要信息的泄露。

（3）用户的个人计算机存在安全隐患，导致云平台存在安全隐患

个人用户的计算机、操作系统以及应用软件都存在一定安全漏洞。特别是目前的操作系统、浏览器存在大量漏洞，在使用不当的情况下非常容易被病毒、木马程序等感染。用户在使用这些计算机访问云计算平台过程中，会面临用户口令丢失或被黑客盗用的风险，黑客通过这些用户口令登录云计算平台，大肆进行数据窃取、破坏。与此同时，对处于同一个资源池里面的虚拟计算机造成更大的威胁，使云计算的安全性得不到应有保障。

（4）人员管理和制度管理是确保云平台安全运行的另一个保障

由于云服务商内部工作人员的诚信、职业道德问题以及相关运维制度管理的缺陷的存在，内部工作人员利用自己的职权，监守自盗、贩卖用户数据，给云计算的诚信带来极大威胁。同时，将用户登录信息口令等相关数据以高价贩卖给黑客组织，可能给整个云平台带来极度的安全风险，另外，世界各国法制体系不同，各国云安全立法的力度不同，安全法律制度的不健全，保密规范和条款缺失，也给基于云计算犯罪处理带来一些难题。

（四）云计算安全的未来

信息技术发展和技术创新会影响到安全领域的发展方向，云计算也不例外，反过来说，云计算的安全也会带来相关 IT 安全行业的重大变革。云计算安全将带动信息安全产业的跨越式发展，信息安全将会进入由内而外、由浅至深，以纵深防御、多维防御等为技术核心的时代，将会促进以事先预警、主动防御、动态响应、自动恢复为特征的数据有效生命周期智能化安全管理方式的建立，并在非对称规模化网络攻击与智能防护、互联网安全监管等领域推动出现重大创新，从而助推信息安全技术的进一步发展。

参考文献

http：//www. gov. cn/guowuyuan/，国务院中央政府网。

http：//www. cac. gov. cn/，中共中央网络安全和信息化领导小组办公室。

http：//www. cesi. ac. cn/cesi/xxzx/gongzuodongtai/2014/1215/11712. html.

CSCC – Cloud – Security – Standards – What – to – Expect – and – What – to – Negotiate.

CSCC – Security – for – Cloud – Computing – 10 – Steps – to – Ensure – Success.

Security Framework for Governmental Clouds.

网络安全产业篇

Reports on Cybersecurity Industry

B.14
全球网络安全市场规模持续走高

黄丹　张莹*

摘　要： 随着物联网、移动互联网、云计算、大数据的蓬勃发展，网络渗透到社会生活的方方面面，网络安全已经成为事关国家安全与经济发展的重大问题。面对日益严峻的网络安全形势，各国政府和企业纷纷加大网络安全投入。2016年，全球网络安全市场延续了近年来高速发展的强劲势头，总体规模约为816亿美元，相比2015年增长7.9%。一方面，发展较早的网络安全软硬件市场不断开拓新业务，出现回暖迹象。另一方面，快速增长的网络安全服务和解决方案市场成为扩容亮点，潜力逐步显现。预计未来全球网络安全市场规模有望持续走高。

* 黄丹，博士，国家工业信息安全发展研究中心工程师，主要从事网络安全情报研究、网络安全审查制度研究、产业发展研究、工控安全研究等工作；张莹，硕士，国家工业信息安全发展研究中心助理工程师，主要从事网络与信息安全战略规划、情报研究和意识教育工作。

关键词： 网络安全市场规模 网络安全软件 网络安全硬件 网络安全服务 网络安全解决方案

一 全球网络安全市场总体规模增速平稳

（一）全球网络安全市场规模稳定增长

2016 年，全球网络安全市场延续了近年来高速发展的强劲势头。据 Gartner 研究报告，2016 年全球网络安全市场总额约 816 亿美元，相比 2015 年增长 7.9%。另据 IDC 预测，未来五年企业网络安全市场将保持 8.3% 的复合增长率，至 2020 年，全球网络安全市场将高达 1016 亿美元。安全分析/安全信息和事件管理、威胁情报分析、移动安全防护、云安全防护等已成为当前网络安全市场的热点领域。

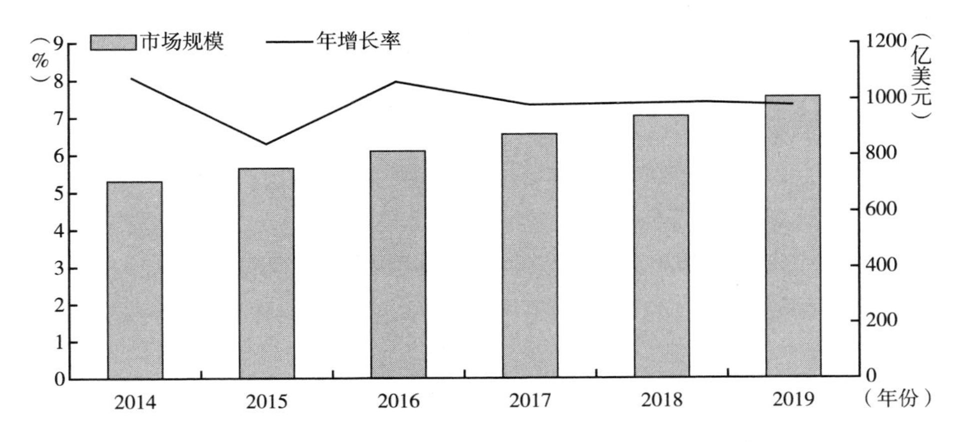

图 1 2014～2019 年全球网络安全市场规模及增长率

注：2017 年、2018 年、2019 年为预测数据。

资料来源：Gartner 公司，国家工业信息安全发展研究中心综合预测。

地域分布方面，美国和欧洲仍然占据全球网络安全市场的主要份额。IDC 数据显示，2016 年美国企业的网络安全投入高达 315 亿美元，欧洲企业以约 195 亿美元的投入排名第二，亚太地区排名第三且增长趋势明显。

行业分布方面，金融行业、制造行业的网络安全投入最多，而医疗、电信、公共设施等行业的网络安全投入增速最快。据 IDC 分析，未来五年这些行业的网络安全投入年复合增长率都将超过 9%。

产品分布方面，安全管理服务是最大的网络安全支出项，约占总网络安全支出的 17.6%，其后依次为端点安全、集成服务、咨询服务和统一威胁管理（见图 2）。

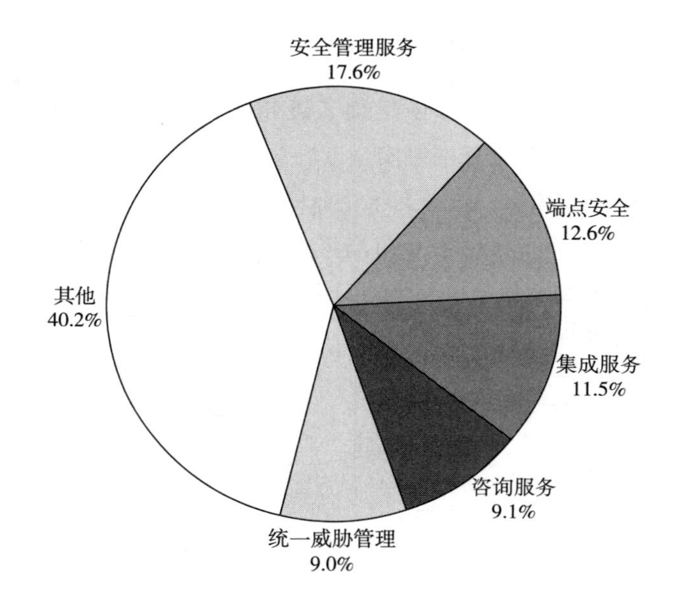

图 2　2016 年全球网络安全市场产品分布

资料来源：IDC 公司，国家工业信息安全发展研究中心综合分析。

（二）发达国家和大型企业网络安全预算居高不下

近年来，在网络安全风险和挑战日益严峻的情况下，各国政府和企业均加大了网络安全方面的投入。据统计，2016 年全球网络犯罪带来的损失在 2 万亿至 3 万亿美元之间。据 Juniper 公司预测，2019 年仅由数据泄露所带来的相关损失就将高达 2.1 万亿美元，相较于 2015 年增长了 4 倍。

政府层面，美英等发达国家的网络安全预算远高于其他发展中国家。市场分析机构 Market Research Media 发布报告称，2015 ~ 2020 年，美国联邦政府的网络安全支出累计将达到655亿美元，年复合增长率约为6.2%。为提前开展部署、有效应对网络威胁，美国政府在过去10年间约花费1000亿美元，其2017年的网络安全预算高达190亿美元，较2016年增长了35%以上。仅美国国土安全部一个部门，2016年就投入了5.82亿美元用于“持续诊断和消减”（CDM）项目以及“爱因斯坦”入侵检测系统。另据Deltek公司分析，近年来，美国政府将更多的IT支出用于网络安全领域，2020年网络安全支出占IT总支出的比例将超过10%。与此同时，英国政府“国家网络安全计划”在2011~2016年的花费共计高达8.6亿英镑，其中，事件管理、响应和趋势分析支出为2440万英镑，国际管理和能力建设支出为810万英镑，项目管理、协调和策略制定支出为780万英镑。

企业层面，预算较为充足的大型企业逐渐从被动防御转变为主动防御。如摩根大通、美国银行、花旗集团和富国银行四大金融机构，每年用于网络安全的预算约占其金融支出的15%，合计共达15亿美元。摩根大通将其年度网络安全预算从以前的2.5亿美元提升至5亿美元，美国银行预算也高达4亿美元。卡巴斯基实验室对25个国家的4000余家企业的调查结果显示，每起网络安全事件导致大型企业平均损失86.4万美元，中小型企业的损失则约为8.65万美元；48%的大型企业以及42%的中小型企业将网络安全支出主要用于改

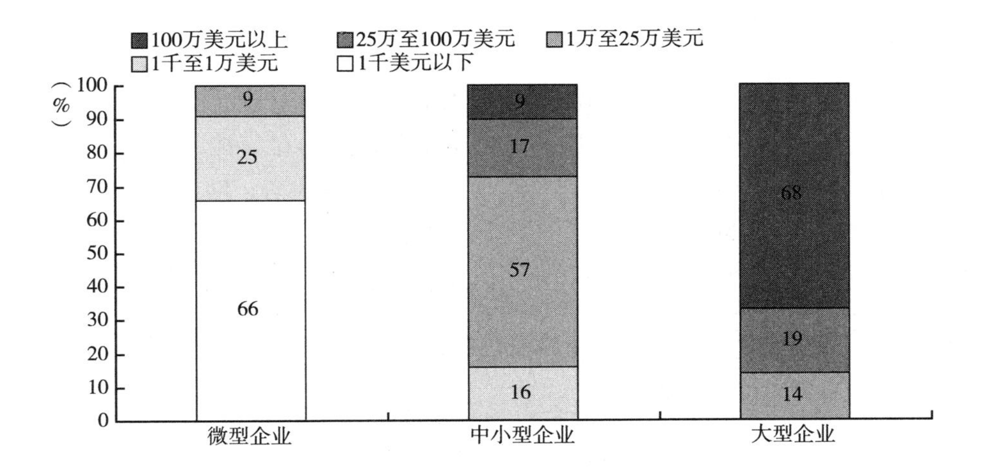

图3　企业网络安全预算投入分布

资料来源：卡巴斯基实验室，国家工业信息安全发展研究中心综合分析。

善企业的信息技术基础设施；未来三年内，企业网络安全预算平均增长速度为14%。网络安全市场巨大的扩容空间也使传统的信息技术厂商迅速扩展网络安全业务。IBM 和思科分别投入 20 亿美元和 17.5 亿美元进行网络安全产品研发，并通过战略收购等其他途径实现网络安全业务的稳步增长。

表1 企业网络安全预算投入情况

类　别	微型企业	中小型企业	大型企业
安全预算占 IT 总预算百分比	13%	18%	21%
平均安全预算(美元)	2000	21.3 万	2550 万
预计未来三年内的增长情况	12.5%	14.3%	14.4%

资料来源：卡巴斯基实验室，国家工业信息安全发展研究中心综合分析。

（三）亚太地区网络安全市场后劲十足

DDoS 攻击以及云计算和移动设备的使用是亚太地区网络安全市场迅速扩张的主要原因。网络安全公司 Nexusguard 首席研究员分析称，亚太地区具备大量可供大型僵尸网络运转的脆弱网络，使亚太地区成为全球最大的 DDoS 攻击目标。由于云端解决方案成本更低且便于管理，因此采用云计算解决方案成为亚太地区企业的趋势，云安全市场也随之发展。亚洲云计算协会发布的数据显示，在亚太国家中，中国云计算市场以 1419 亿美元排名第一，日本以 1014 亿美元排名第二，印度尼西亚以 768 亿美元排名第三。此外，亚太地区网络安全市场发展的另一个主要驱动力是智能手机、平板电脑、笔记本等移动设备的流行和普及，防止数据泄露、防止网络欺诈等安全解决方案的需求不断增加。

亚太地区网络安全市场总规模增长迅速，占全球网络安全市场的比例逐年上升。市场调查公司 Research and Markets 预测，2014～2019 年，亚太地区网络安全市场的年复合增长率将达到 15.5%。调查公司 Micro Market Monitor 的报告显示，目前亚太地区网络安全市场占全球市场份额的 17.21%，到 2019 年，这一比例将增长至 21.16%。根据 ApacMarket.com 发布的《2014～2020 年亚太地区移动安全研究报告》，预计到 2020 年，亚太地区移动安全市场将累计超过 75 亿美元，2015～2020 年的年复合增长率将高达 42.9%。

（四）物联网和智能汽车网络安全市场潜力巨大

据 Gartner 报告，2016 年全球有 64 亿台设备连接物联网，比 2015 年增长 30%，并且到 2018 年数量将达到 114 亿台。物联网的飞速发展给物联网安全市场带来了巨大的发展潜力。2016 年全球物联网安全支出达 3.483 亿美元，相比 2015 年的 2.815 亿美元增长了 23.7%。预计到 2018 年，物联网安全支出将达到 5.472 亿美元，约为 2015 年的两倍。此外，因技能改善、组织变革以及可扩展性提升等因素，2020 年后物联网安全市场的增长还将继续提速。另外，Technavio 公司数据显示，2014～2019 年，全球物联网安全市场年复合增长率将逼近 55%。

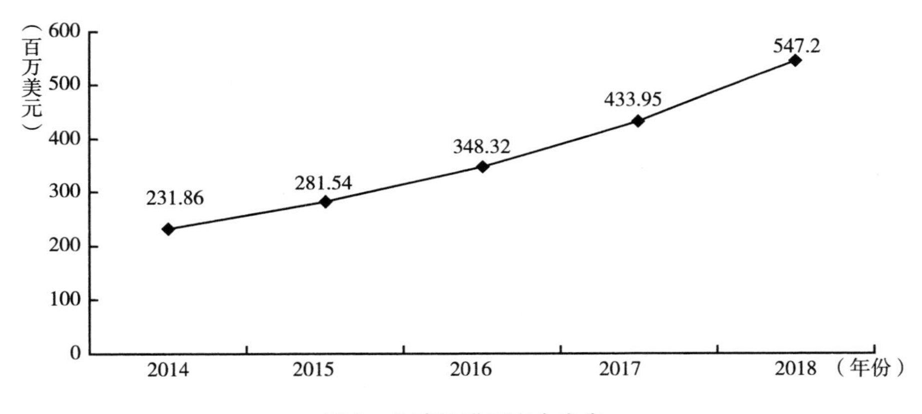

图 4　全球物联网安全支出

注：2017 年、2018 年为预测数据。

资料来源：Gartner 公司，国家工业信息安全发展研究中心综合分析。

调查公司 IHS 统计结果显示，目前，全球可通过远程连接设备、内置设备或车内行动电话等连接互联网的汽车数量约为 1.12 亿辆。漏洞、木马等网络安全风险成为继汽车、司机、乘客等功能安全之后的重要关注点。对于自动驾驶和无人驾驶等智能汽车而言，网络安全更是其制造过程中的关键技术和重要支出领域。预计到 2023 年，全球汽车网络安全市场总规模将达到 7.59 亿美元。其中，汽车网络安全软件将售出 1.5 亿套，市场规模将从 2016 年的不足 100 万美元增长至 2023 年的 3.7 亿美元。同时，2023 年全球销售的汽车中有

1/4 将购买网络安全云服务，该领域市场规模将达到 3.89 亿美元。另外，ABI Research 公司预测，到 2020 年将有超过 2000 万辆联网汽车内置安全技术，车载硬件安全模块数量将达 23 亿。未来，智能汽车还将继续发展汽车网络防火墙、自动以太网和域隔离等技术，智能汽车网络安全市场扩容潜力巨大。

二　全球网络安全软件市场逐步回暖

（一）安全软件细分市场增速差距明显

2016 年 7 月，Gartner 发布报告称，2015 年全球网络安全软件市场总额为 221 亿美元，比 2014 年增长 3.7%，远低于全球网络安全总体市场的增长率。安全信息和事件管理（SIEM）市场仍然是安全软件增长最快的细分市场，增幅为 15.8%，消费者安全软件同比下滑幅度最大，达 5.9%。

网络安全软件大厂商的垄断地位仍然稳固，但其市场占有率较往年小幅下滑。2015 年，赛门铁克、英特尔、IBM、趋势科技、EMC 是排名前五的网络安全软件厂商，总共占据 37.6% 的安全软件市场份额，相比前一年下滑 3.1 个百分点。一方面，大厂商拥有复杂多样的网络安全产品，但其市场增幅却低于市场平均水平。另一方面，更小型、更专注的中小型网络安全软件厂商市场份额持续增加。

表 2　全球网络安全软件厂商市场份额

单位：百万美元，%

厂商	2015 年收入	2015 年市场份额	2014 年收入	年收入增长率
赛门铁克	3352	15.2	3574	-6.2
英特尔	1751	7.9	1825	-4.1
IBM	1450	6.6	1415	2.5
趋势科技	990	4.5	1052	-5.9
EMC	756	3.4	798	-5.3
其他厂商	13773	62.4	12611	9.2
总计	22071	100	21276	3.7

资料来源：Gartner 公司，国家工业信息安全发展研究中心综合分析。

赛门铁克在网络安全软件市场仍然排名第一，但其收入已经连续第三年下滑，且同比收入下滑幅度最大。该公司安全软件收入下降6.2%至33.5亿美元，其中74%来自端点保护平台（EPP），但该类收入整体同比下降了7%，这是导致该公司收入下滑的主要原因。

英特尔的网络安全软件收入也呈现下滑趋势，收入下降4.1%至17.5亿美元。与赛门铁克类似，该公司的网络安全软件收入的75%也来自端点保护平台市场。

IBM是五大网络安全软件厂商中唯一实现收入增长的厂商，其网络安全软件收入增长2.5%，达到14.5亿美元，原因主要在于该公司在安全信息和事件管理业务方面的拓展。

（二）加密软件市场再迎发展机遇

当前，随着网络攻击日益增多，一方面企业客户对数据安全的重视程度提升，另一方面企业需要满足相关隐私法规要求，因此，越来越多的企业选择使用加密技术，甚至采用企业级加密战略，就对加密技术提出了可与云计算技术兼容、具备密钥管理功能等更高级别的要求。

Thales e-Security公司针对美国、英国、德国、法国、澳大利亚、日本等11个国家的14个主要行业，就加密应用的发展情况以及加密技术对企业业务产生的影响进行了调查。调查结果显示，采用加密技术的企业从2005年的16%，上升至2015年的41%。但由于加密厂商之间竞争激烈导致软件价格下降、企业使用了其他的网络安全解决方案代替加密软件、加密技术的进步降低了加密软件的价格等，与加密相关的网络安全预算在企业IT总预算中所占比重却在下降。

根据MarketsandMarkets报告，加密软件市场规模预计将从2016年的30.5亿美元增长至2021年的89.4亿美元，年复合增长率达24%。预计硬盘加密将会主导加密软件市场并成为加密软件市场中份额最大的子市场，而云加密将会在加密软件市场格局演变的过程中扮演重要角色，其市场规模的增长率将领先其他加密软件子市场。

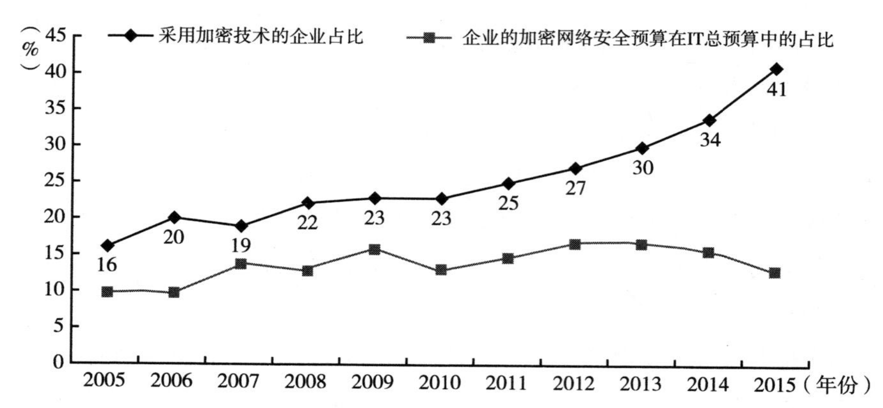

图5　2005～2015年11个国家采用加密技术的企业占比和与加密相关的网络安全预算情况

资料来源：Thales e-Security公司，国家工业信息安全发展研究中心综合分析。

三　全球网络安全硬件市场增长相对平稳

（一）网络安全一体机市场小幅增长

IDC发布的2016年第二季度全球网络安全一体机追踪报告显示，安全一体机厂商收入和出货量方面总体呈现增长态势，收入同比增长5.8%至27.5亿美元，出货量同比增长15.2%达659305台。

在一体机市场中，统一威胁管理（UTM）子市场的规模在过去5年翻了一番，继续成为整个市场的主要推动力。该子市场在2016年第二季度的市场收入为13.5亿美元，同比增长13.4%，且在整个2016年上半年收入为26亿美元，同比增长15.7%。该子市场是唯一连续7年增长速度超过10%的子市场。入侵检测与防护（IDC）子市场和内容管理子市场趋于稳定，第二季度收入分别为4.02亿美元和4.26亿美元，同比分别增长4.8%和4.9%。此外，防火墙和虚拟专用网络子市场同比分别下滑6.7%和14.6%。

美国仍然是网络安全一体机的最大市场，占市场收入的41%，同比增长6%；亚太地区占全球收入的22%，同比增长1.7%；西欧占20%，同比增长5.9%。

表 3　全球网络安全一体机厂商市场份额

单位：百万美元，%

厂商	2016 年收入	2016 年市场份额	2015 年收入	年收入增长率
思科	449	16. 3	441. 64	1. 6
Check Point	358	13. 0	325. 53	10. 0
Palo Alto Networks	334	12. 1	241. 38	38. 2
Fortinet	270	9. 8	213. 35	26. 4
Blue Coat	117	4. 2	114. 69	1. 9
其他厂商	1224	44. 5	1264. 60	-3. 2
总计	2751	100	2601. 19	5. 8

资料来源：IDC 公司，国家工业信息安全发展研究中心综合分析。

（二）Web 应用防火墙市场稳健发展

Web 应用防火墙（WAF）是目前普遍采用的 Web 整体安全防护设备，能大幅降低 Web 漏洞被利用的风险。正确配置的 WAF 可在动态、复杂的环境下防御大多数 XSS 和 SQL 注入等常见的 Web 漏洞攻击。并且，当无法修复漏洞或无法应用补丁程序时，WAF 也可发挥一定的防护作用。支付卡行业数据安全标准（PCI DSS）3. 1 版中建议可将 WAF 作为漏洞扫描防护设备的替代品。而国际信息系统审计协会（ISACA）发布的“开发运营从业者注意事项”，明确表示采用 WAF 是为公司减少开支、增加灵活性的十大安全管理控制措施之一。

2016 年 3 月，Gartner 发布报告称，2015 年全球 Web 应用防火墙市场约 4. 2 亿美元，较前一年上涨 24%。当前，WAF 已成为针对 Web 应用最普遍的预防性和检测性安全控制措施。预计 2020 年，超过六成的公共 Web 应用将采用 WAF 进行保护。目前，全球主要的 WAF 厂商包括 Imperva、DenyAll 和 Positive Technologies 等。

四　全球网络安全服务市场继续升温

（一）管理安全服务市场成为投资热点

近年来，全球网络安全服务市场一直是网络安全总市场的最大部分。据 Gartner 预测，2019 年安全服务信息技术外包、咨询服务等网络安全服务市场共计将达470亿美元。BM、Dell、AT&T等大型安全服务提供商收入的年复合增长率将超过10%，而中小型服务提供商的年增长率将超过100%。美国的Verizon、AT&T，英国的British Telecom，法国的Orange和日本的NTT等公司均正在加大网络安全服务的投资力度。

Gartner报告显示，全球安全信息与事件管理（SIEM）市场整体表现强劲，市场规模从2014年的16.7亿美元跃升到2015年的17.3亿美元。在其2016年的报告中，SIEM与其他细分市场相比增长率较高，全年达到18.6亿美元。全球最大的四家SIEM厂商占据了60%的市场份额，并且其中三家均为综合性安全厂商。

身份和访问管理服务、统一威胁管理服务等管理安全服务（MSS）市场是获得投资最多的细分市场。随着越来越多的企业将业务迁移至云端，将安全工作交付安全服务提供商的企业也迅速增多。据统计，34%的企业表示将购买管理安全服务提供商（MSSP）提供的云安全管理服务。目前，管理安全服务市场规模约为150亿美元，且增长速度超过10%。2016年，SingTel以高达8.1亿美元的价格收购了从事管理安全服务的网络安全公司Trustwave，其主要业务包括威胁管理服务、漏洞管理服务和合规管理服务。

（二）入侵分析服务市场逐渐兴起

传统的网络安全防护主要包括应用、终端和网络防御，面对日益频发的数据泄露等网络安全攻击事件，企业愈发认识到侦测或调查黑客攻击行为是一项重要的应对措施。有专家认为入侵分析市场这一相对新兴的领域可带来10亿美元的投资机会。

典型的入侵服务提供商各有侧重，Exabeam定位于用户行为分析（UBA）市场，LightCyber主要提供主动入侵监测，BitSight致力于为企业提供安全评级，Niara基于其安全分析平台提供服务，Vectra擅长网络分析和预测。此外，火眼公司也将业务拓展至入侵分析领域，并以10亿美元的价格收购了Mandiant，以增强其沙箱技术中的取证能力。

（三）安全培训服务市场备受重视

据赛门铁克预测，2019年全球网络安全行业的专业人才需求将达600

万人，但人才缺口将高达150万人。英特尔安全公司与美国国际战略研究中心（CSIS）共同对美国、英国、法国、德国、澳大利亚、以色列、日本以及墨西哥8个国家的网络安全相关人员进行了调查，结果显示，82%的受访者认为其所在国家及企业均存在网络安全人才短缺问题，并且71%的受访者表示网络安全人才的匮乏将直接导致企业私有数据丢失等问题的发生。报告显示，熟悉入侵检测、安全软件开发和网络攻防等技术的网络安全人才最为紧缺。

人才紧缺问题促进网络安全教育培训服务市场蓬勃发展。Gartner报告显示，目前每年全球网络安全知识培训市场收入超过10亿美元，且每年增长幅度达13%。据调查，近八成受访者认为传统的在校教育不足以让毕业生适应网络安全行业的需求，而实际操作、竞赛、演练等非传统培训方式对于学习网络安全技能更加有效。超过五成的受访者认为网络安全技能不足比人才短缺问题更严重，应当高度重视网络安全继续教育和培训。受访者普遍认为，企业应持续增加对网络安全教育培训方面的投入，帮助企业员工提升网络安全意识，拓展安全知识，并改变不安全行为。

五　全球网络安全解决方案市场发展迅速

（一）云端存储普及带动云安全解决方案市场高速增长

当前许多企业已不再建设传统意义上的数据存储基础设施，而是选择将信息存储在云端。日益增多的数据泄露事件使企业对云安全解决方案的重视程度提升，包括云安全接入代理（CASB）、云安全托管等在内的云安全解决方案市场迅速增长。

Transparency Market Research的报告显示，2016～2024年，全球CASB市场将以16.7%的年复合增长率增长，预计2024年将达到132.2亿美元。全球范围内，Adallom、Skyhigh NetSkope、Networks、CloudLock、Bitglass、Protegrity USA、Zscaler以及CipherCloud等厂商都在积极拓展CASB市场业务。从细分市场来看，2024年前，云安全风险与合规管理市场年复合增长率为18%，云数据加密市场增长最快，预计年复合增长率将达到20.2%。

从云安全解决方案部署类型来看，CASB 市场目前以 SaaS 方式的市场规模最大，但 IaaS 方式因具备灵活性、可拓展性等优势，预计未来市场增速更快。

市场研究机构 Allied Market Research（AMR）公司的报告称，未来 5 年全球云安全托管解决方案市场规模的年复合增长率将达到 15.8%，到 2020 年市场规模预计为近 300 亿美元。

（二）智能终端激增促使远程访问安全解决方案市场扩容

随着近年来智能移动终端技术的迅速发展，在中小规模企业及单位中使用个人设备办公（BYOD）的方式越来越普遍。为保证智能手机、平板电脑、笔记本电脑及其他远程的终端设备连接至企业网络时的安全，以协议为基础的远程访问安全解决方案通常被采用，这种方案也可被称为端点安全解决方案。

MarketsandMarkets 公司预测，到 2020 年，全球端点安全市场规模将从 2015 年的 116.2 亿美元增长至 173.8 亿美元，年均复合增长率达 8.4%。目前，赛门铁克、因特尔安全、AVG 科技以及 ESET 等公司都在积极拓展自身的端点安全解决方案业务，抢占网络安全解决方案市场。

参考文献

Gartner, Forecast Analysis: Information Security, Worldwide, 2Q15 Update, 2015.

UK Cabinet Offic, The UK Cyber Security Strategy 2011 - 2016 Annual Report, April 2016.

Gartner, Forecast: IoT Security, Worldwide, 2016, April 2016.

IHS Markit, Automotive Cybersecurity and Connected Car, September 2016.

Gartner, Market Share Analysis: Security Software, Worldwide, 2015, July 2016.

Transparency Market, Rising Adoption of Cloud-based Services by SMBs Facilitating CASB Market's Growth at 16.7% CAGR, 2016.

IDC, Worldwide Semiannual Security Spending Guide, October 2016.

IDC, Worldwide Quarterly Security Appliance Tracker Q2 2016, Sepetember 2016.

Allied Market Research, Global Managed Security Services Market-Deployment Mode,

Organization Size, Application, Verticals, Trends, Opportunities, Growth, and Forecast, 2013 – 2020, 2015.

MarketsandMarkets, Endpoint Security Market by Solution (Anti-Virus, Antispyware/ Antimalware, Firewall, Endpoint Device Control, Intrusion Prevention, Endpoint Application Control), Service, Deployment Type, Organization Size, Vertical, and Region -Global Forecast to 2020, November 2015.

B.15
我国网络安全产业发展势头强劲

黄丹　张莹*

摘　要： 在全球网络空间攻击频发、信息泄露事件层出不穷的大背景下，我国积极推进网络安全建设，并于2014年初建立了中央网络安全和信息化领导小组，将网络安全正式上升到国家战略层面。2016年，随着我国《网络安全法》的正式颁布，以及多项网络安全利好政策的相继出台，国内网络安全产业显现出规模扩大化、结构合理化的发展趋势，相关企业继续加大技术创新投入力度，进一步探索校企合作之道。国内网络安全投融资市场活跃，新兴安全市场成为关注热点，传统安全企业通过去外资潮进一步整合企业资源，产业整体转型升级趋势明显。预计未来我国网络安全产业将在政策和市场的双重刺激下进入高速发展期。

关键词： 网络安全市场　产业发展环境　市场规模

一　我国网络安全产业发展环境向好

（一）网络安全利好政策频出

建设网络强国，提高关键信息基础设施恢复能力和网络攻击应急响应速

---

* 黄丹，博士，国家工业信息安全发展研究中心工程师，主要从事网络安全情报研究、网络安全审查制度研究、产业发展研究、工控安全研究等工作；张莹，硕士，国家工业信息安全发展研究中心助理工程师，主要从事网络与信息安全战略规划、情报研究和意识教育工作。

度，建立全天候、全方位的网络安全感知体系，已经成为我国国家安全战略的关键一环。2016 年 3 月，中国网络安全空间协会成立，协会在为网络安全相关产业提供组织支持的同时，也为其与各教育、科研、应用机构搭建了沟通交流的平台。

2016 年上半年，中共中央网络安全和信息化领导小组办公室（以下简称“中央网信办”）等六部门联合印发了《国家网络安全宣传周活动方案》，该方案不仅确定了每年 9 月第三周为活动举办时间，还进一步明确了国家网络安全宣传周的全国性活动性质，显现出国家对网络安全宣传教育工作的重视。2016 年 9 月，中共中央政治局常委、中央书记处书记、中央网络安全和信息化领导小组副组长刘云山在 2016 年国家网络安全宣传周开幕式上强调，网络安全与网络发展相辅相成，安全是发展的前提，发展是安全的保障，要通过提高建设和发展水平，更好地维护国家网络空间安全和发展利益，维护人民群众网络信息合法权益。2016 年 9 月 19 ~ 25 日，2016 年国家网络安全宣传周期间举办的网络安全博览会、网络安全技术高峰论坛等活动进一步扩大了我国网络安全产业的影响力。

2016 年 7 月，《国家信息化发展战略纲要》颁布，纲要提到网络安全与信息化是一体两翼，我国需要建立安全可控的信息技术产业体系，培育具有国际竞争力的产业生态，扭转核心关键技术受制于人的局面，进一步掌握安全发展的主动权。2016 年 8 月，中央网信办、国家质检总局、国家标准委联合发布《关于加强国家网络安全标准化工作的若干意见》，指出网络安全标准制定要以国家标准、行业标准为引导，结合产业发展现状，积极推动行业自律，增强网络安全领域技术研发、产业政策、产业发展等与标准化间的紧密衔接和有益互动，充分发挥标准对产业发展的引领与推动作用。

2016 年 10 月，工业和信息化部向地方下发《工业控制系统信息安全防护指南》，要求工业控制系统应用企业应从安全软件选择与管理、边界安全防护、配置和补丁管理、身份认证、物理和环境安全防护、安全监测和应急演练、远程访问安全、数据安全、资产安全、供应链管理、落实责任 11 个方面做好工控安全防护工作，加快推进全国工业企业的工控安全保障工作。

国家层面网络安全意识教育推广、安全可控信息技术产业战略规划、企业安全防护管理和技术指南等一系列网络安全利好政策的出台，提升了政府部门、行业企业、社会民众的网络安全意识，促进了我国网络安全市场需求的飞速增长，为我国网络安全科研攻关、技术研发指明了方向，为网络安全产业发展创造了有利环境。

（二）安全立法促进网络安全产业发展

中国互联网络信息中心（CNNIC）发布的最新数据显示，截至 2016 年 6 月，中国网民规模达 7.10 亿，中国已成为名副其实的网络大国。与此同时，我国网络安全事件数量迅速上升，据国家互联网应急中心（CNCERT）统计，2015 年境内外网络安全事件报告共 126916 起，同比增长 125.9%。在各类网络安全事件中，网页仿冒、漏洞和网页篡改问题最为严重，政府、金融机构和基础电信企业成为主要受攻击对象。在严峻的网络安全形势下，企业对于网络安全的投入情况却令人担忧，有关机构研究报告显示，虽然超过 45% 的企业在过去 3 年中都发生了不同程度的网络安全事故，但仍有 23.9% 的企业没有组建网络安全团队，30.3% 的企业基本没有网络安全预算。

作为国家安全战略的关键一环，网络安全领域的诸多问题亟待国家法律的有力支持。2016 年 11 月 7 日，十二届全国人大常委会第二十四次会议表决通过了《网络安全法》，该法将于 2017 年 6 月 1 日起正式施行。《网络安全法》提出国家要加大财政投入，加快实现战略高新技术和核心关键技术自主可控，建立健全网络安全管理体系，加紧网络安全领域相关标准制定，提高关键信息基础设施防护和恢复能力，完善网络安全监测预警和应急处置机制，明确组织和个人的网络安全法律责任和惩罚标准。可以说，《网络安全法》的出台彰显了我国推动网络空间法制化、全面建设社会主义法治社会的决心，而其实施也将会从根本上改变中国网络安全生态，提高全社会的网络安全防护能力。

《网络安全法》的发布为网络安全产业发展打了一剂强心针。网络安全成为国家硬性标准，无疑将导致企业将业务安全性作为硬性要求，而这也将进一步刺激市场对网络安全服务的需求。同时，《网络安全法》提出的鼓励相关企业及行业组织参与网络空间治理、网络技术研发和标准制定，支持政府加大对网络安全的投入，推进相关技术发展，扶持网络安全创新项目，进一步保护网络技术知识产权等措施，将在客观上为网络安全产业的发展提供有效保障。

（三）多项举措合力推进网络安全人才培养

习近平总书记在2016年4月19日网络安全和信息化工作座谈会上指出，“网络空间的竞争，归根结底是人才竞争。建设网络强国，没有一支优秀的人才队伍，没有人才创造力迸发、活力涌流，是难以成功的”。目前，我国网络安全人才稀缺，据统计，我国每年网络安全人才需求高达60万人，而相关专业每年本科、硕士、博士毕业生总数尚不足万。同时，受国内网络安全产业起步晚、相关企业网络安全投入不足等因素的影响，网络安全人才流失现象严重。为扭转这一局面，近年来，国家采取多项举措推动网络安全人才培养，并于2015年6月将“网络空间安全”晋升为国家一级学科。

2016年，为进一步满足信息化高速发展对网络安全人才队伍建设提出的新要求，国家继续加大网络安全人才培养力度，具体措施如下。

第一，2016年1月28日，国务院在“学位〔2016〕2号”文件中，将29所高校增列或对应调整为网络空间安全一级学科博士学位授权点。

表1　网络空间安全一级学科博士学位授权点

序号	学校名称	序号	学校名称	序号	学校名称
1	清华大学	11	南京理工大学	21	西南交通大学
2	北京交通大学	12	浙江大学	22	西北大学
3	北京航空航天大学	13	中国科技大学	23	西安电子科技大学
4	北京理工大学	14	山东大学	24	中国科技大学
5	北京邮电大学	15	武汉大学	25	国防科学技术大学
6	哈尔滨工业大学	16	华中科技大学	26	解放军信息工程大学
7	上海交通大学	17	中山大学	27	解放军理工大学
8	南京大学	18	华南理工大学	28	解放军电子工程学院
9	东南大学	19	四川大学	29	空军工程大学
10	南京航空航天大学	20	电子科技大学		

资料来源：国家工业信息安全发展研究中心综合分析。

第二，发布《关于加强网络安全学科建设和人才培养的意见》，提出应加快网络安全学科专业和院系建设，强化师资队伍建设，创新人才培养机制，推动高等院校与行业、企业合作育人，完善网络安全人才培养配套措施，从高校、从业人员、青少年等多个方面全面布局，为网络安全人才队伍建设提供政策指引。

第三，建立网络安全专项基金，以奖励网络安全优秀人才、优秀教师、优秀教材，资助网络安全专业优秀学生的学习和生活，支持网络安全人才培养基地建设等工作。

第四，新颁布的《网络安全法》明确提出，国家支持相关教育培训机构采取多种方式培养网络安全人才，促进人才交流。

第五，进一步提出网络安全教育标准化要求，鼓励校企合作，支持学校和企业开展标准化培训，加大网络安全标准化引智力度，引进和培育高端人才。

上述一系列法规政策的颁布，为我国开展下一阶段网络安全人才建设工作提供了依据，为青少年网络安全素质提升及网络安全技术、管理、外交等专业人才的全方位培养，网络安全产业人才队伍建设升级奠定了基础。

（四）企业数字化转型推动网络安全市场急剧扩大

随着云计算、大数据、物联网等技术在企业数字化转型中的迅速普及，以及近年来网络安全事件的频繁曝光与发酵，金融、通信等重要行业用户逐渐意识到网络安全的重要性。由此，基于企业数字化转型过程中的IT系统安全已经成为许多企业的刚需，大数据安全、云安全、移动安全、IoT安全已经成为企业级用户迫切需要建设的内容。伴随着企业级市场数字化转型的大潮，网络安全市场将在“十三五”期间急剧扩大，整个产业也将迎来全新的发展契机。

二　我国网络安全市场迅速发展

（一）产业规模迅速扩大

《关于加快应急产业发展的意见》《关于大力发展电子商务加快培育经济新动力的意见》《中国制造2025》《促进大数据发展行动纲要》等一系列产业规划的正式发布促使2016年网络安全产业的战略性地位进一步提升。

据统计分析，2012～2015年，我国网络安全年均复合增长率高达20.6%。自2015年我国网络安全产业规模突破700亿元大关，到2016年，我国网络安全产业规模约达825亿元，年增速高于往年最高增速约4个百分点。

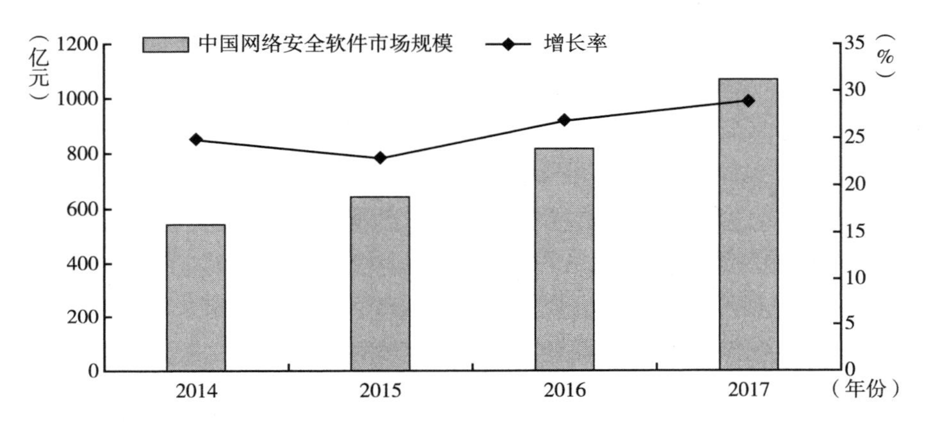

图1　2014～2017年中国网络安全市场预测及增长率

注：2017年为预测数据。
资料来源：国家工业信息安全发展研究中心分析预测。

2016年，我国网络安全产业依旧保持强劲增长势头，产业规模不断扩大。根据对国内多家网络安全上市公司的资本市场情况分析，卫士通、任子行、拓尔思等公司前三季度的营业额增长率均达50%以上，蓝盾、绿盟科技、任子行、立思辰四个公司2016年前三季度利润额增长率已较上年同期分别提高了119.25%、206.30%、142.94%、234.48%。国内多家网络安全上市公司获得了券商和市场研究机构的增持评价，网络安全产业未来发展潜力巨大。

表2　2016年前三季度部分网络安全上市公司经营情况

公司简称	总市值(亿元)	营收		利润	
		营业额(万元)	增长率(%)	利润额(万元)	增长率(%)
启明星辰	200.73	102272	20.88	4713	-7.27
卫士通	145.63	96710	56.20	505	5.80
蓝盾	169.27	83800	46.88	14264	119.25
绿盟科技	149.02	51530	40.79	1449	206.30

续表

公司简称	总市值(亿元)	营收		利润	
		营业额(万元)	增长率(%)	利润额(万元)	增长率(%)
美亚柏科	117.14	44421	28.88	4602	29.31
北信源	120.63	22461	34.55	2239	10.96
任子行	95.09	37767	82.51	7016	142.94
拓尔思	93.86	39501	81.12	4288	0.34
立思辰	169.61	81709	41.47	5757	234.48
梅泰诺	90.59	62633	29.63	7026	96.06
浪潮信息	234.73	891902	29.40	34918	64.16

注：总市值为2016年11月21日统计结果。

资料来源：新浪财经，国家工业信息安全发展研究中心综合分析。

（二）产业结构日趋完善

《中国制造2025》的发布，为我国奠定了实施国家网络安全战略、大力加强网络与信息安全技术能力体系建设的总基调，在加速实现信息化行业自主可控、加快技术创新的迫切要求下，国家和企业对流程制造、智能化产品与服务、智能化管理等领域的信息系统安全风险日益关注，确保网络与信息安全成为产业信息化和工业化融合发展过程中的关键举措。

在政策和市场两大驱动力的作用下，网络安全产业结构不断调整完善。据IDC发布的《中国IT安全市场预测，2016～2020：IT安全软件、硬件、服务》数据，2016年中国各行业用户在IT安全软件、硬件、服务方面的投入约达209.9亿元，预计到2020年这一数据将达到447.7亿元，2015～2020年的年复合增长率将达20.6%。其中，2016年国内网络安全硬件市场仍然保持着在过去几年中的投入优势，占比为50%以上，但是这一优势目前随着网络安全软件和服务市场的壮大而进一步缩小。据IDC统计，2016年中国网络安全硬件市场占比为53.1%，网络安全服务业和软件市场分别占25.0%和21.9%，其中后两者的市场占比均较2015年增长了1倍以上。

2016年9月，安全牛在其《2016年上半年中国网络安全企业50强》榜单的基础上，结合多种行业资源，发布了《网络安全行业全景图》。通过汇总分析发现，我国网络安全产业主要业务类型可分为基础设施安全、终端安全、数

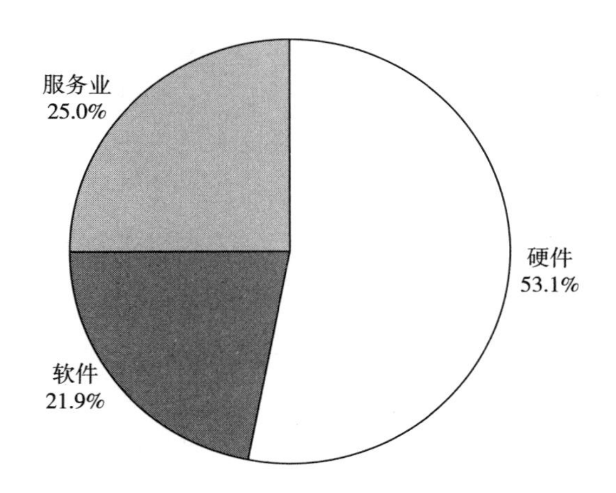

图 2　2016 年中国网络安全市场硬件、软件、服务业占比

资料来源：IDC，国家工业信息安全发展研究中心综合分析。

据安全、应用安全等 15 个大类、75 个小类。其中，包括安全服务、安全新媒体、安全会议等在内的网络安全服务业务种类不断细化，开展该类业务的企业数量也明显增加。

2016 年，我国网络安全产业结构显现出细化与合理化的发展趋势。然而，目前我国网络安全服务业和软件的市场占比与发达国家相比还有差距，部分国家关键信息基础设施运行维护对国外厂商的依赖度较高，网络安全产业结构仍须进一步完善。预计随着未来用户群逐渐多元，我国网络安全服务业和软件的市场占比将进一步提升，产业结构将迎来新一轮调整。

（三）科研投入将持续增加

“十三五”规划的提出吹响了我国由网络大国向网络强国前进的号角，这一战略性转变对我国网络安全科技发展、产业创新提出了更高的要求。2016 年 7 月，由中央网信办、国家发展和改革委员会、教育部等六部门联合发布的《关于加强网络安全学科建设和人才培养的意见》也明确指出，鼓励高等院校学生积极参与创新创业，打造安全人才培养、技术创新、产业发展的良性生态链。

在国家大力支持网络安全信息研发与创新的大背景下，网络安全企业持续加大技术研发投入，逐渐完善研发激励机制，加快技术软硬件和实验室建设。相关统计显示，仅2016年前三季度，80%的国内网络安全上市公司进一步增加了技术研发投入，其中部分公司的技术研发中心建设项目已完成投资近3500万元。

为有效利用社会资源提升自身核心竞争力和社会影响力，部分网络安全企业进一步探索校企合作之路。360公司、永信至诚等安全企业通过共建网络安全实验室、研究院，举办校园行活动赛事等方式提高国内高校科研成果转化率，积极促成高校网络安全课题教材的编写与发行、实战演练系统开发等领域的业务合作，各取所长，努力打造集研发、孵化、培训、服务于一体的网络安全创新机制。

企业网络安全研发投入的增加以及对校企合作方式的积极探索，带来了丰硕的技术研究成果。据统计，截至2016年11月底，国内网络安全企业新增专利数共计227件，较上年全年增加59.85%，其中，发明专利142件，较上年增加61.13%；实用新型专利82件，较上年增加60.78%。

表3　2012年至2016年11月网络安全企业新增专利量

单位：件

时间	2012年	2013年	2014年	2015年	2016年11月
外观设计	3	4	6	3	3
实用新型	19	30	16	51	82
发明授权	22	34	3	0	0
发明公布	56	114	86	88	142

资料来源：国家知识产权局，国家工业信息安全发展研究中心综合分析。

三　我国网络安全市场投融资活跃

（一）网络安全国内上市企业增加迅速

近年来，成功上市融资的网络安全企业不断增加。据Choice数据端统计，A股市场上网络安全板块有20余家上市公司，包括美亚柏科、东软集团、绿盟科技、任子行、航天信息、蓝盾股份、卫士通、星网锐捷、北信源、威创股份、国民技术、拓尔思、启明星辰、立思辰、梅泰诺等。

此外，天融信、优炫软件、鼎普科技、永信至诚、明朝万达、上讯信息、圣博润、瑞星信息等公司近年业绩快速增长，迅速在新三板挂牌上市。

（二）传统网络安全企业掀起去外资潮

为进一步抢占国内网络安全市场，在国外上市的本土网络安全公司掀起去外资潮，典型案例为亚信科技和奇虎 360 的私有化。

亚信科技于 2000 年在美国上市，并于 2014 年宣布退市，随后成立亚信安全子公司以期完成公司战略调整与创新。2015 年 9 月，亚信科技收购趋势中国安全业务，包括核心技术及知识产权 100 多项，成立独立安全技术公司亚信安全，将亚信的通信安全技术与趋势科技的云安全、大数据安全技术结合，打造网络云安全技术公司，进一步将业务扩展至金融、教育、制造、医疗等行业领域。

2016 年 7 月，奇虎 360 也从美国纽约证券交易所退出，成功完成私有化交易。原 360 公司可能拆分为两家独立公司，其中 360 企业安全集团快速进军企业安全市场，与其控股的网神、网康共同组建 360 网神，专注政府、企业安全产品和服务。

（三）投资公司聚焦新兴网络安全企业

网络安全热潮吸引各类资金涌入网络安全领域，特别是关注移动互联网、云计算等新技术领域的中小规模新兴网络安全公司获得 IDG、宽带资本、华软投资、红点创投、经纬中国、如山创投等投资公司的青睐。近年来，先后有 20 余家网络安全公司成功完成融资。

移动互联网安全方面，2016 年 9 月，梆梆安全作为刚刚成立 5 年的创业企业，获得第四轮融资 5 亿元。目前，该公司聚集了近 10 亿用户，市场估值已达 30 亿元，其业务主要为移动应用保护、渠道监测等服务，通过对移动应用进行加固保护，防范恶意篡改、注入代码等安全威胁。

云计算安全方面，2015 年 5 月，安全狗宣布完成第二轮融资，累计融资近 5000 万元。该公司主要从事服务器、云主机系统及虚拟化应用安全问题的研究，融资金额将主要用于在云计算环境下基于 SaaS 模式提供安全运维服务。

自适应安全方面，2015 年 12 月，安全初创公司青藤云安全宣布获得 6000 万元的第一轮融资。该公司产品特点在于通过构建安全模型分析企业内部和外部的异常行为，发现并响应黑客攻击，自适应地处理企业安全事件。

（四）网络安全企业资源整合抢占市场

2016 年，网络安全企业为应对市场新兴变化，收购、挂牌、IPO、重组成为产业升级的主旋律。

1. 天融信以57亿元的价格被收购

2016 年 8 月，北京天融信科技股份有限公司被广东南洋电缆集团股份有限公司以 57 亿元的价格收购。后者锁定网络安全作为公司互补的新业务领域，从客户协同、资源调配、行业周期等方面对现有业务进行有益补充和理想拓展。天融信承诺 2016 年度净利润不低于 30500 万元，2016 年度和 2017 年度净利润累积不低于 71500 万元，2016～2018 年净利润累积不低于 125500 万元。

2. 通鼎互联10亿元收购百卓网络

2016 年 6 月，北京百卓网络技术有限公司被通鼎互联以 10 亿元价格收购。前者主营业务为网络安全防护软硬件集成，可为大型数据中心提供安全防护，对违规文字、图片和视频等进行安全管控，防御各类病毒、恶意软件，并提供深度的分析和挖掘服务。

3. 中新赛克提交 IPO 申请

2016 年 7 月，深圳市创新投资集团下属控股企业深圳市中新赛克科技股份有限公司提交创业板 IPO 申请，获得中国证监会正式受理。该公司专注于数据提取、数据融合计算及其在网络安全领域的应用，主营业务为网络内容安全等产品和服务。

4. 多家企业获上市公司战略投资

为获得不断创新和改革的充足资金，近年来，多家未上市的网络安全企业努力寻求上市公司的战略投资，以期合理配置资源，优化资源结构，抓住市场机遇，赢得企业发展机会。

表 4　网络安全企业获上市公司投资情况

网络安全企业	给予投资的上市公司	网络安全企业	给予投资的上市公司
安恒信息	阿里巴巴	新德汇	美亚柏科
邦盛金融	绿盟	亿赛通	绿盟
恒安嘉新	启明星辰	永信至诚	启明星辰、360
江南信安	立思辰	知道创宇	腾讯
微智信业	东方通	中新赛克	美亚柏科

参考文献

《关于印发〈国家网络安全宣传周活动方案〉的通知》（中网办发文〔2016〕2 号）。

《网络传播》:《国家信息化发展战略纲要》绘十年产业蓝图，中国网信网，http://www.cac.gov.cn/2016-09/12/c_1119552181.htm，2016 年 9 月 12 日。

《关于加强国家网络安全标准化工作的若干意见》（中网办发文〔2016〕5 号）。

工业和信息化部:《工业控制系统信息安全防护指南》，工信部网站，http://www.miit.gov.cn/n1146295/n1652858/n1652930/n3757016/c5346662/content.html，2016 年 10 月 17 日。

全国人大:《中华人民共和国网络安全法》，中国人大网，http://www.npc.gov.cn/npc/xinwen/2016-11/07/content_2001605.htm，2016 年 11 月 7 日。

《关于加强网络安全学科建设和人才培养的意见》（中网办发文〔2016〕4 号）。

《2016~2022 年中国信息安全行业市场运营态势及发展前景预测报告》，中国产业信息网，http://www.chyxx.com/research/201609/452661.html，2016 年 8 月 31 日。

安全牛:《中国网络安全企业 50 强（2016 下半年）正式启动》，安全牛公众微信账号，http://mp.weixin.qq.com/s?__biz=MjM5Njc3NjM4MA==&mid=2651068912&idx=1&sn=94d7613aa5665144a17281b13c4deb65&chksm=bd14a9238a63203569e8803cb6b362c2b4804868e7d251de8d266034cdfdd19f18c88a9038f3&mpshare=1&scene=24&srcid=11237AhvLhkN7XOrHKJATtsP#rd，2016 年 10 月 10 日。

附　　录

Appendices

B.16
2016网络安全大事记

1月

3日　新世界黑客（New World Hacking）组织宣布对元旦前夜英国广播公司（BBC）全球网站瘫痪事件和美国共和党总统候选人唐纳德·特朗普（Donald Trump）竞选网站瘫痪事件负责，并称这“只是一个开始”。

4日　美国国税局（IRS）公布了一系列第七税收安全提示，旨在帮助公众在家里和网络上加强个人及财务数据保护。

4日　波罗的海国际航运公会（BIMCO）发布首个针对全球航运业的船舶网络安全指南，以避免海上网络事故的发生。

5日　欧洲议会非正式同意用一般数据保护条例（GDPR）取代1995年的欧盟数据保护指令。新规为欧洲公民提供更多的个人信息控制措施，确保行业立法更明确。

5日　俄罗斯工业控制系统研究人员发布了一系列工业产品及其初始密码，用以敦促供应商加强安全管理。

5日　中国国家工商总局（SAIC）要求微软对一年多前因涉嫌垄断案而接受调查以来提交给SAIC的信息内容进行解释。

7 日 美国顶尖的科技公司联手反对英国政府提出的《调查权力法案》监视法案。该法案要求互联网公司保留客户网络活动信息长达一年，并迫使他们帮助调查人员访问该数据。

8 日 IBM 研究人员发现，黑客组织正利用 Rovnix 木马对日本 14 家主要银行发起攻击，其攻击手段主要是向攻击目标发送一封声称是来自国际交通运输组织的钓鱼邮件，并在其中植入一个下载程序来使目标感染木马。

8 日 平壤方面声称已成功进行了氢弹爆炸试验，引起了朝韩紧张关系上升，同时韩国的军队提高了网络安全警戒级别。

11 日 美国海军授予通用动力任务系统（GDMS）一项合同，该合同要求通用动力公司提供持续电子战升级服务，以提高服务舰艇的态势感知能力。

11 日 美国警察部门正在使用一个类似信用评分的软件程序来评定嫌疑人潜在威胁级别，但隐私和民权倡导者担心监控软件使用没有适当的监督，无法维护公民权利。

11 日 纽约曼哈顿地区检察官办公室、伦敦警方和互联网安全中心协会联合建立了全球网络联盟，并任命索尼的前首席信息安全官 Phil Reitinger 作为其首席执行官，旨在寻求可量化的信息安全解决方案。

12 日 巴黎和圣贝纳迪诺的恐怖袭击引发一场全球加密辩论，奥巴马政府准备推出加密长期政策愿景，这将很可能会对其他政府决策产生重大影响，甚至可能改变全球辩论。

14 日 ISIS 发布本土加密通信程序应对加密后门。据 Defense One 网站披露伊斯兰国（ISIS）恐怖分子正在部署一种名为 lrawi. apk 的 Android 加密通信应用程序，以妨碍政府推行加密后门，便于宣扬传播恐怖言论。

14 日 F5 网络安全营运中心（SOC）发现，Tinba 的恶意软件变体 Tinbapore 正瞄准亚洲银行及其他金融机构，并可能使其损失百万美元。

15 日 据 The Hill 网站报道一份核不扩散观察报告显示，具有重要原子储备或核电站的二十个国家都缺乏保护其不受网络攻击的政府监管，目前全球核安全缺乏全面有效的管理体系，依旧受到恐怖分子的核安全威胁。

15 日 美国食品药品管理局（FDA）发布了医疗器械上市后网络安全管理指导草案，其中概述了 FDA 有关医疗器械上市后网络安全漏洞管理的相关建议，包括医疗软件及联网医疗设备等。FDA 试图通过该草案的指导原则来

加强医疗设备全生命周期的网络安全。

17 日　美国高通公司与贵州省宣布共建资本达 2.8 亿美元的合资企业，负责先进服务器技术的设计、开发和销售。

18 日　世界经济论坛（WEF）在全球风险报告中第三次将网络攻击列为全球十大威胁之一。报告认为，美国最需要关注网络威胁对经济发展的影响，并指出两个经常被忽视的特定领域：移动互联网和机器与机器的连接。

18 日　法国政府驳回一项建议强制安置加密后门的数字共和国法（France's Digital Republic Bill）修正案。该法案要求厂商在其产品中给当局安置后门，从而可以访问存储的加密数据。

19 日　澳大利亚和美国宣布将联手打击 ISIS 网络犯罪。澳大利亚总理特恩布尔在会见奥巴马总统后不久表示，“我们必须不断提升参与的力度，打击这些极端分子，尤其是伊斯兰国（ISIS）的极端分子”。两国领导人表示会在消除恐怖主义的努力中紧密联系。

19 日　美国众议院国土安全委员会主席 Michael McCaul 在电话会议上表示将推动法案并成立加密委员会，帮助执法机构寻找加密访问解决方案且不损害公民隐私权。

20 日　俄罗斯 Sputnik 新闻网站称，土耳其黑客 16 日攻击了俄罗斯驻以色列大使馆网站。阿塞拜疆的黑客组织 Börteçine Siber Tim 承认发动了此次攻击。

20 日　美国联邦政府承认在间谍和情报收集以及执法活动过程中使用零日漏洞。政府机构秘密利用漏洞，可能给其他罪犯创造了机会。

20 日　美国空军发布首个网络武器系统，美国空军官员称这是首个达到完全作战能力状态的网络武器系统，这意味着该系统“完全有能力成为顶级防守边界，以及所有网络流量转入 AFINC 的切入点”。

21 日　美国网络司令部司令迈克尔·罗杰斯（Mike Rogers）阐述美国网络司令部 2016 年战略优先事项，包括通过发挥更广泛的网络任务能力和扩大国际合作伙伴关系来继续保护国防部网络和系统、存在很多方面漏洞的传统骨干网络结构系统和平台、建立网络安全伙伴关系以及网络卫生的网络基本构建模块等内容。

25 日　奥巴马政府宣布建立国家背景调查局（NBIB），代替人事管理局的联邦调查机构，负责对承包商和政府员工进行背景调查。

25日 美国国税局（IRS）发布安全提示，帮助公众在家里和网络上保护个人信息和财务数据，相关建议包括对计算机所有分区和文件进行全面扫描，确保报税安全软件自动更新，以及使用强大的安全软件拦截恶意软件和病毒。

26日 美国国防信息系统局（DISA）发布一项指南，具体内容涉及来自最近云试点的反馈以及对注册应用国防机构云服务流程的描述，旨在可以帮助国防机构通过云接入点链接到商业云提供商。

26日 韩国当地媒体报道称，发现据称来自朝鲜的可疑邮件，韩政府已因此提升了网络安全的警报级别。

27日 英国政府宣布启动一项新计划，该项投入25万英镑的“早期加速计划”将为新兴公司提供建议咨询、帮扶支持、筹集资金等具体服务，从而能够大力发展公司产品，并将产品投入市场，加速国家网络安全新兴公司的发展。

27日 瑞士的数字监控法引起了众多网络隐私维护者的不满，反对者目前正就此问题征集各方签名，以期举行公众投票。

28日 欧洲电信标准协会（ETSI）成立工作组，负责进行传输控制协议/网际协议（TCP/IP）的开发工作，以应对现今互联网大部分流量。

28日 美国财政部税务管理监察长TIGTA审查了IRS的身份盗窃欺诈检测系统，并公开表示IRS正在开发新的欺诈检测系统，但其识别身份信息盗窃的功能仍需完善。

28日 美国警察工会（FOP）网站的私人文件遭黑客泄露。

29日 土耳其国家安全委员会（MGK）召开会议，决定基于信息系统保护和对可能威胁立即反击这两个主要机制建立新的网络安全策略。新策略规定了对那些在公共机构申请数据处理的人提出的新要求，并将动员所有公共机构和私营部门参与网络安全建设。

29日 美国政府问责局（GAO）发布的信息安全报告称，爱因斯坦系统依赖已知的恶意行为特征识别入侵，并非采用更复杂的基于异常行为的检测方法确定未知威胁，因此联邦政府的爱因斯坦入侵检测预防项目（NCPS）在联邦信息系统漏洞检测方面能力有限。

31日 黑客组织AnonSec公布了250GB的无人机数据和一份300页的“杂志”，详细说明了对NASA系统进行长达数月的入侵情况，并试图劫持一架全球鹰无人机，使之坠入太平洋。

2月

1日 美国国防部作战测试与评估办公室（DOT&E）发布2015年年度报告，指出过去一年国防部网络防御取得重大进展：加强了某些网络元素的保护；提升了领导者对关键任务的网络入侵防范意识。

2日 据美国官员称，美国国家安全局（NSA）正在进行一项重大重组工作，合并其进攻和防御组织，使其更有能力面对21世纪的数字威胁。

2日 美国国防部部长阿什·卡特（Ash Carter）表示，国防部2017年网络预算投入将达到70亿美元，主要用于进一步提升国防部的网络防御，建造更多的网络士兵培训基地，开发进攻性的网络工具和基础设施。

3日 美国国防部（DOD）总监察长将从本月开始进行审核工作，以确定国防机构是否已纠正已知的网络安全漏洞。

3日 美国参议院多数党领袖Mitch McConnell极力吹捧能源政策现代化法案，并鼓励党内人士投票支持该法案。该法案由参议员Lisa Murkowski和Maria Cantwell提出，旨在帮助国家能源网络抵御恐怖分子网络攻击。

3日 欧盟委员会（EC）最近公布了关于加强打击恐怖主义融资的行动计划，希望遏制非法资金流入恐怖分子手中，以响应欧洲安全议程的重点主张。

12日 据SC杂志网站报道，欧盟与美国间的全新数据保护法案《隐私保护法》将于本月底完成。《隐私保护法》旨在弥合欧盟与美国间的关系，就如何传送数据、一方机构如何处理另一方公民数据制定了清晰的指导原则和处理步骤。

12日 美国国会通过一项制裁朝鲜迅速发展网络战争的法案并提交奥巴马签署。该法案要求对那些帮助朝鲜实施网络攻击的人实施惩罚，也将制裁那些参与朝鲜核项目和侵犯人权的人员。

12日 据司法部公布的联邦调查局（FBI）2017年财政预算要求，FBI将在2017年额外投入3830万美元应对加密威胁，这笔预算将用于开发和采购电子设备分析、密码分析和取证等工具。

14日 美国中央情报局（CIA）局长约翰·布伦南（John Brennan）认为与伊斯兰国的网络战是真正的威胁。

15日 Recorded Future公司发布的《印度与巴基斯坦的黑客战争》报告

称，印巴之间的冷战局势已经蔓延至网络，尤其在一些标志性事件和纪念日期间，网络活动日趋频繁。

15日 英国反犯罪局（NCA）将打击网络犯罪和保护企业免受黑客攻击作为其首要任务。

16日 匿名者黑客组织为了支持OpAfrica运动，入侵了南非政府通信与信息系统（GCIS）部门的内部数据库，造成1000多名政府雇员个人信息泄露。

17日 微软公司称，美国国防部长正引导所有国防部机构统一采用Windows 10系统，并即刻开始进行部署。国防部的目标是在2017年2月之前完成400万台设备和系统的升级，但是否包含手机产品还是未知。

18日 科技和商业团体联盟敦促奥巴马政府重新谈判一项旨在防止专制政权掌握黑客工具的国际协议。

18日 加利福尼亚总检察长Kamala Harris发布了该州第三个数据泄露报告，报告显示数据泄露的数量以及规模均比往年有所增长。

21日 欧亚网络安全组织上周向中亚各国媒体发布电子邮件，敦促中亚各国政府关闭“网络边界”，防范潜在的颜色革命威胁，并考虑阻止Google、Facebook和YouTube等站点的访问。

22日 美国国土安全部（DHS）网络安全及沟通部副部长Phyllis Schneck表示，部门将把最新版的防火墙Einstein 3A与网络情报结合，以更有效监测并阻止黑客入侵。

22日 中东国家网络犯罪已经成为威胁该地区安全的重大问题。然而，大多数政府更加注重依靠网络攻击实施报复，而不是打击网络犯罪。

22日 美国联邦调查局FBI发布警告称，伊斯兰国的黑客正对美国开展网络攻击，但其中的大部分黑客团体使用的方式并不复杂。

23日 美国海军为避免网络攻击，正在降低现有的高度联网水平，旨在创建一个可以有选择地连接或断开网络的系统。

24日 欧盟委员会信息技术总局（EC DIGIT）已和微软、埃森哲（Accenture）、康瑞思（Comparex）公司签订了合同，希望这些公司提供公共云服务方面的专业技术支持。

24日 12家安全分析公司联合认为袭击索尼影业（Sony Pictures）的黑客是一个名为Lazarus的组织，该组织在过去7年间，一直对韩国、美国和其他国家的机构发起大量网络攻击。

24日 美国家情报总监詹姆斯·克拉珀（James Clapper）表示，奥巴马政府仍然不能评估中国是否遵守了去年9月提出的停止对美国私人企业进行黑客行为的承诺。

25日 德勤最新报告发现，爱尔兰的网络安全外商直接投资已达到主要国家水平，可以成为全球领导者。

25日 美国FBI局长欲增8500万美元用于网络安全，大部分资金将用于购买性能更优的IT产品以及提供网络安全培训。

25日 澳大利亚政府在国防白皮书中称，为了应对日益严重的网络威胁，国防部网络安全能力将得到加强。尽管如此，澳大利亚的网络投入仍然较少。

26日 美国国防部（DOD）希望将2017财年预算中的67亿美元用于网络安全建设，以将美军方网络能力提高到一个新的水平。

26日 美国空军第二个网络武器平台——网络空间脆弱性评估/探查平台（CVA/H）已经达到全面作战能力。

27日 美国与欧盟达成新的信息共享协议后，美国政府对收集得到的大量欧盟公民个人数据的使用设置了诸多限制，并将限制对数据不加选择地收集。

29日 美国国防部计划2021年前在网络安全方面斥资347亿美元，预算显示其在攻击性网络能力、战略威慑和防御性网络安全方面的投资有所增加。

3月

1日 美国国会议员施压联邦调查局局长詹姆斯·科米（James Comey），要求其承认法院欲让苹果解锁圣贝纳迪诺枪击案枪手所用手机事件，可以设立一个法律先例。

1日 美国国防部长（Defense Secretary）阿什·卡特（Ash Carter）会见硅谷（Silicon Valley）的科技行业领袖，以推动国防部在网络空间打击恐怖主义的行动。

1日 英国政府向议会公布调查权力法案，规定在如今的数字时代，警察、安全及情报机构对通讯和通讯数据的收集和获取将遵循严格的保障措施和世界领先的监督机制。

2日 美国硅谷科技公司表示不愿与国防部合作以保证中国市场。美国国防部长（Secretary of Defense）阿什顿·卡特（Ashton Carter）警告称，如果硅谷和政府不能合作解决加密辩论，美国存在允许让诸如俄罗斯或中国等国家制定其条款标准的风险。

3日 尽管国务院和商务部的工业安全局（BIS）均未发布正式声明，但众议员 Jim Langevin 在网上承认，美国当局正在听取网络专家们的意见，考虑修改瓦森纳协定。

4日 美国国防部（US DoD）宣布将从2016年4月起，开展一个旨在提高网络和公共网站的安全性的漏洞报告奖励计划，此举被认为是“美国联邦政府历史上第一项漏洞奖励计划”。

4日 美国国防部重组其员工队伍，以适应严重依赖网络空间任务所带来的挑战，重点将网络 IT 和网络安全的工作人员做了区分，指挥官将依次对人员进行训练和认证。

7日 韩国政府指控朝鲜试图侵入韩国政府网站及政府官员手机。韩国政府并未就朝鲜此次发起的网络攻击给出更多详情，但强调其正致力于确保政府网络安全。

7日 美国国防部发布军事范围内的网络安全纪律执行计划，该文件旨在确保负责网络安全的领导及时指挥和报告网络安全相关进展和困难。

8日 美国国土安全部长约翰逊在向参议院进行的预算报告中表示，今年和未来的首要目标是在政府各部门实施爱因斯坦网络安全系统，吸引有能力的网络防御人才并确保国土安全成功落实统一采购和管理计划。

9日 美国司法部负责人 Loretta Lynch 发表声明，称在有关安全问题的持续争论进程中，司法部将不会提出任何有关加密政策的法案。

9日 美国隐私和公民自由监督委员会发出了22项鼓励进行更多监管和限制的建议，这些建议出台后，美国情报机构更新了相关政策。

10日 ESET 安全机构披露澳大利亚和新西兰的大多数银行应用程序正面临一种新型恶意软件 Android/Spy. Agent. SI 的攻击威胁。

11日 韩国政府称朝鲜对其的网络攻击数量增加了一倍。另据美联社报道，朝鲜曾试图侵入韩国的铁路控制系统和多个金融机构，但均未成功。

13日 为推动“五角大楼的网络战略”落实，美国国防部任命谷歌前 CEO Eric Schmidt 为新成立的国防创新咨询委员会主席，选择12名行业精英人士，以弥补军方和行业之间的差距。

14日 美国国防部长阿什·卡特（Ash Carter）在五角大楼会晤以色列国防部长（Defense Minister）摩西·亚阿隆（Moshe Yaalon），二人就加强网络领域合作达成共识。

14日 朝鲜称韩国的网络攻击指控纯属捏造。路透社表示，韩国故意捏造“朝鲜出于政治目的对其发动网络攻击”的事件，只为顺利通过极具争议的“反恐怖主义”法律。

15日 美国司法部表示，可能会要求苹果提交产品的“源代码”和认证软件所需的密钥，美国政府将会开发出自己的间谍软件并安装到苹果手机上。

15日 中国公安部部长郭声琨会晤了美国联邦调查局FBI局长James Comey，双方同意在网络安全和反恐案件两个领域有更加务实的合作。

15日 泽西岛、根西岛、马恩岛、直布罗陀、马耳他岛以及塞浦路斯的代表会面商讨对抗黑客的新途径，海峡群岛目前已经决定采取新的措施，共同对抗网络犯罪。

16日 美国国土安全部领导发表讲话，称“原则上同意”国会两党有关加密技术科技立法，认为该法案可以阻止任何个人、甚至是政府部门查看公众的隐私信息。

17日 荷兰在打击网络犯罪和恶意软件方面筑起“数字堤坝”，欧盟统计局（Eurostat）表示，荷兰正在成为欧盟互联网最安全的国家，仅次于捷克。

18日 美国国防部（US Department of Defense）和以色列国防部（Israeli Ministry of Defense）达成了一项协议，旨在增强国家间的网络防务合作。

18日 美国商务部国家电信与信息管理局（NTIA）即将通过相关计划，将绘制互联网地址系统和维护其稳定的构架控制权移交给由多方共同管理的世界集团。

21日 美国国防部（U. S. Department of Defense）准备扩大建设其战略堡垒，第二个网络安全堡垒将在波士顿建立，以此对抗网络攻击者，帮助保卫国家安全。

22日 新加坡网络安全局首次开展了名为“网络之星”的多部门演练，旨在联合来自不同行业的多家机构，共同应对恶意软件感染或大规模分散式阻断服务攻击等可能毁坏整个机构网络的网络安全事件。

22 日　美德双边网络会议于 3 月 22 日和 23 日在华盛顿举行，美国国务院随后发表联合声明，称美国和德国正致力于扩大政府在网络领域的合作。

25 日　美国国家标准与技术研究院（NIST）计算机安全部负责人 Matthew Scholl 表示，NIST 计划未来 5 年聘请 15 位密码专家，以解决量子密码和轻量级密码等新兴领域的问题。

28 日　美国国家安全局局长（director of the US National Security Agency）兼网络司令部（Cyber Command）司令迈克尔·罗杰斯（Michael Rogers）秘密访问以色列，商讨两国网络防务合作事宜。

29 日　美国政府放弃迫使苹果公司提供进入一名恐怖分子手机后门的要求，并声称已找到解决方法。

30 日　美国国土安全部（The Department of Homeland Security）正式启用“说出你所见”（See Something，Say Something）项目，建立公私网络信息共享平台。

31 日　英国和美国宣布将进行实战演习，模拟核电站网络攻击，以测试政府和公共事业的应变能力。

31 日　美俄拟重启一系列的网络国防双边协议，包括全球首部在 IT 领域中的互不侵犯条约。

31 日　美国总统巴拉克·奥巴马（BarackObama）表示，将在核安全峰会与中国国家主席习近平继续探讨网络安全问题。

31 日　美国陆军发布 2025～2040 年的网络现代化计划，以加强战地与网络的连通性。同时，其宣布将扩大网络空间防御和进攻行动的作战小组。

4月

1 日　Data61 与网络伦敦（CyLon）签署合作协议，今后英、澳两国将分享网络方面的专门技术、丰富资源，从而加快两国的网络安全创新能力。

4 日　美国国土安全部发布移动应用的隐私指导方针，要求由国土安全部开发的或为其开发的移动应用在安装前后提供方便获取的隐私政策。

4 日　欧洲网络与信息安全局（ENISA）发布了一份关于欧盟网络危机管理和通行做法的报告，建议采取更有效的网络危机合作和管理。

4 日　英国国防部（MoD）称将投入 4000 万英镑建立一新的网络安全行

动中心（CSOC），加强英国网络攻击防御能力。

6日 美国空军向网络防御信息保障公司（CDIA）授予了一份价值1150万美元的合同，以继续推进空军内网控制（AFINC）工作。

7日 美国国家安全局（NSA）出台新的数据共享计划，该计划允许国家安全局通过互联网与其他联邦机构共享其收集的民众通讯及活动信息。

7日 美国民主党参议员EdMarkey（D-Mass.）提出一项法案，旨在为航空业建立严格网络安全标准的法案，以应对越来越多黑客和网络间谍的攻击。

10日 菲律宾国家警察（PNP）总长Ricardo Marquez表示已经向反网络犯罪组织（ACG）发出警告，确保针对选举相关软件和计票设备最大化实施网络安全措施。

11日 俄罗斯政府已开始与俄罗斯中央银行联合开发一系列安全措施，以打击最近出现的Buhtrap黑客组织。

12日 在优步公司发布的第一份公开报道中显示，该公司将逾1200万用户的数据递交美国地方和联邦政府。

12日 CREDO Action组织发起一份关于反对法庭履行加密解锁草案的请愿书，截至14日已得到超过43000人的支持。

14日 从事安全基准和评估的Security Scorecard公司最新报告显示，美国政府网络安全状况非常不乐观。

14日 巴基斯坦议会通过一项争议性网络犯罪法案，让当局有处理网络攻击的权力，而这遭到反对者的批评。

15日 美国国土安全部（DHS）发布了第四份“网络安全部门实践技术过渡指南”，列出了8项技术，范围从恶意软件分析工具到Windows应用保护软件。

18日 名为“The Locked Shields 2016”的世界上最大的网络军事演习在位于爱沙尼亚的北约赛博合作防御卓越中心组织举办，来自26个国家的550名网络安全专家在一个名为“Berylia”的虚拟战场上进行演习。

19日 美国商务部发布了公共安全分析研发路线图，用于刺激创新和改善公共安全的系列技术，主要集中于为警察、消防员、紧急医疗服务和其他急救人员提供所需的各类服务。

19日 以色列总理内塔尼亚胡（BenjaminNetanyahu）和新加坡总理李显

龙（LeeHsienLoong）承诺扩大网络安全合作，共同推进两国高科技贸易关系。

20 日 美国空军新指令明确表示，空军将开发武器系统，网络能力和战术、技术和程序来抗击敌人的网络进攻，以确保在敌对的网络环境中持续任务。

21 日 美国人权观察机构隐私国际发表一份机密文件，首次曝光了英国当局对公民敏感个人数据进行大规模收集。

21 日 Imperva 公司报告显示，韩国已经成为全球 DDoS 攻击发起点最多的国家，俄罗斯和乌克兰分别名列第二和第三。

22 日 IBM 公司 X-Force 中心的网络安全智能指数报告指出，网络攻击的目标已从金融服务领域转向制造业和医疗行业。

24 日 两周前成立的 ISIS 黑客组织 UnitedCyberCaliphate（UCC）在 Telegram 社交平台上宣称已入侵美国国务院，并发布了针对美国政府官员的“死亡名单”。

25 日 巴基斯坦国民议会（NA）在未满法定人数的情况下通过了《电子犯罪防治法（2016）》（PECB），民主捍卫者认为 PECB 是对巴基斯坦民主和言论自由的最大威胁。

27 日 美国参议院国土安全委员会向奥巴马政府施压，要求加快 A－130 号通告的更新进程该通告主要用于指导机构如何保护他们的信息技术。

28 日 美国国家标准与技术研究院（NIST）发布有关后量子时代密码的新报告，详细描述了量子计算机研究的现状及预防此类潜在漏洞的长期手段。

28 日 美国众议院军事委员会通过了《国防授权法案（草案）》，该法案将提升美国网络战司令部的地位，并要求美国政府问责局对国家安全局局长是否应继续管理其网络战司令部的问题展开调查。

29 日 PCI 安全标准委员会（PCISSC）发布新版的数据安全标准（DSS），对购买前、中和后期提供的支付资料进行保护。

5月

2 日 美国最高法院批准了一项法规修正案，允许联邦地区法院法官签发搜查令，使联邦调查局（FBI）有权“入侵”任何司法管辖区的任何一台计算机，此举遭到民权组织反对。

2 日 英国国家医疗服务体系（NHS）已经与谷歌达成合作，将 160 万病人的医疗数据共享给谷歌旗下人工智能公司 DeepMind。

3 日 澳大利亚 2016 ~2017 财年联邦预算显示了澳洲政府 4 年内计划用于网络安全战略的 2.3 亿澳元的分配情况，并确定了网络安全的详细计划。

3 日 欧洲刑警组织（Europol）网络犯罪中心（EC3）已与芬兰网络安全公司 F-Secure 在 Europol 的海牙总部签署了一份谅解备忘录（MoU），旨在改善在打击犯罪方面的信息共享。

4 日 全球网络联盟（GCA）将与消息、恶意软件及手机反滥用特别委员会 M^3AAWG 合作，推进联盟采用具体量化的措施来减少网络威胁。

4 日 朝鲜加强了对本国公民的网络监控，政府方面升级了国家研发的“红星 OS”操作系统，借此追踪所有运行该系统的计算机。

5 日 Juniper Research 市场研究机构表示，信用卡交易安全措施的改善驱动黑客进行网络诈骗，网络诈骗金额到 2020 年将达到 250 亿美元，超过目前金额的两倍。

6 日 美国联邦调查局、国安部和国防部等多个政府机构共同发布网络间谍警报，要求私人企业和承包商警惕旨在窃取敏感商业信息的长期网络间谍活动。

6 日 黑客组织匿名者（Anonymous）针对全球银行业发起了 OpIcarus 运动，并声称将对全球银行发起大规模分布式拒绝服务（DDoS）攻击。

9 日 美国联邦贸易委员会（FTC）对移动设备的安全性十分关注，要求 8 家移动设备制造商共享其产品制作过程、修补漏洞、安全更新等方面的详细资料。

9 日 Twitter 切断了美国情报机构筛查其全部社交媒体文章的服务的访问，这是硅谷与联邦政府之间围绕恐怖主义和隐私权问题关系紧张最新实例。

10 日 雅虎公布第二波外国情报监控法庭（FISC）文件，详细说明了该公司与联邦政府有关国家安全局棱镜计划（PRISM）中公布用户数据的争议。

11 日 美国参议院军事委员会（SASC）成员迈克 · 郎兹（Mike Rounds）提出了《2016 网络战争行为法案》（Cyber Act of War Act of 2016）。该法案要求政府给出网络攻击是否可以视为战争行为的一个判定标准，以便美国做出适当的反应。

12日 美国众议院议员在听证会上提出联邦机构要深挖社交媒体数据，以加强员工背景调查。

12日 美国国家标准与技术研究院（NIST）宣布投资100万美元，建立8个地区联盟和多方参与伙伴关系（RAMPS），以刺激网络安全人员的教育和发展。

12日 欧洲中央银行创建了应对日益增长的数字盗窃威胁的实时警报服务，这一开拓性的系统将强制要求欧元区银行及时将重大网络攻击事件通知监管机构。

13日 欧洲法院总法律顾问曼努埃尔·坎波斯（ManuelCamposSánchez-Bordona）表示，动态IP地址相当于个人数据，应受到欧洲隐私法律的保护。

16日 拥有地球上最大、最先进计算机网络之一的美国海军，计划将一些海军士兵训练成道德黑客，从而来更好地保护其网络安全。

16日 印度电信部部长RaviShankarPrasad会见了瑞典首相StefanLofven，讨论加强两国在网络安全领域的双边关系。

17日 德国联邦宪法保卫局（BfV）表示，去年针对德国联邦议院（Bundestag）发起的、造成计算机系统瘫痪数天的重大网络攻击，很有可能是俄罗斯所为。

17日 美国众议院通过《国家网络安全防范联盟法案》（National Cybersecurity Preparedness Consortium Act），旨在帮助州和地方政府开展对抗黑客的工作。

18日 根据美国众议院监管委员会（HouseOversightCommittee）公布的新计分卡显示，联邦政府机构在管理和确保其IT系统和采购项目方面取得了一定进展。

18日 StarHub通信公司推出卓越网络安全中心，该中心联合多家工业伙伴、4家高等院校，将在未来5年投入2亿新元，以共同打造新加坡网络安全生态系统。

19日 美国众议院国防法案要求白宫提升美国军方网络力量，并成立一个独立的作战实体，此举遭到白宫的反对。但美国众议院仍以277票赞同、147反对的优势通过法案。

19日 为保护世界上最大的两个金融中心，伦敦的一项新计划中提议利用纽约犯罪分子来打击网络攻击。同时，曼哈顿地区检察官办公室将提供

2500 万美元的犯罪罚款来资助全球网络联盟和伦敦警察局。

20 日 美国参议院版本的年度国防授权法案（NDAA）与众议院对美国军队网络权力修改的意见相左，众议院国防授权法案拟提升美国网络司令部独立作战实体的权力。

20 日 巴西指导委员会的研究表明，监控员工的互联网使用已成为巴西企业的普遍做法，并且监控的发生概率随着企业规模增加而提高。

23 日 印度和伊朗决定建立战略合作伙伴关系，共同打击恐怖主义、激进主义和网络犯罪。

23 日 在耶路撒冷举行的政府间磋商中，捷克政府代表团同意与以色列在网络威胁信息共享、联合专家培训和旅游合作方面进行合作。

23 日 PinsentMasons 法律事务所发布的最新统计数据表明，2016 年英国网络犯罪起诉数量增长超过三分之一（36%）。

24 日 美国空军研究实验室（AFRL）官员已宣布和 Praxis 公司签署一份价值 1260 万美元的合同，旨在开展利用模拟域实践安全项目（LADS）。

24 日 美国总务管理局（GSA）18F 数字服务团队计划推出 Bug 赏金计划，具体细节曾在 FedScoop 网站首次发布，目前尚未公开发表。

25 日 美国众议院科学空间和技术委员会通过《网络和信息技术研究和发展现代化法案》（H. R. 5312），鼓励机构专注于提高在网络威胁的检测、预防和恢复方面的研究。

6月

7 日 英国下议院通过调查权力法案，该法案又称“窥探者宪章”，为英国情报机构的元数据分析和计算机入侵行为提供法律支持。

7 日 奥巴马总统和莫迪同意“深化”两国在网络安全问题上的合作关系，并达成《美印网络合作关系框架》备忘录。

7 日 Rsignia 公司和美国空军研究实验室签订研究和开发合作协议，共同研发网络技术，使其能够有效保障空军作战人员需要的现有和未来网络安全。

10 日 为应对网络攻击，新加坡政府宣布将于明年 5 月切断 10 万台电脑与互联网的连接。

10 日 电子前沿基金会对联邦调查局和国家标准与技术研究院合作开发

文身自动识别技术提出警告，称其引起了严重的隐私问题。

13日 韩国外交部表示，国际安全事务大使本周将带团远赴捷克、欧盟和德国，举行“背靠背”政策磋商会议，讨论开展全球合作以应对日益严重的网络安全威胁。

13日 据首尔当局称，朝鲜黑客曾对韩国国防公司发动网络袭击，窃取了一批文件资料，其中包括美国F-15战斗机设计信息文件。

15日 美国国土安全部和司法部公布了网络威胁共享指南，对《网络安全信息共享法案》进行了进一步说明，旨在让公司、联邦政府和其他行业成员实现信息共享。

16日 中美两国同意建立一条网络热线，并举办网络安全和技术滥用的研讨会以打击恐怖活动，两国还将就网络空间法律和规则举行一系列单独会谈。

16日 美国司法部表示，一名科索沃黑客承认了窃取超过1000名美国军队和联邦人员个人身份信息并提供给伊斯兰国（ISIS）的罪行。

20日 美国国防部长表彰1400名参与首届“攻击五角大楼”漏洞查找大奖赛的黑客，该活动一共找到国防部所属部门的公开网站存在的138个缺陷。

21日 黑客公开一批希拉里·克林顿有关的文件，并声称这些文件是从美国民主党全国委员会服务器中窃取而来。

21日 印尼和韩国央行受到了分布式拒绝服务攻击，但没有造成任何损失。

23日 美国证券交易委员会指控英国黑客攻击美国股票经纪账户获得非法巨额盈利。

23日 黑客入侵印度航空公司程序，盗窃价值近24，000美金的信息。

24日 美国网络司令部首次将针对ISIS的网络行动纳入到支持中央指挥部的“规模化”的行动中。

26日 中俄两国同意发展全面战略协作伙伴关系，并签署了关于加强全球战略稳定和推进信息网络空间发展的联合声明。

27日 据报道，今年初，Microsoft、Facebook、YouTube和Twitter同意与欧盟合作，以在线识别和打击恐怖主义言论。

27日 IBM和英国国防部推出了国防部网络能力测试（Defense Cyber Aptitude Test，DCAT）评估服务。

28日 俄罗斯国会下议院通过了一项彻底反恐的立法，要求各公司对用户发送的所有信息进行解密。

7月

1日　美国国防部（DoD）首席信息官特里·哈尔沃森（Terry Halvorsen）签署第三版国防部IT企业服务框架指南，新版本更强调IT风险和绩效管理。

1日　暨信息自由法案（FOIA）施行50周年之际，美国总统奥巴马签署了信息自由法案改革法案。

4日　印度工商联合会致信总理办公室（PMO）和国家安全顾问Ajit Doval，提议为国家档案馆的机密文件和遗留文件建立一个国家网络信息数据银行。

5日　欧盟委员会（EC）提出欧盟第一个网络安全准则，旨在更好地抵御针对关键基础设施服务的网络攻击。

5日　欧盟提出将投资4.5亿欧元（5亿美元）用于网络安全研究，并呼吁相关企业为该项研究投入三倍资金。

6日　欧洲议会通过了2013年提出的网络与信息系统安全指令（NIS），旨在改善28个成员国之间的网络安全合作和信息共享及应对数字威胁的能力。

7日　荷兰电信公司KPN推出全国LoRa物联网（IoT）网络，成为全球首个完成全国性物联网网络的国家。

7日　美国国家地方执法机构将添加互联网安全中心（CIS）中的跨州信息共享和分析中心（MS-ISAC）及CIS关键安全控件作为关键性资源。

8日　俄罗斯国家杜马成员表示，德国情报机构指责俄罗斯对德国议会发动网络攻击的言论缺乏证据支持。

11日　波兰第二大电信运营商NETIA证实，NETIA遭遇黑客攻击，导致大量客户数据泄露。

11日　北约（NATO）成员国签署了一项网络防御承诺，概述成员国如何确保网络安全和进行网络防御。

12日　奥巴马政府公布联邦网络安全人才战略，旨在为政府引进和培养网络安全人才。

13日　保加利亚政府发布名为《2020年保加利亚网络可持续发展》的国家网络安全战略。

14日 欧盟议会通过了网络与信息系统安全指令（NIS），预计2016年8月生效，并将在2018年5月被纳入国家法律。

15日 美国卫生与公众服务部（HHS）公民权利办公室（OCR）发布健康保险流通与责任法案（HIPAA）的指导方针，以帮助医疗保健机构了解、预防和应对勒索攻击。

15日 在联邦通信委员会批准5G网络的高带频谱之后，奥巴马政府于次日随即宣布将投入4亿美元开展新一代无线技术研究。

18日 美国政府力推一项新协议，将允许外国直接对本国内技术公司进行数据搜查或者监听。同时，美国也会获得检索储存于其他国家的数据信息的权限。

19日 欧洲法院在关于英国数据留存和调查权力法案（DRIPA）的上诉案中裁定，执法机构仅在解决"严重犯罪问题"时可大规模收集数据。

19日 澳政府机构、电信企业以及大型的全球科技公司，共同构建了一个专门针对物联网发展的产业组织——澳大利亚物联网联盟。

20日 全球科技巨头企业联合制定物联网安全标准，赛门铁克（Symantec）和ARM公司带头制定了这一领域的开放信任协议（OTrP）。

20日 法国国家数据保护委员会要求微软停止过度收集Windows 10操作系统的用户数据。

21日 英国第一次将网络犯罪纳入年度犯罪统计后，英国家统计局数据显示，网络犯罪几乎是所有其他犯罪种类的总和。

25日 荷兰警方、欧洲刑警组织、英特尔和卡巴斯基实验室共同启动"杜绝恶意软件"项目，以对抗全球范围内的恶意软件的威胁。

26日 50名世界级专家共同为汽车制造商编写的用于无人驾驶汽车、联网车辆的网络安全防范的《汽车网络安全最佳实践》正式出版。

26日 美国总统奥巴马发布网络事件响应总统令PPD-41，对联邦政府面对重大网络攻击时的响应、协调和应对进行规范。

27日 孟加拉与印度两国签署"谅解备忘录"，旨在共同打击网络恐怖主义。

27日 美国联邦能源管理委员会发布指令，要求改善主干电力系统的网络安全问题，并要求北美电力可靠性委员会（NERC）编制一套新的供应链风险管理标准。

28 日 韩国指责朝鲜幕后主使了一起数据偷窃事件，致使韩国最大的电子商务网站的千万网购者的信息被窃取。

28 日 以色列能源部计划建立网络实验室，模拟基础设施的网络攻击并做出响应。

8月

2 日 西班牙电信决定加入欧洲网络安全组织理事会，该组织是最近成立的商业组织，目前已有 130 多名成员。

2 日 美国和新加坡签署“网络安全谅解备忘录”，正式确定了两国在网络安全领域的合作关系。

3 日 美国白宫管理和预算办公室、总务管理局发布了联邦政府共享服务程序和评审框架，以使其系统可以实现共享。

3 日 华为宣布在物联网安全领域取得重大进展，已研发出能够识别并预防因连接新设备而出现的网络威胁。

4 日 阿联酋（UAE）情报部门正积极创建一个由全球网络安全专家组成的“精英任务小组”，以开发用于监视阿布扎比和迪拜平民的监测系统。

4 日 爱尔兰政府宣布将正式成立一个专门负责预防网络攻击的国家中心。

5 日 Vencore Labs 公司已获得美国空军一项价值 900 万美元的空军合同，为美国空军研究实验室研发敌方网络武器定位技术。

7 日 美国智库大西洋理事会（AC）发布报告，呼吁波兰“保留权利”，通过电子战攻击俄罗斯基础设施。

8 日 网络间谍组织“挺进者”将目标锁定四个国家：比利时、中国、瑞典、俄罗斯，并主要针对一些提供国家情报服务的机构和个人。

8 日 为缓解澳大利亚网络安全领域人才严重短缺的危机，Optus 公司投资 1000 万美元与 Macquarie 大学联合成立了网络安全中心。

9 日 澳大利亚统计局称，其网站在 8 日因遭受国外攻击而崩溃。

9 日 SRI 公司获得美国国防先进研究项目局（DARPA）一份价值 730 万美元的合同，旨在帮助美国电网在遭受网络攻击后的恢复工作。

10 日 俄罗斯网络黑客 Carbanak Gang 成功入侵 Oracle MICROS 信用卡支付系统的用户支持端口，导致全球 33 万信用卡用户数据存在泄露的风险。

10日 爱沙尼亚最大的网络运营商Elektrilevi加入欧洲网络安全合作组织ENCS，目的在于改善其网络恢复力。

11日 巴基斯坦国会通过了《2016网络犯罪法案》。

11日 美国人事管理局依照联邦网络安全工作人员评估法案的要求，发布了网络安全工作评估指导意见。

15日 美国国家反情报与安全中心（NCSC）宣布提供分类的供应链威胁报告给美国电信、能源和金融行业共享。

15日 欧盟监管机构计划对Skype和WhatsApp这些非传统网络交流在线服务设定更严格的隐私和安全监管。

16日 美国国土安全部（DHS）给全国13家小型企业拨款，用于新型网络安全技术开发，以解决DHS和国土安全企业的网络安全研究和发展需要。

16日 中国发射世界首颗量子卫星，此项创新性技术可实现两点间安全通信。

17日 越南信息通信部（MIC）将开发和提交一个网络安全战略计划给越南政府，旨在网络安全相关事件中，起到保护、警告、协助和救助作用。

17日 美国能源部宣布投入3400万美元，用于智能电网安全性相关项目研究。

18日 美国国土安全部提出建立“网络风险分析和政策制定的相关信息集合平台”（IMPACT），以应对基础安全设施所面临的网络威胁。

22日 泰国国防委员会通过了一项抵御网络安全威胁的总体规划草案。

22日 阿联酋（UAE）首个“网络安全中心”启动运营，该中心将对阿联酋公民进行网络安全培训，给阿联酋的公私企业提供全天候先进的网络安全监测和网络威胁管理。

22日 俄罗斯中央银行宣布对国内银行实施强制性网络安全规范。

23日 法国和德国宣布将推出一项欧洲法律，要求科技公司在必要时应为执法机构提供访问加密的渠道。

26日 目前有200家公司支持《欧美数据隐私护盾》，该协议允许企业将欧盟公民的个人数据传回美国的服务器。

28日 伊朗确认存在针对该国石化行业的网络攻击，但却并非导致近期发生的几起石油化工企业火灾事件的原因。

29 日 国际自动化学会（ISA）宣布加入加拿大网络安全联盟（CCA - ACC）。

31 日 欧盟电信监管机构采取了严格的网络中立原则，以限制电信公司对互联网流量的控制。

9月

1 日 印度和英国签署了一份谅解备忘录（MoU），以保持两国在面对网络攻击时的密切合作，该谅解备忘录旨在促进印度和英国之间有关网络安全事件监测、解决和预防网络安全方面知识和经验的交换问题。

1 日 马来西亚首个特别网络法庭正式启动，该法庭位于 Duta 综合法院内，专门处理网络犯罪案件，包括银行诈骗、黑客、伪造文件、诽谤、间谍、网络赌博以及与黄色淫秽相关的案件。

1 日 北约网络合作防御卓越中心（CCD COE）在爱沙尼亚开展“锁定盾牌”年度网络演习，该演习旨在培养安全专家，负责国家 IT 系统的日常保护。

2 日 美国国家安全局已在全国范围内指定了福赛思技术学院等六所社区大学作为地区网络安全资源中心，这些中心不仅将进行学员培训，还需加强对该领域人才需求关注。

5 日 美国指控俄罗斯网络干涉总统大选，总统奥巴马警告称美国可能将和俄罗斯展开一场冷战规模的网络军备竞赛。

5 日 俄罗斯互联网接入和邮件服务提供商 Rambler. ru 透露其网站遭黑客攻击，内部用户数据库资料遭泄露，包括超过 9800 万个账户的用户名称、邮件地址、社交账户数据以及密码。

6 日 美国国防信息系统局全球作战司令部，最近启用了面积为 164000 平方英尺的国防防御专用网络办公设施，DISA 全球指挥部将领导 DISA 进行基础设施的防御工作。

6 日 金融犯罪专家认证协会（ACFCS）宣布加入加拿大网络安全联盟（CCA - ACC）。

7 日 美英两国国防部长当日签订了一份新的谅解备忘录（MOU），旨在分享更多的网络安全信息。该谅解备忘录的签署尚属首次，将允许两国一起研究和开发网络技术，提高两国网络防御和进攻能力。

7 日 北约（NATO）最大的年度网络会议——北约联盟网络安全年度盛会（NIAS 16）于7～8 日在比利时蒙斯举行，旨在探讨如何共同应对日益复杂的网络威胁问题。

8 日 美国白宫宣布任命 Gregory J. Touhill 为第一任联邦首席信息安全官（CISO）。CISO 将确保政府制定正确的政策、规划及实践，以保持政府21 世纪网络安全领先优势。

8 日 英国国家医疗服务系统（NHS）网络安全部门 CareCert 推出三项网络安全业务，并将陆续推广到 NHS 各医保分支机构。

8 日 结构化信息标准促进组织（OASIS）在位于比利时布鲁塞尔的欧盟委员会召开 2016 无边界网络欧洲（Borderless Cyber Europe 2016）会议。

8 日 美韩两国于 8 日和 9 日在华盛顿举办了第三届“韩美信息通信技术政策研讨会”，并通过了一项联合声明，宣布两国将共同寻求信息通信技术为基础的新产业的全面合作，以有利于两国数字经济发展。

9 日 美国商品期货交易委员会（CFTC）制定了新的规则，要求美国交易所、结算公司、贸易存储库和交易平台必须至少每季度对其系统漏洞进行一次排查，并开展一年一次的数据泄露恢复测试。

12 日 美英两国国防部长签订网络协议，以支持两国网络领域的合作，双方在“谅解备忘录”的框架下共享网络信息，实施联合研究和开发项目，提高两国的网络攻防能力。

12 日 爱尔兰政府宣布将建立国家网络安全中心（NCSC），以帮助爱尔兰应对网络攻击。NCSC 将负责个人和商业系统、政府网络以及国家关键基础设施保护 3 个主要领域。

13 日 美国国安局（NSA）和信息技术安全行业认证机构 CREST 签署了一份谅解备忘录（MOU），以推进 NSA 网络事件响应援助（CIRA）认证计划。

14 日 英国国家网络安全中心（NCSC）负责人 Ciaran Martin 表示，英国正转向主动网络防御。NCSC 正计划开发自动防御系统，旨在面对大容量但相对不成熟的网络攻击时对系统提供保护。

15 日 在印度新德里举办的金砖国家网络安全顾问会议上，金砖国家（BRICS）的网络安全顾问一致同意加强网络安全合作，共同打击恐怖主义威胁。

16 日 美国海军已经和 7 家公司签署总价至少 6.09 亿美元的合同，用于网络空间科学研究和技术开发工作。合约声明将从“防御深度和防御广度”方面保护海军系统安全。

16 日 国际清算银行（BIS）下属的中央银行委员会已建立了一个专门工作组，负责监督银行安全并为金融机构间跨境银行业务创建标准。

19 日 印度储备银行向印度各银行发出最后通牒，要求对网络安全入侵事件必须立即上报，并要求所有银行设立安全运营中心，对网络风险进行实时监控管理。

19 日 津巴布韦通信技术、邮政及情报部部长 Sam Kundishora 表示，计算机犯罪和网络安全相关的法案将每两年审议修订一次。

20 日 中国成立第一家专门应对全国范围内网络和电信诈骗犯罪的查控中心。查控中心由北京市公安局创建，主要承担全国电信网络诈骗案件涉案账号查询、布控、止付、冻结以及通信工具的查询、封停及线索拓展等工作。

20 日 俄罗斯和印度尼西亚同意加强网络安全合作，旨在提高两国的网络安全技术，以打击跨国犯罪，尤其是恐怖主义。

20 日 美国网络指挥部副指挥官 James McLaughlin 透露，网络指挥部正在建立执行任务的能力，使其能够保护国防部网络并为战斗指挥官提供支持，同时计划帮助国土安全部保护关键的基础设施网络。

21 日 美国众议院通过《改善小型企业网络安全法案》，旨在帮助小型企业获得他们需要的网络安全工具，以保护其在危险的数字时代少受网络攻击。

22 日 美国众议院通过了《信息技术现代化法案》（MGT），旨在对严重过时的联邦机构信息技术设备进行升级。

25 日 瑞士通过全民公投的方式，决定扩大国家情报机构的监控权力，允许瑞士情报机构监听电话和邮件。

25 日 印度德里公立学院将建立国家网络实验室，这是印度首次设立此类的实验室，该实验室预计将于 2018 年二月建成。

26 日 为美国联邦航空管理局（FAA）提供指导的航空无线电技术委员会（RTCA）起草了一份加强航空行业网络安全的指南。该指南旨在帮助建立航空行业网络安全标准。

27 日 美国国土安全部发布《国家网络事件响应计划》（NCIRP）（草案）。该草案遵循7月发布的第41号总统政策指令（PPD-41），旨在在发生影响关键基础设施的网络事件中，与利益相关方沟通，协调全国应对网络事件。

27 日 澳大利亚战略政策研究所（ASPI）发布2016亚太地区（APAC）网络成熟度报告，澳大利亚排名超越新加坡，上升到第四位。前三位分别是美国、韩国、日本。

28 日 欧盟委员会当日提出建议，要求对可以用于侵犯人权或威胁国际安全的网络安全监测产品和技术的出口提高管制。新建议旨在简化对技术转让的控制，确保高水平出口安全和透明度，防止网络安全产品和技术被滥用。

28 日 第五届美印网络对话在印度首都新德里举行，反映了美国在重要的双边和全球问题上秉承的广泛参与和长期合作原则。此次对话将有助于实施美印网络合作关系框架。

29 日 “世界能源委员会”发布报告称，能源部门的网络风险不仅对能源安全至关重要，对国家的恢复力以及经济也很关键。如今，能源部门已成为网络攻击的最大目标。

10月

7 日 以色列将准备协助印度建立一个全面而有效的网络安全计划（Cyber Security Plan），以应对来自黑客和极端组织的网络威胁。

11 日 七国集团（G7）表示，同意制定保护全球金融业网络安全的指导方针，以免黑客入侵跨境银行。

11 日 新加坡将推出一项投入1000万新元的东盟网络能力计划，以加强东盟（ASEAN）国家在网络安全的合作。该计划将为网络安全领域的人才培养和网络事件应对提供支持。

14 日 国际数据中心预计，到2020年，全球网络安全相关的硬件、软件企业的收入将大幅增加，与此同时，全球在网络安全产品上的支出将达1016亿美元。

17 日 北约盟军转型司令部（NATO ACT）和北约通信与信息局（NCI）发起一项独立研究项目，以简化北约网络能力开发和采购流程。

17日 澳大利亚网络安全中心（ACSC）2016威胁报告显示，澳大利亚企业和政府部门迄今遭受到超过15000次的重大入侵事件。

17日 巴基斯坦黑客因之前发生的“外科手术式打击”及屠杀克什米尔平民事件，攻击了印度相关网站。印度方面表示，将采取积极措施打赢这场“网络战争”。

19日 联邦存款保险公司（FDIC）、美联储、货币监理署发布“拟制定新规”的通告，旨在提升金融行业的网络安全标准。

19日 爱尔兰计划建立国家网络安全中心，以9月份正式运行的英国家网络安全中心（NCSC）为参考，以便确保政府网络安全。

19日 澳联邦政府的“强制性数据泄露通知法”进入国会审议程序。法案提出，数据被入侵或者丢失的组织机构需报告泄露事件，并通知受直接影响或处于风险之中的客户。

19日 作为澳大利亚政府国家网络安全战略的一部分，澳洲首个网络威胁共享中心将于今年底在布里斯班（Brisbane）开放。

20日 美韩两国达成网络合作协议，将扩大两国在网络安全领域的合作，同时计划成立网络安全联盟，建立双边网络工作小组。并透漏美日韩三国将在2017年开展情报共享方面合作。

20日 德国电信推出一个新的基于云计算的网络安全系统（Internet Protect Pro），为公司网络或德国电信云提供URL过滤、病毒和恶意软件扫描、测试和评级服务。

21日 美国各大网站因遭受大规模的分布式拒绝服务攻击而几乎瘫痪，很多使用Dyn和AWS的网站，包括推特、Reddit、Spotify均报告称遭遇到了延迟甚至无法访问的情况。

21日 美国国家安全局承包商Harold Martin最近因偷窃国家机密信息而被捕。指控称，Martin为政府工作的20年期间，共窃取了50兆字节的数字信息，此外还有六个保险箱的打印文件。

21日 英国防大臣迈克尔·法伦（Michael Fallon）表示，英国正对控制伊拉克摩苏尔（Iraqi city of Mosul）的伊斯兰国（Islamic State）武装分子发动网络战争。

24日 俄罗斯塔斯社公布，俄罗斯已完成一套新的网络防御系统的测试，此系统用于保护国防部免受网络攻击。

24 日 新加坡国家研究基金会筹建的网络安全试验室正式启动，将研发应对网络威胁的新技术。

25 日 美国网络司令部下属的网络任务部队已完成首次操作，此举对美国军方有着里程碑式的意义。该部队能够在全球范围内执行任务，由 33 个小组的 5000 名“网络战士”构成，其任务是保护国防部信息数据及信息系统。

26 日 印度提出在建立网络取证、创新和孵化实验室，以解决日益增长的网络犯罪，该实验室将由印度大兰契德里国际公学和网络和平基金会合作承办。

26 日 保加利亚国防部部长表示，已与北大西洋公约组织（NATO）签署网络防御合作谅解备忘录（MoU），以促进保加利亚与北约的信息共享和专家援助工作。

31 日 马来西亚证券事务监察委员会（SC）发布新指南，要求各企业建立并落实有效的管控措施，从而抵抗网络风险、保护投资者、增强资本市场的网络恢复力。

11月

1 日 日本经济贸易和工业部已建立一套新的资质考核体系，日本政府部门预计在 2020 年之前，培养至少 30000 名网络安全专家。

1 日 英国大臣菲利普·哈蒙德（Philip Hammond）宣布一揽子网络安全措施，旨在保护英国政府、企业和公民免受国家支持的黑客等造成的网络威胁的侵扰。

2 日 英国电子间谍机构国家通信情报局（GCHQ）正为其精英网络部队招募 50 个空缺，该招募计划是价值 19 亿英镑（23 亿美元）的国家网络安全计划（National Cyber Security Programme）的一部分。

2 日 英国政府宣布将投资设立新网络安全训练营，培训相关的网络技能，如攻击无人机、破译密码等。

3 日 美国国家标准与技术研究院发布《国家网络安全教育人力框架（NCWF）（草案）》，为培养网络安全人才奠定基础。

6 日 印度通信部部长 Tarana Halim 表示，印政府将通过加强针对网络攻

击的监控，进一步提升其网络安全系统。

7日 印度和英国同意加强两国网络防御合作，并商议建立应对网络极端主义和恐怖主义的安全框架。

7日 第十二届全国人大常委会第二十四次会议上以154票赞成、1票弃权，表决通过了《中华人民共和国网络安全法》。该法将于2017年6月1日起施行。

9日 德国内阁通过了一项新的网络安全战略，以应对政府机构、关键基础设施、企业和公民面临的网络威胁。

9日 乌干达信息通信技术与国家指导部部长 Tumwebaze Frank 透露，东非国家正在寻求资金支持，以建立网络及司法鉴定情报中心。

9日 澳大利亚政府宣布将推出网络安全卓越学术中心（ACCSE），旨在通过教育和研究提高澳大利亚的网络安全。这项投资450万澳元的项目将帮助解决澳大利亚网络安全专业人员短缺问题。

10日 澳大利亚政府任命信息安全学术和政策顾问托比亚斯·费金（Tobias Feakin）为第一任“网络大使”，费金将担任4月份澳洲政府制定的网络安全战略中提出的外交角色。

10日 新西兰对其情报部门的运作所依据的法律进行修改，政府称此举是为了制定一个更清晰的法律框架。该法案为情报机构设置了很大的职权范围，除打击恐怖主义之外，还包括了经济和外交等方面规定。

11日 新西兰通信部部长 Amy Adams 宣布，将成立一个网络安全工作组，以解决新西兰网络专业人员的短缺问题。

14日 欧洲网络与信息安全局（ENISA）发布了第二份国家网络安全战略（NCSS）良好实践指南，对2012年NCSS指南中的战略设计和实施进行更新。

14日 以色列国防部确定将2017年作为该国的网络安全出口年。以色列国防部国际防务合作理事会（SIBAT）称其正努力将以色列网络行业和世界各国的需求相连接。

15日 美国联合市场研究机构发表有关“2014~2020年全球网络行业机会分析和预测”的报告。该报告预测到2020年，全球网络安全市场预计将达到1980亿美元。

15日 美国管理和预算办公室（OMB）拟在2017年将《联邦信息安全管

理法案》（FISMA）中的“重大网络事件”重新定义为“任何可能导致损害国家安全利益、外交关系、美国经济或对公众信心、公民自由，以及公共卫生和美国人安全产生影响的事件”。

16日 新西兰国防部部长Gerry Brownlee宣布一项截至2030年的高达200亿元的国防设备投资计划，并表示对于网络能力方面的投入，如软件采购，将逐年加大，以跟上技术进步。

16日 美国共和党拟制定“更深程度”的联网设备标准，以防止再次发生大型的网络攻击事件。立法者都认同联网设备存在易受到攻击的漏洞，但应制定怎样的制度以改善安全性，还没有达成一致意见。

18日 俄罗斯通信监管机构下令禁止公开访问LinkedIn网站，法院裁决该社交网络公司违反了数据存储法，因该网站违反了要求存储俄罗斯公民个人数据的网站必须放在俄罗斯服务器上的法律。

20日 英国最大的移动运营商之一Three公司承认系统被黑客闯入，约600万用户，占客户总数三分之二的个人数据可能面临泄露风险。泄露数据包括客户的姓名、电话号码、地址和出生日期。

21日 美国国防部公布新的网络漏洞披露政策，该政策明确规定了安全研究人员在检测和披露国防部网站漏洞时应遵循的指导和规定，同时保证国防部与研究人员之间能够开展公开诚信的合作。

21日 国际信息系统审计协会（ISACA）在新加坡举办首次亚太地区大会，此次大会目的是帮助各组织建立合格的网络安全人才队伍。

22日 美国计算机应急响应小组（US-CERT）正在制定推行新的网络事件通知指南，新指南将于2017年4月1日生效。

23日 澳大利亚总理宣布称，澳大利亚正通过网络领域打击伊斯兰国恐怖组织（ISIS），其绝密进攻性网络武器在打击恐怖主义中变得越来越重要。

24日 美国海军发布声明，承认134386名海军人员的敏感信息遭到泄露，包括个人姓名和社会保障号（SSN）。

12月

1日 欧洲刑警组织针对多个恐怖主义集团进行调查所收集到的数据遭意外泄露，泄露文件涉及约54项不同的警方调查结果，具体包含犯罪嫌疑人的姓名及电话号码。

1日 美国联邦调查局和司法部开展了一项打击恶意软件活动，参与机构包括德国警察部队、欧洲刑警组织、欧洲检察官组织和来自40多个国家的检察人员和调查人员。

5日 奥巴马政府已建议当选总统特朗普执行全面的网络安全策略，包括进行10万白帽黑客的培训。

5日 马来西亚数字经济公司（MDEC）与保护国际集团（PGI）签订协议，将共同建立马来西亚网络安全学院："英国—亚太地区网络安全优秀人才中心"。

6日 脸书、谷歌、微软和推特承诺将通过共享平台对发布到网络上关于恐怖主义内容的视频和图像进行识别。

7日 北约外交部已批准关于深化与欧盟合作的42项提议。其中包括双方将共同提高网络安全防御能力，增加网络空间互动合作，促进双方网络空间安全研究等方面。

8日 美参议院通过《国防授权法案》（NDAA）最终版本，将把网络司令部提升为完全成熟的作战单位。

8日 美国司法部门计划提交"立法修正"，允许其获取存储于外国领土的信息数据。

9日 俄罗斯五大金融机构近日均遭受僵尸网络发起的分布式拒绝服务网络攻击（DDOS），攻击起源于被黑客入侵的家庭路由器。

9日 英国政府发布有关2015年国家安全战略（National Security Strategy）实施的审查报告，重申将致力于在全英国建立一个强有力的网络安全防御系统。

12日 法国宣布其第一个网络战部队成立，将大大提高法国的网络黑客能力。

12日 白宫和加拿大政府发布美加联合电网安全和弹性战略，以实现两国在3月份达成的《气候、能源与北极领导力联合声明》中的承诺。

13日 谷歌首次公开"国家安全信函"——联邦调查局要求移交账户信息并保密的命令信函。

14日 美国空军首席信息安全官表示，空军网络安全不再主要局限于IT，而将扩大到大型平台和网络化武器系统。

16 日 欧洲刑警组织（Europol）和欧洲网络协调中心（RIPE NCC）签署了一份谅解备忘录（MoU），旨在促进两者在网络犯罪和网络安全领域的持续合作以及技能共享。

17 日 德国拟考虑设立新法，迫使脸书等社交媒体和谷歌等搜索网站针对其平台存在的不良言论，采取更多监控措施。

19 日 美国总统奥巴马签署了一项法案《监察人员一般授权法案》，以澄清和维护监察机构对政府信息访问的权力。

21 日 乌克兰继去年因网络攻击导致大规模停电后，在 17 日又一次出现大范围停电现象，此次断电可能是由于 Ukrenergo 遭遇到网络攻击，目前结果仍在调查中。

21 日 欧盟最高法院裁定，政府对电子邮件和电子通讯记录进行“一般性的不加选择地保留”行为是非法的，该判定直指英国新的调查权力法案中部分条款非法。

21 日 美国警方花费数百万美元，向以色列 Cellebrite 公司购买电话破解取证技术。

23 日 美国国家标准与技术研究院（NIST）公布《网络安全事件恢复指南》，以帮助联邦机构在遭遇网络事件后制定恢复计划。

23 日 泰国“计算机犯罪法案”的修订获一致通过，将在 80 天后生效。该修订法案将允许政府拦截私人通信，并在无须法院许可的情况下对网站进行审查。

B.17
常用术语表

APT 攻击：即高级持续性威胁，是指利用先进的攻击手段对特定目标进行长期持续性网络攻击的攻击形式。APT 攻击的原理相对于其他攻击形式更为高级和先进，其高级性主要体现在发动攻击之前需要对攻击对象的业务流程和目标系统进行精确地收集。在收集的过程中，此攻击会主动攻击被攻击对象受信系统和应用程序的漏洞，利用这些漏洞组建攻击者所需的网络，并利用零日漏洞进行攻击。

Beta 测试：Beta 测试是一种验收测试。所谓验收测试是软件产品完成了功能测试和系统测试之后，在产品发布之前所进行的软件测试活动，它是技术测试的最后一个阶段，通过了验收测试，产品就会进入发布阶段。

DDoS 攻击：即分布式拒绝服务攻击，指借助于客户/服务器技术，将多个计算机联合起来作为攻击平台，对一个或多个目标发动攻击，从而成倍地提高拒绝服务攻击的威力。

SQL 注入：是指在数据库系统中通过把 SQL 命令插入 Web 表单提交或输入域名或页面请求的查询字符串，最终达到欺骗服务器执行恶意的 SQL 命令。具体通过构建特殊的输入作为参数传入 Web 应用程序，而这些输入大都是 SQL 语法里的一些组合，通过执行 SQL 语句进而执行攻击者所要的操作。

webshell：以 asp、php、jsp 或者 cgi 等网页文件形式存在的一种命令执行环境，俗称网页后门。

安全软件：一种可以对病毒、木马等一切已知对计算机有危害的程序代码进行清除的程序工具。其包括杀毒软件、系统工具和反流氓软件。

钓鱼攻击：是一种企图从电子通讯中，通过伪装成信誉卓著的法人媒体以获得如用户名、密码和信用卡明细等个人敏感信息的犯罪诈骗过程。这些通信都声称（自己）来自社交网站、拍卖网站、网络银行、电子支付网站或网络管理者，以此来诱骗受害人的轻信。

恶意攻击：内部人员有计划地窃听、偷窃或损坏信息，或拒绝其他授权用户的访问。

恶意脚本：是指一切以制造危害或者损害系统功能为目的而从软件系统中增加、改变或删除的任意脚本。

恶意软件：是指计算机系统上执行恶意任务的病毒、蠕虫和特洛伊木马的程序，通过破坏软件进程来实施控制。

防火墙：用于网络安全的硬件或软件。防火墙可以通过一个过滤数据包的路由器实现，也可由多个路由器、代理服务器和其他设备组合而成。防火墙通常用于将公司的公共服务器和内部网络分隔开来，使相关的用户可安全地访问互联网。有时防火墙也用于内部网段的安全。

后门程序：指绕过软件及系统的安全性控制，通过比较隐秘的通道获取对程序或系统访问权的程序或脚本，当系统管理员没有意识到后门程序存在时，就会对计算机与信息系统造成安全威胁。

互联网金融：是指传统金融机构与互联网企业利用互联网技术和信息通信技术实现资金融通、支付、投资和信息中介服务的新型金融业务模式。

缓冲区溢出：通过往程序的缓冲区写超出其长度的内容，造成缓冲区的溢出，从而破坏程序的堆栈，造成程序崩溃或使程序转而执行其他指令，以达到攻击的目的。利用缓冲区溢出攻击，可以导致程序运行失败、系统宕机、重新启动等后果。更为严重的是，可以利用它执行非授权指令，甚至可以取得系统特权，进而进行各种非法操作。

可信访问控制技术：利用密码学方法实现访问控制，与云计算相关的加密解密、数字密钥技术。与加密处理技术相关的研究将会出现突破。

可信云计算技术：将可信计算技术融入云计算，以可信云的方式提供云服务。可信云技术现已经是云安全研究领域的一大热点。IaaS 服务商可以向其用户提供一个密闭的箱式执行环境。可信计算技术提供了可信的软件和硬件以及证明自身行为可信的机制，可以被用来解决外包数据的机密性和完整性问题。随着云计算的使用和推广，这种技术在将来会有更好的研究成果出现。

零日漏洞：在计算机领域中，通常是指还没有补丁的漏洞。

漏洞检测：使用漏洞扫描程序对目标系统进行信息查询，通过漏洞检测，可以发现系统中存在的不安全地方。

内容过滤：对网络内容进行监控，防止某些特定内容在网络上进行传输的技术。

区块链：狭义来讲，区块链是一种按照时间顺序将数据区块以顺序相连的方式组合成的一种链式数据结构，并以密码学方式保证的不可篡改和不可伪造的分布式账本。广义来讲，区块链技术是利用块链式数据结构来验证与存储数据、利用分布式节点共识算法来生成和更新数据、利用密码学的方式保证数据传输和访问的安全、利用由自动化脚本代码组成的智能合约来编程和操作数据的一种全新的分布式基础架构与计算范式。

入侵检测：对入侵行为的检测。它通过收集和分析网络行为、安全日志、审计数据、其他网络上可以获得的信息以及计算机系统中若干关键点的信息，检查网络或系统中是否存在违反安全策略的行为和被攻击的迹象。入侵检测是一种积极主动的安全防护技术。

社会工程学攻击：黑客利用人的弱点如人的本能反应、好奇心、信任等进行欺骗，诱使攻击目标，以收集信息行骗和入侵计算机与网络系统的攻击。

数据丢失防护：是通过一定的技术手段，防止企业的指定数据或信息资产以违反安全策略规定的形式流出企业的一种策略。

数据存在与可用性证明技术：用户在使用云的时候，需要在取回很少数据的情况下，通过某种数据存在与可用性证明技术，来判断远端数据是否存在、完整与可用。这有可能会在概率分析、代署签名或者纠错码方面有所突破。

数据隐私防护技术：云中的数据保护涉及数据生命周期的每一阶段，因此防止计算过程中非授权数据泄露的隐私保护系统将非常重要，这将会带动隐私保护技术的发展。

水坑攻击：是指黑客通过分析被攻击者的网络活动规律，寻找被攻击者经常访问的网站的弱点，先攻下该网站并植入攻击代码，等待被攻击者来访时实施攻击。

统一威胁管理：是指一个功能全面的安全产品，能够防范多种威胁。通常包括防火墙，防病毒软件，内容过滤和垃圾邮件过滤器。

网络安全：是指网络系统的硬件、软件及其系统中的数据受到保护，不因偶然的或者恶意的原因而遭受到破坏、更改、泄露，系统连续可靠正常地运行，网络服务不中断。

网络攻击：利用网络存在的漏洞和安全缺陷对网络系统的硬件、软件及其系统中的数据进行攻击。

虚拟安全技术：虚拟化技术是云计算的基础，云计算服务商在使用虚拟化技术时需要向其用户提供最基本的安全性和隔离保障。虚拟化技术中的访问控制、数据计算、隔离执行等安全技术将会有很好的发展前景。

鱼叉攻击：一种钓鱼式网络攻击行为，黑客通过向攻击目标发送含有恶意程序的电子邮件信息诱使其下载恶意代码，从而达到窃取敏感信息等目的，鱼叉式攻击所伪造的电子邮件诱惑性更强。

云安全：是指基于云计算商业模式应用的安全软件，硬件、用户、机构、安全云平台的总称。

资源访问控制技术：云计算中，每个独立的云都拥有各自的管理安全域，每个安全域都负责管理本地资源和相关用户，当用户跨域访问时，域边界管理便需要识别用户身份，需要管理者提供相应的认证服务，对访问者进行统一的认证管理。同时，在资源共享时需根据需要制定访问控制相应的访问策略。

B.18 世界各国网络安全战略级文件一览

地区	国家	战略名称		时间
美洲	美国	1	《保护网络空间安全国家战略》	2003
		2	《网络空间政策评估》	2009
		3	《网络空间国际战略》	2011
		4	《网络空间行动战略》	2011
		5	《美国 IT 域名解析服务风险管理战略》	2011
		6	《网络空间可信身份国家战略》	2011
		7	《美国政府消减商业秘密盗窃战略》	2013
		8	《提高关键基础设施网络安全总统令》	2013
		9	《提高关键基础设施网络安全战略草案》	2014
		10	《国防部网络战略》	2015
		11	《联邦网络安全战略与实施计划》	2015
		12	《网络威慑政策报告》	2015
		13	《国家网络安全行动计划》	2016
		14	《网络安全研发战略规划》	2016
		15	《网络空间国际政策战略》	2016
		16	《联邦网络安全人才战略》	2016
	加拿大	17	《加拿大网络安全战略》	2010
		18	《加拿大网络安全战略 2010 ~ 2015 行动计划》	2013
	巴拿马	19	《国家网络安全和关键基础设施保护战略》	2013
	特立尼达和多巴哥	20	《国家网络安全战略》	2012
	巴西	21	《重要基础设施信息安全的参考指南》	2010
	哥伦比亚	22	《哥伦比亚国家网络安全战略》	2014
欧洲	欧盟	23	《欧盟网络安全战略》	2013
		24	《确保欧盟网络和信息安全达到高水平的措施》	2013
	奥地利	25	《奥地利国家信息和通信技术安全战略》	2012
		26	《奥地利网络安全战略》	2013
	比利时	27	《比利时网络安全战略》	2014
	拉脱维亚	28	《拉脱维亚网络安全战略 2014 ~ 2018》	2014

续表

地区	国家		战略名称	时间
	芬兰	29	《芬兰网络安全战略》	2013
		30	《芬兰网络安全战略——背景档案》	2013
	瑞士	31	《瑞士防范网络风险国家战略》	2012
	挪威	32	《挪威网络安全战略》	2012
		33	《挪威网络安全战略行动计划》	2012
	斯洛文尼亚	34	《网络安全战略》	2016
	黑山共和国	35	《黑山共和国网络安全战略 2013 ~ 2017》	2013
	德国	36	《德国网络安全战略》	2011
		37	《德国网络安全战略 2016》	2016
	捷克共和国	38	《捷克共和国网络安全战略 2011 ~ 2015》	2011
	法国	39	《法国信息系统防御和安全战略》	2011
		40	《法国国家数字安全战略》	2015
	立陶宛	41	《电子信息安全(网络安全)发展计划 2011 ~ 2019》	2011
	卢森堡	42	《国家网络安全战略》	2011
	荷兰	43	《网络防御战略》	2012
		44	《国家网络安全战略》	2013
	匈牙利	45	《匈牙利国家网络安全战略》	2013
	波兰	46	《波兰共和国网络空间保护政策》	2013
		47	《波兰共和国网络安全战略 2016 ~ 2020》	2016
	罗马尼亚	48	《罗马尼亚网络安全战略》	2011
		49	《罗马尼亚网络安全战略和国家网络安全执行行动计划》	2013
	英国	50	《英国网络安全战略》	2011
		51	《安全、可靠和繁荣:苏格兰 2015 年网络恢复力战略》	2015
		52	《国家网络安全战略 2016 ~ 2021》	2016
	爱沙尼亚	53	《网络安全战略》	2014
	保加利亚	54	《保加利亚网络弹性战略 2020》	2016
	马耳他	55	《马其他网络安全战略 2016》	2016
	斯洛伐克共和国	56	《斯洛伐克共和国国家信息安全战略》	2008
	俄罗斯	57	《俄罗斯联邦信息安全学说》	2000
		58	《关于俄罗斯联邦武装部队在信息空间活动的概念视图》	2011
		59	《俄罗斯联邦在国际信息安全领域国家政策基本原则》	2013
		60	《俄罗斯联邦信息安全学说》	2016
	塞浦路斯	61	《塞浦路斯网络安全战略》	2012
	格鲁吉亚	62	《格鲁吉亚网络安全战略 2012 ~ 2015》	2012

续表

地区	国家		战略名称	时间
	意大利	63	《国家网络安全战略框架》	2013
		64	《国家网络安全计划》	2013
		65	《意大利国际安全和防御白皮书》	2015
	土耳其	66	《国家网络安全战略及 2013 ~2014 行动计划》	2013
		67	《国家网络安全战略 2016 ~2019》	2016
	西班牙	68	《国家网络安全战略》	2013
	丹麦	69	《丹麦网络和信息安全战略》	2014
	牙买加	70	《牙买加国家网络安全战略》	2015
	乌克兰	71	《乌克兰网络安全战略》	2016
	爱尔兰	72	《国家网络安全战略:2015 ~2017》	2015
	克罗地亚	73	《克罗地亚网络安全战略》	2015
	瑞典	74	《瑞典防御政策:2016 ~2020》	2015
大洋洲	澳大利亚	75	《网络安全战略》	2009
		76	《澳大利亚网络安全战略》	2016
	新西兰	77	《新西兰网络安全战略》	2011
亚洲	中国	78	《国家网络空间安全战略》	2016
	菲律宾	79	《菲律宾国家网络安全计划》	2005
	印度	80	《国家网络安全政策》	2013
	阿联酋	81	《国家网络安全战略》	2014
	约旦	82	《国家信息保障与网络安全战略》	2012
	阿塞拜疆	83	《阿塞拜疆共和国国家信息安全社会建设战略 2014 ~2020》	2014
	韩国	84	《国家网络安全战略》	2011
		85	《韩国信息通信技术(ICT)2020》	2016
	日本	86	《保护国民信息安全战略》	2013
		87	《网络安全战略》	2013
		88	《网络安全合作国际战略》	2013
		89	《网络安全战略》	2015
	蒙古	90	《信息安全计划》	2010
	以色列	91	《推进国家网络空间能力(政府 3611 号决议)》	2011
	新加坡	92	《国家网络安全总蓝图 2018》	2013
		93	《新加坡网络安全战略》	2016
	马来西亚	94	《国家网络安全政策》	2006
	巴基斯坦	95	《巴基斯坦国家网络安全理事会法案》	2014
	阿富汗	96	《阿富汗国家网络安全战略》	2014
	孟加拉	97	《孟加拉国家网络安全战略》	2014
	沙特阿拉伯	98	《沙特阿拉伯发展中国家信息安全战略》	2013
	卡塔尔	99	《卡塔尔国家网络安全战略》	2014

续表

地区	国家	战略名称		时间
非洲	肯尼亚	100	《网络安全战略》	2014
	摩洛哥	101	《国家信息社会和数字经济战略》	2013
	南非	102	《南非网络安全政策》	2010
		103	《南非网络安全政策》	2012
	乌干达	104	《国家信息安全战略》	2011
	非洲联盟	105	《非洲联盟公约就建立保护非洲网络安全的法律框架草案》	2012
	尼日利亚	106	《国家网络安全政策和战略》	2015
	毛里求斯	107	《智慧毛里求斯战略》	2015
	加纳	108	《加纳国家网络安全政策与战略》	2015
	博茨瓦纳	109	《国家网络安全战略》	2015

资料来源：国家工业信息安全发展研究中心分析整理。

B.19
2016网络安全厂商研究报告与趋势分析

一　趋势科技发布《细微的界线：2016年安全预测》报告

趋势科技发布2016年度安全预测报告："细微的界线：2016年安全预测"（The Fine Line：2016 Security Predictions）。报告指出网络勒索将更频繁、移动恶意程序威胁数量在2016年底将增长至2000万，而新一代移动支付系统将成为黑客的重点目标。同时，预计2016年将可能发生重大智能设备故障事件。因网络犯罪行为更加猖獗，2016年全球打击网络犯罪的行动将出现更多变革，包括立法更为迅速，公私部门合作更为密集，化守为攻主动出击等。

报告指出2016年也是恶意广告的重要转折点。目前，美国已有48%的消费者正在使用网络广告拦截软件，而今年的全球使用率也增长了41%，这将使广告商开始改变网络广告的经营方式，同样，网络犯罪集团也将尝试寻找获取使用者信息的其他途径。

报告分析，2015年发生了多次针对知名企业的网络安全攻击事件，包括Sony、Ashley Madison与Hacking Team信息泄露事件等。趋势科技预测，2016年将有更多黑客通过窃取可对目标机构造成伤害的资料来发动"毁灭性"攻击，而网络勒索将通过结合犯罪心理学、社交工程学而加速发展。

该报告重点内容包括：2016年为网络勒索之年，黑客将使用全新手法发动个性化攻击。移动恶意软件数量将增长至2000万，主要肆虐地区为中国。而新的移动支付系统将成为全球黑客的新一波攻击目标。随着越来越多智能设备进入日常生活，2016年将至少发生一件重大智能设备故障事件。黑客将强化其攻击手段，利用重大信息泄露事件达到摧毁目标的目的。截至2016年底，全球设置"信息防护官"的企业将仍不足50%。越来越多的广告拦截产品与服务将迫使黑客开始寻找新的方法发动攻击。网络犯罪立法改革将持续进行，全球网络安全防御模型逐渐形成，将出现更多逮捕、起诉、定罪的成功案例。

二　亚信安全《2016年第三季度网络安全威胁报告》

在亚信安全发布的《2016年第三季度网络安全威胁报告》中显示APT攻击在本季度持续活跃，特别是Rotten Tomato APT组织瞄准企业用户以窃取机密信息。本季度同样值得关注的还有ATM恶意程序，入侵者通过远程控制ATM吐钞，导致了银行总计将近上亿元的损失。另外，报告还显示，物联网设备出现了大量的安全隐患，可能导致机密信息被窃取甚至人身安全受威胁。亚信安全提出企业用户要时刻关注网络安全攻防的最新发展态势，并建立富有前瞻性的立体网络安全防御体系，以抵挡层出不穷的网络安全威胁。

（一）恶意程序数量保持稳定但APT攻击依旧严重

报告显示，本季度亚信安全客户终端检测并拦截恶意程序约12128万次，与前几个季度相比，恶意程序数量相对稳定。但是，恶意程序正在变得更具隐蔽性、针对性，这也是APT攻击的常用手法。在Rotten Tomato APT组织的攻击中，攻击者主要利用微软Office漏洞来将恶意程序附带到Office文件中。之后，不法分子会以清单、通知、快递等信息为幌子，精心编造邮件以诱使企业员工点击。一旦点击，恶意程序就可能通过内网感染企业系统，继而导致企业机密信息外泄。

亚信安全发现，虽然该APT利用的是Office的已知漏洞，但由于大量企业用户并没有及时升级版本或修复漏洞，所以他们处于APT攻击的威胁之中。加上企业内部人员安全意识参差不齐，防病毒和入侵检测系统部署不到位，鱼叉式钓鱼邮件往往可轻松直达内网，严重威胁企业信息安全。

（二）亿元资金失窃金融安全再敲警钟

在第三季度，金融行业再次爆出严重的网络安全事件。7月份，台湾发生ATM机自动吐钱事件，总计41台ATM机被盗，被盗金额达8327余万元；无独有偶，一个月后，泰国ATM机被盗，总计21台ATM机受影响，损失达1200万泰铢。在这两起事件中，入侵者都是通过仿冒更新软件程序在ATM机中植入恶意程序，并通过ATM远程控制服务（Telnet Service）来控制ATM机吐钞。

亚信安全中国病毒响应中心分析发现，这两起事件之所以会发生，重要的一个原因就是金融机构对于ATM机的安全防护缺乏重视，不仅ATM机操作系统长时间没有进行更新，而且ATM机所使用的远程操作软件也存在安全漏洞。另外，针对ATM机的相关犯罪正在从美国、欧洲转向到亚洲，这让很多还没有做好应对此类攻击的亚洲金融机构蒙受巨大损失。

蔡昇钦表示："ATM自动吐钱事件再度证明了金融安全的脆弱性，近年来不仅与银行有关的网络钓鱼网站数量出现激增，针对金融行业的移动安全威胁、高级持续性攻击也迅速增长。要防范此类攻击，不仅要及时更新系统和安全软件，在防御构建上也要做到整体的关联与对应，这对隔离网络犯罪者的定点攻击有着关键作用。"

（三）移动及物联网设备风险剧增人身安全也面临威胁

近年来，移动及物联网设备数量出现爆发式增长，吸引着大量不法分子的入侵。第三季度报告显示，安卓平台的恶意程序仍然呈现快速增长的趋势，亚信安全对APK文件的处理数量已经累计达到3595万个，比去年同期增长将近一倍。

紧盯热门APP以及热门设备是移动恶意程序的突出特征。在本季度，亚信安全截获一款仿冒《Pokemon GO》APP的勒索软件，该款勒索软件能加密用户手机文件，以勒索高额赎金。另外，黑客还利用苹果iOS系统的"三叉戟"0day漏洞来远程控制用户手机，会造成短信、邮件、通话记录、电话录音、存储密码等大量隐私数据的失窃。这提醒用户即使在使用以安全性著称的苹果手机时，也要注意防范安全风险。

此外，第三季度全球还出现了大量的物联网设备安全事件，例如胰岛素泵漏洞可导致患者低血糖、汽车遥控钥匙漏洞影响一亿辆大众汽车、黑客侵入闭路电视摄像头攻击珠宝店等。物联网设备在给大家生活带来很多便利的同时也不可避免地存在安全漏洞，一旦这些漏洞被黑客利用，不仅仅可能导致机密信息的外泄，甚至还会导致人身安全隐患的出现。

要控制物联网设备的安全风险，亚信安全建议物联网设备提供商首先要主动侦测信息安全威胁，进行信息安全风险评估，并迅速修补发现的系统漏洞。其次，物联网设备提供商最好能部署具备终端防护能力的网络安全系统，在设备受攻击时进行系统保护与系统强化，以进行实时和最佳的保护。

（四）四大网络安全动向

此外，亚信安全揭露了以下几个网络安全动向。

（1）在2016年第三季度检测到的病毒种类中，PE类型病毒感染数量在所有类型中所占比重最大，占到总检测数量的31%以上，而蠕虫病毒则占检测类型总数的10.70%，木马病毒与上一季度相比则有所下降。

（2）本季度的热门病毒OSX_ MOKES. A专门针对OSX系统，在感染用户系统之后会访问恶意网站下载勒索病毒，继而加密用户文件。

（3）在本季度通过WEB传播的恶意程序中，. APK类型的可执行文件占总数的74%，所占比例比上一季度25%的占比有明显上升。

（4）本季度钓鱼网站数量程递减趋势，在所有钓鱼网站中，“支付交易类”和“金融证券类”钓鱼网站所占比例最多，占总数的99%以上。其中以电子商务网站和银行为仿冒对象的钓鱼网站占到绝大部分。

三　Check Point发布《2017年网络安全预测》

根据Identity Theft Resource Center统计，截至2016年10月19日，已发生783起数据泄露事件，涉及2900多万条记录。数据泄露正变得越来越普遍，泄露的数据多为高价值数据：如社会保障号码，受保护的健康信息，信用卡和借记卡号码、电子邮件、密码和其他的用户访问信息等。

Check Point预计将会出现以下安全威胁和趋势。

（一）移动设备

针对移动设备的攻击逐渐增长，源于移动设备的企业泄露将成为最重要的企业安全问题。针对移动设备的攻击方法已经在全球蔓延，未来有组织的犯罪集团也将采用这种方法。

（二）工业物联网

2017年，网络攻击的范围将扩展至工业物联网。信息技术（IT）和操作技术（OT）的融合使环境变得更加脆弱，特别是操作技术或SCADA环境。这些环境运行的系统通常补丁不可用或未使用补丁。制造业需要将系统和物理安全控制扩展到合理的平台，并在IT和OT环境中实现威胁防护。

（三）关键基础设施

关键基础设施极易受到网络攻击。几乎所有的关键基础设施，包括核电站和电信塔，都是在出现网络攻击威胁之前设计和建造的。应考虑多种潜在威胁因素，为关键基础设施做好安全规划。

（四）威胁防御

对于企业来说，未来勒索软件攻击将和DDoS攻击一样普遍。企业需要部署高级沙盒等多种防护策略，并考虑与同行协调起诉、建立财政储备等相关措施。

（五）云

随着越来越多的组织采用云进行存储，对云数据中心基础设施的攻击方法不断更新，云提供商因遭受攻击而被迫中断或关闭将影响其所有的客户业务。

四　赛门铁克发布《勒索软件与企业2016》

赛门铁克公司调研发现，勒索软件已经成为当今企业和消费者面临的最大网络安全威胁之一。2015年，赛门铁克共发现100种新型勒索软件，创下历史新高。在发现的新型勒索软件中，大多数为更危险的“加密勒索软件”。从2015年末至今，勒索软件的平均赎金增长超过2倍，从294美元增长至679美元。美国成为感染勒索软件最严重的国家，占全球的28%。排名前十的国家还包括加拿大、澳大利亚、印度、日本、意大利、英国、德国、荷兰和马来西亚。现在，个人消费者仍然是勒索软件的主要攻击目标（57%）。但长期趋势表明，以企业为攻击目标的勒索软件正在缓慢且稳步地增长。当前受勒索软件影响最大的行业为服务业（38%），制造业（17%），金融、保险和房地产业（10%）以及公共管理（10%）。2016 年，名为 7ev3n - HONE $ T 的恶意软件（Trojan. Cryptolocker. AD）要求每台计算机支付 13 个比特币的赎金，根据当时发现的时间换算约为 5083 美元，为最高的勒索金额。

尽管大多数勒索软件犯罪组织并没有特定的攻击目标，但赛门铁克发现，一部分犯罪组织已经将攻击目标转向特定企业，试图通过破坏企业的整体运营以获得巨额赎金。赛门铁克的安全团队发现，2016 年初，一家大型企业遭受的勒索软件攻击事件正是犯罪组织针对特定企业发起攻击的典型案例。在此类针对企业的攻击中，攻击者往往与网络间谍一样拥有高级专业知识，能够利用包含软件漏洞和合法软件的攻击工具包侵入企业网络。勒索软件攻击者与网络间谍之间并无区别，他们都是通过利用服务器上尚未修补的漏洞，在企业网络中获得立足点。通过使用多种公开的黑客工具，网络攻击者能够看到企业的网络结构，并使用未知的勒索软件变种尽可能多地感染企业内的计算机。

不断爆发的勒索软件攻击对企业造成的影响相当严重，所幸企业的关键系统和大部分被勒索软件加密的数据可以通过备份恢复过来。未来，我们可能会看到更多针对资金雄厚的企业发起的勒索软件攻击，以索要巨额赎金。对企业用户和消费者的安全提示包括以下几点。

（1）新型勒索软件会定期更新，赛门铁克建议用户及时更新安全防护软件，确保防御能力。

（2）软件更新通常包含最新发现的可被勒索软件利用的安全漏洞补丁，用户应该及时更新操作系统和其他应用软件。

（3）电子邮件是感染勒索软件的主要途径之一。赛门铁克建议用户及时删除所收到的所有可疑邮件，特别是包含链接或附件的邮件。

（4）谨慎对待任何建议启用宏查看内容的微软 Office 电子邮件附件。若无法确定电子邮件的来源是否可信，不要启用宏并立即删除该邮件。

（5）应对勒索软件攻击的最有效方式是对重要数据进行备份。攻击者通过对重要文件进行加密，使用户无法访问。如果用户拥有备份副本，可以在清除感染后立刻恢复文件。

五 迈克菲实验室发布《2017威胁预测报告》

该报告指出了在2017年需要关注的14个威胁趋势、云安全和物联网安全领域需要关注的最重要发展趋势，以及网络安全行业面临的最棘手的六大挑战。该报告展示了Intel Security 31位业界意见领袖的见解，审视了当前网络犯罪的趋势，并针对那些希望利用新技术来推进业务、提高安全防护的企业，提供了有关未来趋势的预测。

Intel Security迈克菲实验室副总裁Vincent Weafer表示："为了改变攻击者与防御者之间的游戏规则，我们必须消除对手的最大优势。新开发的防御技术有效性在不断提升，但攻击者会相应地开发对策来规避它。为了战胜对手的技术设计优势，我们不仅要了解威胁局势，更要在这六个领域改变防御者与攻击者之间优势此消彼长的局面。"

（一）2017年的威胁预测

2017年威胁预测涵盖方方面面，其中包括围绕勒索软件的威胁、复杂的硬件与固件攻击，针对"智能家居"物联网设备的攻击，利用机器学习来增强社交工程攻击，以及行业与执法机构之间日益加强的合作。主要结论如下。

（1）勒索软件攻击的数量和有效性将在2017年下半年有所下降。

（2）Windows安全漏洞将持续减少，而那些针对基础设施软件和虚拟化软件的攻击将增加。

（3）越来越多的硬件与固件将成为经验丰富的攻击者的目标。

（4）利用笔记本电脑软件的黑客将试图通过"无人机劫持"进行各种刑事犯罪或黑客行为。

（5）移动攻击将把移动设备锁与身份信息盗窃相结合，从而使网络盗贼得以访问银行账户和信用卡等信息。

（6）物联网恶意软件将打开互联家居系统的后门，这些漏洞可能好几年都不会被发现。

（7）机器学习将加快社会工程攻击的扩散并加剧其复杂性。

（8）虚假广告及花钱购买的"点赞"将继续激增并侵蚀信任。

（9）广告大战将升级，广告主交付广告的新技术将被攻击者复制，提高恶意软件的交付能力。

（10）黑客激进分子在暴露隐私问题方面充当重要角色。

（11）充分利用执法机构与行业之间日益密切的合作，执法机构的打击行动将在网络犯罪领域掀起波澜。

（12）威胁情报共享将在2017年取得长足进步。

（13）私营部门和黑社会中的网络间谍将变得像国家间的间谍一样常见。

（14）物理安全和网络安全行业的厂商将协作强化产品功能，以应对数字威胁。

（二）云安全预测

随着云服务的使用持续增加，这些服务作为攻击目标具有更高的价值。虽然很多公司仍会将最敏感的信息存储在私有数据中心，但速度、效率和成本的压力将迫使他们将数据存储在受信任网络之外和迁移到云中，这样可以实现很多优势。企业开始学习如何在运营中应用云服务，但控制、可见性、安全等方面的脱节将会导致出现数据泄露。

攻击来自所有方向——包括在组织堆栈中的上下移动、在使用同一云服务企业之间的移动。凭据和身份验证系统仍将是最易受攻击的攻击点，因此网络犯罪分子将全力窃取凭据，尤其是管理员凭据，因为它们能够提供最大范围的访问。

针对安全和隐私问题，政府机构采取的最常见响应措施是对服务提供商进行认证，提出最低运营要求，并采取其他监管控制行动。各个司法辖区的做法存在很大差异，有时这些管制措施会限制云使用。跨国组织在跨越国境边界使用云服务时将会非常谨慎。法律无法跟上云技术和云服务的发展步伐。诉讼将成为重要手段，大部分在违规事件发生之后，原告和被告试图争辩哪些行动才算是“合理努力”。

云服务提供商和安全供应商将努力增强身份验证系统，逐渐采用生物识别技术，作为最佳解决方案。服务提供商及其客户将努力提高服务可见性，实时审计将成为一项标准服务。新兴技术将在静态和传输状态下更好地保护数据。为了应对大量的快速威胁，企业将利用行为分析、安全自动化、共享威胁情报服务来改进检测和纠正功能。机器学习将成为预测和终止攻击的一种方式，防止它们造成危害。

（三）物联网安全预测

物联网覆盖了各个行业的数百甚至数千种设备。事实上，物联网指的并不是很多种设备，而应该是由设备构成的网络，它可以实现和提供各种服务，其中很多服务是基于云的。因此，物联网威胁和响应措施与云威胁和响应措施存在密切关联。在很多行业，这些支持云的设备网络可以视为利益社区。例如，工厂车间就是制造商的利益社区，该网络包含制造产品所需的各种设备。在医院环境中，满足医疗人员需求的医疗设备和相关网络构成了一个利益社区。攻击者将有很多盗窃数据、拒绝操作、造成危害的机会。报告的重点是预测物联网安全功能在未来两至四年内的演进。

物联网将面临以下安全威胁。

（1）物联网攻击威胁真实存在，但犯罪分子获得经济收益的机会仍然具有不确定性。

（2）勒索软件将成为主要威胁。

（3）黑客行动主义将成为最大的恐惧。

（4）某些国家对关键基础设施的攻击始终都将是令人担忧的问题，但由于害怕遭受物理或网络报复，这些攻击只会零星发生。

（5）物联网将严重剥夺消费者隐私权。

（6）物联网设备将成为入侵控制、监控、信息系统的有用攻击媒介。

（7）在让产品支持互联网协议时，设备制造商还会犯下低级错误。

（8）物联网设备的控制台将成为主要目标。

（9）收集来自设备的数据的聚合点也将成为主要目标。

（10）勒索软件将攻击支持互联网的医疗设备。

过去几年内，共有数十亿部物联网设备投入运行，也带来了切实存在的网络攻击威胁。但是，要谋划如何从攻击中牟取非法经济收益，犯罪分子还需要一定的时间，因此针对这些设备的成功攻击数量很难大幅增加。

（四）六大行业挑战

在该报告的“棘手问题”部分，迈克菲实验室敦促业界通过以下手段提高威胁防御的有效性：减少防御者与攻击者之间的信息不对称、提高攻击成本或降低攻击利润、提高对网络事件的可见性、更好地识别伪装成合法的攻击、加强对分散数据的保护，监测并保护无代理环境。

六　Forcepoint 发布《2017 年度安全预测》

网络安全方案供应商 Forcepoint 发布《2017 年度安全预测》报告，指出商业秘密外泄事件平均造成企业损失 380 万美元，建议企业加强内部威胁防御机制。

该报告的 10 大预测包括：数字化战场成为新型冷战战场、千禧时代设备的使用习惯对工作环境造成冲击、合规性将与数据保护融合、企业内部威胁增加、技术融合与安全加固进入 4.0 时代、云服务将增加网络攻击的途径、语音平台与指令共享成为趋势、人工智慧与自动化攻击设备崛起、加密勒索软件再升级、旧软体漏洞产生新应用。

Forcepoint 亚洲区副总裁加拉韦洛（Maurizio Garavello）建议，企业为有效防御内部威胁，必须开发新的安全技术，制定能够真实了解个人行为的安全政策和流程。例如通过捕捉电脑桌面行为的视频记录，对异常行为进行提前预警，及时采取行动防止数据泄密。

Forcepoint 北亚区技术总监庄添发指出，比起外部威胁，内部人员对企业的伤害更大且更不容易被察觉。以制造业为例，许多员工在离职前所带走的商业秘密对企业所造成的损失将无法弥补。由内部人员引起的商业秘密外泄事件约占 10%，但所造成的损失却超过一半。平均而言，单一商业秘密外泄事件造成的企业损失达 380 万美元。尽管内部人员对企业带来更高风险，但多数的安全预算仍然配置在外部威胁上，能如何加强内部威胁的防御机制值得企业深思。

B.20 缩略语表

ADAE	The Hellenic Authority for Communication Security and Privacy（希腊通信安全隐私保护署）
APWG	Anti-Phishing Working Group（国际反网络钓鱼工作组）
Balvatnik ICRC	The Blavatnik Interdisciplinary Cyber Research Center（Balvatnik 跨学科网络研究中心）
CASB	Cloud Access Security Brokers（云安全接入代理）
CENC	Commission on Enhancing National Cybersecurity（国家网络安全促进委员会）
CISO	Chief Information Security Officer（首席信息安全官）
CNAP	Cybersecurity National Action Plan（网络安全国家行动计划）
CPNI	Centre for the Protection of National Infrastructure（国家基础设施保护中心）
CSIP	Cybersecurity Strategy and Implementation Plan（网络安全战略和实施计划）
DHS	Department of Homeland Security（美国国土安全部）
DDoS	Distributed Denial of Service（分布式拒绝服务攻击）
EC	The European Commission（欧盟委员会）
EC3	The EuropeanCybercrime Centre（欧洲网络犯罪中心）
EBF	The European Banking Federation（欧洲银行联合会）
ECSC	The European Cyber Security Challenge（欧洲网络安全竞赛）
ECSM	The European Cyber Security Month（欧洲网络安全月）
EINSTEIN	入侵检测系统
ENISA	European Union Agency for Network and Information Security（欧洲网络与信息安全局）

EPP	Endpoint Protection Platforms（端点保护平台）
ETA	Electronic Transactions Association（电子交易协会）
FIDO	Fast Identify Online（线上快速身份验证联盟）
FCRDSP	Federal Cybersecurity Research and Development Strategic Plan（联邦网络安全研发战略规划）
FedRAMP	Federal Risk and Authorization Program（联邦风险和授权管理计划）
FISMA	Federal Information Security Modernization Act（联邦信息安全现代化法）
GSA	U. S. General Services Administration（美国总务管理局）
IBM	International Business Machine Corporation（国际商业机器公司）
ITMF	Information Technology Modernization Fund（信息技术现代化基金）
MSS	ManagedSecurityService（管理安全服务）
MFA	Multi-Factor Authentication（多重身份认证）
NaCTSO	The National Counter Terrorism Security Office（国家反恐安全办公室）
NCSC	National Cyber Security Center（国家网络安全中心）
NISC	National center of Incident readiness and Strategy forCybersecurity（日本内阁官房信息安全中心）
NIST	National Institute of Standards and technology（美国国家标准与技术研究院）
NSA	National Security Agency（美国国家安全局）
NSC	National Security Council（美国国家安全委员会）
Ofek	Israeli air force software unit（以色列空军软件部队）
OMB	Office of Management and Budget（管理和预算办公室）
OPM	Office of Personnel Management（人事管理办公室）
PIV	Personal Identification Verification（个人身份验证）
PMO	Prime Minister's Office（新加坡总理办公室）
SIEM	Security Information and Event Management（安全信息和事件

	管理）
UTM	Unified Threat Management（统一威胁管理）
USAA	United Services Automobile Association（美国汽车协会联合服务银行）

Abstract

Nowdays, technological innovation, transformational breakthroughs and integrated applications based on information network are unprecedentedlyactive. Internet has penetrated such domains as politics, economy, culture, society and military affairs. Cyberspace has become "the fifth space" in the wake of land, ocean, sky and interplanetary space. Information resources and key information infrastructures have become the most important "strategic asset" and "core element" for the development of a nation, and cyber security is playing a more and more important role among various elements of national security. The US-led western countries have been attaching unprecedentedly great importance to cyber security, and have upgraded their cyber security to a strategic height of national security and development. This indicates that the western countries have already reinforced their deployments and actions aiming at fighting for the advantageous position in cyberspace and seizing the commanding height of national comprehensive strength.

Along with the acceleration of the economic development and socialinformatization process in China, internet and information technology have been more and more extensively applied in such domains as national politics, economy and culture. Ensuring cyber security has become an important strategic mission concerning national economic development, social stability and national security. General Secretary Xi Jinping has pointed out that cyber security and informatization are major strategic issues concerning not only national security and development but also the daily work and life of the masses, so we should try to build China into a strong cyberpower from the perspective of the general international and domestic trend and on the basis of overall planning, coordination of all parties and innovative development…No cyber security, no national security. No informatization, no modernization. With the establishment of the Central leading Groups for Cyberspace Affairs, the top-level design and overall coordination of cyber security affairs have been reinforced. And cyber security has been an important topic for discussion at the the 3rd, 4th, 5th and the sixth Plenary Session of 18th National CPC Congress, which emphasized that we should improving our laws and statutes on cyber security, strengthen the governance of cyber security issues and ensure our national cyber security. The strategic objectives of building strong cyberpower and a series of plans as Internet + , Big Data, Intelligent Manufacturing as well as the carrying out of National Strategy for Cyberspace Security have indicated the future direction of our national cyber security. With the promulgation of China's Cybersecurity Act and its implementation in the future, all the affairs related to the protection of cyberspace were brought into a new law-to-abide era.

In the new era, facing the new situation, in order to better reflect the trends and the characteristics of domestic progress and international development in cyber security, grasp the latest development and progress of countries worldwide in strategies, policies, technological and industrial development of cyber security, and provide decision-making information reference for governmental departments, military, industrial and other relevant enterprises and relevant scientific research institutes, the Network and Information Security Department of the Electronic Technology Information Research Institute, Ministry of Industry and Information Technology, issued the 2016 Annual Development Report of World Cyber Security on the basis of continuously tracking world-wide cyber security situation in 2016. This report deeply expounds the cyber security policies and measures of major countries/regions worldwide, closely tracks and analyzes the technological trend and industrial development status of domestic and international cyber security, comprehensively and intensively analyzes the development trends and the characteristics of world cyber security.

Since 2009, the Network and Information Security Department of the Electronic Technology Information Research Institute has compiled the annual development report of world cyber security every year. The World Cyber Security Development Report 2016 focuses on the new situation, new trend and new progress of world cyber security in2016 through the summary and analysis of cyber security strategies and laws, cyber security policies, information security management of industrial control system, government cyber security management, cyber security technology as well as cyber security industry in major countries in the world. The report also summarizes and extracts the development trends and overall situation of the world cyber security status in 2016 and predicts and foresees the future trends of cyber security world-wide.

Contents

I General Report

B. 1 The Characteristics and Trends of Cyber Security Worldwide

Liu Jingjuan, Yang Shuaifeng and Xiao Junfang / 001

Abstract: Since 2016, the cyberspace game continues to ferment, the cyber security situation of critical information infrastructure is not optimistic, a few countries take measures to improve the military capacity of cyberspace, the global cyber security situation is still very grim. Safeguarding national cyberspace has become an international consensus, countries around the world attach importance to strengthening top-level design and actively carry out bilateral and multilateral cooperation. In the future, the relationship between China and the US will enter a new stage in the field of cyber security, the need to crack down on cybercrime will become more and more urgent, the safety of new technologies and applications will become increasingly prominent.

Keywords: Cybersecurity; Circumstances; Risk; Cooperation

II Reports on Strategies and Laws

B. 2 Research on the U. S. Department of State International Cyberspace Policy Strategy

Yang Shuaifeng / 023

Abstract: In March 2016, the US State Department issued the "Department of State International Cyberspace Policy Strategy" (referred to as the "Strategy"), the "Strategy" seeks information on actions and activities undertaken to implement the

President's 2011 U. S. International Strategy for Cyberspace (International Strategy), efforts to promote norms of state behavior in cyberspace, alternative concepts for norms promoted by certain other countries, threats facing the United States, tools available to the President to deter malicious actors, and resources required to build international norms. The Strategy notes significant items of progress in implementing the President's International Strategy and reflects three themes: the applicability of international law; the importance of promoting confidence building measures; and the significant progress the Department has made, working in partnership with other federal departments and agencies, to promote international norms of state behavior in cyberspace, as well as future plans in this area.

Keywords: Cyber Space; Cybersecurity; International Strategy

B. 3 Report on Cybersecurity Laws *Liu Jingjuan*, *Liu Dong* / 036

Abstract: In year 2016, the USA, EU and China had made significant progress in cybersecurity legislation. The president of USA signed Defend Trade Secrets Act of 2016, which emphasized the importance of protection of trade secrets. The EU had passed the General Data Protection Regulation and the Directive on Security of Network and Information Systems, strengthening the protection of data and cybersecurity across the EU. China had passed the Cybersecurity Law, which was the first cybersecurity basic law and had epoch-making significance.

Keywords: Cybersecurity; Data Protection; Trade Secret; Legislation

Ⅲ Reports on Policies

B. 4 A Research on the U. S. Cybersecurity National Action Plan
Zhang Yan, *Zhang Huimin* / 059

Abstract: On February 9, 2016, American Government published *Cybersecurity National Action Plan* (CNAP), aiming at improving present state of cybersecurity of the federal government and even whole country by the Plan. The Plan consists of a series of short-term measures and long-term strategies, including establishing Commission on Enhancing National Cybersecurity and Privacy Commission for Federal Government, providing the Federal Chief Information Security Officer for the first time, improving security and resilience of key information infrastructure, enhancing deterrence of cyber space, and proposing to use USD 19 billion, increasing by 35% in comparison with 2016, from 2017 annual financial budget for enhancing cybersecurity. Since the Plan is issued, American Government has actively promoted implementation of CNAP so as to expect comprehensively enhance security of cyber space in America and lay a solid foundation for further deployment and fulfillment of various actions of America in cybersecurity field.

Keywords: Cyber Security; Cyber Deterrence; CNAP

B. 5 A Research on the U. S. Cyber Incident Response System

Cheng Weichen, Sun Lili / 073

Abstract: To cope with the increasingly complexity of cyber threat, minimize the losses and harms of cyber incident and protect interests of the country and the people, in 2016 the United States has been responding vigorously by introducing a series of strategic guidelines, plans of action and coordination procedures concerning the issue, thus raising the level of interest and awareness of cyber incident response from an angle of the nation's top-level design. By mobilizing the whole-of-government and whole-of-nation forces to deal with significant cyber incident, continuously refining the strategic framework for organizational roles, responsibilities, adopting a common schema for describing the severity of cyber incidents and setting specific requirements on how to prepare for, respond to, and begin to coordinate recovery from a cyber incident, the US government aims to promote cyber incident coordination to a new level.

Keywords: Cyber Incident; Threat Response; Cyber Incident Coordination; Significant Cyber Incident; Cyber Incident Severity Schema; Core Capabilities

B. 6 A Review on Worldwide Education on Cybersecurity Awareness *Wang Xiaolei, Zhang Ying and Cheng Yu* / 098

Abstract: Various kinds of information disclosure, telecommunication fraud and hacker attack events have swept around the globe during the year of 2016. The attention to cybersecurity has been soared to an unprecedented escalation. In order to improve public's awareness of cybersecurity, popularize cybersecurity knowledge, build healthy and civilized network environment and maintain cybersecurity, major countries and regions worldwide such as America, European Union, Japan, Australia, Israel and China have continuously facilitated cybersecurity awareness education and propaganda activities as well as promoted further deepening of whole-society cybersecurity concept and popularized application of cybersecurity knowledge and skills.

Keywords: Cybersecurity; Publicity and Education; Skills

Ⅳ Reports on ICS Information Security

B. 7 An Analysis on ICS Information Security Status *Dong Liangyu* / 121

Abstract: In 2016, the overall risks of global industry control system information security keep on rising, the relevant vulnerabilities of that stay at a high level, the scope of that information security event continues extending. With the opening and intercomnecting of ICS, which brings a lot of opportunities to industrial production, ICS information security incidents are increasingy prominent. In the period of 2015 to 2016, Ukraine power grid was attacked, the PLC worm was found for the first time, and north America suffered a network crash in large scale due to DDoS attack. These signs telling a grave situation of ICS security. More and more countries are sparing, no effort to enhance the ICS information security. Particularly, America and other developed countries are extremely mindful of it, that they have established the mechanism of ICS security information reporting, sharing upon the foundation of present standards, regulations and policies, and they also conduct emergency drilling. China published the "Guide on ICS Information Security Protection" and a series of standards for ICS information security, which have become a global focus.

Keywords: Industry Control System; Vulnerabilities; ICS Incident

B. 8 A Research on ICS Information Security Policies

Tang Yinong / 142

Abstract: Presently, countriesaroundtheworldmakemore attention to industrial controlsystem information security thenbefore, increase speed and intensity todevelopment the industrial control system information security policies and standards. The United States started industrial safety and protection earlier, has introduced a series of macro-control means at the national level, and guide the industry to implement the industrial security deployment. China's industrial control system information security standardization·work is actively and steadily, introduced a series of policies and measures, promote China's industrial control system information security work, deal with increasingly serious industrial control system security situation effectively, and enhance the overall security protection of industrial control system.

Keywords: Industrial Control System; Information Security

B. 9 A Research on ICS Information Security Inclustry

Liu Xiaofei / 156

Abstract: More and more industrial control systems have been connected to the Internet with increasing exposure to numerous network information security risks; market's attentions towards the information security of industrial control systems have reached to a level higher than ever before. "MADE IN CHINA 2025" is now turning into a major promoting factor for the development of the informatization and intellectualization of China's manufacture industry, promoted by multiple factors in China, including policies/standards, manufacturers, capitals and users, the market of the industrial control system information security industry has been gradually expanded; security products feature diversification, security trainings and services are accepted by users, and the security consciousness of users has been gradually improved.

In 2016, the growth of the industrial control system information security industry maintained a good momentum. The market was, however, still subject to the introduction period.

Keywords: Industrial Control System; Standard Specifications; User Demand; Market Research

V Reports on Government Cybersecurity

B. 10 A Research on Government Cybersecurity Policies

Wang Mo, Yu Meng, Yang Jianing and Jiang Hao / 181

Abstract: In 2016, the global network and information security situation is still grim. The United States, Japan, Britain, Singapore, Korea and other network powers have taken action, adjust the information security strategies and policies, enhance the government network security offensive and defensive capabilities, and strive to occupy the dominant position in the global network governance. It is of great significance to grasp the situation of foreign government network security and analyze the trend of global network governance. In 2016, the career of cybersecurity has made a great progress. Publication of cybersecurity law provides firm legal basis for construction of cybersecurity defense system. On the other hand, the goveronment cybersecurity policy such as 4. 19 Speech of Xi Jinping plans for the development of cybersecurity from the national point of view.

Keywords: Security strategy; Active defense; Personnel Training; Cybersecurity Law; Goveronment Cybersecurity

B. 11 A Research on Critical Information Infrastructure Protection

Tang Wang, Zhang Zheyu / 205

Abstract: In 2016, under the grim situation of network security, the critical information infrastructure is being attacked more and more frequently. The United States, Japan, the United Kingdom and other countriesare gradually improving the critical information infrastructure protection policies and regulations. China is also making the protection of critical information infrastructures to the focus of national cyber security strategy. It is of great significance to analyze the key actions of the international critical information infrastructure and put forward the concept of network security protection for the critical information infrastructure in China, which will play an active role in the international cyberspace game.

Keywords: Critical Information Infrastructure; Network Security

Ⅵ Reports on Cyber Security Technologies

B. 12 A Research on Serious Cybersecurity Incidents in 2016

Wang Mo, Jiang Hao and Liu Wensheng / 214

Abstract: 2016 annual global cyberspace security situation is still grim, hacker attacks affect national politics to attract people's attention; outbreak of Internet security incidents, the US Department of Homeland Security issued Internet of Things security guidelines in a timely manner; global large-scale data leakage events occur frequently, data privacy High-risk vulnerabilities frequently become the fuse of the network security incidents; DDoS attacks become more frequent, the new means of attack led to the outbreak of the flow of traffic. This chapter will be on this year's major security incidents into the analysis.

Keywords: Cybersecurity; Internet of Things Security; DDos Attack; Data Breach

B. 13 A Review on the Development of Cloud Computing Security

Wu Yanyan, Hu Bin / 225

Abstract: 2016, cloud computing its security problem become hotspot in the world, and it is a difficult problem for the government, the public sector and enterprises to solve. International standard organizations, industry alliances and research institutions, such as cloud computing security risks to carry out research, and has released a series of important reports and documents. This report analyzes the government security policy strategy in the cloud, and describes the China's progress of cloud computing security, cloud computing technology and network security situation.

Keywords: Cloud Computing; Cybersecurity; Big Data; Cloud Standard; Cloud Security

Ⅶ Reports on Cybersecurity Industry

B. 14 Report on Global Cybersecurity Industry

Huang Dan, Zhang Ying / 244

Abstract: With the development of the internet of things, mobile internet, cloud computing and big data technology, the internet has penetrated into all aspects of social life. At the same time, cyber security has become one of the major issues related to economic development and national security. Faced with a serious cyber security situation, governments and enterprises have increased investment in cyber security. The global cyber security market continues to grow at a rapid pace, which was 81.6 billion US dollars in 2016 in 2016, up 7.9% from 2015. On the one hand, the development of the cyber security hardware and software market opened up new business. On the other hand, both of the network security services market and solutions market were growing rapidly. The future, it is expected that the global network security market will continue to expand.

Keywords: CyberSecurity Market Size; CyberSecurity Software; CyberSecurity Hardware; CyberSecurity Services; CyberSecurity Solutions

B. 15 Report on Domestic Cybersecurity Industry

Huang Dan, Zhang Ying / 258

Abstract: Under the background of global cyberspace attacks taking place frequently and information leaks emerging in endlessly, China has been pushing forward cyber security construction actively, including the action of setting up the Central Leading Group for Cyberspace Affairs in the beginning of 2014, rising cyber security to national strategic level officially. Accompany with the People's Republic of China Network Security Law promulgated and numbers of beneficial cyber security policies introduced, domestic cyber security industry shows trend of enlarging scale and rationalizing structure. Relevant enterprises continue to increase their inputs to technical innovation and further explore the way of School-enterprise cooperation. Domestic cyber security investment and financing market are very active, with specific performances of emerging cyber security market becoming attention spot, traditional cyber security enterprise integrating enterprise resources through remove foreign investment, whole cyber security industry transforming and upgrading obviously. Cyber security industry in China is expected to enter high-speed development period under the dual stimulus of policy and market.

Keywords: Chinese; Cyber Security Market; Cyber Security Industry Development Environment; Cyber Security Investment and Financing Market

S 子库介绍 Sub-Database Introduction

中国经济发展数据库

涵盖宏观经济、农业经济、工业经济、产业经济、财政金融、交通旅游、商业贸易、劳动经济、企业经济、房地产经济、城市经济、区域经济等领域，为用户实时了解经济运行态势、 把握经济发展规律、 洞察经济形势、 做出经济决策提供参考和依据。

中国社会发展数据库

全面整合国内外有关中国社会发展的统计数据、 深度分析报告、 专家解读和热点资讯构建而成的专业学术数据库。涉及宗教、社会、人口、政治、外交、法律、文化、教育、体育、文学艺术、医药卫生、资源环境等多个领域。

中国行业发展数据库

以中国国民经济行业分类为依据，跟踪分析国民经济各行业市场运行状况和政策导向，提供行业发展最前沿的资讯，为用户投资、从业及各种经济决策提供理论基础和实践指导。内容涵盖农业，能源与矿产业，交通运输业，制造业，金融业，房地产业，租赁和商务服务业，科学研究，环境和公共设施管理，居民服务业，教育，卫生和社会保障，文化、体育和娱乐业等 100 余个行业。

中国区域发展数据库

对特定区域内的经济、社会、文化、法治、资源环境等领域的现状与发展情况进行分析和预测。涵盖中部、西部、东北、西北等地区，长三角、珠三角、黄三角、京津冀、环渤海、合肥经济圈、长株潭城市群、关中—天水经济区、海峡经济区等区域经济体和城市圈，北京、上海、浙江、河南、陕西等 34 个省份及中国台湾地区 。

中国文化传媒数据库

包括文化事业、文化产业、宗教、群众文化、图书馆事业、博物馆事业、档案事业、语言文字、文学、历史地理、新闻传播、广播电视、出版事业、艺术、电影、娱乐等多个子库。

世界经济与国际关系数据库

以皮书系列中涉及世界经济与国际关系的研究成果为基础，全面整合国内外有关世界经济与国际关系的统计数据、深度分析报告、专家解读和热点资讯构建而成的专业学术数据库。包括世界经济、国际政治、世界文化与科技、全球性问题、国际组织与国际法、区域研究等多个子库。

法律声明